普通高等教育"十一五"国家级规划教材

上海市教育委员会高校重点教材建设项目

PIC 单片机原理及应用

（第 5 版）

李荣正　陈思琦　李嘉乐　编著

北京航空航天大学出版社

内容简介

本书为“普通高等教育‘十一五’国家级规划教材”，是“PIC单片机系列教程”的理论教材。以美国Microchip公司的PIC16F877单片机为主线，详细介绍其基本组成、工作原理及其应用技术。全书共分12章，内容包括PIC系列单片机的基本结构、存储器模块、集成开发环境和在线仿真、指令系统、I/O端口、定时器、中断处理、A/D转换、串行通信模式和综合训练等。

本书内容丰富，通俗易懂，实用性强，列举并分析了大量应用实例，可作为高等工科院校相关专业的本科教材，也可供从事单片机开发应用的工程技术人员参考。

图书在版编目(CIP)数据

PIC单片机原理及应用 / 李荣正，陈思琦，李嘉乐编著. -- 5版. -- 北京 ：北京航空航天大学出版社，2014.10

ISBN 978-7-5124-1601-7

Ⅰ. ①P… Ⅱ. ①李… ②陈… ③李… Ⅲ. ①单片微型计算机 Ⅳ. ①TP368.1

中国版本图书馆CIP数据核字(2014)第231993号

PIC单片机原理及应用（第5版）

李荣正　陈思琦　李嘉乐　编著

责任编辑　董立娟

*

北京航空航天大学出版社出版发行

北京市海淀区学院路37号(邮编100191)　http://www.buaapress.com.cn

发行部电话:(010)82317024　传真:(010)82328026

读者信箱：emsbook@buaacm.com.cn　邮购电话:(010)82316524

北京九州迅驰传媒文化有限公司印装　各地书店经销

*

开本:710×1 000　1/16　印张:27　字数:575千字

2014年10月第5版　2020年8月第6次印刷　印数:10 001～11 000册

ISBN 978-7-5124-1601-7　定价:59.00元

若本书有倒页、脱页、缺页等印装质量问题，请与本社发行部联系调换。联系电话:(010)82317024

版权声明

本书引用以下资料已得到其版权所有者 Microchip Technology Inc.(美国微芯科技公司)的授权。

[1] Microchip Technical Labrary CD-ROM　　DS00161P

[2] Microchip Technical Documentation Analog & interface Product Families CD-ROM DS51205G

[3] Microchip 2005 Product Selector Guide　　DS00148K1

[4] PIC16F87X EEPROM Memory Programming Specification　　DS39025F

[5] PIC16F87X DATA SHEET　　DS30292C

[6] 24LC515 512K I^2C^{TM} CMOS Serial EEPROM　　DS21673C

[7] 2002 PICmicro®基础技术研讨会　　DS00841A

商标声明

以下图案是 Microchip Technology Inc. 在美国及其他国家的注册商标:

以下文字是 Microchip Technology Inc. 的注册商标(状态:®):

Accuron, AmpLab, dsPIC, ENVOY, FilterLab, KEELOG, KEELOG Logo, Microchip Logo, Microchip Name and Logo, microID, MPLAB, MXDEV, MXLAB, PIC, PICmicro, PICMASTER, PICSTART, PowerSmart, PRO MATE, rfPIC, SEEVAL, SmartShunt, *The Embedded Control Solutions Company*

以下文字是 Microchip Technology Inc. 的商标(状态:TM):

Analog-for-the-Digital Age, Application Maestro, dsPIC(development tools only), dsPICDEM, dsPICDEM.net, dsPICworks, ECAN, ECONOMONITOR, FanSense, FlexROM, *fuzzy*LAB, ICEPIC, ICSP or In-Circuit Serial Programming, Migratable Memory, MPASM, MPLAB Certified Logo, MPLIB, MPLINK, MPSIM, Now Design It, PICDEM, PICDEM. net, PICkit, PICLAB, PICtail, PowerCal, PowerInfo, PowerMate, PowerTool, QuickASIC, rfLAB, rfPICDEM, Select Mode, Smart Seril, SmartTel, The Emerging World Standard, Total Endurance

以下文字是 Microchip Technology Inc. 的服务标记(状态:SM):

SQTP

以下所有其他商标的版权归各自公司所有:

PICC, PICC Lite, PICC-18, CWPIC, EWPIC

《PIC 单片机系列教程》
编 委 会

《PIC 单片机系列教程》出版说明

随着我国进入 WTO,不少行业对单片机应用的需求日益增加。为了推广和普及 PIC 单片机的基础知识,提高系统开发及应用能力,特别是适应高校专业改造和教学内容更新的需求,近年来,在美国 Microchip Technology Incorprated 公司(微芯科技公司,本书以后简称 Microchip 公司)卓有成效的推广之下,PIC 单片机已逐渐为国内从事单片机开发应用的工程技术人员所理解和应用。特别是不少高校已将这一部分内容作为电子及控制类专业的必修课程,51 单片机一统天下的局面已经被打破。

正是基于这样的原因,在 PIC 单片机教材还比较缺乏的情况下,作者深感有责任去繁荣这样一个可喜的端倪,在积累了长期教学经验,并在总结全国 PIC 单片机培训班教学体会的基础上,形成了一个系统的 PIC 单片机教学、实验和研究模式,将逐步推出一套(4 册)PIC 单片机系列教程,即:

- ◆《PIC 单片机原理及应用》;
- ◆《PIC 单片机习题与解答》;
- ◆《PIC 单片机实验教程》;
- ◆《PIC 单片机控制技术》。

本套教程作为“上海市教育委员会高校重点教材建设项目”,同时也是 Microchip 公司中国大学计划的一部分。其中《PLC 单片机原理及应用》已列入“普通高等教育‘十一五’国家级规划教材”。对本套教程各册的简要内容及用途说明如下:

第一册——《PIC 单片机原理及应用》。以美国 Microchip 公司 PIC16F877 单片机为主线,详细介绍其基本组成、工作原理及应用技术。全书共分 12 章,内容包括:基本结构、存储器模块、集成开发环境和在线仿真、指令系统、I/O 端口、定时器、中断处理、A/D 转换、串行通信模式以及 PIC 单片机综合训练等。

第二册——《PIC 单片机习题与解答》。对第一册教材中的难点和重点通过习题分析的形式作了详细的说明,以帮助读者理解和掌握 PIC 单片机的基本概念。全书共分 3 部分,内容包括:选择习题、习题解答与分析以及综合训练习题与答案。本书各部分章节与第一册教材完全对应,精心组织了大量习题,融入了 PIC16F877 单片机所有的概念和分析内容。

第三册——《PIC 单片机实验教程》。以培养学生创新能力为宗旨,依托开放型实验,全面提高学生实践技能。全书共分两部分:第一部分,PIC 单片机全功能实验开发系统设计原理及应用指南,着重设计思想和操作说明,坚持面向对象式解决方案、开放型的实验思路，强调以学生为主体，留有充分发挥和创新的余地；第二部分，与第一册教材配套设计了系列实验内容，从 PIC 单片机基本验证性实验到拓展性实验，包括键盘显示模块实验（LED、LCD 等）、同步串行通信实验（SPI、I^2C）、输入信号捕捉/输出信号比较/脉宽调制 PWM 功能的实现、A/D 转换和 D/A 转换以及并机通信实验等内容。

第四册——《PIC 单片机控制技术》。以 PIC 单片机的实际应用为主线，结合系统控制方法，介绍建立现场解决方案的专业知识。主要内容包括：PIC 单片机与上位计算机通信模式研究、外部扩展模块分析、面向对象的现场控制方法、脉宽调制 PWM 功能的实际应用以及构建一个大型实验型控制项目。

《PIC 单片机系列教程》的出版，不论是对大学生，还是对有关工程技术人员及广大自学爱好者来说，无疑都是一个福音。该教程提供了一个比较全面的 PIC 单片机系统学习的选择方案。我们衷心希望本套单片机教程能帮助广大读者闯关过隘，取得就业和升学的主动权，同时也祝愿天下莘莘学子早日如愿以偿，前程万里。

《PIC 系列单片机教程》编委会

2006 年 9 月

序

21世纪是全球科学技术飞速发展的时代，也是高等教育剧烈变革的年代。中国一直遵循科教兴国的根本战略，而高等学校则是国家先进生产力发展的生力军，是传播知识、开发高新科技、培养专门人才的重要基地。教材作为知识的载体，是人才培养过程中传授知识、训练技能和发展智力的重要工具之一，也是学校教学、科研水平的重要反映，与高校能否培养出新时代的创新英才息息相关。

上海工程技术大学是一所集工程技术、经济管理、艺术设计等多学科于一体的高等学府，为中国培养了无数优秀的科技精英。而美国微芯科技公司（Microchip Technology Incorporated），作为一家致力于单片机市场发展的领导厂商，一直致力于通过与中国各大高校开展合作实验室和奖学金计划，挖掘和培养更多优秀的中国青年工程师，激励他们取得更优异的成绩。早在2002年，上海工程技术大学就与美国微芯科技公司合作成立了PIC单片机联合实验室，并已结出丰硕的成果，形成了一个比较贴近产业技术发展，具有较强特色，集PIC单片机教学、科研及应用开发为一体的团队，并成立了全国第一家由美国微芯科技公司授权的PIC单片机技术培训中心，先后出版了本科系列PIC单片机教材和教辅书共4本：《PIC单片机原理及应用》、《PIC单片机实验教程》、《PIC单片机习题与解答》和《PIC单片机初级教程》。

作为一名优秀的教育专家，为配合中国教育部制订的普通高等教育"十一五"国家级教材规划，李荣正教授结合多年的一线教学实践经验，潜心致力于高校教材的改革研究。我为李荣正教授渊博的学识和执著的敬业精神所感染和折服。悉闻李荣正教授的《PIC单片机原理及应用(第3版)》一书将于10月底出版，深感欣慰。在此，谨代表美国微芯科技公司对新书的成功出版表示衷心的祝贺！

新书已获准作为"普通高等教育'十一五'国家级规划教材"，并被国内华中科技大学、同济大学、黑龙江大学和福州大学等20多个高校作为本科教材。拜读此书，获益匪浅！该书不仅体现了科学性、系统性和新颖性，同时反映了教学改革和课程建设的丰富经验和前沿成果，将成为教师传授知识和培养学生综合能力的最佳媒介。新教材的发布，无疑将在高校未来的电子工程教学中起到稳定教学秩序、保证教学质量、创新教学内容、主导教学方向的重要作用。

相信，新书的出版不仅将成为高教教材改革的典范，更将为中国的电子工程教育注入新鲜活力和强大动力！美国微芯科技公司也将一如既往地全力支持合作院校，为中国市场培养更多的本地化科技人才做出应有的贡献。

再次衷心地祝愿李荣正教授桃李满天下，学术传神州！

Paul Bradt

保罗·布拉德
大中华区副总裁
美国微芯科技公司
2006年9月5日

第5版前言

美国 Microchip Technology Incorporated 公司(微芯科技公司,以下简称 Microchip 公司)生产的 PIC 系列单片机,为从事单片机开发应用的工程技术人员展示了全新的技术内容,为广大用户提供了一种可靠的选择方案。PIC 系列单片机以其独特的优势、完整的系列产品,多年来在国外得到广泛的应用,特别是在仪器仪表行业更显示出其独特的魅力。近年来,在 Microchip 公司的努力推广下,PIC 单片机已逐渐为国内从事单片机开发应用的工程技术人员所理解和应用。我们也正是基于这样的原因,深感有责任为推动 PIC 产品在国内的广泛应用贡献绵薄之力。

PIC 系列单片机的硬件系统设计简洁,指令系统设计精炼。在所有的单片机品种中,PIC 单片机具有性能完善、功能强大、学习容易、开发应用方便以及人机界面友好等突出优点。学好 PIC 单片机,掌握其核心技术内涵和拓展其应用范围,将具有划时代的意义。

本书是在作者积累长期教学经验,并总结全国 PIC 单片机培训班教学体会的基础上形成的。本书以美国 Microchip 公司的 PIC16F877 单片机为主线,详细介绍其基本组成、工作原理及其应用技术。书中内容由浅入深,循序渐进,通过大量例题分析和讲解,让读者能够深刻领会 PIC 单片机的精髓。

全书共分 12 章。

第 1 章:PIC 单片机组成结构。主要讨论 PIC 系列单片机的基本结构及内部组成模块。

第 2 章:PIC 单片机存储器。从 PIC16F877 单片机配置的三大存储器模块作为切入点,对地址寻址方式和存储器结构分布类型进行分析。

第 3 章:PIC 集成开发系统。分析 PIC 单片机软件工作平台 ICD2 集成开发环境及使用方法。

第 4 章:PIC 指令系统。从操作码类别的角度着手对指令集系统进行分析和说明。

第 5 章:汇编语言程序设计。介绍指令的构造方式,系统伪指令以及常用子程序的设计技巧。

第 6 章:I/O 端口。讨论 I/O 端口的基本功能,并对其内部结构及初始化设置进行说明,同时列举了很多应用实例。

第 7 章:定时器/计数器。重点讨论内部 3 个定时器/计数器结构、配置情况以及工作方式。

第 8 章:中断系统。主要涉及中断源分析及中断服务程序的处理过程。

第 9 章:串行通信方式及通用接收发送器模块。介绍主同步串行通信 SPI、I^2C 模式及异步/同步串行通信 USART 模式。

第 10 章：CCP 捕捉/比较/脉宽调制。两个 CCP 模块与 TMR1、TMR2 配合，可实现捕捉外部输入脉冲，输出不同宽度的脉冲信号及输出脉冲宽度 PWM 调整。

第 11 章：A/D 转换器。介绍 10 位 A/D 转换器的工作原理及其应用。

第 12 章：PIC 单片机综合训练。基于 PIC 单片机 SPI 通信方式构建单片机网络化信息交互平台和基于密码保护 LCD 时钟显示。

本书自 2006 年被教育部评选为“普通高等教育‘十一五’国家级规划教材”以来，得到许多重点高校教师的厚爱，本次就是在第 4 版的基础上，对部分应用范例进行了调整，补充了一些典型的应用案例，以使本书更加实用，更便于教学及初学者自学。

本书内容丰富而实用，通俗而流畅，可作为高等工科院校相关专业的本科教材，也可供从事单片机开发应用的工程技术人员参考。

在本书的编写过程中，荣幸地得到了 Microchip 公司、贝能科技有限公司总经理杨维坚先生和市场部副总经理王开伟先生以及北京航空航天大学出版社的大力支持。

作者写书的灵感来自于长期的实践，特别是本书是与荣获美国 Microchip 公司“2003 年中国区最佳代理商”贝能科技有限公司（www. Burnon. com）、国内最大示波器生产企业江苏绿扬电子仪器集团有限公司（www. lvyang. com）和仪器仪表生产企业上海思锐电子仪器有限公司（www. sirui-elec. com）等广泛交流和多方位合作的产物。他们为我们的科研开发和实验教学提供了良好的平台和无私帮助。

上海交通大学朱仲英教授、黑龙江大学石广范教授以及上海工程技术大学程武山教授审阅了本教材的初稿，并提出了许多宝贵建议和修改方案。

在此，借本书出版之际，对有关的人员和单位表示衷心的谢意！

本书由李荣正、陈思琦、李嘉乐主编。参加编写的还有王威、王力生、王伟、苏力、戴育良、侯国强、张清波、隋斌雁、丁晨、杨晓毓、陈文杰、黄烨晨、杜威、秦侃、陈洋、梁湧、曹志刚和谢露艳等。李嘉乐承担了书中部分应用实例程序的编写和调试，李荣正负责全书的策划和书稿的主审工作。

作者真诚地希望把正确、无误的前沿作品奉献给每一位读者，但由于学识所限，书中错误和不妥之处在所难免，恳请读者批评指正。

> **本教材配套有《PIC 单片机实验教程》一书，并备有硬件实验开发系统。该实验装置全面考虑学生的动手实践环节，给学生以充分发挥和创新的余地。其特色是：硬件设备配置较全，组合灵活方便。该实验装置已获国家专利授权，由我们与江苏绿扬电子仪器集团有限公司合作研制。该公司已于 2005 年初推出了“模块式开放型 PIC 单片机实验系统”。凡需要该实验系统的读者，请与作者联系。**

➢ **本教材配套有免费PPT电子教学课件。凡需要教学课件的教师,请与作者或北京航空航天大学出版社联系。**

作者E-mail:lrz_2008@126.com

北京航空航天大学出版社联系方式:
通信地址:北京市海淀区学院路37号北京航空航天大学出版社嵌入式系统图书分社
邮　编:100191
电话/传真:010-82317035/82317034
E-mail:emsbook@buaacm.com.cn

李荣正
2014年9月

目　录

第1章 PIC单片机组成结构

单片机是在一块芯片上集成了中央处理单元、数据存储器、程序存储器、输入/输出和定时器/计数器等部件的一台小型计算机。随着芯片集成度的提高,单片机的功能得以迅速地扩充,特别是PIC(Periphery Interface Chip)单片机,增加了许多强大的外围功能模块,从而给用户带来极大的便利。

本书重点讨论PIC16F87X系列单片机,各章若无特殊说明,所述“单片机”一般指PIC16F87X系列单片机。PIC16F87X系列单片机包括PIC16F870、PIC16F871、PIC16F872、PlC16F873、PIC16F874、PIC16F876和PIC16F877等型号。其中PIC16F877单片机具有一定的代表性,基本囊括本系列单片机的全部功能。其他PIC16F87X系列单片机都是在PIC16F877的基础之上,部分简化或功能缩简而得来的,它们之间的差别很小。为便于分析说明,本书主要介绍PIC16F877单片机。

1.1 嵌入式微控制器系统

在计算机的发展历史上,运算和控制一直是计算机功能实施的两条主线。其角色的转换也常常困扰着人们的认识思路和研发目标。这是一对矛盾,对于不同的课题或截然不同的两个应用方面,用相同的价值去衡量显然是不合适的。在20世纪70年代,半导体微电子专家为了绕开这个矛盾,深有远虑地另辟蹊径,按照嵌入式微控器系统的发展思路,将一个微型计算机的核心部件集成在一个芯片上,这就形成了最早的单片机(single chip microcomputer)。必须指出,当第一台小型嵌入式控制器件形成以后,计算机便真正开始相互独立地沿着两个完全不同的方向发展,使得具有不同用途、不同价格和不同技术内涵的计算机被充实到人们的日常生活中。其中一个方向是以PC机为核心的群体为代表,承担高速、海量技术数据的处理和分析,一般以计算能力(即运算速度)为重要标志,形成一个独立的应用及发展空间;而另一个方向则以嵌入式独立系统为技术理念,主要与控制对象耦合,能与控制对象互动和实时控制。嵌入式系统以成本低、体积小、可靠性高、功能强等优点脱颖而出,极大地丰富了该项研究领域的内涵。同时,随着微电子技术的迅速发展,嵌入式系统为单片机的发展提供了广阔的空间,从单一的控制思想到多功能组合设计,特别是增加了许多外围功能性模块。

面对全球“残酷”的计算机竞争市场,各微电子系统制造商集中各路大规模集成电路设计的精英，努力为单片机嵌入更多、更强的功能。在研究中，针对单片机的缺陷，相继开发出具有强大计算功能的数字信号处理器(DSP)等芯片，特别是 ARM 核心技术以及多任务操作系统的移植和应用，从而使单片机原本已走到技术尽头的状况又得以扭转，嵌入式微控制器系统真正迎来了一个具有很大潜力的发展空间。对计算机的发展过程及其应用在这里暂不做讨论，本书主要就单片机展开分析。

1.1.1 单片机系统

单片机的发展过程及其性能的日益完善，实际上是对传统控制技术的一场革命，开创了微控技术的新天地。现代控制理念的核心内涵就是嵌入式计算机应用系统，通过不断提高控制功能和拓展外围接口功能，使单片机成为最典型、最广泛、最普及的嵌入式微型控制系统（MCU——MicroController Unit）。单片机拥有计算机的基本核心部件，将其嵌入到电子系统中，可以满足控制对象要求，实现嵌入到非计算机产品中应用的计算机系统，从而为电子系统高级智能化奠定了基础。它的实现方式要比模拟控制思想简洁和方便得多。同时，可以跨越式地实现对外部模拟量的高速采集、逻辑分析处理和对目标对象的智能控制。

近 30 多年来，计算机得到了前所未有的发展，从航空、航天军事专用到走入千家万户，成为人们生活的必须品。而同样具有计算机的一般功能，价格低廉的单片机应运而生，并且正在不断改变人们的生活方式。嵌入式系统源于计算机的嵌入式应用。早期的嵌入式系统的概念就是将通用计算机经过适应性配制后嵌入到各种实际应用系统中，如轮船的自动驾驶仪和飞机的导航仪等系统。与计算机相比，单片机的优势是显而易见的，尤其是现在单片机应用已渗入到各个领域，完全不能按照原有嵌入式的思路去理解和应用。例如，对于一个家用的电子产品（智能电饭煲、模糊智能洗衣机和手机等），利用 PC 机控制几乎是不可能的，几十元或几百元的电子产品要求配套一台几千元的电脑，这不成为笑话。单片机是芯片级的小型计算机系统，可以嵌入到任何应用对象系统中，实现以智能化为主要的控制目的。同时，单片机的应用领域随着其功能化外沿的不断拓展而日益广泛，已渗入到现场控制、电信手机、家用电器、仪表仪器、汽车电气和电子玩具等领域的智能化控制和管理方面。在 2007 年第 8 届全国大学生电子设计大赛中，有一个智能化小车系统的设计，就是采用 PIC 单片机嵌入到小车的整体设计方案，曾荣获上海赛区一等奖的好成绩。

目前，各个单片机生产厂家已不再满足于 8 位单片机的竞争，相继推出了 16 位和 32 位单片机，但 8 位单片机仍有相当大的市场需求。近年来，美国 Microchip 和 Freescale(原 Motorola 公司办导体部）两家公司，仍占据着世界 8 位单片机产量最高的前两个芯片制造商的地位。

1.1.2 PIC 系列单片机

PIC 系列单片机是美国 Microchip 公司生产的单片机系列产品的标志产品。它从15年以前的默默无闻到今天跃居全世界8位单片机销量第一,是与其过硬的技术支持和系统内核的设计完善不无关系。PIC系列单片机可以满足用户的各种需要。可以从中档产品PIC16F877单片机作为切入点,掌握非常完备、易学易用的MPLAB-IDE集成开发环境。特别是对于单片机入门者来说,仿佛从茫然迷惑的大海搭上一艘便捷平稳的小船,会感到非常轻松自如。

此外,Microchip公司已推出几十款数字信号控制器(简称dsPIC)。它既是一款16位单片机,具有单片机丰富的周边资源;同时又在其内部嵌入了DSP引擎,具有DSP的高速运算功能。这更为人们学好PIC单片机,拥有一个强大的SOC系统,提供了长远的信心支持。

单片机的降临,主要是源于其性能价格比。一般单片机主要用于控制,而对于计算功能却要求不高,只要能按照一定的程序进行在线检测和实时控制即可。例如,一台简单的温度测试仪,由于它对数据采集和控制的要求并不是很高,因此可以利用PIC系列单片机产品的多样性,选择一款较低档次的PIC16C54单片机即可满足控制和检测的要求。只花几元钱就可以轻松拥有一个智能核心控件,这就是PIC系列单片机的优势。我们的教学重点为什么转向PIC单片机,这也许就不言而喻了。

学习单片机的原理,掌握其核心技术内涵和拓展应用范围,将具有划时代的意义。本书将致力于这方面的研究,为广大读者提供一个学习的平台,架起通往PIC单片机的桥梁。本书将采用美国Microchip公司生产的中档产品PIC16F877单片机作为解剖和分析对象,借助于MPLAB-IDE集成开发环境,将读者引入一个色彩斑斓的单片机世界。

为什么把PIC系列单片机列入重点研究的对象呢?在综合评估各类单片机的性能及应用情况后,我们不得不把工作重点转到具有良好潜质的PIC单片机上。PIC系列单片机的硬件系统设计简洁,指令系统设计精炼。在所有的单片机品种中,PIC单片机具有性能完善,功能强大,学习容易,开发应用方便和人机界面友好等突出优点。PIC单片机已经成为初学单片机人员的首选,因此,没有理由不引导学生去接受和面对一个很有发展空间的领域。

1.2 PIC系列单片机概述

PIC系列单片机是美国Microchip公司生产的产品。它以独特的硬件系统和指令系统的设计,逐渐被广大工程设计人员采用。特别对于单片机新手,更能充分感受到PIC单片机所具有的性能完善,功能强大,学习容易,开发应用方便,人机界面友好等突出优点。

1.2.1 PIC系列单片机特点

Microchip公司是一家集开发、研制和生产为一体的专业单片机芯片制造商,其产品综合应用系统设计的思路，具有很强的技术特色。PIC 单片机采用全新的流水线结构、单字节指令体系、嵌入 Flash 以及 10 位 A/D 转换器，具有卓越的性能，代表着单片机发展新的潮流。PIC 系列单片机具有高、中、低 3 个档次，可以满足不同用户开发的需要，适合在各个领域中的应用。

PIC 系列单片机具有如下特点。

1. 哈佛总线结构

PIC 系列单片机在普林斯顿体系结构和哈佛体系结构的基础上采用独特的哈佛总线结构，彻底将芯片内部的数据总线与指令总线分离，为采用不同的字节宽度及有效扩展指令的字长奠定了技术基础。PIC 系列单片机哈佛总线结构如图 1-1 所示。该结构为实现指令提取和执行“流水作业”提供了结构保证，即在执行一条指令的同时又协同处理下一条指令的取指操作。两总线的分离，也为 PIC 单片机实现全部指令的单字节化和单周期化创造了条件，从而大大提高了 CPU 执行指令的速度和工作效率。这里需要说明一条指令执行时间的概念，通常人们都说 PIC 单片机一个指令周期执行一条指令，如果嵌入的时钟振荡频率为 4 MHz，那么一个指令周期就是 1 μs，即表明执行一条指令的时间也是 1 μs。但这样一个结论是建立在宏观分析的基础上，如果深究指令微观的执行过程，则应清晰地认识到，一条指令分为取指过程和执行过程两个步骤，实际上执行一条指令的时间是 2 μs。

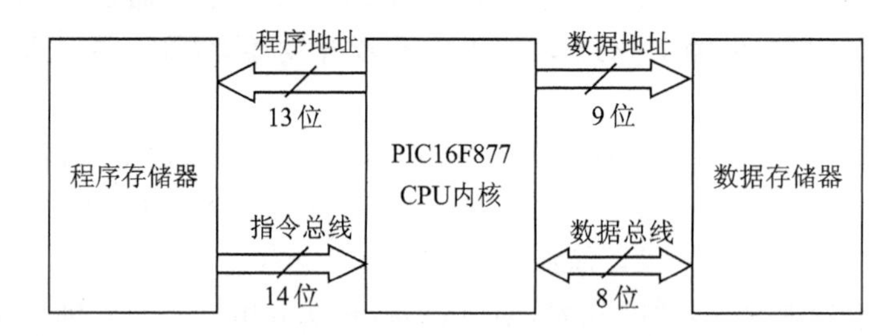

图 1-1　PIC 系列单片机哈佛总线结构

PIC 系列单片机的程序、数据、堆栈三者各自采用互相独立的地址空间，前两者的地址访问需要用户特别注意 4 个分区的范围，而堆栈过程用户则不必参与和操心。

2. RISC 技术

传统的 CISC(Complex Instruction Set Computer——复杂指令集计算机)结构有很大的弊端，即随着计算机技术的不断发展而引入新的复杂指令集，为了支持这些新增的指令功能，计算机的体系结构越来越复杂。1979 年，美国伯克利分校提出了 RISC 技术(Reduced Instruction Set Computer——精简指令集计算机)的概念。RISC 技术并非只是简单地减少指令，而是着眼于如何改善计算机的结构，更加简单、合理地提高计算机的运算速度。PIC 系列单片机的指令系统，采用精简指令 RISC 技术，优先选取使用频率最高的简单指令，避免复杂指令，采用以控制逻辑为主的设计理念。PIC16F877单片机指令集系统只有35条指令，这对人们有效掌握和理解指令系统的结构和设计应用程序带来很大的方便。此外，PIC系列单片机全部采用单字节指令，而且除4条判断转移指令发生间跳外均为单周期指令，执行速度较高。

正是由于PIC系列单片机的数据总线与指令总线的有效分离，所以程序存储器和数据存储器都有各自独立的寻址空间。程序存储器的字长不再受约于8位一个字长，一般可以扩展到16位，因而对于同样取指，其工作效率要高得多，真正为指令的单字节化奠定了结构基础。随着长机器码指令的出现，这里所说的“字”不再是通常所指8个二进制位组成的字节，而是特指PIC单片机的指令字节。PIC系列单片机各档次具有不同的指令字节宽度，如PIC初级产品的指令字节为12位，中级产品的指令字节为14位，高级产品的指令字节为16位；而它们的数据存储器都为8位宽度。

3. 指令特色

PIC系列单片机的指令系统具有寻址方式简单和代码压缩率高等优点。寻址方式就是在指令中给出操作数的方法，不同单片机类型的寻址方式存在着很大的差异。PIC系列单片机的寻址方式共有4种，即寄存器间接寻址、立即数寻址、直接寻址和位寻址。与其他单片机相比，PIC系列单片机的寻址方式较为简单，比较容易掌握。同时，PIC系列单片机指令代码压缩率较高，相同的程序存储器空间所能容纳有效指令的数量较多。例如，1 KB程序存储器空间，对于像MCS-51这样的单片机只能存放500多条指令；而对于PIC系列单片机则能够非常有效地利用存储器的空间，存放多达1 024条指令。

4. 功耗低

由于PIC系列单片机采用CMOS结构，所以其功耗极低，特别是2004年推出的nW级器件，是目前世界上最低功耗的单片机品种之一。其中有些特殊型号PIC单片机，在工作模式下的耗电仅为几毫安；而在睡眠模式下的耗电甚至可低到几微安以下。因此，PIC系列单片机的低功耗性能使其在控制仪表及汽车电子中得到广泛的应用，尤其适用于野外移动仪表的控制以及户外免维护的控制系统。

5. 驱动能力强

PIC系列单片机I/O端口驱动负载的能力较强，每个输出引脚可以驱动20～25 mA的负载，既能够高电平直接驱动发光二极管LED、光电耦合器、小型继电器等，也可以低电平直接驱动，这样可大大简化控制电路。不过，请读者注意，每个引脚的驱动能力并不表示端口引脚同时都具有这样的功效。一般端口总驱动能力为60～70 mA，而所有端口合计驱动电流小于200 mA，详细数据可参考有关数据手册。

6. 同步串行数据传送方式

在PIC系列单片机中，有些型号具有同步串行传输功能，如PIC16F877，可以满

足 I^2C（主控/从动）和 SPI（主控）总线要求。I^2C（Inter Integrated Circuit Bus）和 SPI（Serial Peripheral Interface）分别是 Philips 公司和 Motorola 公司研制的两种广泛流行的串行总线标准，是一种在芯片与系统之间实现同步串行数据传输的首选技术。目前，不少外围器件开发商已经广泛采用这两种总线技术标准开发出通用模块式产品，例如：各类存储器、温度传感器、LCD 驱动器和日历时钟芯片 RTC 等。同时，这些技术也已在电视机、手机等电子产品中得到广泛应用。

7. 应用平台界面友好、开发方便

Microchip 公司为用户提供了周全的技术方案，不管是对初学者还是应用开发者，都提供了完善的硬件和软件支持，包括各种档次的硬件仿真器和编程器。此外，Microchip 公司还研制了多种版本的软件仿真器和软件集成开发环境（MPLAB-IDE），可实现程序编写、模拟仿真和在线调试，为用户学习与实践、应用与开发提供了相应的技术空间。借助于这套廉价的开发系统，用户可以完成一些较低层次的电子产品开发。由此可见，对初次接触单片机的用户，PIC 单片机是一种比较合适的选择方案。尤其是 PIC16F877 单片机具有较高的技术性能和众多可选用的外围功能模块，特别是面向教学实验的开放型应用平台，界面友好，操作方便，更容易被初学者所接受。

8. 程序存储器版本齐全

Microchip 公司提供的产品是一个单片机系列，可供选择的存储器类别和产品封装工艺的形式较多，为产品的不同试验阶段和不同应用场合提供了全方位的选择内容和不同的性能档次。其产品主要如下：

- EPROM 型芯片。它是一种比较普通的可反复擦/写的程序存储器芯片，需要在紫外线下照射 20 min 方能除去其中的信息内容。其一般适合科学研究实验，而且不是擦/写十分频繁的场合。
- 一次编程（OTP）的 EPROM 型芯片。它是在经历过一个产品试验周期后，又必须降低产品成本的情况下使用。其一般适合小批量非定型产品，用户可以借助于专用设备自行完成程序的烧写过程。
- 掩膜 ROM 型芯片。它是在经历过一个产品试验周期后，又必须降低产品成本的情况下使用。其一般适合大批量定型产品，用户必须请芯片制造商借助于专用设备完成程序的烧写过程。
- E^2PROM 或 Flash 型芯片。与其他产品相比，该类型芯片价格比较昂贵。其最大优势在于可在线进行程序的反复擦/写，特别适合教学实验和程序调试开发初期的需要。

1.2.2 PIC16F877 单片机的结构

PIC16F87X 系列单片机是 Microchip 公司于 1998 年年底推出的新产品，可以实

现在线调试和在线编程，近 20 年来深受初学者欢迎。Microchip 公司还为 PIC16F87X 系列单片机开发出一套小巧廉价的在线调试工具 MPLAB－ICD 和相应的开发平台。借助于这套在线调试工具，既可以实现硬件仿真，又可以实现程序固化。为了满足初学者学习 PIC 单片机基本概念的需要，Microchip 公司还提供了一套免费的集成开发环境软件 MPLAB－IDE。该软件可以从 www. microchip. com. cn 下载。借助这套软件，用户可以对 PICl6F87X 进行软件仿真、程序调试。

PIC16F877 单片机的功能框图如图 1－2 所示。从其执行功能考虑，可以将单片机分成两大组件，即基本功能模块和专用功能模块区域。

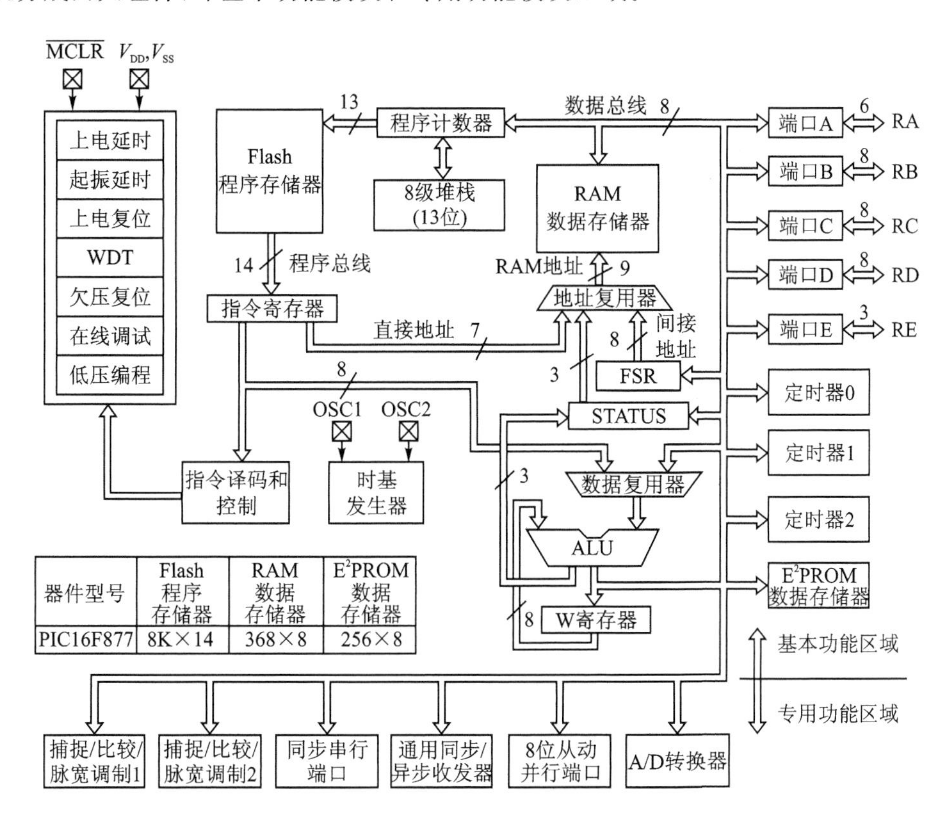

器件型号	Flash 程序存储器	RAM 数据存储器	E²PROM 数据存储器
PIC16F877	8K×14	368×8	256×8

图 1－2　PIC16F877 单片机的功能框图

1. PIC16F877 单片机的基本功能模块区域

首先对 PIC16F877 单片机的基本功能区域所包含的主要部件及其功能进行介绍，以便于读者对它的基本功能硬件有一个概要的认识。基本功能区域的主要功能模块包括以下 7 部分。

1）程序存储器模块

PIC16F877 单片机带有 Flash 程序存储器结构，主要存放由用户预先编制好的程序和一些固定不变的数据。程序存储器共有 8K×14 位程序单元空间，即 0000H～

1FFFH。由程序计数器提供 13 条地址线进行单元选择，每个单元宽 14 位，能够存放一条 PIC 单片机系统指令。在系统上电或其他复位情况下，程序计数器均从 0000H 地址单元开始工作。如果遇到调用子程序或系统发生事件中断，都将当前程序断点处的地址送入 8 级×14 位的堆栈区域进行保护。堆栈是一个独立的存储区域，在子程序或中断服务程序执行完后，再恢复断点地址，使主程序得以继续执行。通过 13 位地址总线，取出对应程序指令的机器码，送入指令寄存器，将组成的操作码和操作数进行有效分离。如果操作数为地址，则进入地址复用器；如果操作数为数据，则进入数据复用器。而操作码将在指令译码和控制单元中转化为相应的功能操作。

2）数据存储器模块

PIC16F877 单片机数据存储器主要包括特殊功能寄存器和通用寄存器两部分，用于存取 CPU 在执行程序过程中产生的中间数据或预置的参数。RAM 数据存储器的每个存储单元除具备普通存储器功能之外，还能实现移位、置位、复位和位测试等通常只有寄存器才能完成的操作。PIC16F877 共有 512 字节单元空间（包括无效的地址单元），即 000H～1FFH。地址复用器组合 9 条地址线，实现 512 个数据存储器单元地址的有效选择。对于不同的数据访问，地址复用器的组合方式也存在差异。当采用直接寻址时，RAM 地址的形成采用 7 加 2 模式，即 7 位数据来源于指令操作数，2 位数据来源于 STATUS 状态寄存器 RP1 和 RP0 位；而采用间接寻址时，RAM 地址的形成采用 8 加 1 模式，即 8 位数据来源于文件选择寄存器 FSR，1 位数据来源于 STATUS 状态寄存器 IRP 位。

基本功能区域配置有地址和数据两种复用器，是一种信号的选择开关，可根据指令功能的不同而选择其中的一个通路。

3）E^2PROM 数据存储器模块

PIC16F877 单片机嵌入一个 256×8 位 E^2PROM 数据存储器模块。它与内部数据存储器最大的差异在于可在线擦/写，存储的内容掉电时不会丢失。要完成数据存取功能，PIC 单片机指令集没有提供现成的机器指令，而必须采用特殊的程序段。

4）算术逻辑运算模块

PIC16F877 单片机中一个非常重要的部件就是算术逻辑单元 ALU，主要实现算术运算和逻辑运算。一般对于双目操作类指令，如“加”、“减”、“与”、“或”，两个操作数来源于工作寄存器 W 和数据复用器。而执行的结果可以送入工作寄存器 W 或返回数据总线（进入特定外围模块或给定的数据寄存器单元），同时会将运算结果的状态送入 STATUS 状态寄存器。

与算术逻辑运算模块关联的特殊功能寄存器主要有以下 3 种：

- 工作寄存器 W：相当于其他单片机中的“累加器 A”，是数据传送的桥梁，是最为繁忙的工作单元。在运算之前，W 可以暂存准备参加运算的一个操作数（称为源操作数）；在运算之后，W 可以暂存运算的结果（称为目标操作数）。

- 状态寄存器 STATUS：反映最近一次算术逻辑运算结果的状态特征，如是否产生进位、借位，结果是否为零等，共涉及 3 个标志位(Z、DC 和 C)。该寄存器在其他单片机中又称为标志寄存器或程序状态字(PSW)寄存器。另外，状态寄存器还包括数据寄存器模块的选择信息(IRP、RP1 和 RP0)。如图 1-2 所示的状态寄存器 STATUS 指向数据存储器地址复用器的 3 条控制线，配合完成间接寻址(IRP)和直接寻址(RP1 和 RP0)。
- 文件选择寄存器 FSR：是与 INDF 完成间接寻址的专用主体寄存器，用于存放间接地址，即预先将要访问单元的地址存入该寄存器。

5) 输入/输出端口模块

PIC16F877 单片机具有丰富的接口资源，共设置有 5 个输入/输出端口，分别为 RA(6 位)、RB(8 位)、RC(8 位)、RD(8 位)和 RE(3 位)，合计共有 33 个引脚。大多数引脚除了基本 I/O 功能外，还配置有其他特殊功能，例如模拟量输入通道、串/并行通信线和 MPLAB-ICD 专用控制线等。这些端口引脚在使用中存在着差异，特别是 RA(6 位)和 RE(3 位)中所涉及的输入/输出通道，只有当对 ADCON1 进行设置后才能用作数字量输入/输出引脚。另外，RB 端口的高 4 位具有特殊的电平变化中断功能，为实时监控提供了很大方便。RC 端口拥有各类串行通信功能，包括主控同步串行通信 MSSP(SPI、I^2C)和通用同步/异步收发器 USART。

6) 多功能定时器模块

PIC16F877 单片机配置有 3 个功能较强的多功能定时器模块：TMR0(8 位)、TMR1(16 位)和 TMR2(8 位)。它们都具有不同位宽的可编程定时器，除 TMR2 以外都可作为计数器使用。每个定时器/计数器模块都配有不同比例的预分频器或后分频器。另外，还有两个重要的专门用途：当设置在同步计数方式下，TMR1 可与捕捉/比较/脉宽调制 CCP 模块配合实现捕捉和比较功能；TMR2 可以与捕捉/比较/脉宽调制 CCP 模块配合实现脉宽调制输出功能。

7) 核心模块

PIC16F877 单片机具有多种功能强大的系统复位模式：基于电容的效应，当系统芯片加电后，V_{DD} 电压会有一个逐渐上升的过程，当达到 1.5～1.8 V 后，上电复位电路将自动产生一个复位脉冲，使单片机复位。而为了保障系统程序安全、可靠运行，当 V_{DD} 掉电跌落到 V_{BOR}(大约 4 V)的时间大于 T_{BOR}(大约 100 μs)时，如果掉电复位功能处于使能方式，将自动产生一个复位信号并使芯片保持在复位状态；而如果 V_{DD} 掉电跌落到 V_{BOR} 的时间小于 T_{BOR}，则系统不会产生复位。直到 V_{DD} 恢复到正常范围，上电延时电路再提供一个 72 ms 延时，才使 CPU 从复位状态返回到原正常运行状态。另外，核心模块还带有两种特殊的延时电路：上电延时和起振延时电路。在芯片加电时，上电延时定时器 PWRT 提供一个固定的 72 ms 正常上电延时。上电延时电路采用 RC 振荡器方式工作。当 PWRT 处于延时过程时，芯片就能一直保持在复位状态，以确保电源电压在这个固定延时内达到合适的芯片工作电压；在上电延时电路提供一个72 ms延时后，起振定时器OST将提供1 024个振荡周期的延迟时间，以保证晶体或陶瓷谐振器能够有合适的时间起振并产生稳定的时序波形。

PIC16F877单片机嵌入了一个具有较强功能的看门狗定时器WDT，能够有效防止因环境干扰而引起系统程序"飞溢"。WDT的定时/计数脉冲是由芯片内专用的RC振荡器产生的。它的工作既不需要任何外部器件，也与单片机的时钟电路无关。这样，即使单片机的时钟停止，WDT仍能继续工作。看门狗电路在实时控制系统有着重要的应用价值，可以在18 ms基本定时基础上加入1∶1～1∶128的预分频比例，从而达到18～2 304 ms的定时。一旦在程序中启用看门狗电路，定时的长短将直接与看门狗复位指令CLRWDT的设置有关。其原则是：程序循环或程序段内插入CLRWDT，确保正常程序运行时看门狗电路执行复位（CLRWDT）的间隙时间小于看门狗电路设置的溢出时间。

PIC16F877单片机最具特色的内容之一就是具有强大的在线调试功能和低压编程功能，为初学者提供了一个友好的操作平台，在Microchip公司提供的集成开发环境MPLAB-IDE和实验板的支持下，完成在线调试程序的功能。在对PIC16F877单片机进行在线串行编程时，该电路允许使用芯片工作电压V_{DD}作为编程（即固化）电压，而不需要额外的高电压（如13 V）。

2. PIC16F877单片机的专用功能区域

PIC16F877单片机内部集成的多个专用功能区域，其功能和使用方法比较复杂，这将在以后的章节中详细讲解。这里仅对专用功能区域各模块的功能作一简要的介绍，让读者有一个概要了解。PIC16F877单片机专用功能区域主要包括3类充分体现PIC16F877单片机特色的专用功能模块。

1）串行通信和并行数据传送模块

在RC端口汇集有多种串行数据传送方式，主要包括同步串行端口SSP和通用同步/异步收发器USART。SSP具有SPI和I^2C两种系统内部进行数据传送的工作方式，可实现多机或外接专用器件进行特殊通信。USART是一种常规的二线式串行通信模式，在PC机和单片机中都有配置。它可以定义为两种工作方式：半双工同步方式和全双工异步方式，以实现外接专用器件之间或远距离多机进行特殊通信。另外，RD端口可作为并行从动端口PSP，是一条处于被动工作方式下数据传送的高速通道，并行数据总线的权限将由与其进行数据交换的另一方控制。

2）捕捉/比较/脉宽调制模块

PIC16F877单片机配置有两个功能较强、颇具特色的功能模块CCP1和CCP2，分别能与TMR1和TMR2配合实现对信号的输入捕捉、输出比较和脉宽调制PWM输出功能。

输入捕捉功能：主要通过TMR1定时器，及时捕捉外加信号的边沿触发，用来间接测量信号周期、频率、脉宽等。输出比较功能：主要通过TMR1定时器和比较电路，输出宽度可调的方波信号，以驱动那些工作于脉冲型的电气部件。脉宽调制

PWM 输出功能：主要通过 TMR2 定时器、PR2 周期寄存器和比较电路，输出周期和脉宽可调的周期性方波信号，以控制可控硅的导通状态、步进电机转动角度或调整发光器件亮度等。

3）A/D 转换器（ADC）模块

A/D 转换器是专用功能区域重要的器件之一。PIC16F877 单片机本身就嵌入了一个 10 位分辨率的模/数转换器，最多可带有 8 个模拟量输入通道，用来将外部的模拟量变换成单片机可以接收和处理的数字量。A/D 转换器采用常规的逐次比较法，参考电压既可使用标准的 V_{DD} 和 V_{SS} 信号，也可使用外加参考电压。A/D 转换器内部配置有独立的时钟信号，即使 PIC 单片机处于睡眠的情况下，照样可以进行模/数转换。

1.2.3　PIC16F877 单片机的引脚

PIC16F87X 系列单片机有双列直插式 28 引脚和 40 引脚及表面贴装式 44 引脚等几种封装形式。PIC16F877 单片机也有双列直插式 40 引脚及表面贴装式 44 引脚等几种封装形式。图 1-3 是双列直插式 40 引脚的 PIC16F877 单片机引脚功能图。

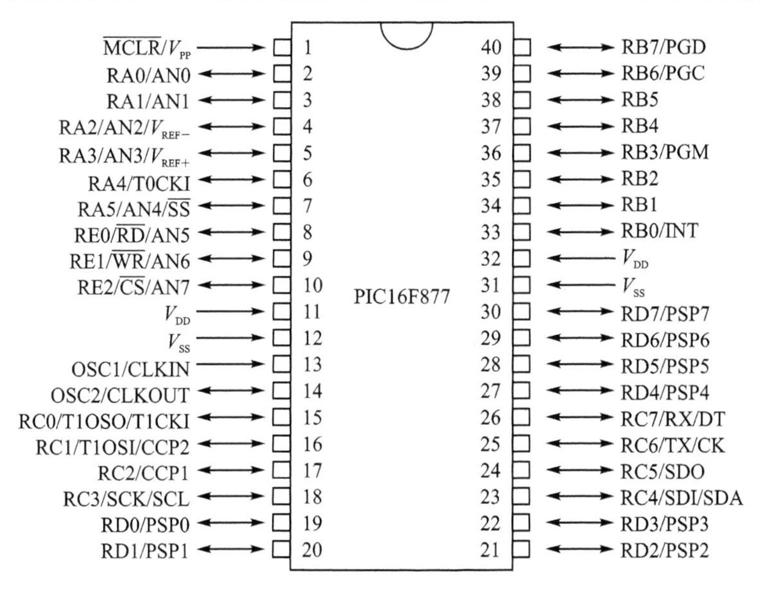

图 1-3　双列直插式 40 引脚的 PIC16F877 单片机引脚功能图

PIC16F877 单片机是目前世界上片内集成外围模块最多、功能最强的单片机品种之一，所有接口引脚除具有基本输入/输出功能以外，一般都设计有第 2 功能，甚至第 3 功能。它采用引脚复用技术，以便即使增加功能也不增大体积及引脚数量。为了便于记忆，可将 PIC16F877 单片机引脚分成两大类，即 7 个系统配置引脚和 33 个输入/输出功能引脚。下面对这些引脚进行分类分析和介绍。在这里，初学者只要建立起相应的概念和印象即可，详细的功能分析将在后续章节进行。

1. 系统配置引脚

1）电源和接地引脚(均配置2组)

V_{DD}：正电源端。

V_{SS}：接地端。

2）时钟、复位引脚

OSC1/CLKIN：时钟振荡器晶体连接端1/外部时钟源输入端。

OSC2/CLKOUT：时钟振荡器晶体连接端2/外部时钟源输出端。

3）主复位引脚

$\overline{MCLR}/V_{PP}$：人工复位输入端(低电平有效)/编程电压输入端。

2. 输入/输出功能引脚

PIC16F877单片机配置有5个端口，多达33个双向输入/输出引脚。每个引脚都具有较强的对外电路驱动能力，都可以独立设置成所需要的输入或输出状态。

1）端口A引脚

端口A是一个双向输入/输出可编程端口，只有对ADCON1进行设置后才能用作数字量输入/输出引脚。端口A的引脚还有第2、第3功能。

RA0/AN0　　RA0/第0路模拟信号输入端。

RA1/AN1　　RA1/第1路模拟信号输入端。

RA2/AN2/V_{REF-}　　RA2/第2路模拟信号输入端/负参考电压端。

RA3/AN3/V_{REF+}　　RA3/第3路模拟信号输入端/正参考电压端。

RA4/T0CKI　　RA4/定时器0时钟输入端。

RA5/AN4/$\overline{SS}$　　RA5/第4路模拟信号输入端/SPI通信从动选择。

2）端口B引脚

端口B是一个双向输入/输出可编程端口。当其用作输入时，内部有可编程的弱上拉电路。此外，端口B的引脚还有第2、第3功能。考虑到MPLAB-IDE集成开发环境借用RB端口的3个引脚，一般在扩展外围电路中应避免使用RB3、RB6和RB7；如果必须要用，则应采取相应的措施，详细方法见有关章节。

RB0/INT　　RB0/外部中断输入端。

RB1　　RB1。

RB2　　RB2。

RB3/PGM　　RB3/低电平电压编程输入端。

RB4　　RB4(具有电压变化中断功能)。

RB5　　RB5(具有电压变化中断功能)。

RB6/PGC　　RB6(具有电压变化中断功能)/在线调试输入端和串行编程时钟输入端。

RB7/PGD　　RB7(具有电压变化中断功能)/在线调试输入端和串行编程数据输入端。

3）端口 C 引脚

端口 C 是一个双向输入/输出可编程端口，其引脚还有第 2、第 3 功能，与其他端口相比，功能最为丰富。该引脚主要嵌入有两大类功能：捕捉/比较/脉宽调制模块 CCP 和各类串行通信模块。

RC0/T1OSO/T1CKI　RC0/定时器 1 的振荡器输出端/定时器 1 时钟输入端。

RC1/T1OSI/CCP2　RC1/定时器 1 的振荡器输入端/捕捉器 2 输入端或比较器 2 输出端或脉宽调制器 PWM2 的输出端。

RC2/CCP1　RC2/捕捉器 1 输入端或比较器 1 输出端或脉宽调制器 PWM1 的输出端。

RC3/SCK/SCL　RC3/SPI 和 I^2C 串行口的同步时钟输入或输出端。

RC4/SDI/SDA　RC4/SPI 串行口的数据输入端和 I^2C 串行口的数据输入或输出端。

RC5/SDO　RC5/SPI 串行口的数据输出端。

RC6/TX/CK　RC6/USART 全双工异步发送端/USART 半双工同步传送时钟端。

RC7/RX/DT　RC7/USART 全双工异步接收端/USART 半双工同步传送数据端。

4）端口 D 引脚

端口 D 是一个双向输入/输出可编程端口，其全部引脚都有第 2 功能。一般，RD 端口在实际的控制系统或实验中常用作数据传送端口。

RD0～RD7/PSP0～PSP7：RD0～RD7/作从动并行口与其他微处理器总线连接。

5）端口 E 引脚

端口 E 是一个双向输入/输出可编程端口，只有对 ADCON1 进行设置后，才能用作数字量输入/输出引脚。端口 E 的引脚还有第 2、第 3 功能。

RE0/$\overline{RD}$/AN5　RE0/并行口读出控制端/第 5 路模拟信号输入端。

RE1/$\overline{WR}$/AN6　RE1/并行口写入控制端/第 6 路模拟信号输入端。

RE2/$\overline{CS}$/AN7　RE2/并行口片选控制端/第 7 路模拟信号输入端。

1.3　存储器概述

PIC16F877 单片机内部配置了较完善的多个存储器，可分为数据存储器和程序存储器两种，为一般用户提供了很大的方便。它们具有很丰富的内涵，本节仅作简单说明。

1.3.1　程序存储器

PIC16F877 单片机内部配置了 8K×14 位的 Flash 程序存储器，可以很方便地进行在线擦除和烧写，寿命可达1 000次以上。在PIC系列单片机教学实验和科研开发中，灵活的Flash功能显示出无穷的魅力和宽广的应用前景。程序存储器具有13位宽的程序计数器PC，有时可以由$PCLATH_{0\sim4}$低5位和8位PCL间接构成，最大可寻址的程序存储器空间为8 KB，相应的地址编码范围为0000H～1FFFH。PIC16F877是一款功能较强，性能适中，易学通用的中档单片机，其指令字节宽度为14位。

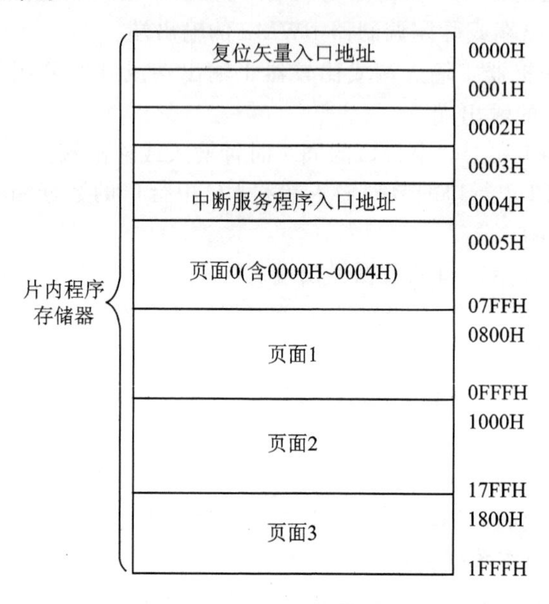

图1-4　程序存储器结构

PIC指令系统具有较为保守的特点，多数指令均是顺序执行，即使条件跳转也是所谓隔行间跳。具有大范围转移功能的指令只有两条：无条件转移GOTO语句和调用子程序CALL语句。但它们受到2 KB范围的约束，这是PIC难点之一。一般将整个程序存储器以2 KB为单位进行分页。如图1-4所示，8 KB程序存储器共分作4页，分别称为页0、页1、页2和页3。程序计数器PC高位寄存器$PCLATH_{3\sim4}$将决定程序存储器跨页面选择。

对于PIC系列单片机，程序存储器的入口执行地址只有两个：一个是单片机上电等方式的复位地址，即0000H，这是应用程序的起源地址；另一个是单片机14个功能模块中断服务程序的入口地址，即0004H，中断产生时PC指针会自动加载该地址。这样的系统布局，看上去非常简单，但在实际应用时，特别是涉及多个中断同时打开时，必须逐个对中断标志位（XXIF）进行判断。同时，在0000H～0003H单元内不得不放置GOTO转向主程序的指令，以便避开0004H存储器单元。

1.3.2　数据存储器

PIC16F877单片机内部配置两类数据存储器：普通RAM数据存储器和E^2PROM失电保持数据存储器。普通RAM数据存储器与一般概念的内存类似，在单片机工作状态下能暂时保存相关的数据、配置及状态等信息。RAM总的地址空间为512个单元，其中包括部分无效单元，但每一个有效单元均可以像寄存器一样进行移位、置位、复位和位测试等操作。

PIC单片机的数据存储器与其他单片机一样，在配置结构上可分为通用寄存器和特殊功能寄存器两大类。前者给用户使用;而后者通常定义给某些功能模块,是一种具有特殊目的的功能寄存器。PIC16F877单片机RAM数据存储器与程序存储器一样,在其512个地址空间进行类似区域划分,分为4个“体(bank)”,如图1-5所示,从左到右分别记为“体0”、“体1”、“体2”和“体3”,每个“体”均为128×8位宽的存储单元。比较程序存储器和数据存储器的结构图便可以看到,前者4等分区域(页)采用串接方式排列;而后者4等分区域(体)采用并接方式排列。RAM数据存储器的内容可读、可写,掉电后,内容消失。同时,在PIC16F877片内又配置了另一种可掉电保护的数据存储器E^2PROM,共有256×8位宽的存储单元,可以长期存放用户或系统的重要参数,如时间、配置及数据表格等,是一种非常重要的硬件资源。

体0	体1	体2	体3
000H	080H	100H	180H
001H	081H	101H	181H
002H	082H	102H	182H
003H	083H	103H	183H
⋮	⋮	⋮	⋮
07EH	0FEH	17EH	1FEH
07FH	0FFH	17FH	1FFH

图1-5 数据存储器地址分配

测 试 题

一、思考题

1. 如何理解PIC单片机指令微观双指令周期和宏观单指令周期?
2. 哈佛总线结构的最大特点是什么?
3. 什么是RISC指令结构?
4. 为什么PIC单片机可以突破8位指令字节的限制?
5. 在特殊功能寄存器中,最常用的单元有哪些?各承担什么功能?
6. 请分析PIC单片机程序存储器两个特殊的入口地址。
7. PIC16F877数据存储器分成几个区域,对应的地址空间的范围是什么?
8. PIC16F877单片机的专用功能区域主要有哪些部分?功能是什么?
9. 请分析数据存储器单元地址结构。
10. 请说明各类存储器的单元数量。

二、选择题

1. 假定PIC时钟频率为4 MHz,那么执行一条非转移类指令的真实时间为________μs。

   A. 0.5　B. 2　C. 3　D. 1

2. PIC单片机采用哈佛总线结构的根本意义在于________。

   A. 减少CPU功耗　　B. 数据存储器与程序存储器总线分离
   C. 提高端口的驱动能力　　D. 可以在线调试

3. PIC单片机与其他单片机相比,具有下列这些明显的优点,但________除外。

   A. 哈佛总线结构　　B. 指令RISC结构
   C. 存储器容量大　　D. 驱动能力强

4. 在PIC单片机中,作为数据传送桥梁的是________寄存器。

   A. W　B. STATUS　C. RAM　D. FSR

5. PIC16F877 数据存储器(包括无效的数据单元)共有________字节单元空间。

A. 1024　B. 512　C. 128　D. 256

6. 带有 Flash 存储器结构的程序存储器,存放由用户预先编制好的程序和一些固定不变的数据。PIC16F877 程序存储器共有________位单元空间。

A. 2K×12　B. 4K×14　C. 8K×14　D. 8K×16

7. PIC16F877 外围区域包括 5 个端口:RA、RB、RC、RD 和 RE,其中端口________都不具有 8 个引脚。

A. RA 和 RB　B. RC 和 RD　C. RB 和 RC　D. RA 和 RE

8. PIC16F877 外围区域包括 5 个端口:RA、RB、RC、RD 和 RE,每个端口均有多个 I/O 可编程引脚,共有________个引脚。

A. 30　B. 34　C. 33　D. 31

9. 状态寄存器中配合完成间接寻址的是________位。

A. RP1　B. IRP　C. RP0　D. Z

10. 状态寄存器中配合完成直接寻址的是________两位。

A. RP1 和 IRP　B. IRP 和 RP0　C. RP1 和 RP0　D. Z 和 C

11. 位于 RAM 数据寄存器最顶端的 INDF 寄存器只有地址编码,并不是一个真正物理上的寄存器单元,用它与________寄存器配合,可实现间接寻址。

A. PCL　B. PCLATH　C. STATUS　D. FSR

12. PIC16F877 的 A/D 转换器(ADC)具有________个模拟量输入通道。

A. 5　B. 8　C. 10　D. 6

13. PIC16F877 的 A/D 转换器(ADC)具有________位的分辨率。

A. 10　B. 12　C. 8　D. 14

14. PIC16F877 RB 端口中的部分引脚具有电压变化中断功能,但下列引脚中的________不具有此项功能?

A. RB4 和 RB6　B. RB5 和 RB7　C. RB0 和 RB3　D. RB4 和 RB5

15. PIC16F877 中的并行口读出/写入/片选控制端引脚位于________。

A. RA 端口　B. RE 端口　C. RB 端口　D. RC 端口

16. PIC16F877 的 RA 端口中,不承担模拟量输入通道的是________引脚。

A. RA3　B. RA5　C. RA0　D. RA4

17. PIC16F877 数据存储器中,“体 2”区域内的单元地址是________。

A. 00H～07FH　B. 080H～0FFH　C. 100H～17FH　D. 180H～1FFH

18. PIC16F877 程序存储器的单元地址范围是 0000H～ ________ H。

A. 0FFF　B. 1FFF　C. 7FFF　D. FFFF

19. 对于 PIC 系列单片机,外围设备中断服务程序的入口地址是________。

A. 0004H　B. 0008H　C. 0000H　D. 0002H

20. PIC 单片机系统时钟范围理论上可以是________。

A. DC～4 MHz　B. 大于 2 MHz　C. 4～20 MHz　D. DC～20 MHz

第 2 章　PIC 单片机存储器

存储器是单片机中一个非常重要的部件，专门用于存放指令、数据和运算结果。分析 PIC16F877 单片机存储器构架，其配置的三大模块是：8K×14 位 Flash 程序存储器、512×8 位 RAM 数据存储器和 256×8 位 E^2PROM 存储器。

2.1　存储器分类

从使用功能上，存储器可分为随机存储器 RAM(Random Access Memory)和只读存储器 ROM(Read Only Memory)两类。随机存储器又称为读/写存储器，用于存放从外部读入的程序、各种输入/输出的数据和运算结果。通信缓冲区、外设的内存映像区和堆栈一般也安排在 RAM 中。只读存储器 ROM 通常用于存放固化的程序和常数表格，如通用微型计算机中的监控程序和 BIOS 配置等。

在 PIC 单片机系统中，RAM 主要包括内部普通数据存储器(非记忆)和特别数据存储器(可记忆)，一般用于存放外围模块相关数据信息或运算结果。如果需要，也可扩充外围数据存储器(如常用芯片 8 KB SRAM 6264)。而 ROM 主要包括内部 Flash 单元和 OTP(一次性编程)模块，一般用于存放用户的应用程序、常数表格和系统配置位等，也可根据用户需要扩展外部程序存储器(如常用芯片 8 KB EPROM 2764)。

2.2　程序存储器构架

PIC16F877 单片机程序存储器具有 13 位宽的程序计数器 PC，所构成的 13 位地址最大可寻址的程序存储器空间为 8 KB，相应的地址编码范围为 0000H～1FFFH。PIC16F877 单片机属于中档单片机，基本功能区域配置了 8K×14 位的 Flash 程序存储器，每个字节宽为 14 位，恰好存放一条独立的程序指令。

由 PIC 指令特性所决定，程序仅限于在 2 KB 的范围内自由调用和转移。若超出 2 KB 区域，则必须使用特殊的方式。一般将整个程序存储器以 2 KB 为单位进行分页(page)，如图 2-1 所示。8 KB 程序存储器共分作 4 页，分别称为“页 0”、“页 1”、“页 2”和“页 3”。程序计数器高 8 位 PCLATH 的 Bit4～Bit3 构成程序存储器分页的选择位，对应的地址空间如下：

Bit4	Bit3	页域	程序存储器地址
0	0	页 0	0000H～07FFH
0	1	页 1	0800H～0FFFH
1	0	页 2	1000H～17FFH
1	1	页 3	1800H～1FFFH

在程序存储器 4 个页面中，只有“页 0”区域有两个单元是程序的入口地址，即单片机系统的复位地址 0000H 单元和中断服务子程序的入口地址 0004H 单元。

前者又称为复位矢量，上电复位和各类特殊情况所引起的单片机复位，单片机都将从该地址单元开始执行主程序；后者又称为中断矢量，PIC16F877 单片机响应所有 14 种中断请求，都将从该地址执行中断服务子程序，只有执行语句 RETFIE 后才返回原断点主程序。若在程序中没有设置中断请求，主程序可以从 0000H 单元开始依次存放，而不必考虑 0004H 单元的专用性。

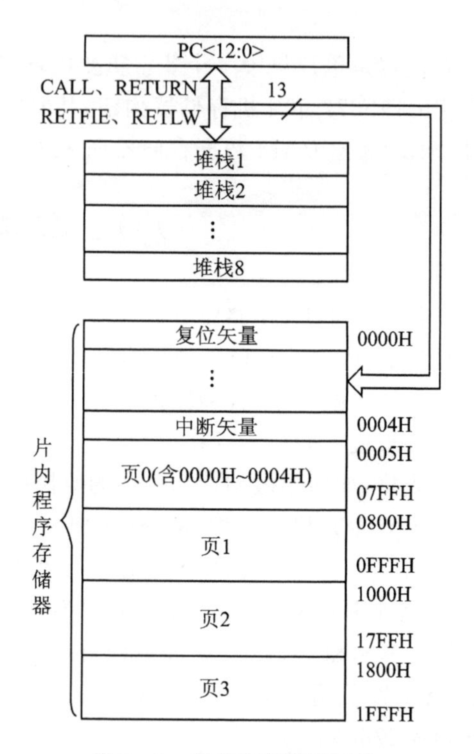

图 2－1　程序存储器和堆栈

PIC16F877 单片机的堆栈方式有别于不少其他类型的单片机，它采用一种硬件堆栈的技术方案，配置 8 级堆栈区域。

当 CPU 执行 CALL 调用子程序命令或响应各类中断而导致程序原有顺序发生改变时，才使当前程序计数器 13 位 PC 指针值自动进入栈区保护。程序指针值的恢复，主要取决于返回类语句（RETURN、RETLW 和 RETFIE）。

堆栈操作遵循“先进后出”的规则，即所谓“压子弹盒”规则，最先入盒的子弹最后射出；而最后入盒的子弹最先弹出。

初学者应注意，当过多嵌套调用或交叉调用子程序时，可能会出现先入栈地址丢失现象。这时，应仔细分析 PC 指针进出栈的数据，以顺应程序流程。当然，在进行程序设计时，有时也会合理使用“先进后出”的规则，交叉套用出栈的地址。

2.3　数据存储器构架

PIC16F877 单片机带有一个功能很强、用于存储数据的 RAM 单元。它不同于一般单片机的 RAM 功能，每一个单元都能实现移位、置位、复位和位测试等功能操作。因此，对于 PIC16F877 单片机的 RAM 数据存储器，又可称为文件寄存器。

RAM 数据存储器构架与一般单片机相同，主要分为通用寄存器和特殊功能寄存器两部分。其数据内容可读、可写，掉电后内容自然丢失。另外，在 PIC16F877 片内配置着一种与 RAM 数据存储器功能较为相近的 E^2PROM 数据存储器，其数据内容可读、可写，但掉电后内容可受保护。PIC16F877 单片机的 RAM 数据存储器布局如图 2－2 所示。

为了便于指令的调用，RAM 数据存储器在空间构架上与 Flash 程序存储器一样，以类似方式进行分区。按横向排列，分为 4 个“体”，从左到右分别记为“体 0”、“体 1”、“体 2”和“体 3”。每个体为 128 个 8 位宽的存储器单元。从理论上讲，共有 512 字节的地址空间。但实际上配置的有效单元数不足 512 字节，其中有 19 个单元保留未用，有 77 个特殊功能寄存器（W 文件寄存器是一个特例，并不隶属于数据存储器范围），有通用寄存器 416 字节（注意：在体 1、体 2 和体 3 中，最后 16 个单元均映射到体 0(070H～07FH)，故实际通用寄存器单元为 368 个）。RAM 数据存储器的地址编码在 000H～1FFH 范围内连续分配，地址编码共有 9 位二进制数，即 000000000B～111111111B。位 RP1 和 RP0（状态寄存器 STATUS 的 Bit6、Bit5）构成数据存储器分体的选择位，各体地址范围分别为

RP1	RP0	体域	数据存储器地址
0	0	体 0	000H～07FH
0	1	体 1	080H～0FFH
1	0	体 2	100H～17FH
1	1	体 3	180H～1FFH

从图 2－2 可以看到，RAM 数据存储器中配置了许多特殊功能寄存器。这些特殊功能寄存器的取名方式主要取决于各自的用途，有些甚至配置到特殊功能寄存器的每一位。熟练掌握这些特殊功能寄存器，对于认识 PIC 单片机的基本功能模块和专用功能模块以及提高编程能力都有益处。但为了便于初学者入门，提高学习兴趣，本书主要讲解那些比较重要且常用的特殊功能寄存器。

在 PIC16F877 单片机的 RAM 数据存储器的配置中，对应每个“体”中的前 12 个单元所属的特殊功能寄存器是最重要的，它们是构成 PIC 单片机常用功能的基本要素。初学者应首先熟练掌握这些单元，并重点了解承担的功能及配置情况。图中的阴影部分没有配置功能，不能使用，数据的输入和输出将不会关联一致。

名称	地址	名称	地址	名称	地址	名称	地址
INDF[1]	00H	INDF[1]	80H	INDF[1]	100H	INDF[1]	180H
TMR0	01H	OPTION_REG	81H	TMR0	101H	OPTION_REG	181H
PCL	02H	PCL	82H	PCL	102H	PCL	182H
STATUS	03H	STATUS	83H	STATUS	103H	STATUS	183H
FSR	04H	FSR	84H	FSR	104H	FSR	184H
PORTA	05H	TRISA	85H		105H		185H
PORTB	06H	TRISB	86H	PORTB	106H	TRISB	186H
PORTC	07H	TRISC	87H		107H		187H
PORTD	08H	TRISD	88H		108H		188H
PORTE	09H	TRISE	89H		109H		189H
PCLATH	0AH	PCLATH	8AH	PCLATH	10AH	PCLATH	18AH
INTCON	0BH	INTCON	8BH	INTCON	10BH	INTCON	18BH
PIR1	0CH	PIE1	8CH	EEDATA	10CH	EECON1	18CH
PIR2	0DH	PIE2	8DH	EEADR	10DH	EECON2	18DH
TMR1L	0EH	PCON	8EH	EEDATH	10EH	Reserved[2]	18EH
TMR1H	0FH		8FH	EEADRH	10FH	Reserved[2]	18FH
T1CON	10H		90H		110H		190H
TMR2	11H	SSPCON2	91H		111H		191H
T2CON	12H	PR2	92H		112H		192H
SSPBUF	13H	SSPADD	93H		113H		193H
SSPCON	14H	SSPSTAT	94H		114H		194H
CCPR1L	15H		95H		115H		195H
CCPR1H	16H		96H		116H		196H
CCP1CON	17H		97H	通用寄存器	117H	通用寄存器	197H
RCSTA	18H	TXSTA	98H	16字节	118H	16字节	198H
TXREG	19H	SPBRG	99H		119H		199H
RCREG	1AH		9AH		11AH		19AH
CCPR2L	1BH		9BH		11BH		19BH
CCPR2H	1CH		9CH		11CH		19CH
CCP2CON	1DH		9DH		11DH		19DH
ADRESH	1EH	ADRESL	9EH		11EH		19EH
ADCON0	1FH	ADCON1	9FH		11FH		19FH
	20H		A0H		120H		1A0H
通用寄存器 96字节		通用寄存器 80字节		通用寄存器 80字节		通用寄存器 80字节	
	6FH		EFH		16FH		1EFH
	70H	映射到 70H~7FH	F0H	映射到 70H~7FH	170H	映射到 70H~7FH	1F0H
	7FH		FFH		17FH		1FFH
体0		体1		体2		体3	

注：

1. 标有(1)的单元为非物理存在的寄存器；
2. 标有(2)的单元为保留单元；
3. 带有阴影的单元物理上不存在。

图 2-2 PIC16F877 单片机的 RAM 数据存储器

注意：本书中的有关表、图的阴影部分均表示该单元没有定义或暂不使用。

PIC16F877 单片机的 RAM 数据存储器的特殊功能寄存器区域位于 RAM 各个体的上半部分（体 0、体 1 前 32 字节，体 2、体 3 前 16 字节）；通用寄存器区域位于 RAM 各个体的下半部分。比较各体的特殊功能寄存器单元，不难发现寄存器单元存在某种互相映射现象。例如,状态寄存器 STATUS、间接寻址寄存器 INDF、程序计数器低 8 位 PCL、文件选择寄存器 FSR、程序计数器高 8 位 PCLATH 和中断控制寄存器 INTCON,都存在 4 体互相映射。所谓互相映射,就是在 4 个体内的物理单元尽管具备 4 个不同的地址,但却对应相同的寄存器单元。这样配置是与 PIC 单片机指令结构有所关联,因为 PIC 最常用的数据存储器访问方式主要采用直接寻址,而指令机器码仅能携带访问单元地址的低 7 位信息。对于重要且常用的特殊功能寄存器互为映射,可以有效避免数据存储器的体域转换。例如,文件选择寄存器 FSR 的 4 个地址是 04H、84H、104H 和 184H,利用这 4 个地址都能够找到该寄存器单元,其内容是唯一的。

另外,还有一些特殊功能寄存器单元在体 0 和体 2(或体 1 和体 3)之间是互相映射的。这样的寄存器单元带有两个不同体域的地址,总共有 4 个特殊功能寄存器。例如,选项寄存器 OPTION_REG、定时器/计数器 TMR0、端口 RB 数据寄存器 PORTB 和端口 RB 方向寄存器 TRISB。

关于不同的体之间互相映射的概念,有一个很重要的特性就是:在对应体位寄存器单元地址的低 7 位是相同的。

2.3.1　通用寄存器

PIC16F877 单片机的通用寄存器 GPR(General Purpose Registers)可由用户根据程序设计的需要,自行支配存取过程数据或计算数值。通用寄存器在单片机上电复位后,一般各单元的内容是不确定的。尽管在单片机程序运行中时常发现在系统复位后的单元内容处于清零状态,但读者应注意并养成良好的程序设计习惯,绝不能以此为依据而直接使用。

下面介绍 PIC16F877 单片机通用寄存器的数量和在 4 个体内的布局情况。

PIC16F877 单片机的通用寄存器主要分布在数据存储器 RAM 各体的下半部分区域,包括体 0 和体 1 区域各有 96 个单元(020H～07FH 和 0A0H～0FFH)及体 2 和体 3 区域各有 112 个单元(110H～17FH 和 190H～1FFH)。初步合计,PIC16F877 单片机的通用寄存器应该有 416 个 8 位宽的 RAM 单元,但仔细推敲后却发现,在体 1、体 2 和体 3 的数据存储器 RAM 体内,分别存在一个映射的地址区域:F0H～FFH、170H～17FH 和 1F0H～1FFH。这些单元都是虚拟设计,本身的硬件结构并不存在,但它们的地址信息都可以索引(或映射)到体 0 中的高地址(70H～7FH)处的 16 个 RAM 单元。正是基于这样的数据存储器结构,实际的通用寄存器单元数为 368 个。这样的配置安排为用户提供了极大的便利,特别是在中断服务程序的设计和数据处理过程中,就能够有效突破通用寄存器体域的限制,例如定义通用的变量函数并统一归入系统单片机的初始化配置文件 P16F877.INC 中。有关内容将在后面有关章节中予以说明。

2.3.2 特殊功能寄存器

特殊功能寄存器 SFR(Special Function Registers)主要分布在数据存储器 RAM 各体的上半部分区域，是为某种专用目的而设计的特殊寄存器。每一个寄存器单元，甚至相应的每一位名称的构成方式，一般都有自己特定的名称和功能。特殊功能寄存器主要涉及算术逻辑运算结果的状态、PIC 基本功能结构、专用功能模块的配置和数据通信方式等内容的定义和系统信息的返回窗口，是单片机赖以正常运行的媒介和工作平台。因此，特殊功能寄存器又称为专用寄存器。

在特殊功能寄存器中，有的涉及 CPU 内核的性能配置，有的专门用于控制各种专用功能模块的操作。因此，可以依据其不同的用途分为两类：一类是与 CPU 内核相关的寄存器；另一类是与专用功能模块相关的寄存器。这里，仅介绍最常用的几个特殊功能寄存器，其他寄存器则放在各种功能部件和外围模块的介绍中讲解。

为了更好地说明各位参数，把需要设置定义后才起作用的位参数称为主动参数，而把需要根据指令执行结果由系统自动返回状态信息的位参数称为被动参数。在以后的功能设置和分析说明中，为了避免初学者概念的混淆，本书将采用统一和规范化的专业术语，主要包括以下内容：

- 对某单元或位赋值 0 用“清零”表示，赋值 1 用“置位”表示；
- 对于模块中断功能的设定，通常可以用“允许”、“使能”和“开放”等术语表达某中断功能可用的含义，本书统一用“使能”表示；
- GIE——管理着所有 14 个中断源，称谓有“总中断使能位”、“总中断允许位”和“总中断屏蔽位”，本书统一用“总中断使能位”表示。

1. 状态寄存器 STATUS

状态寄存器用于记录算术逻辑单元 ALU 的运算结果状态、CPU 的特殊运行状态以及 RAM 数据存储器体域选择等信息。状态寄存器与通用寄存器有着本质的区别：功能位 $\overline{T0}$ 和 $\overline{PD}$ 只能读；另一些位的状态将取决于运算结果。

状态寄存器 STATUS 各位分布如下：

Bit7	Bit6	Bit5	Bit4	Bit3	Bit2	Bit1	Bit0
IRP	RP1	RP0	$\overline{T0}$	$\overline{PD}$	Z	DC	C

状态寄存器各位的含义如下。

Bit0/C：进位/借位标志，被动参数。

　　0：执行加法（或减法）指令时，最高位无进位（或无借位）；

　　1：执行加法（或减法）指令时，最高位有进位（或有借位）。

Bit1/DC：辅助进位/借位标志，被动参数。

　　0：执行加法（或减法）指令时，低 4 位向高 4 位无进位（或有借位）；

1：执行加法(或减法)指令时，低 4 位向高 4 位有进位(或无借位)。

Bit2/Z：零标志，被动参数。

0：算术或逻辑运算结果不为 0；

1：算术或逻辑运算结果为 0。

Bit3/$\overline{\text{PD}}$：降耗标志，被动参数。

0：睡眠指令执行后；

1：上电或看门狗清零指令执行后。

Bit4/$\overline{\text{T0}}$：超时标志，被动参数。

0：看门狗发生超时；

1：上电或看门狗清零指令或睡眠指令执行后。

Bit6～Bit5/RP1～RP0：RAM 数据存储器体选位，仅用于直接寻址，主动参数。

这两位复合选择 RAM 数据存储器的 4 个体，具体关系如下：

RP1,RP0 = 0　0　　选中体 0

RP1,RP0 = 0　1　　选中体 1

RP1,RP0 = 1　0　　选中体 2

RP1,RP0 = 1　1　　选中体 3

Bit7/IRP：RAM 数据存储器体选位，仅用于间接寻址，主动参数。

0：选择数据存储器低位体：即体 0(FSR 的 Bit7=0)或体 1(FSR 的 Bit7=1)；

1：选择数据存储器高位体：即体 2(FSR 的 Bit7=0)或体 3(FSR 的 Bit7=1)。

2. 间接寻址寄存器 INDF 和文件选择寄存器 FSR

在 RAM 数据存储器中，有一个非常特别的寄存器 INDF，它位于数据存储器各体的最低位单元，即 00H、80H、100H 和 180H。它们是互相映射，只具有地址编码，但物理上并不真正存在的虚拟寄存器。间接寻址寄存器 INDF 的专有功能必须与文件选择寄存器 FSR 配合，才能实现间接寻址。当访问 INDF 地址时，应该是访问以 FSR 内容为地址所指向的数据存储器 RAM 单元。PIC 系列单片机正是采用这种独特而巧妙的构想，实现对数据存储器的循环访问，同时也使 PIC 指令集系统得到很大的精简。

在 PIC 单片机指令系统中，直接寻址和间接寻址是很重要的数据访问方式，主要是借助于状态寄存器相关位的补充实现数据存储器的选择。直接寻址/间接寻址方式示意图如图 2-3 所示。在直接寻址中，体选码来自状态寄存器 STATUS 的 RP1 和 RP0 位，体内的单元地址直接来自指令机器码；而在间接寻址中，体选码由 STATUS 的 IRP 位和 FSR 寄存器的 Bit7 组成，体内单元地址来自 FSR 的低 7 位。这两种寻址方式的差异是 PIC 单片机重点教学内容之一，初学者必须深入理解这个概念。

3. 与 PC 指针相关的寄存器 PCL 和 PCLATH

PIC16F877 单片机程序计数器 PC 指针宽 13 位，是程序指令的导航者，类同于

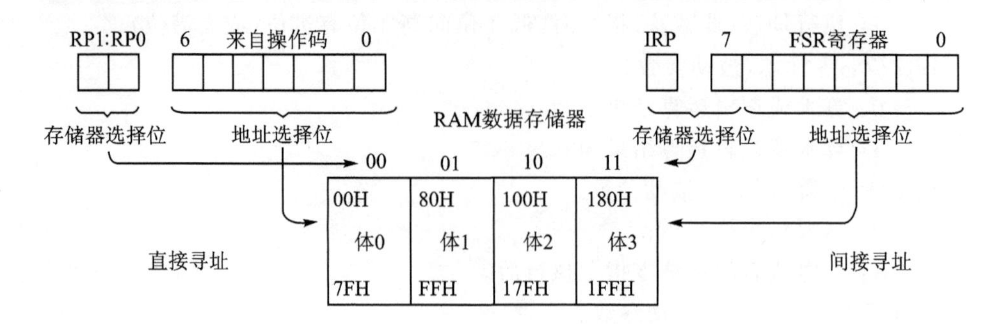

图 2-3　直接寻址/间接寻址方式示意图

一般单片机的系统设计。PC 指针内容总是指向 CPU 下一条指令所在程序存储器单元的地址。通常可以将 PC 指针分成 PCL 和 PCH 两部分：低 8 位 PCL 有自己的专用地址，数据信息可读、可写；而高 5 位 PCH 与其他单片机却有本质区别，是根本不存在的，只能借用寄存器 PCLATH 进行间接装载。因此，可以认为寄存器 PCLATH 是虚拟程序计数器 PC 指针的高位地址(5 位)，而且是通过特殊的方式装载到 PCH 中。PCLATH 实现对高 5 位 PCH 的装载分两种情况(见图 2-4)：一种情况是当执行以 PCL 为目标的写操作指令时，PC 的低 8 位来自算术逻辑单元 ALU 的运算结果，而 PC 的高 5 位由 PCLATH 的低 5 位装载；另一种情况将基于跳转指令 GOTO 或调用子程序指令 CALL 的执行，PC 的低 11 位直接来自指令码所携带的地址信息，而 PC 的高 2 位由 $PCLATH_{3\sim4}$ 位装载。这两种 PC 值装入过程的差异也是 PIC 单片机重点教学内容之一，需要初学读者深入分析这个概念。

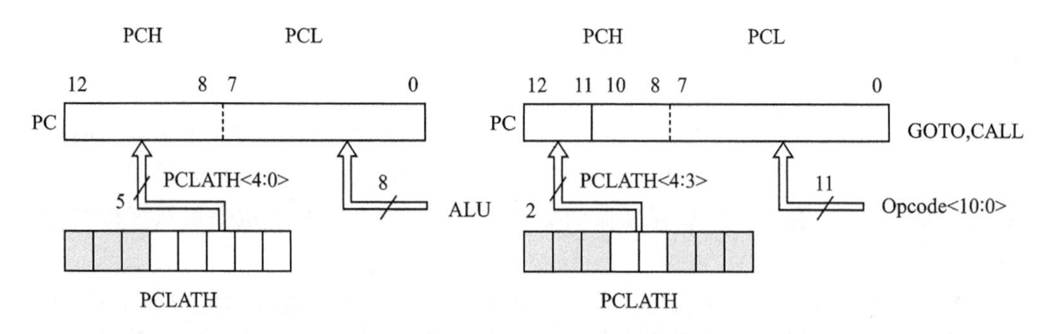

图 2-4　两种情况下 PC 值的装载过程

4. 选项寄存器 OPTION_REG

选项寄存器 OPTION_REG 是一个可读/写寄存器，主要用于设置定时器/计数器 TMR0、前后分频器、外部 INT 中断，以及 RB 端口的弱上拉功能等各种控制位。

Bit7	Bit6	Bit5	Bit4	Bit3	Bit2	Bit1	Bit0
$\overline{\text{RBPU}}$	INTEDG	T0CS	T0SE	PSA	PS2	PS1	PS0

选项寄存器各位的含义如下。

Bit2～Bit0/PS2～PS0：分频器倍率选择位，主动参数。其倍率与分频器位值的关系如表 2-1 所列。

Bit3/PSA：前后分频器分配位，主动参数。

0：分配给 TMR0，作为 TMR0 的前分频器；

1：分配给 WDT，作为 WDT 的后分频器。

Bit4/T0SE：TMR0 用于计数器，计数脉冲信号边沿选择位，主动参数。

0：RA4/T0CKI 引脚上的上升沿触发计数；

1：RA4/T0CKI 引脚上的下降沿触发计数。

Bit5/T0CS：定时器/计数器 TMR0 时钟源选择位，主动参数。

0：用内部指令周期时钟(CLKOUT)作为 TMR0 的触发脉冲；

1：用 T0CKI 引脚上的外部时钟作为 TMR0 的触发脉冲。

Bit6/INTEDG：INT 中断信号触发边沿选择位，主动参数。

0：BR0/INT 引脚上的上升沿触发中断；

1：BR0/INT 引脚上的下降沿触发中断。

Bit7/$\overline{\text{RBPU}}$：RB 端口弱上拉使能位，主动参数。

0：使能 RB4～RB7 引脚弱上拉中断功能；

1：禁止 RB4～RB7 引脚弱上拉中断功能。

表 2-1　分频器位值与倍率的关系

分频器位值	TMR0 倍率	WDT 倍率	分频器位值	TMR0 倍率	WDT 倍率
0 0 0	1∶2	1∶1	1 0 0	1∶32	1∶16
0 0 1	1∶4	1∶2	1 0 1	1∶64	1∶32
0 1 0	1∶8	1∶4	1 1 0	1∶128	1∶64
0 1 1	1∶16	1∶8	1 1 1	1∶256	1∶128

5. 电源控制寄存器 PCON

电源控制寄存器只有两个有效位，其中一位用来记录和区分是否发生上电复位，以及外部引脚 $\overline{\text{MCLR}}$ 输入低电平时引起的手动复位或看门狗超时溢出复位；另外一位用来记录和鉴别是否发生掉电复位。

电源控制寄存器两个有效位的含义如下。

Bit0/$\overline{\text{BOR}}$：电源上电复位标志，被动参数。

0：发生上电复位。当发生上电复位之后，系统自动清零。应该用软件及时将其置位，以便下次利用该位来判断是否发生电源上电复位。

1：未发生上电复位。

Bit1/$\overline{\text{POR}}$：掉电锁定复位标志，被动参数。

0：发生了掉电锁定复位。当发生掉电锁定复位之后，系统自动清零。应该用软件及时将其置位，以便下次利用该位来判断是否发生电源掉电锁定复位。

1：未发生掉电锁定复位。

2.4 失电保护数据存储器构架

E^2PROM 数据存储器与 RAM 数据存储器完全不同，其最大的优点在于它失电以后仍能保护原已存储的数据信息。在整个 PIC 单片机电源电压范围内，可以对该失电保护数据存储器进行读/写操作。

对 E^2PROM 数据存储器进行写入操作，并不影响 PIC 单片机其他指令的执行。一个字节或字的写入操作，将自动采用先擦除后写入新值方式。PIC16F877 单片机 E^2PROM 数据存储器的单元空间为 256×8 位，对应地址的范围是 00H～FFH。其中的数据信息并不直接映射在文件寄存器中，只能通过特殊功能寄存器的间接寻址来访问。

共有以下 4 个特殊功能寄存器涉及 E^2PROM 数据存储器的读/写操作。

(1) EEDATA：是一个专用数据读/写寄存器，用于临时存放对 E^2PROM 数据存储器进行读/写操作的数据。

(2) EEADR：是一个专用地址读/写寄存器，用于临时存放对 E^2PROM 数据存储器进行读/写访问的单元地址。

(3) EECON1：E^2PROM 数据存储器读/写控制第一寄存器，主要用于读/写方式的设定和初始化寻址控制。EECON1 寄存器有 3 位是无效定义。

Bit7	Bit6	Bit5	Bit4	Bit3	Bit2	Bit1	Bit0
EEPGD	—	—	—	WRERR	WREN	WR	RD

其他各位的含义如下。

Bit0/RD：E^2PROM 数据存储器数据读出方式控制位，复合参数。

0：不处于 E^2PROM 读操作过程，或在一个读操作周期后由硬件自动清零；

1：启动 E^2PROM 读操作，软件主动置位。

Bit1/WR：写操作控制位，复合参数。

0：不处于 E^2PROM 写操作过程，或在一个写操作周期后由硬件自动清零；

1：启动 E^2PROM 写操作，软件主动置位。

Bit2/WREN：E^2PROM 写使能位，主动参数。

0：使能对 E^2PROM 写操作；

1：禁止对 E^2PROM 写操作。

Bit3/WRERR：E^2PROM 错误标志位，被动参数。

0：已完成 E^2PROM 写操作，硬件自动清零；

1：未完成 E^2PROM 写操作。

Bit4～Bit6：未用，读出为无效数据。

Bit7/EEPGD：Flash 程序存储器/E^2PROM 数据存储器选择位，主动参数。

0：选择 E^2PROM 数据存储器；

1：选择 Flash 程序存储器。

(4) EECON2：E^2PROM 数据存储器读/写控制第二寄存器，是一个虚拟寄存器，专门用于 E^2PROM 数据存储器写操作的次序控制。

2.4.1　向 E^2PROM 数据存储器写数据

向 E^2PROM 数据存储器写数据操作比较复杂，占用较长的时间(一般为 3～8 ms)，涉及两个控制位 WR 和 WREN 与两个状态位 EEIF 和 WRERR。WREN 位用于使能向 E^2PROM 数据存储器写操作控制，在写操作期间必须确保 WREN 位处于置位状态。WR 位用于初始化写操作，即启动向 E^2PROM 数据存储器写入数据操作。

WR 位不能用软件清零，但在写操作完成之后硬件会自动清零。如果已启动向 E^2PROM 数据存储器写操作功能，那么对 WREN 位进行清零将不会停止写操作过程。另外，向 E^2PROM 数据存储器写数据必须插入一串特殊的指令序列，连续将特定的通用参数 55H 和 0AAH 写入 EECON2。在开始下一个指令周期以前，硬件系统将自动校验是否处于一个写操作过程。

注意：只有当 WREN 位置位后才能对 WR 位置位，即不能同时在一个操作指令中进行置位。可以把这样两个参数的关系看成是：前者置于热身状态；后者才是真正启动。在 PIC 单片机中，A/D 转换器的转换过程也存在类似热身与启动的关系。如果在程序执行过程中写入数据 E^2PROM，MPLAB IDE 的 E^2PROM 窗口将不会反映出更改。为了更新窗口中的值，需要对 E^2PROM 存储器执行读操作。

【例题 2-1】　将数据 00H～0FFH 分别对应写入数据存储器 E^2PROM 地址范围 00H～0FFH 存储单元。

解题分析　向数据存储器 E^2PROM 连续单元写数据，可以采用常数变量递增的方式，保持变量数值与单元地址一致。但注意，常数变量 COUNTER 在赋值及递增指令所处的存储器体域是不同的，为了指向同一个单元，可以将其初始化单元放在互为映射的区域(70H～7FH)。在程序运行后，可通过 Debugder→Read E^2PROM 读出 E^2PROM 数据存储器的信息，显示窗口可看到运行结果，如图 2-5 所示。

程序如下：

```
;------------------------------------------------------------------------
INCLUDE "P16F877.INC"
;------------------------------------------------------------------------
```

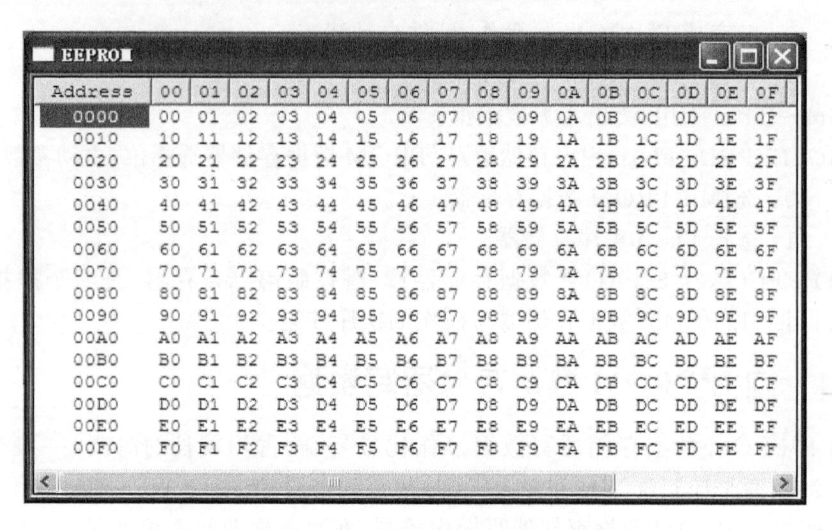

EEPROM

Address	00	01	02	03	04	05	06	07	08	09	0A	0B	0C	0D	0E	0F
0000	00	01	02	03	04	05	06	07	08	09	0A	0B	0C	0D	0E	0F
0010	10	11	12	13	14	15	16	17	18	19	1A	1B	1C	1D	1E	1F
0020	20	21	22	23	24	25	26	27	28	29	2A	2B	2C	2D	2E	2F
0030	30	31	32	33	34	35	36	37	38	39	3A	3B	3C	3D	3E	3F
0040	40	41	42	43	44	45	46	47	48	49	4A	4B	4C	4D	4E	4F
0050	50	51	52	53	54	55	56	57	58	59	5A	5B	5C	5D	5E	5F
0060	60	61	62	63	64	65	66	67	68	69	6A	6B	6C	6D	6E	6F
0070	70	71	72	73	74	75	76	77	78	79	7A	7B	7C	7D	7E	7F
0080	80	81	82	83	84	85	86	87	88	89	8A	8B	8C	8D	8E	8F
0090	90	91	92	93	94	95	96	97	98	99	9A	9B	9C	9D	9E	9F
00A0	A0	A1	A2	A3	A4	A5	A6	A7	A8	A9	AA	AB	AC	AD	AE	AF
00B0	B0	B1	B2	B3	B4	B5	B6	B7	B8	B9	BA	BB	BC	BD	BE	BF
00C0	C0	C1	C2	C3	C4	C5	C6	C7	C8	C9	CA	CB	CC	CD	CE	CF
00D0	D0	D1	D2	D3	D4	D5	D6	D7	D8	D9	DA	DB	DC	DD	DE	DF
00E0	E0	E1	E2	E3	E4	E5	E6	E7	E8	E9	EA	EB	EC	ED	EE	EF
00F0	F0	F1	F2	F3	F4	F5	F6	F7	F8	F9	FA	FB	FC	FD	FE	FF

图 2-5　E²PROM 数据存储器显示结果

```
COUNTER   EQU      70H              ;变量及单元地址
          ORG      0000H
          NOP
          CLRF     COUNTER          ;用作为数据和写入地址变量,清零
          BSF      STATUS,RP1
LOOP1     BSF      STATUS,RP0       ;选择数据存储器体 3
LOOP      BTFSC    EECON1,WR
          GOTO     LOOP             ;等待检测 WR 复零
          BCF      STATUS,RP0       ;选择数据存储器体 2
          MOVF     COUNTER,W        ;用作为写入地址
          MOVWF    EEADR            ;E²PROM 写地址送入 EEADR
          MOVF     COUNTER,W        ;用作为写入数据
          MOVWF    EEDATA           ;E²PROM 写数据送入 EEDATA
          BSF      STATUS,RP0       ;选择数据存储器体 3
          BCF      EECON1,EEPGD     ;指向 E²PROM 数据存储器
          BSF      EECON1,WREN      ;设置使能写操作
          BCF      INTCON,GIE       ;禁止中断
          MOVLW    55H              ;设置通用参数
          MOVWF    EECON2           ;将 55H 送入 EECON2
          MOVLW    0AAH             ;设置通用参数
          MOVWF    EECON2           ;将 AAH 送入 EECON2
          BSF      EECON1,WR        ;设置初始化 E²PROM 写操作
          BSF      INTCON,GIE       ;使能中断
          BCF      EECON1,WREN      ;禁止写操作
          INCF     COUNTER          ;数据和写入地址变量加 1
          MOVF     COUNTER,W        ;是否为 0
```

```
            BTFSS     STATUS,Z            ;写 256 个数据是否完成
            GOTO      LOOP1               ;没有完成,进入下一个单元写操作
;--------------------------------------------------------------------------
            END
;--------------------------------------------------------------------------
```

在某些误操作情况下,单片机不能把数据正确写入 E^2PROM 数据存储器中。为了防止误操作,PIC16F877 单片机建立了各种保护机制。在上电复位时,WREN 位被硬件系统自动清零,同时上电复位定时器也起到防误写的作用;而在关机、电源脉冲毛刺或硬件故障期间,写操作初始化顺序和 WREN 位能够有效防止意外发生误写操作。

2.4.2 从 E^2PROM 数据存储器读数据

当涉及 E^2PROM 数据存储器读/写操作时,EECON1 中的 EEPGD 位必须清零。读操作相对来说比较简单,只使用 EECON1 状态位 RD,用于初始化 E^2PROM 指定地址的读操作。对 E^2PROM 数据存储器进行读操作时,RD 位置位后,数据在下一个指令周期内就被存入到 EEDATA 寄存器中,因此完全可以由下一条指令来读取数据。EEDATA 寄存器的数据将一直保留,直到另一个读操作开始或由硬件写入为止。

注意: RD 位不能用软件清零,在读操作完成之后硬件自动清零。

【例题 2-2】 在例题 2-1 赋值结果基础上,读出 E^2PROM 数据存储器地址范围 20H～5FH 内的数据,并存放到数据存储器对应单元 30H～6FH 中(64 个单元)。

解题分析 从数据存储器 E^2PROM 连续单元读数据,可以采用常数变量递增的方式确定单元地址,而读出的数据存入数据存储器 RAM 必须采用间接寻址的方式。同样应该注意,常数变量 COUNTER 在赋值及递增指令所处的存储器体域是不同的,为了指向同一个单元,可以将其初始化单元放在互为映射的区域。在程序运行后,可通过 View→File Registers 从 E^2PROM 数据存储器读到数据存储器的信息,显示窗口可看到运行结果,如图 2-6 所示。

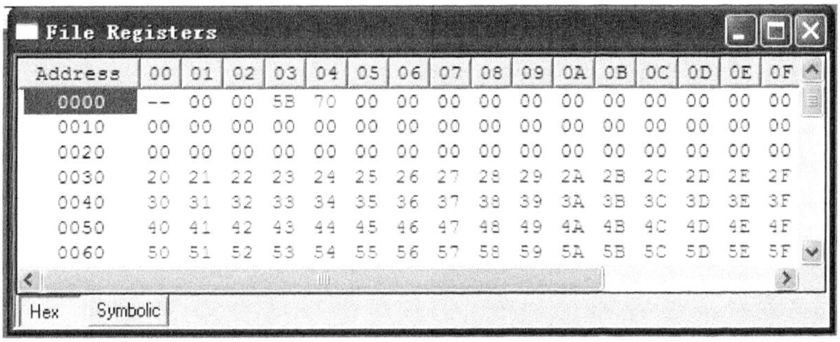

File Registers

Address	00	01	02	03	04	05	06	07	08	09	0A	0B	0C	0D	0E	0F
0000	--	00	00	5B	70	00	00	00	00	00	00	00	00	00	00	00
0010	00	00	00	00	00	00	00	00	00	00	00	00	00	00	00	00
0020	00	00	00	00	00	00	00	00	00	00	00	00	00	00	00	00
0030	20	21	22	23	24	25	26	27	28	29	2A	2B	2C	2D	2E	2F
0040	30	31	32	33	34	35	36	37	38	39	3A	3B	3C	3D	3E	3F
0050	40	41	42	43	44	45	46	47	48	49	4A	4B	4C	4D	4E	4F
0060	50	51	52	53	54	55	56	57	58	59	5A	5B	5C	5D	5E	5F

Hex　Symbolic

图 2-6　RAM 数据存储器结果显示

程序如下：

```
;------------------------------------------------------------------------
INCLUDE "P16F877.INC"
;------------------------------------------------------------------------
COUNTER  EQU      70H             ;单元地址
ORG      0000H
         NOP
         MOVLW    20H             ;取地址初值为 20H
         MOVWF    COUNTER
         MOVLW    30H             ;给出写数据存储器的初始地址
         MOVWF    FSR
         BSF      STATUS,RP1
         BCF      STATUS,RP0      ;选择数据存储器体 2
LOOP     MOVF     COUNTER,W
         MOVWF    EEADR           ;给出读 E²PROM 数据存储器的初始地址
         BSF      STATUS,RP0      ;选择数据存储器体 3
         BCF      EECON1,EEPGD    ;指向 E²PROM 数据存储器
         BSF      EECON1,RD       ;开始读操作
         BCF      STATUS,RP0      ;选择数据存储器体 2
         MOVF     EEDATA,W        ;E²PROM 数据存储器数据送至 W
         MOVWF    INDF            ;送入数据存储器
         INCF     FSR             ;指向数据存储器下一个地址
         INCF     COUNTER         ;指向 E²PROM 数据存储器下一个地址
         MOVF     FSR,W
         SUBLW    70H
         BTFSS    STATUS,Z        ;读 64 个数据是否完成
         GOTO     LOOP            ;没有完成则进入下一个单元读操作
;------------------------------------------------------------------------
         END
;------------------------------------------------------------------------
```

测 试 题

一、思考题

1. 如何理解 2 个地址和 4 个地址的特殊功能寄存器？

2. 请说明 3 类存储器的异同之处。

3. 哪两种情况将影响高 5 位程序执行地址？如何确保转向正确的地址？
4. 程序存储器和数据存储器各分成几个区域？对应怎样的地址空间范围？
5. 请给出常用特殊功能寄存器，并说明含义。
6. 如何正确使用通用寄存器中的映射区域？
7. 在直接寻址和间接寻址中，如何访问数据存储器？
8. 存储器一般可以分成哪几种形式？
9. 中断矢量和复位矢量的入口地址分别为多少？
10. 请说明特殊功能寄存器和通用寄存器在数据存储器中的分布情况。

二、选择题

1. PIC16F877 单片机的数据存储器 RAM 的地址空间是 512 字节，但真正________字节为有效通用存储器单元。

   A. 128　　B. 256　　C. 368　　D. 512

2. 程序存储器在地址________内调用子程序时，可以不考虑高位程序计数器的影响。

   A. 2 KB　　B. 8 KB　　C. 7FFH　　D. 体 0

3. 在以下标识存储器中，________不能用作程序存储器。

   A. ROM　　B. RAM　　C. OTP　　D. Flash

4. 在下面语句的执行过程中，都将发生 PCLATH 对高 8 位程序指针的加载，但________除外。

   A. ADDWF　PCL,F　　B. IORWF　PCL,W
   C. GOTO　TOP　　D. CALL　TOP

5. PIC16F877 单片机采用的是硬件堆栈方式，不占用程序存储器和数据存储器空间，不需要进栈、出栈之类的堆栈操作指令，它配置了________堆栈区。

   A. 4 级×13 位　　B. 8 级×14 位　　C. 4 级×14 位　　D. 8 级×13 位

6. 当执行________语句时，不能从堆栈中弹出断点并恢复程序计数器 PC 在调用子程序或被中断以前的值。

   A. RETURN　　B. RETLW　　C. GOTO　　D. RETFIE

7. PIC16F877 单片机堆栈操作遵循________的规则。

   A. 先进后出　　B. 先进先出　　C. 后进后出　　D. 自定顺序

8. RAM 数据存储器构架与一般单片机类同，主要分为通用寄存器和特殊功能寄存器两部分，但________功能是 RAM 存储器不具备的。

   A. 可读　　B. 可写　　C. 可作为程序存储器　　D. 掉电后内容消失

9. PIC16F877 的数据存储器 RAM 中，体 0 中的高地址处的________个单元比较特殊，在其他 3 个 RAM 体内，分别有类似的地址区域映射到该区域。

   A. 19　　B. 77　　C. 9　　D. 16

10. 下列特殊功能寄存器单元在 4 个体上是互相映射的，但________除外。

    A. 状态寄存器 STATUS　　B. 间接寻址寄存器 INDF
    C. 选项寄存器 OPTION_REG　　D. 中断控制寄存器 INTCON

11. 不同体之间互相映射的概念，有一个重要的特性是：在对应体位特殊功能寄存器单元地址的低________位是相同的。

    A. 8　　B. 6　　C. 7　　D. 9

12. 选项寄存器 OPTION_REG 是一个可读/写寄存器，内含有多种控制位，主要用于设置下列功能，但________除外。

A. 定时器/计数器TMR0的工作状态　　B. 外部INT中断触发状态

C. 总中断使能　　D. RB端口的弱上拉功能

13. 将数据存储器从体1转至体3,一般可以通过以下指令组实现,但除________之外。

A. BSF　STATUS,5; BSF　STATUS,6

B. BSF　STATUS,6

C. MOVLW　B'01100000; MOVWF　STATUS

D. BCF　STATUS,6

14. PIC16F877计数器TMR0的计数脉冲信号若选择来自外部输入的脉冲信号,则该信号的输入引脚位于________。

A. 端口RA　B. 端口RB　C. 端口RC　D. 端口RD

15. 语句“BSF　STATUS,RP1”和“BCF　STATUS,RP0”结合的功能是选择数据存储器的体________。

A. 1　B. 2　C. 0　D. 3

16. 对于PIC16F877选项寄存器,当设置定时器/计数器TMR0的分频器分配给TMR0使用,且分频器倍率选择位(Bit0～2/PS0～2)=101时,分频比是________。

A. 1∶128　B. 1∶256　C. 1∶32　D. 1∶64

17. PIC16F877选项寄存器设置RB端口弱上拉使能位是________位。

A. Bit4　B. Bit7　C. Bit6　D. Bit3

18. 最大可寻址的程序存储器空间为8 KB,共分作4页,每页2 KB。决定程序存储器跨页面选择的是________寄存器中的相关位。

A. PCL　B. STATUS　C. PCLATH　D. FSR

19. RAM数据存储器与程序存储器一样,在其地址空间分为4个体(bank),每个体均为128×8位宽的存储单元。决定体选的主要是________寄存器中的相关位。

A. PCL　B. STATUS　C. PCLATH　D. FSR

20. 如果从页0程序存储器区域调用页2区域的子程序,则$PCLATH_{3\sim4}$将进行________调整。

A. 置0、0　B. 置0、1　C. 置1、0　D. 置1、1

第3章　PIC集成开发系统

Microchip公司在推出具有特色的PIC系列单片机的同时，也自主开发出相应的应用平台，特别是在推出PIC16F877的时候，配备了功能强大、基于Windows操作系统、易学易用的软件集成开发环境MPLAB IDE(Integrated Development Environment)。该开发环境可以使人们在通用的计算机系统上，对PIC16F87X系列单片机进行程序的创建、编辑、汇编和调试；还能方便、灵活地实现程序的模拟运行，以便了解程序设计的合理性以及分析部分参数的运行结果。同时，该系统还允许用户动态调试，可以对实际应用系统进行在线仿真和功能模块开发。正是由于PIC集成开发系统的完善功能和良好的工作界面，PIC已逐渐为国内从事单片机开发应用的工程技术人员所理解和应用，特别是在单片机的教学中显现出其独特的魅力。MPLAB开发软件包可以通过Microchip公司网站或国内代理商网站下载，也可通过系统光盘安装获得。

3.1　MPLAB IDE软件工具

MPLAB IDE集成开发环境软件，是应用于PIC16F87X系列单片机开发和教学的实验平台，并嵌入多个工具软件。如果配套在线调试开发工具套件MPLAB ICD(In-Circuit Debugger)，将可以综合完成从项目的建立、源程序的设计到软件仿真及在线进行系统调试。目前比较常用的版本有两个，MPLAB IDE v5.70和MPLAB IDE v7.40。MPLAB IDE v5.70主要用于在线调试开发工具套件MPLAB ICD 1，目前已很少采用。从MPLAB IDE v6.0以上，集成开发环境的界面和内涵发生了很大的变化，一般配套的仿真器也更新采用MPLAB ICD 2，特别是MPLAB IDE v7.40成为PIC16F87X系列单片机比较主流的开发环境，本书前3版采用MPLAB IDE v5.70开发环境，第4、5、6版则针对MPLAB IDE v7.40集成开发环境和MPLAB ICD 2进行介绍。

3.1.1　MPLAB的安装

MPLAB IDE的安装非常方便，该系统软件对计算机的档次要求比较低，目前一般家用的计算机都能满足硬盘空间和内存的配置要求。建议采用Windows 98及以上的操作系统。下面详细分析在Windows 2000操作系统下，整个MPLAB IDE系统的安装过程。这里采用的 MPLAB 版本是 v6.0 以上。一般可以从 Microchip 公司提供的光盘或相关的网站上获得 MPLAB 安装软件文件，如 MPLAB v7.40 版本可以找到名为应用程序的图标，执行该文件后将会出现 MPLAB IDE v7.40 安装对话框，如图 3-1 所示。

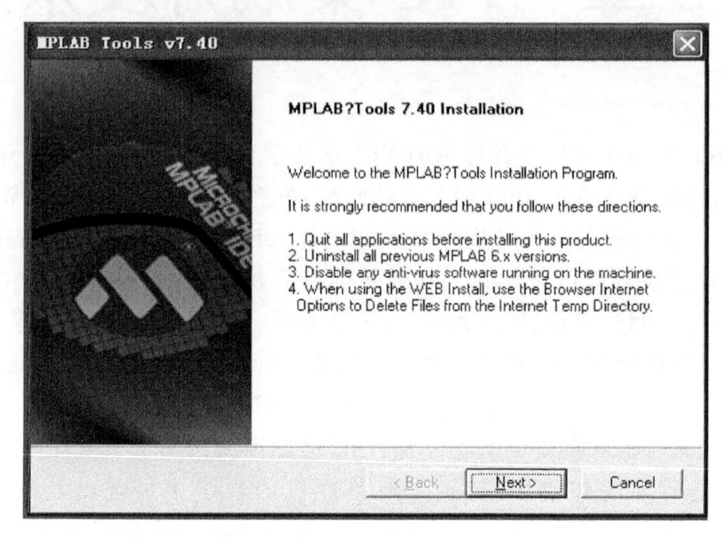

图 3-1　MPLAB 安装对话框

单击 Next 按钮或按回车键，系统就会自动进入安装过程，根据安装向导的说明和提问，可以非常容易地完成整个安装过程。对于初学者，完全可以选择所有的功能组件（即如图 3-2 所示，选择 Complete），并通过连续按回车键完成安装过程，以便选择默认模式，这样解压后的应用程序约占用 142 MB 硬盘空间。

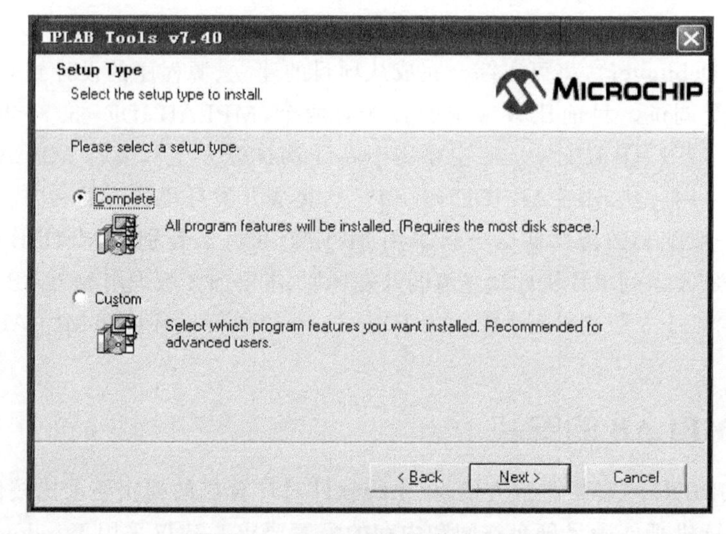

图 3-2　MPLAB 组件选择对话框

在以上安装完成后，系统自动在路径 C:\Program Files 下建立一个名为 MPLAB 的子目录，在这个子目录下就可以轻松地找到 MPLAB 文件。它是一个可执行文件，能够打开 MPLAB IDE 软件系统。一般可以将文件 MPLAB 图标放在计算机桌面，以方便使用。

3.1.2　MPLAB 界面介绍

在 Windows 2000 桌面上，双击 MPLAB 图标 MPLAB IDE，便可启动 MPLAB IDE，从如图 3-3 所示的过渡界面进入 MPLAB 集成开发环境，如图 3-4 所示。由图 3-4 中可以看到，MPLAB 的窗口是一个标准的 Windows 应用程序窗体，主要由 4 个部分组成：菜单栏、工具栏、作业窗口和状态栏。各个组成部分的功能如下。

图 3-3　MPLAB 集成开发环境过渡图标

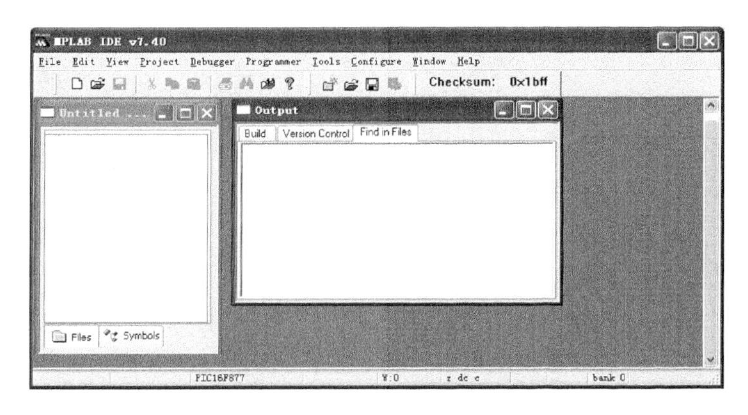

图 3-4　MPLAB 主窗口

1. 菜单栏

菜单栏汇集了MPLAB IDE所有功能选择和开发环境设置，包括10个西文菜单选项，分别是：File（文件）、Edit（编辑）、View（浏览）、Project（项目）、Debugger（调试器）、Programmer（编程器）、Tools（工具）、Configure（配置）、Window（窗口）和Help（帮助）。每个菜单选项都能引导出一个下拉式菜单，有的还可能包含下一级子菜单。下拉式菜单或子菜单中具有多个菜单命令，通过这些菜单命令，有时会弹出一个对话框，可以实现功能选择和开发环境的设置。

2. 工具栏

在MPLAB IDE主窗口内，配置有类似Word界面的功能工具栏，其分类图示化小图标直观明了，操作方便。在初始状态下，共有3个工具栏：Standard（标准）工具栏（见图3-5）、Project Manager（项目管理）工具栏（见图3-6）和Checksum（校和）工具栏（见图3-7）。当通过Debugger（调试）选择MPLAB ICD 2时，新增另外两个工具栏：Debug（调试）工具栏（见图3-8）和MPLAB ICD 2 DebugToolbar（MPLAB ICD 2调试工具栏）工具栏（见图3-9）。工具栏可以在桌面移动，也可以拖移到桌面中临时关闭。如果需要调整工具栏，可到View（浏览）菜单栏中选择命令Toolbar，如图3-10所示，其中"√"表示某工具栏处于打开状态，取消"√"也可临时关闭某工具栏。

图3-5　标准工具栏

图3-6　项目管理工具栏

图3-7　校和工具栏

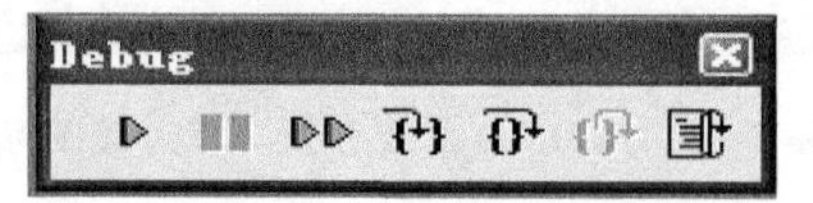

图3-8　调试工具栏

图3-9　MPLAB ICD 2调试工具栏

3. 作业窗口

当打开MPLAB IDE系统时，在作业区域将出现两个窗口：一是Untitle Workspace（未定义的工作区窗口），主要管理工程项目；二是Outout（信息输出窗口），主要输出编译信息和外围开发板的连接状态。如果涉及汇编文件的处理，也将在作业区域打开一个.asm文件。该文件的处理与Word文本输入界面非常类似，但在这里是用于源程序输入和编辑的作业窗口，可以进行全屏幕编辑。同时也可对源程序进行汇编，并显示各种对话框和调试窗口的区域，以便用户能够及时了解单片机的运行情况和特定模块的数据流程。

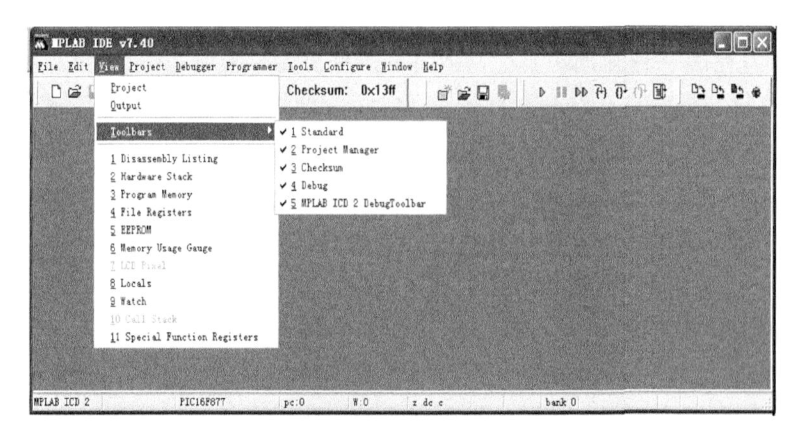

图 3－10　编辑工具栏

4. 状态栏

在 MPLAB IDE 主窗口底部区域有一个多项信息状态栏，共包含 10 项信息内容，用于实时显示 MPLAB IDE 当前的运行状态，从左到右排列的信息内容依次为：MPLAB 调试模式，编程器所选模式，所用单片机型号，当前程序指针 PC，文件寄存器 W 当前值，状态标志位 Z、DC、C 当前值(大写为 1、小写为 0)，当前数据存储器体域，当前光标所在行列数，插入和覆盖方式等。

3.1.3　MPLAB 的组成

MPLAB IDE v7.40 就其功能及开发应用模式而言，主要包括三大调试(Debugder)工具。选择菜单 Debugder→Select Tool，打开发应用工具菜单，如图 3－11 所示。在工具菜单中可选项对应 3 大调试工具，即在线仿真调试 ICD 2(MPLAB ICD 2)、软件模拟环境(MPLAB SIM)和全系列开发工具 2000(MPLAB ICE 2000)。一般来说，任何一个成熟的应用软件都会经历这 3 个环节，友好的开发平台能够为用户带来便利。下面重点介绍这三方面内容。

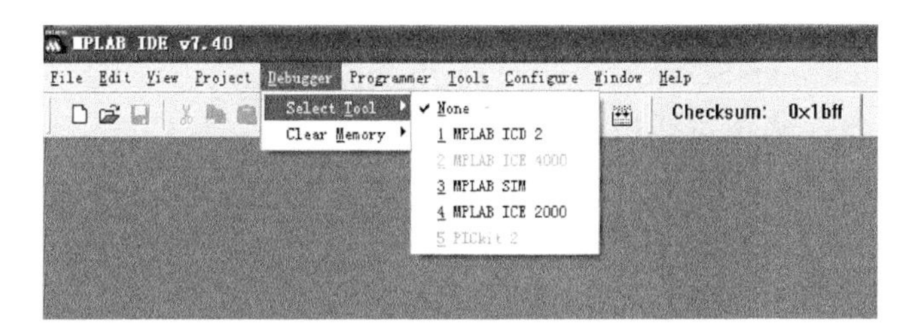

图 3－11　选择开发应用工具

1. 在线仿真调试(MPLAB ICD2)

在工具菜单中选择第一项即为 MPLAB ICD 2，它是一种价格低廉的在线调试器(ICD)和在线串行编程器,是本书所采用的软件开发平台,是在实验环境中用作评估、调试和编程的一种辅助工具。MPLAB ICD 2 具有多项功能,主要包括:实时和单步代码执行,断点、寄存器和变量查看/修改,在线调试,目标 VDD 监视器。

2. 软件模拟环境(MPLAB SIM)

软件模拟器是一种非实时、非在线的纯软件方式的调试工具,可以代替价格较贵的硬件仿真器。借助这个在微机系统上运行的工具软件,可以模拟 PIC 系列单片机指令的执行过程和信号的输入/输出。此时,不需要任何额外的附加硬件,就可实现对用户编写的源程序实行模拟运行、功能调试和深层次逻辑错误查找。对于那些实时性要求不高的程序,采用这种方法可以缩短程序编写和系统调试周期,降低开发成本。

3. 开发工具 2000(MPLAB ICE 2000)

这是 Microchip 公司专为 MPLAB IDE 配置的一种全系列廉价在线调试开发工具,该软件平台适用于几乎全部 PIC 单片机器件,可以用作实验阶段的评估和辅助调试。

3.1.4 器件连接及系统配置

安装好 MPLAB IDE v7.40 集成开发环境后,计算机便可以接入 ICD 2 仿真器。若使用串口 RS-232 电缆,则直接将 MPLAB ICD 2 与计算机相连,但须注意的是,USB 数据线和串口 RS-232 电缆不能同时与 MPLAB ICD 2 仿真器连接。一般可先将 USB 连接 MPLAB ICD 2 和计算机,然后将六芯接口电缆连接 MPLAB ICD 2 和目标板,并给目标板上电。

在 MPLAB IDE 软件安装和器件连接后,需要对 MPLAB IDE 和 ICD 2 开发环境进行配置或者称为系统初始化,主要包括以下内容。

1. 选择器件

选择 Configure→Select Device,打开 MPLAB ICD 2 器件选择对话框,如图 3-12 所示。在该对话框中,Device 下拉列表框中默认是 PIC18F452,可以修改为 PIC16F877(本书所介绍的器件)。单击 OK 按钮完成功能设置。在 Microchip Tool Support 区域中,MPLAB ICD 2 旁边的灯图标为绿色,表示 MPLAB ICD 2 处于可用状态。

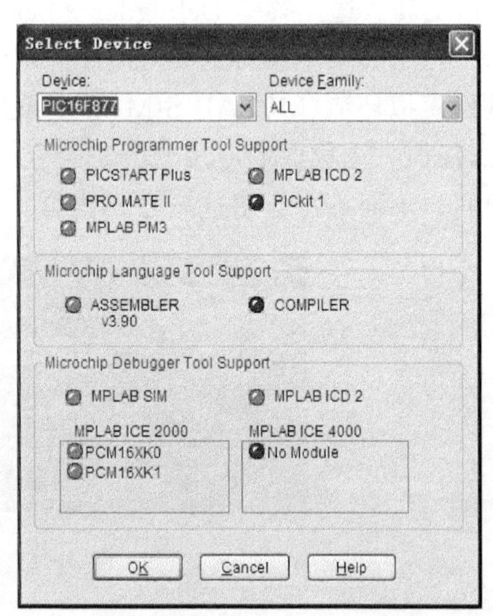

图 3-12　器件选择对话框

2. 选择调试工具

选择 Debugger→Select Tool→MPLAB ICD 2，将 MPLAB ICD 2 设置为调试工具。同时，在 MPLAB 桌面弹出 Output 输出窗口，显示 ICD 状态和通信的信息。如图 3－13 所示，表示 Output 窗口显示连接 MPLAB ICD 2 不成功信息。若连接不成功，则可在修复后选择 Debugger→Settings→Communication 选项卡，设置 USB 接口；选择 Power 选项卡，确认“Power target circuit from MPLAB ICD 2”不被选中。在 MPLAB IDE 的 Debugger 菜单中，选择 Connect 以再次尝试建立 MPLAB ICD 2 与集成开发系统之间的通信，通常采用如下操作过程。

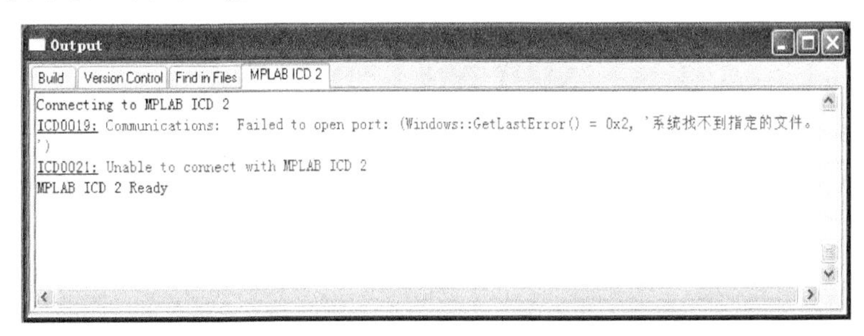

图 3－13　MPLAB ICD 2 状态信息输出窗口(连接不成功)

(1) 在 MPLAB IDE 的 Debugger 菜单中选择 Connect，从而建立 MPLAB ICD 2 与集成开发系统之间的通信。

(2) 选择 Configure→Configuration Bits，在处理器上选择相应的功能配置位，如振荡方式、看门狗选择、低电压编程和代码保护等，一般可参考的选择方案如图 3－14 所示。

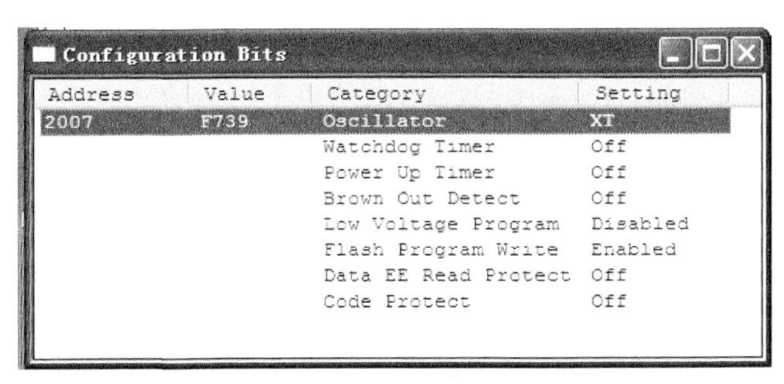

图 3－14　系统配置位设置

(3) 在 Debugger→Settings 或 Programmer→Settings 设置中，配置内容非常丰富，主要涉及的选项卡有编程(Program)、系统版本(Versions)、警告(Warnings)、状态(Status)、通信(Communication)、限制(Limitation)和电源(Power)。允许用户设置调试编程选项，如选择存储器、程序和外部存储器范围等。

(4) 最后可以选择 Debugger→Connect，再次确认系统连接，如图 3－15 所示，表示经重新尝试后 MPLAB ICD 2 连接成功。

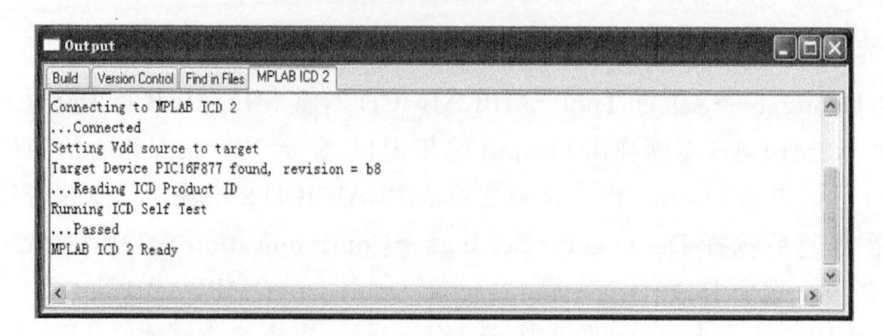

图 3－15　MPLAB ICD 2 状态信息输出窗口(连接成功)

3.2　MPLAB ICD 2 概述

MPLAB ICD 2(In-Circuit Debugger)在线调试实验板是 Microchip 公司专为 PIC 系列单片机设计的一种在线调试开发工具套件，它基于 MPLAB IDE 6.0 及以上集成开发环境，综合利用 PIC 系列单片机片内集成的在线调试功能和在线串行编程技术。当然，它也能够为用户提供一个学习 PIC16F877 的入门环境，能够对一些功能的应用程序进行在线调试，起到一定的基础训练作用。本节主要介绍 MPLAB ICD 2 的基本接口，通过对这些内容的了解，将有助于工程技术人员自主开发面向用户的实际应用系统。

3.2.1　MPLAB ICD 2 基本功能

MPLAB ICD 2 是一款价格低廉的在线调试器(ICD)和在线串行编程器，俗称 PIC 单片机仿真器，是软件开发环境和演示(实验)板之间重要的桥梁，主要承担调试、编程和控制逻辑功能。MPLAB ICD 2 具有以下常用功能：

- 实时和单步源程序代码执行；
- 断点设置、寄存器单元和变量查看/修改；
- 强大的在线调试功能；
- MPLAB ICD 用户界面；
- 采用 RS－232 串口或 USB 接口与计算机连接。

3.2.2　MPLAB ICD 2 工作方式

MPLAB ICD 2 的运行依赖于应用系统的目标板，熟悉其工作原理将有助于提供足够的信息，帮助用户设计出与 MPLAB ICD 2 兼容的目标板，以便进行编程设计和调试操作。同时，MPLAB ICD 2 所提供的编程和在线调试的基本原理，可以非常有效地帮助用户在遇到问题时能够很快地解决。所以对于一般用户，需要了解和掌握 MPLAB ICD 2 的编程模式和调试模式。

3.2.3 MPLAB ICD 2 模块接口连接

MPLAB ICD 2 通过 RS-232 串口或 USB 接口与计算机连接，并借助于六芯的模块接口电缆与目标 PIC MCU 相连。从目标 PCB 的反面可以看到 MPLAB ICD 2 连接插座的引脚编号，如图 3-16 所示。

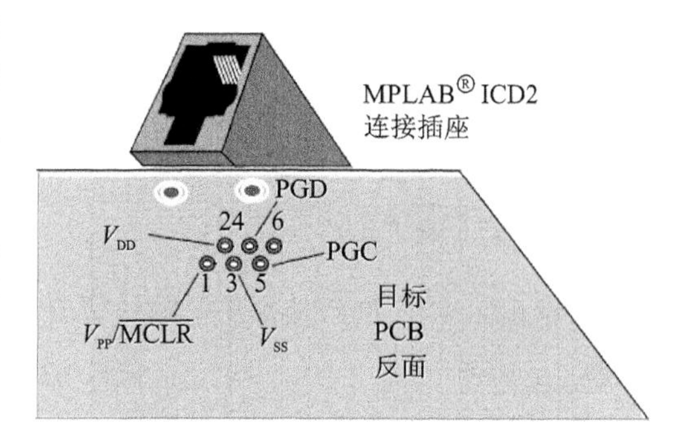

图 3-16 模块连接插座的引脚编号

MPLAB ICD 2 与目标板上模块连接插座的互连状况，如图 3-17 所示。ICD 连接插座有 6 个引脚，但只使用了其中的 5 个引脚。所涉及的控制信号线、电源和接地线与以往的 MPLAB ICD 是一致的，都是通过 RB 端口 RB3、RB6、RB7 进行通信和下载源程序，所以当目标电路板使用这些引脚的时候，调试应用程序必须采用脱机方式。

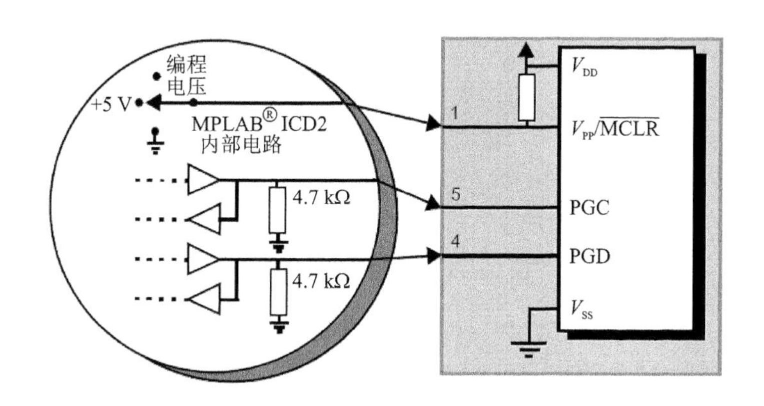

图 3-17 MPLAB ICD 2 与目标板电路连接

由图 3-17 可以看到 MPLAB ICD 2 部分内部接口电路的简化电路图。编程时，目标 PIC MCU 不需要时钟，但必须提供电源，MPLAB ICD 2 将编程电压加到 V_{PP} 引脚上，然后给 PGC 发送时钟脉冲，并通过 PGD 发送串行数据。为校验单片机是否已被正确编程，可以给 PGC 发送时钟，并通过 PGD 读回数据。

3.3 创建源程序

汇编源程序是进行 PIC 单片机开发和实验的根本，借助 MPLAB IDE 源程序编辑环境，可以进行汇编程序的创建、编辑和汇编。作为一种预备知识的铺垫，有必要专门对这个过程进行描述,主要涉及文件的输入、项目的建立和源程序编译,特别是最后的编译过程能够帮你查出许多语法上的错误,以便针对每一个 ERROR 进行修改,直到编译全部通过,留待以后正式调试。此反馈式功能,一般可通过双击 ERROR 指示行,轻松地进行编辑和修改,给初学者带来极大的方便。下面通过一个应用实例,介绍 MPLAB IDE v7.40 集成开发环境的使用过程,包括一个新的工程项目的建立、添加源程序、库文件、程序的编译和项目的运行说明等。

3.3.1 建立源程序文件

首先双击桌面的 MPLAB IDE 的快捷方式 图标按钮,进入 MPLAB IDE 窗口,如图 3-18 所示。

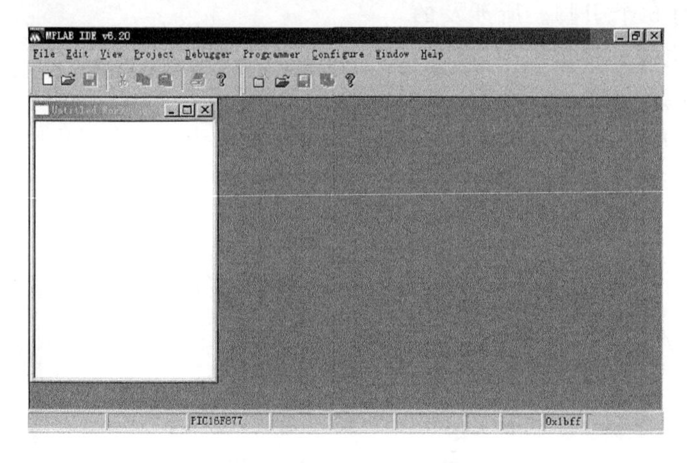

图 3-18 MPLAB IDE 窗口

用户可以通过 MPLAB IDE 编辑器进行编写,具体操作是:选择 File→New,出现一个空白的编辑窗口,可以输入源程序代码,建立应用文件,源程序的输入采用全屏幕编辑方法。为了便于分析和理解,建议采用关键语句注释的方法,并划分功能区域特别是功能子程序。这样的编程习惯,对于长期承担比较大型编程任务的程序员能起到事半功倍的效果。在程序中穿插注释一些文字信息,非常有利于日后自己的温习和掌握,更重要的是特别易于其他人阅读和理解。同时,在编程中不要随意增加行标,若一定要设置则尽量取与功能意义相近的名称,如 XSHI(显示子程序)、JKSM(监控扫描子程序)等,绝对不要随心所欲,如 AA 和 SOF 等。

当输入源程序代码后,选择 File→Save,譬如以 miaobiao.asm 为文件名保存在 C:\newproj 目录下,如图 3-19 所示。为了保证文件的属性是汇编语言,要在文件名称后输入.asm。

注意:目前版本保存的文件路径中不能有中文,即源程序文件不能存于含有中文的目录名下,否则将会出现数据的丢失或文件不能打开等情况。

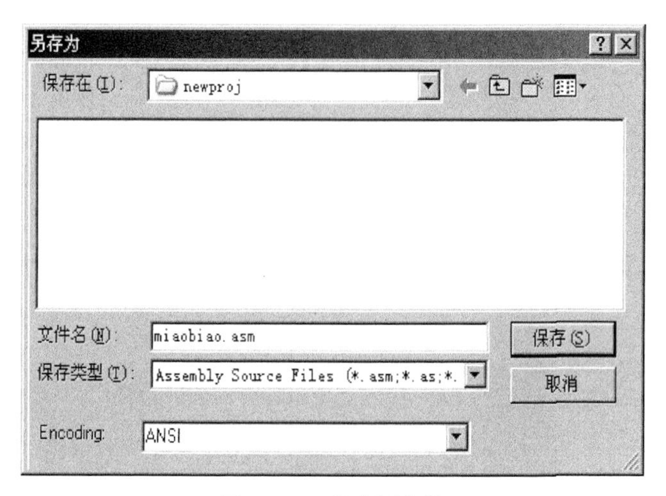

图 3-19 保存源文件

3.3.2 建立项目

使用 MPLAB Project Wizard(项目向导)逐步建立工程项目。首先开启向导,选择 Project→Project Wizard,则弹出欢迎的画面,如图 3-20 所示。建立项目的步骤如下。

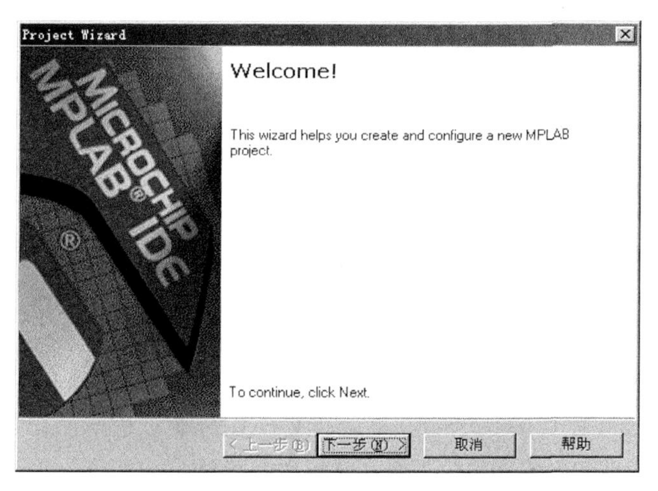

图 3-20 项目向导

(1) 单击"下一步"按钮进入 PIC 单片机类型选择界面,在下拉列表框中选择作为示范的 PIC16F877 芯片,如图 3-21 所示。

(2) 确定本机所用 Microchip Toolsuite,单击汇编器 MPASM Assembler (mpasmwin.exe),然后在 Location of Selected Tool 下将显示汇编器 MPASM Assembler 的全路径,如图 3-22 所示。如果出现错误或者空缺,则单击 Browse 浏览确定 mpasmwin.exe 所在的位置。

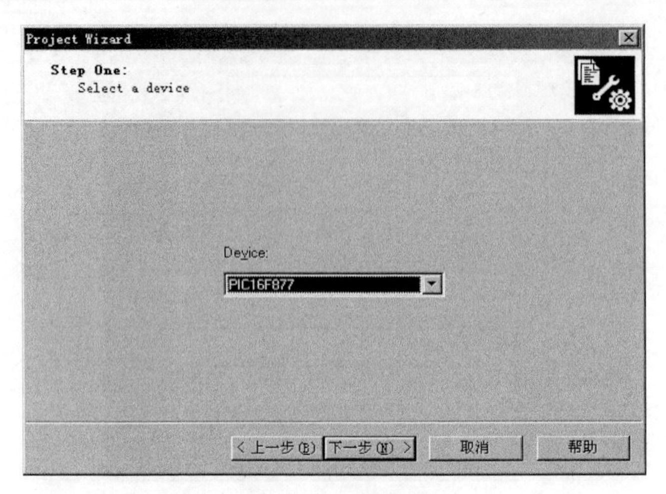

图3-21　芯片选择

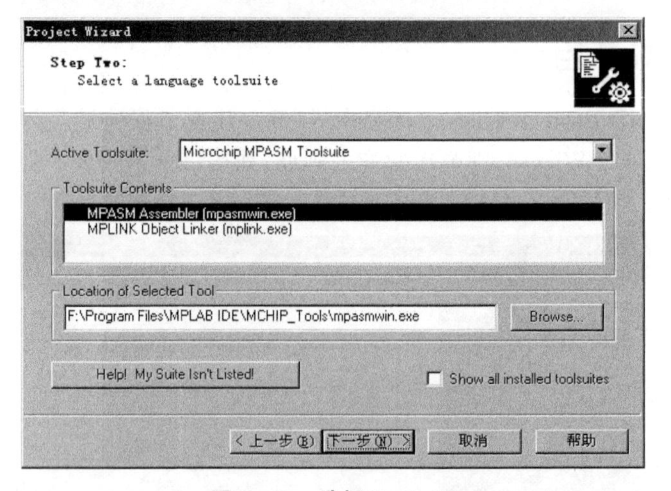

图3-22　选择Toolsuite

(3) 输入项目名称，在此使用newproj作为示范项目名称。通过Browse浏览选择项目创建的目录位置，作为示例该项目目录为C:\newproj，如图3-23所示。

注意：MPLAB IDE v7.0在建立源程序文件名和项目名时不再受约于名称的一致性，这一点和MPLAB IDE v5.7及以前版本是完全不一样的。源程序文件的扩展名仍然使用.asm，但项目的扩展名不再使用.pjt，而是使用.mcp。通过一个工程项目窗口来管理相关文件的链接关系，汇编文件的挂接和移出都非常方便。

(4) 浏览C:\newproj文件夹，并选中miaobiao.asm文件，然后单击Add按钮，或双击该文件都可以将文件输入到右边窗口栏中，当然在这里也可以单击Remove按钮，移去右边窗口栏内的文件，如图3-24所示。

(5) 单击“下一步”按钮，完成项目的创建并查看项目摘要信息是否正确，完成并离开向导，如图3-25所示。

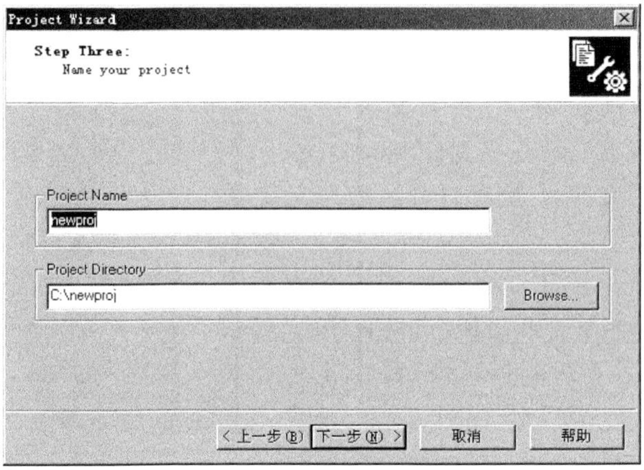

Project Wizard
Step Three:
Name your project
Project Name
newproj
Project Directory
C:\newproj
Browse...
< 上一步(B)　下一步(N) >　取消　帮助

图 3-23　命名项目

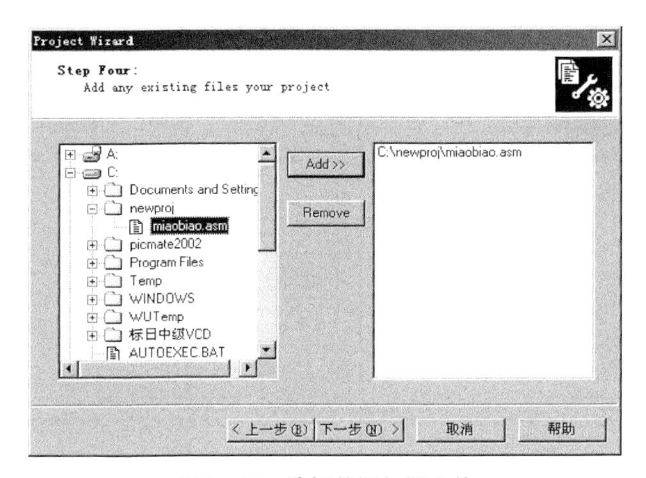

图 3-24　选择并添加源文件

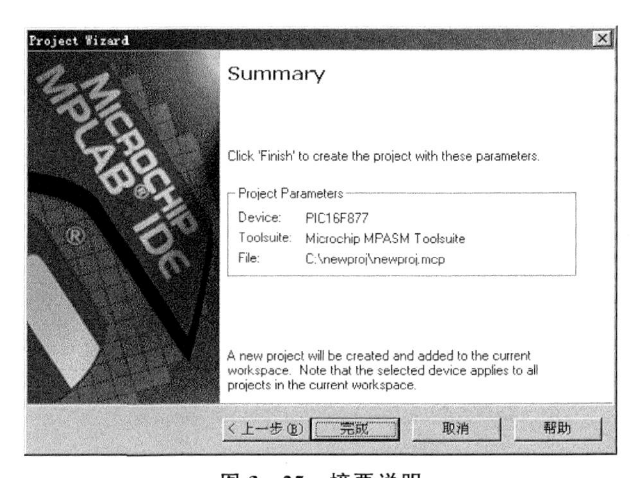

图 3-25　摘要说明

(6) 保存工程文件，并取名为 newproj，以便将来调试。在操作界面上，可以看到如图 3-26 所示的项目窗口，在源文件目录(Source File)下加载有源程序文件 miaobiao.asm。如果单击该文件名，则可打开源程序文件进行编辑。

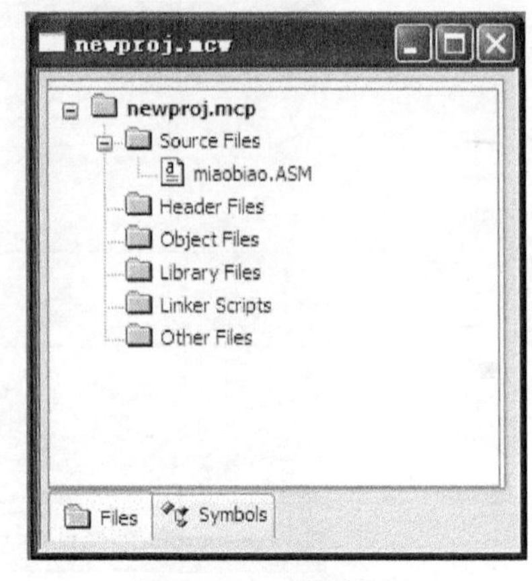

图 3-26　项目窗口

当然，如果是延续开发环境再建一个项目工程，不一定要采用以上步骤，可选择 Project→New，打开一个新的项目窗口，建立名为 test 的新项目，放在 D:\ABC 目录下，如图 3-27 所示。新项目建立后，可在项目列表窗口(见图 3-28)中右击 Source Files 再选择 Add Files，加载源程序文件。当加载文件到项目窗口时，应调整文件类型为 *.asm，便可加载所编辑过的源程序文件，如 keys.asm，如图 3-29 所示。

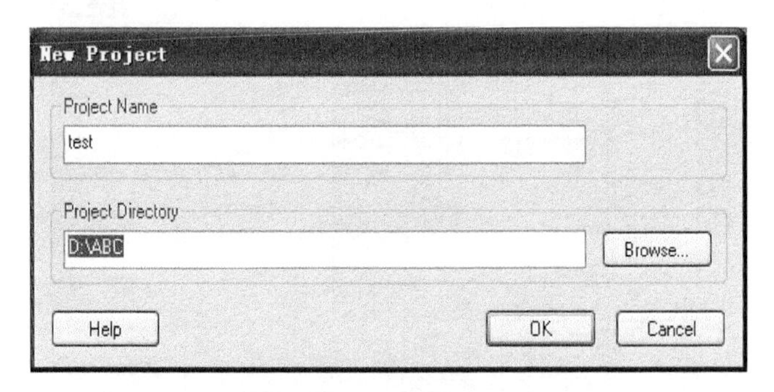

图 3-27　新项目定义窗口

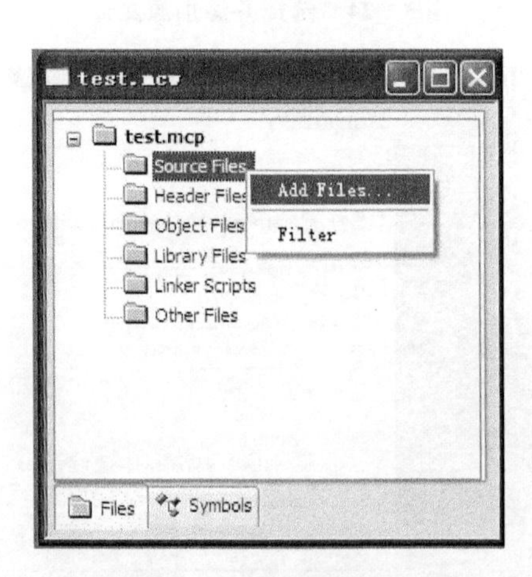

图 3-28　项目窗口(加载文件)

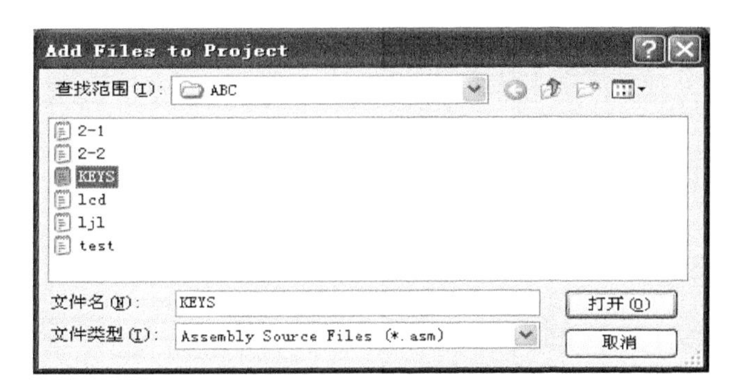

图 3-29　加载文件到项目窗口

在 MPLAB IDE v7.0 中，由于项目的通用性，其名称不再需要保持与源程序文件一致。当调试完一个源程序后，完全可以移去其中的源程序文件，如图 3-30 所示移去调试完成的 KEYS 文件，再重新加载新的需要调试的文件。

图 3-30　项目窗口(移去文件)

3.3.3　编译项目文件

汇编源程序只有经过编译无误后，才能进入下一个环节，即：软件模拟或在线调试。MPLAB IDE 集成开发系统提供 3 种途径实现编译：一是采用菜单命令，选择 Project→Build All 编译项目文件；二是采用项目管理工具栏，单击小图标；三是在项目窗口中右击选择文件，如图 3-31 所示。不管采用哪种方式进行编译，都可通过 Output 输出窗口观察编译是否通过的结果，如图 3-32 所示。

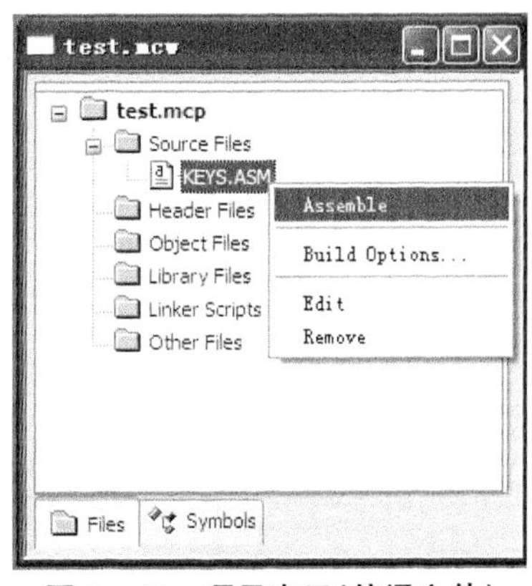

图 3-31　项目窗口(编译文件)

```
Output
Build | Find in Files | MPLAB ICD 2 |
Deleting intermediary files... done.
Executing: "F:\Program Files\MPLAB IDE\MCHIP_Tools\mpasmwin.exe" /q /p16F877 "miaobia
Warning[207] C:\NEWPROJ\MIAOBIAO.ASM 4 : Found label after column 1. (COUNT)
Message[302] C:\NEWPROJ\MIAOBIAO.ASM 11 : Register in operand not in bank 0.  Ensure
Message[305] C:\NEWPROJ\MIAOBIAO.ASM 25 : Using default destination of 1 (file).
Message[305] C:\NEWPROJ\MIAOBIAO.ASM 27 : Using default destination of 1 (file).
Message[305] C:\NEWPROJ\MIAOBIAO.ASM 29 : Using default destination of 1 (file).
Loaded C:\newproj\miaobiao.COD
BUILD SUCCEEDED
```

图 3-32 输出窗口

这 3 种方法都将对汇编源程序进行查错编译,只有当没有语法错误时才会通过。语法错误的范围很广,如出现助记符拼写错误和全角符号,定义变量和使用大小写不对应,缺少编译结束标记以及非法语句等,都将编译失败并显示 ERROR 出错提示行。一般来说,一个 ERROR 出错行表示某条指令有一个错误,只要双击该 ERROR 出错行就会返回到源程序界面,而光标恰好停在对应的指令有错误的行。利用这种信息反馈的方法,初学者也很容易查出源程序的语法错误。下面分析一个实例。

【例题 3-1】 本程序实现两个存储单元的内容交换。地址为 20H 和 30H 的存储单元存放的数值分别为 0FH 和 AAH,执行程序后 20H 和 30H 的存储单元存放的数值变为 AAH 和 0FH。

解题分析 这是个比较简单的例题,只要借用另一个数据寄存储或变量,就可以进行数据交换。输入源程序如图 3-33 所示,并已链接到对应的工程项目中。在对该源程序进行编译时出现 8 个 ERROR,编译失败,如图 3-34 所示。

```
D:\ABC\lianxi.asm
1   ;------------------------------------------------
2   ;源程序清单
3   ;------------------------------------------------
4   TEMP    EQU     10H         ;定义TEMP寄存器的地址
5           ORG     1000H       ;设置复位矢量
6           NOP                 ;空操作指令
7   ST      MOVWL   0FH         ;数值0FH送W
8           MOVWF   2oH         ;W的值送20H
9           MOVLW   AAH         ;数值AAH送W
10          MOVWF   30H         ;W的值送30H
11          MOVWF   TeMP        ;W的值送入TEMP
12          MOVF    20H .W      ;20H的值送W
13          MOVFW   30H         ;W的值送30H
14          MOVF    TEMP,W      ;TEMP的值送20H
15          MOVWF   20H         ;W的值送20H
```

图 3-33 例题 3-1 源程序

利用双击返回源程序查错的方法,依次产生的错误如下:

(1) 第 1 个 ERROR 返回到程序第 7 行,助记符拼写错误,MOVLW 写成 MOVWL。

(2) 第 2 个 ERROR 返回到程序第 8 行,数据存储地址 20H 写成 2OH(数字

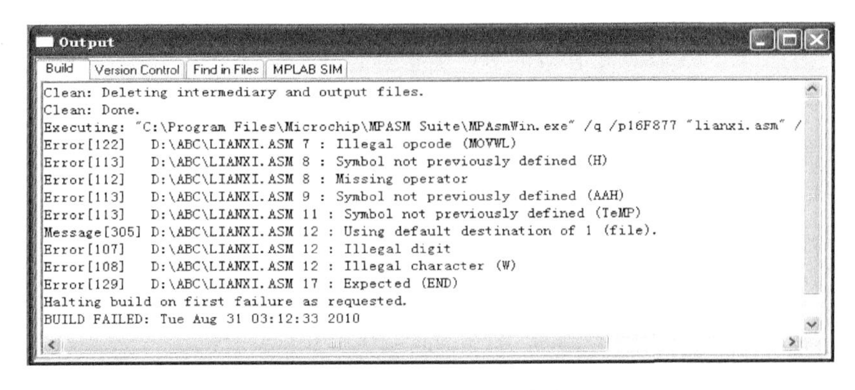

图 3-34 源程序编译失败

20H 的 0 写成字母 O,这是初学者常犯的错误)。

(3) 第 3 个 ERROR 返回到程序第 8 行,也是因为 MOVWF 指令缺少数据地址导致,如果第(2)项修改完,将不再出现本条错误;

(4) 第 4 个 ERROR 返回到程序第 9 行,数据 AAH 书写错误,在 A~F 前面应加数字 0,即为 0AAH。

(5) 第 5 个 ERROR 返回到程序第 11 行,变量大小写不一致,定义为 TEMP,而使用 TeMP,显然后者没有定义。从这点表明:在 PIC 单片机程序设计中,变量是区分大小写的。

(6) 第 6 个 ERROR 返回到程序第 12 行,两操作数之间逗号写成点。

(7) 第 7 个 ERROR 返回到程序第 13 行,指明 W 是非法参数,如果第(2)项修改完,将不再出现本条错误。

(8) 第 8 个 ERROR 返回到程序第 16 行,源程序没有结束标志 END。

改正错误后,重新进行编译,将再次出现编译告示结果窗口,如图 3-35 所示。从 Output 窗口的最后一行(BUILD SUCCEEDED)可以知道编译通过。本例所反应出的问题是比较典型的,编译通过并不代表程序没有问题,这样编写的程序可能还是不能正常运行。经仔细推敲可以发现还有 3 个地方存在缺陷:

(1) 程序第 4 行,变量单元一般定义在通用数据寄存器中,而单元 10H 位于特

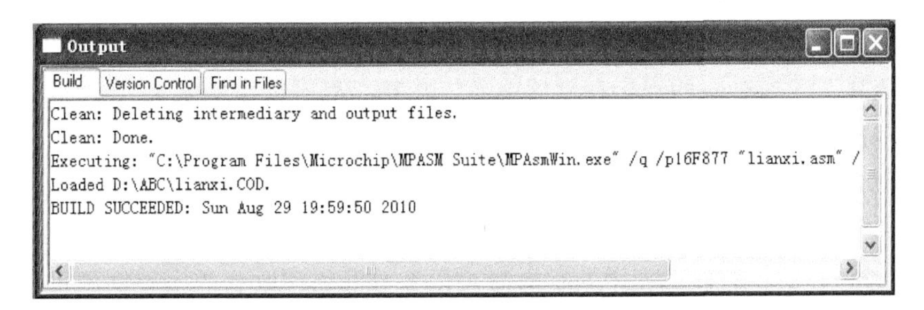

图 3-35 源程序编译成功

殊功能寄存器中,设置是错误的,一般变量定义建议选择 20H～7FH 比较稳妥。

(2) 程序第 5 行,PIC 单片机的复位矢量是 0000H。

(3) 程序第 13 行,助记符拼写有错误,MOVFW 应该是 MOVWF。这个问题非常特殊,按道理助记符拼写是语法问题,编译应该能够判别出来,但事实上却没有,这个问题的确是一个特例。

综上所述,可以看到,编译成功也可能掩盖着程序的缺陷,只有建立好一个基本无语法错误的源程序,才可以交由软件模拟或在线调试模式进行程序调试,本例经查错后正确的源程序如图 3-36 所示。

MPLAB IDE 窗口界面以及编译调试状态,都可以与工程项目窗口一起按特殊文件的形式保存,而当再次打开该工程项目时,便会同时恢复原有的界面和编译调试状态。这对于开发人员连续工作是很有帮助的。

```
D:\ABC\lianxi.asm
1    ;--------------------------------------------------------------
2    ;源程序清单
3    ;--------------------------------------------------------------
4    TEMP    EQU     40H         ;定义TEMP寄存器的地址
5            ORG     0000H       ;设置复位矢量
6            NOP                 ;空操作指令
7    ST      MOVLW   0FH         ;数值0FH送W
8            MOVWF   20H         ;W的值送20H
9            MOVLW   0AAH        ;数值AAH送W
10           MOVWF   30H         ;W的值送30H
11           MOVWF   TEMP        ;W的值送入TEMP
12           MOVF    20H ,W      ;20H的值送W
13           MOVWF   30H         ;W的值送30H
14           MOVF    TEMP,W      ;TEMP的值送20H
15           MOVWF   20H         ;W的值送20H
16           END
```

图 3-36　改错后的源程序

3.3.4　源程序编写要素

在每一款单片机中,都有独立源程序的编写方法,特别是在软件开发平台上必须遵守一定的规则,即按照一定的格式来编写程序。

1. PIC 单片机程序编写的基本要求

PIC16F877 单片机采用 MPLAB IDE 集成开发系统,源程序的编写方法必须限定在一定的框架内。程序的编写必须放在首址单元 0000H 之后,以便当程序编译完成后可顺利下载到对应的程序存储器单元。其基本程序结构如图 3-37 所示。

2. 初始化参数定义

在编写源程序的过程中,要特别注意通用寄存器和特殊功能寄存器的使用方法。一般来说通用寄存器用于临时数据的存放,如“MOVWF　20H”(将 W 寄存器的内容送到 20H 数据存储器单元中);但有时为便于数据的存取和增强程序的可读性,可根据所使用的场合和功能采用赋值伪指令 EQU 进行符号变量的定义,如“ABC　EQU　20H”(将 ABC 定义为数据存储器单元 20H)。一旦符号变量 ABC

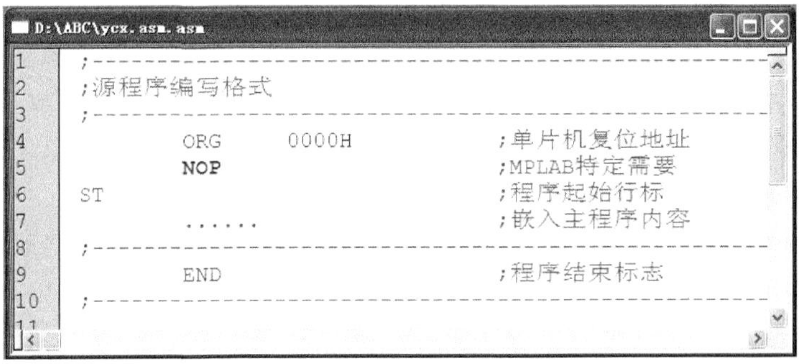

```
D:\ABC\ycx.asm.asm
1   ;--------------------------------------------------
2   ;源程序编写格式
3   ;--------------------------------------------------
4           ORG     0000H           ;单片机复位地址
5           NOP                     ;MPLAB特定需要
6   ST                              ;程序起始行标
7           ......                  ;嵌入主程序内容
8   ;--------------------------------------------------
9           END                     ;程序结束标志
10  ;--------------------------------------------------
11
```

图 3-37　基本程序结构

定义后，在主程序中就可以随时对符号变量 ABC 存取所用数据，而不必关心符号变量 ABC 所代表的数据存储器单元 20H。采用有特殊意义的符号变量，如循环参数 COUNTER、时间参数 TIMES 和后备参数 TEMP，显然比采用没有任何意义的数据存储器单元 20H、21H 和 22H 要好得多，可增加程序的可读性，使得程序设计更加方便。一般情况下，这些符号变量的定义总是放在程序的最前面，即放在“ORG　0000H”引领的主程序之上(见图 3-38)。请分析如图 3-38 所示的含有符号变量定义的程序语句功能。

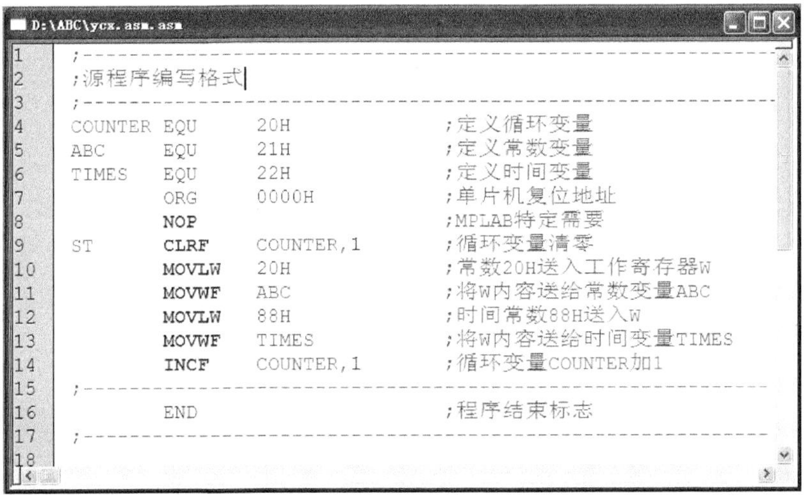

```
D:\ABC\ycx.asm.asm
1   ;--------------------------------------------------
2   ;源程序编写格式
3   ;--------------------------------------------------
4   COUNTER EQU     20H             ;定义循环变量
5   ABC     EQU     21H             ;定义常数变量
6   TIMES   EQU     22H             ;定义时间变量
7           ORG     0000H           ;单片机复位地址
8           NOP                     ;MPLAB特定需要
9   ST      CLRF    COUNTER,1       ;循环变量清零
10          MOVLW   20H             ;常数20H送入工作寄存器W
11          MOVWF   ABC             ;将W内容送给常数变量ABC
12          MOVLW   88H             ;时间常数88H送入W
13          MOVWF   TIMES           ;将W内容送给时间变量TIMES
14          INCF    COUNTER,1       ;循环变量COUNTER加1
15  ;--------------------------------------------------
16          END                     ;程序结束标志
17  ;--------------------------------------------------
18
```

图 3-38　带有常数变量定义的程序结构

在编写源程序的过程中，采用特殊功能寄存器也需要进行初始化定义。特殊功能寄存器是人为定义的系统单元标识，与数据存储器之间并没有必然的联系，在使用前必须像通用寄存器符号变量一样进行单元定义。由于特殊功能寄存器是确定的单元名称(包括部分位的含义)，所以可以用一个专用文件包括所有特殊功能寄存器和位的定义内容。在第 4 章介绍伪指令 INCLUDE 时将进行详细分析。不过，在引出

INCLUDE之前,所有的程序实例都将给出定义内容或直接给出位的数字信息,以便于读者对这样一个概念有一个熟悉和巩固的过程。特殊功能寄存器地址信息可以查询图2-2中的数据,相对还是比较简单,但对于位信息的使用就比较麻烦,初学者必须学会查询或记忆。常用的位数据主要有RP0、RP1、Z、C、GIE、PEIE、T0IE和T0IF等。另外,在通用指令格式中,对于那些目标地址为d的情况(对应为工作寄存器W或数据存储器单元F),也直接用0或1表示。以下程序实例比较完整地说明了这个表达的定义内容。

【例题3-2】 通过循环变量COUNTER,从RD端口输出二进制计数过程(00H~0FFH),采用特殊功能寄存器定义和功能位直接表示方法。

解题分析 在PIC单片机学习初期,编程过程中一旦涉及特殊功能寄存器,就必须进行单元地址的定义。常用的特殊功能寄存器主要有STATUS、PCL、INTCON、FSR、INDF,以及各类端口所对应的数据寄存器和方向寄存器等。请初学者一定要牢记"先定义、后使用"的规则。如果一个特殊功能寄存器的地址有多个,则一般采用最低体的那个地址数值。

```
;--------------------------------------------------------------------------
;源程序编写格式(具体定义特殊功能寄存器):
;--------------------------------------------------------------------------
COUNTER   EQU     20H           ;定义循环变量COUNTER
STATUS    EQU     03H           ;定义状态寄存器
PORTD     EQU     08H           ;定义RD端口数据寄存器
TRISC     EQU     88H           ;定义RD端口方向寄存器
          ORG     0000H         ;单片机复位地址
          NOP                   ;MPLAB特定需要
ST        BSF     STATUS,5      ;数据存储器转到体1
          CLRF    TRISD         ;端口RD设置为输出
          BCF     STATUS,5      ;数据存储器转到体0
          CLRF    COUNTER,1     ;循环变量COUNTER清零
          CLRF    PORTD,1       ;端口RD清零
LOOP      MOVF    COUNTER,0     ;COUNTER内容送至工作寄存器W
          MOVWF   PORTD         ;W内容送至端口RD输出
          INCF    COUNTER,1     ;循环变量COUNTER自动加1
          BTFSS   STATUS,2      ;二进制计数是否到0FFH
          GOTO    LOOP          ;没有到,返回继续执行
          NOP                   ;已经到,结束
;--------------------------------------------------------------------------
          END                   ;程序结束标志
;--------------------------------------------------------------------------
```

注意：在目标地址 d 为 F(1)的情况下，此方式所表达的指令可采用简略形式表示，即将指令部分内容“,1”或“,F”省略，如表 3-1 所列。

表 3-1　简略指令语句的表达方式

原指令语句	简略指令语句
CLRF　PORTA,1	CLRF　PORTA
ADDWF　20H,F	ADDWF　20H
INCF　ABC,1	INCF　ABC

3.4　程序调试及运行

项目经过编译后，如果希望检查项目能否正常运行，则可通过调试工具来实现。运行源程序有 3 种方式：一是采用 MPLAB SIM 软件模拟方法，但这种方法存在很大的局限性，对外电路不产生任何效果；二是在线程序调试，可以实时执行源程序，并可借助于系统辅助功能了解程序的运行情况，如查看变量、设置断点和单步执行等；三是将应用程序下载到目标板上，让目标板脱离系统独立运行。

3.4.1　运行模拟器

项目经过编译后，如果希望检查项目能否正常运行，则可通过调试工具来实现。通常使用 MPLAB SIM 软件模拟的方法来检查源程序设计的合理性。MPLAB SIM 模拟器运行在计算机上，可模拟 PICmicro 单片机指令的软件程序。因其运行速度取决于计算机的速度、代码的复杂程度、操作系统的开销以及有多少任务在运行，所以它并不是实时运行的。然而，模拟器可以准确地检测在实际应用中实时运行这些源代码所消耗的时间以及运行效果。通过选择 Debugger→Select Tool→MPLAB SIM 来选择 MPLAB SIM 模拟器为调试器，如图 3-39 所示。当选择 MPLAB SIM 后，界面会出现以下一些变化，如图 3-40 所示。

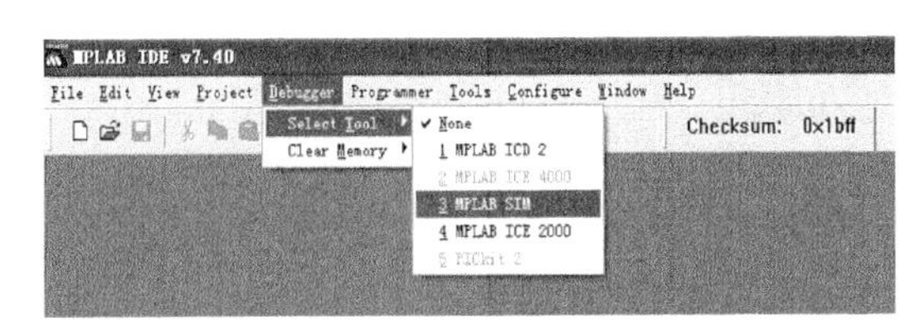

图 3-39　选择模拟器为调试器

- 在 Debugger 菜单中显现出更多原来隐藏的菜单项。
- 在 Debugger 工具栏中会出现更多图标。
- MPLAB IDE 窗口底部的状态栏上应该显示为“MPLAB SIM”。

MPLAB-SIM 软件仿真是 MPLAB IDE 一个重要的特色，允许用户针对编译

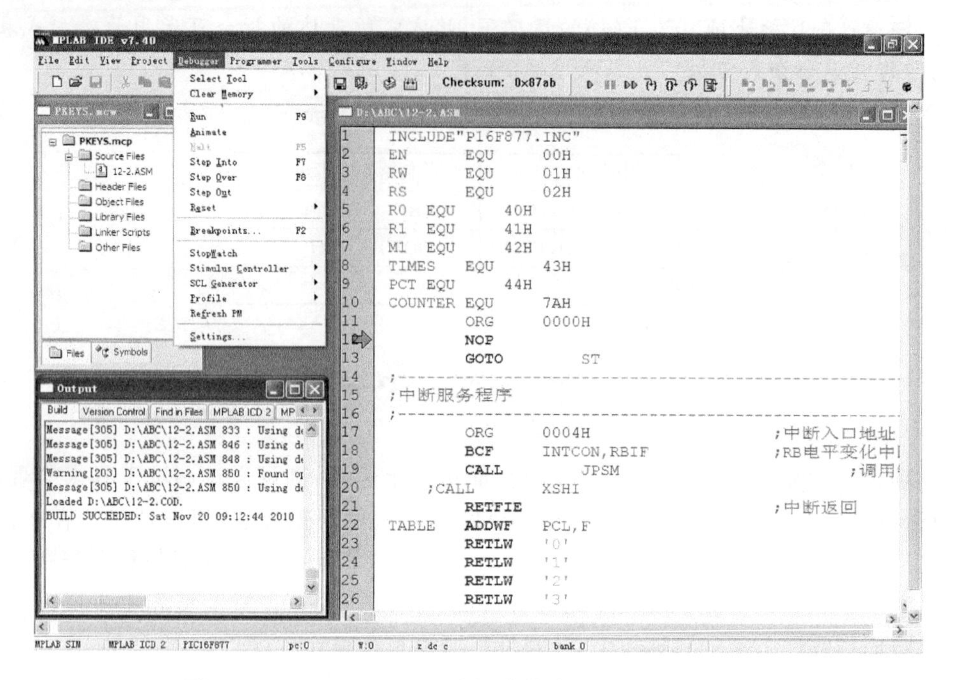

图 3-40　MPLAB SIM 设为调试器时 MPLAB IDE 的界面

通过的源程序进行模拟运行，便于用户及时了解程序设计有无缺陷。同时还允许用户根据实际情况自行设置输入/输出缓冲器的数据，检测或修改数据存储器的数据，或为某引脚提供和设置外部模拟激励方式，如低电平触发、脉冲激励以及电平变换等。MPLAB-SIM 软件仿真器提供了在低价位条件下的灵活性，以便在实验室环境之外开发和调试代码，这使得它成为一个很好的复合设计软件开发工具。

在 MPLAB IDE 模拟调试过程中，也可以进行单步运行和设置断点调试，以便用户及时动态查询 PIC 单片机的各类参数的变化情况，如：数据存储器区域、特殊功能寄存器以及给定的参数单元。在以个人计算机为主机的环境下，进行代码开发和软件调试，为 PIC 单片机教学应用和工程开发的前期研究提供了很大的便利。

3.4.2　在线程序调试

在线程序调试是 MPLAB IDE 最常用的一种源程序调试模式，在软件环境中可以通过选择 Debugger→Select Tool，如图 3-41 所示。

一旦在 Debugger 菜单中选择 MPLAB ICD 2 作为调试工具，Debugger 菜单将拓展出许多功能选项，如图 3-42 所示。在 Debugger 菜单中有不少选项仍处于无效状态，只有当软件开发环境与目标板通信连接成功后才进入可选状态。

在进行程序调试前，还必须对 MPLAB ICD 2 调试工具进行初始化设置，可以通过选择 Debugger→Settings 进行配置，也可以选择 Debugger→MPLAB ICD 2 Setup Wizard，进入设置引导步骤，如图 3-43 所示。主要有以下几个步骤。

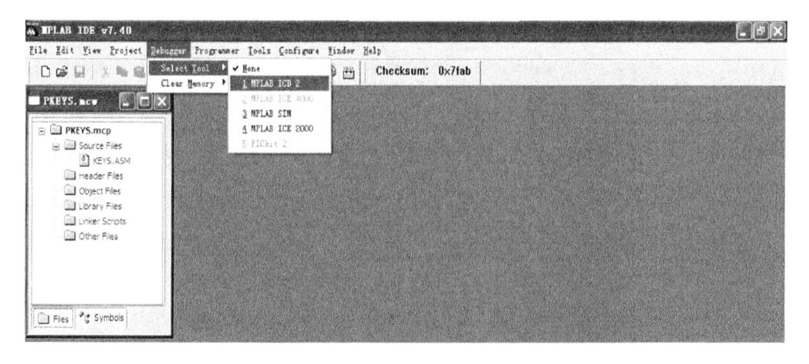

图 3 - 41　选择调试工具窗口

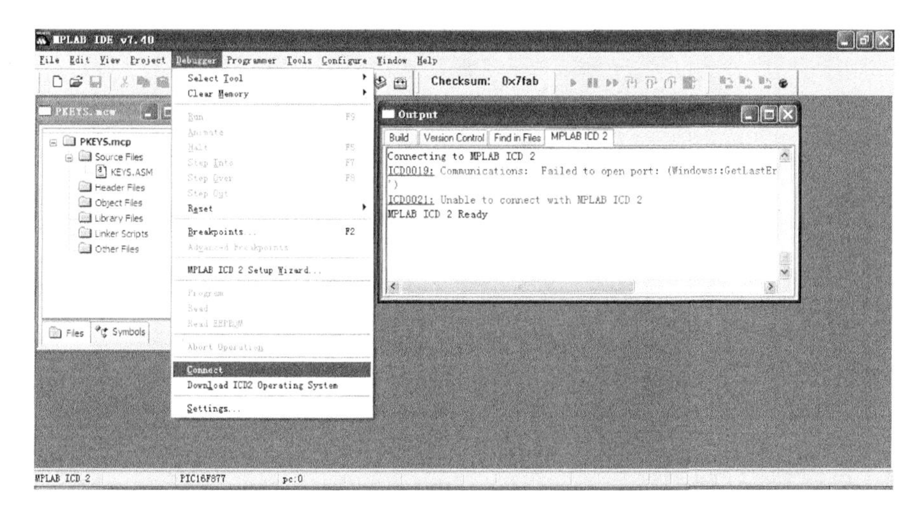

图 3 - 42　Debugger 菜单选项内容

图 3 - 43　MPLAB ICD 2 设置引导界面

1. 通信方式

MPLAB ICD 2 系统与目标板之间能够建立两种通信方式：一是采用 RS-232 COM 接口，一般 MPLAB ICD 2 的初始 COM 端口波特率为 19 200。建立通信后，可以通过选择波特率 57 600 选项以提高性能。在实际应用中，如果发现选择波特率 57 600 会导致通信错误增加，则请更改为默认选项，即默认波特率 19 200。二是采用 USB 接口，已限定选择波特率57 600，这是目前采用的最普遍通信方式，如图 3-44 所示。

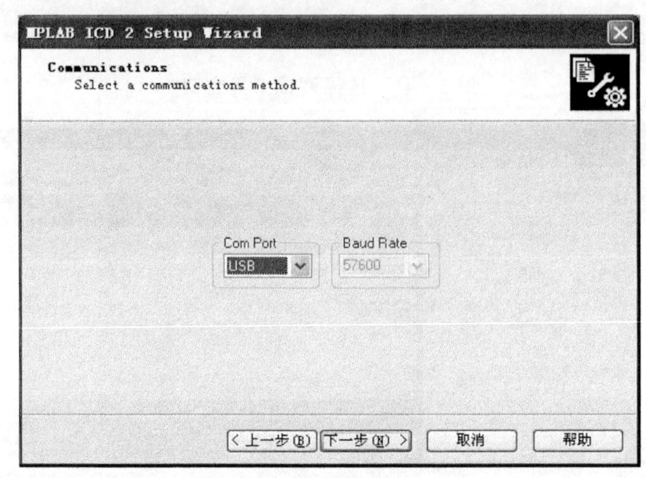

图 3-44　通信方式设置界面

2. 目标板电源选择

目标板的电源可以有两种选择方案：一是由目标板自己供电，二是由 MPLAB ICD 2 向目标板提供电源，如图 3-45 所示。

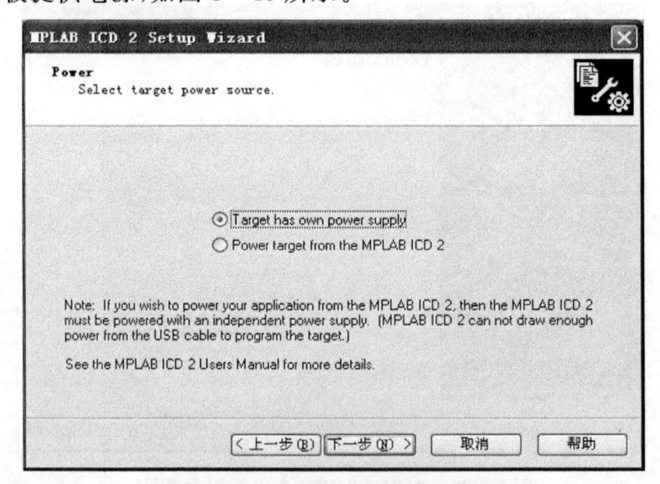

图 3-45　目标板电源选择界面

3. 使能自动连接

本项功能就是在系统启动时，保证 PIC 单片机开发环境 MPLAB IDE 和 MPLAB ICD 2 能够自动连接，如图 3-46 所示。

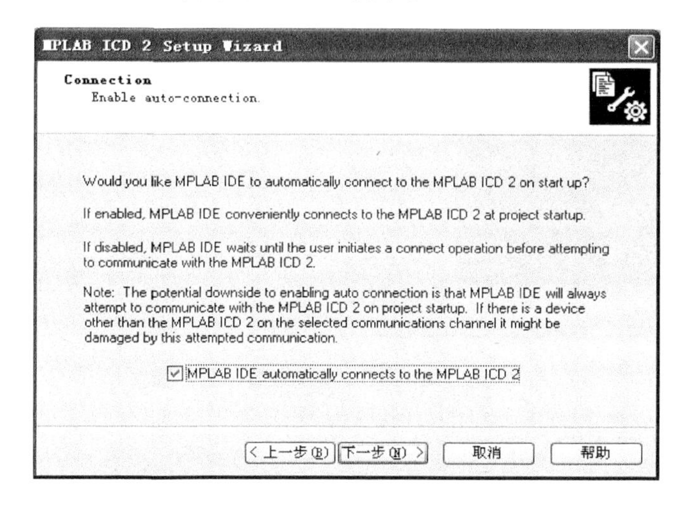

图 3-46　使能自动连接选择界面

4. 自动下载操作系统

如果选中此项，则所选器件的对应固件将自动下载到 MPLAB ICD 2；如果未选中此项，则下载固件前会提示下载操作系统，如图 3-47 所示。

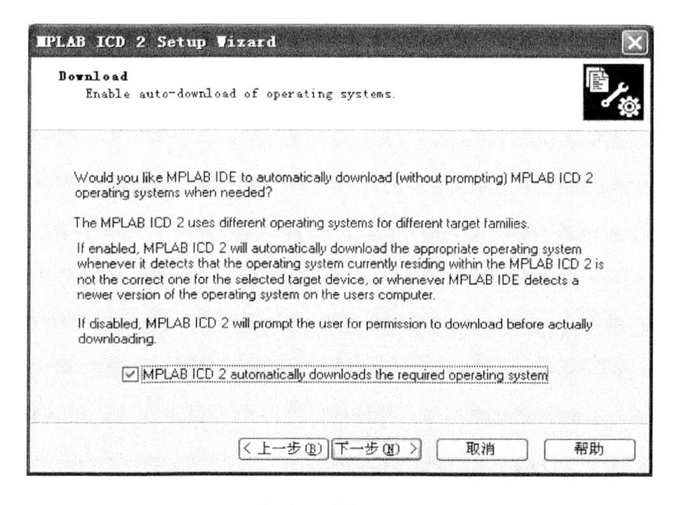

图 3-47　自动下载操作系统选择界面

在选择自动下载操作系统后，下一步进入 MPLAB ICD 2 设置，如图 3-48 所示。引导步骤中的设置内容是确保 MPLAB ICD 2 能够运行的基本设置项目，如果需要了解更多的设置条款可以选择 Debugger→Settings，如图 3-49 所示。在这个

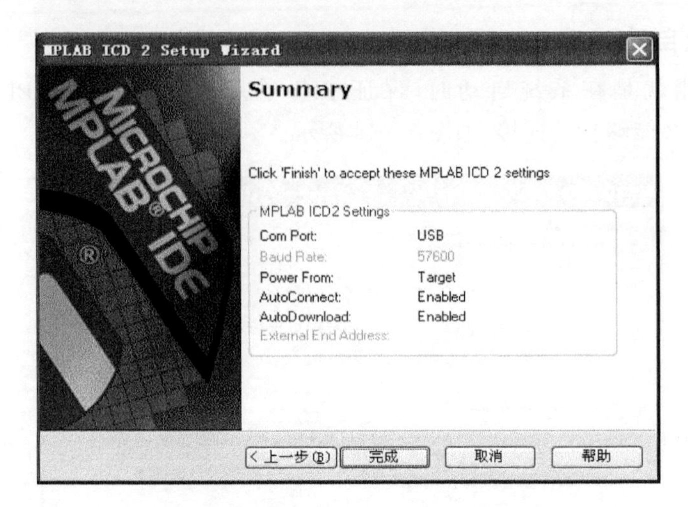

图 3－48　MPLAB ICD 2 设置小结界面

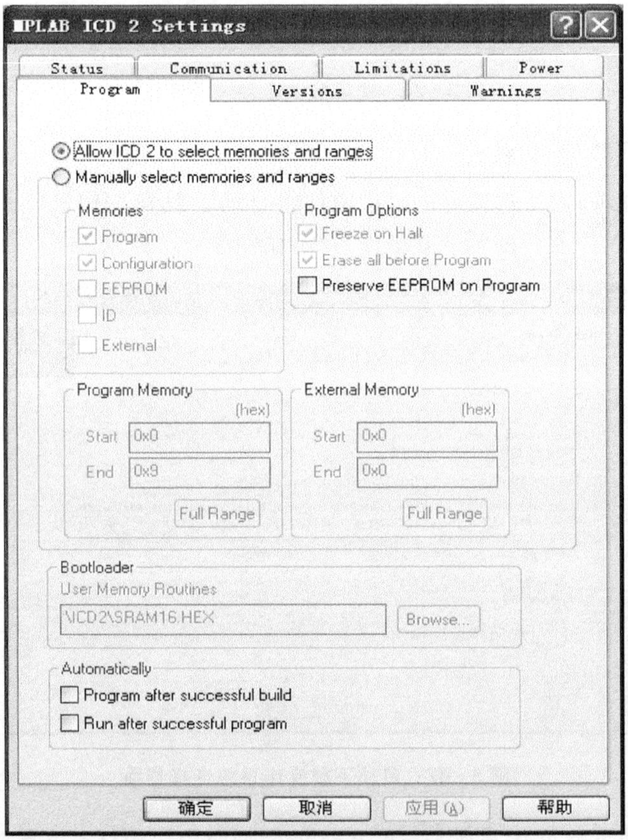

图 3－49　MPLAB ICD 2 完整设置

MPLAB ICD 2 设置中，共有7 个选项卡，所涉及的内容非常多。在自动执行栏目中，有两个比较有用的可选择项：一是 Program after successful build，表示在成功编译后自动将程序下载到目标板上；二是 Run after successful Program，表示在成功完成下载程序后自动运行目标板上的程序。如果这两项都选择的话，那么一旦进行源程序编译(假定编译成功)就会连续完成下载程序并进入运行状态，这个过程不再需要人为干预。

3.4.3　脱机程序运行

由于在线程序调试模式需要使用单片机的接口资源，如：RB3、RB6 和 RB7，所以当在应用开发中必须要用到这些接口引脚时，就不再适用在线程序调试，而必须采用第三种程序调试模式——脱机程序运行。此外，程序的脱机运行是一个独立产品必须采用的一种工作模式。选择 Programmer→Select Programmer，如图 3 - 50 所示。与 Debugger 菜单相同，一旦在 Programmer 菜单中选择 MPLAB ICD 2 作为编程器，Programmer 菜单也将拓展出许多功能选项，如图 3 - 51 所示。在 Programmer 菜单中也有不少选项处于无效状态，只有当系统与目标板通信连接成功后才进入可选状态。

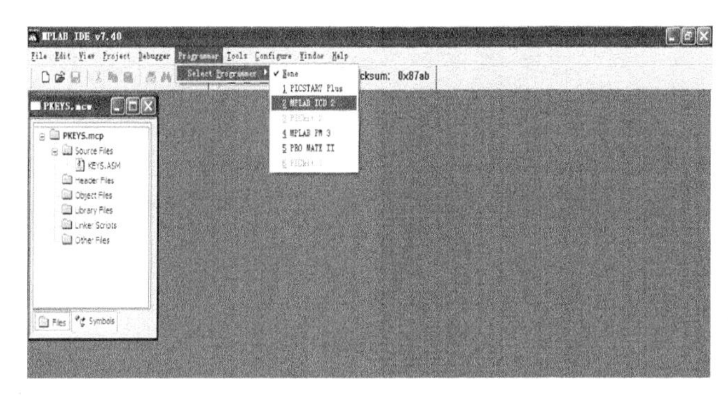

图 3 - 50　选择 MPLAB ICD 2 作为编程器

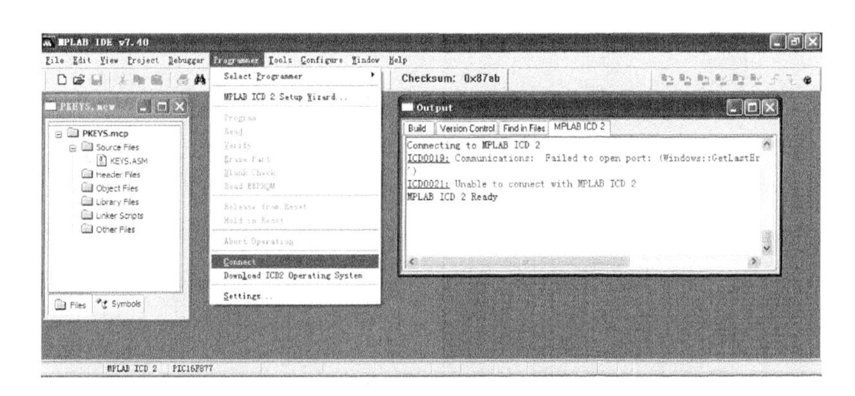

图 3 - 51　Programmer(编程器)拓展菜单选项

如果目标板使用 RB3、RB6 和 RB7 引脚，那么在下载源程序时一般需要将这几根连线先拔出或分离目标板电路，等源程序下载完成后再连上运行。

3.4.4　基本调试功能

程序运行主要是指模拟调试运行和在线调试运行两种工作方式。在程序执行过程中，可以根据特殊的 MPLAB IDE 功能，高效地进行程序调试，这对于一位应用开发工程师来说是至关重要的。要熟练掌握程序调试的技巧，必须熟悉 MPLAB IDE 集成开发环境。本小节通过介绍一些常用的调试工具，分析程序的调试方法。MPLAB IDE 提供了多种运行调试程序的方式，通过某些观察窗口分析 PIC 单片机模拟运行的参数结果和状态变化。

软件的调试方法非常丰富，主要有连续运行（全速执行）、单步运行（有两种方式）、自动单步运行、设置断点运行和截止式运行等。分析参数的结果和状态的变化，可以设置界面窗口对寄存器数值和参数变量进行观察。这些调试方法一般都适用于模拟调试和在线调试，但在线调试时有些参数不会发生变化，请读者注意。

1. 程序调试

一般在程序调试前都要进行系统复位，可以通过多种方法实现系统复位功能，既可以单击 Debug 工具栏小图标 或 MPLAB ICD 2 调试工具栏小图标 ，也可以选择 Debugger→Reset。然后，将在源代码窗口的左边空白处出现一个绿色箭头，表明这是要复位执行的第一行代码，如图 3－52 所示。

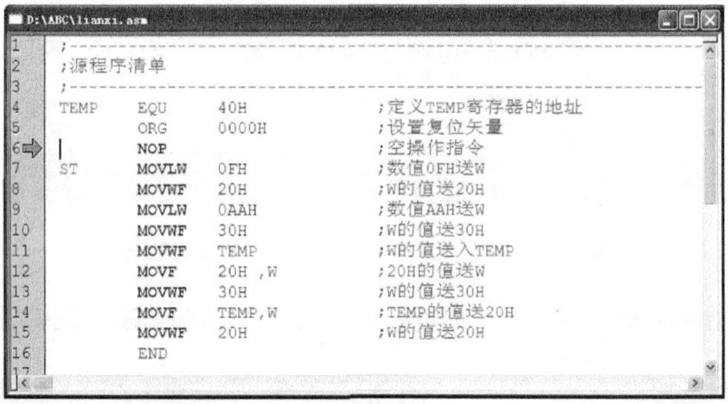

```
D:\ABC\lianxi.asm
1   ;---------------------------------------------------------------
2   ;源程序清单
3   ;---------------------------------------------------------------
4   TEMP    EQU     40H             ;定义TEMP寄存器的地址
5           ORG     0000H           ;设置复位矢量
6⇨          NOP                     ;空操作指令
7   ST      MOVLW   0FH             ;数值0FH送W
8           MOVWF   20H             ;W的值送20H
9           MOVLW   0AAH            ;数值AAH送W
10          MOVWF   30H             ;W的值送30H
11          MOVWF   TEMP            ;W的值送入TEMP
12          MOVF    20H ,W          ;20H的值送W
13          MOVWF   30H             ;W的值送30H
14          MOVF    TEMP,W          ;TEMP的值送20H
15          MOVWF   20H             ;W的值送20H
16          END
```

图 3－52　程序复位后绿色箭头

1）连续运行方式

在选择程序复位后，可以看到绿色箭头停留在主程序的第一条指令语句 NOP 语句行（NOP 是一种空操作指令，在这里是 MPLAB ICD 固有语句行，必须在主程序 0000H 处插入），程序计数器 PC 返回至 0000H 后，可以选择 Debug→Run 或单击调试工具栏上的小图标 按钮进入连续运行状态。在任何时候都可以选择 Debug→Halt 或单击调试工具栏上的小图标 按钮终止程序运行。

全速运行在程序调试的初期很少使用，因为无法及时了解程序运行的状态和参数的变化，也不便于分析程序的运行过程。只有当程序编译和局部调试通过后，才使用连续运行。采用连续运行具有较高的工作效率，能够很方便地看到观察窗口的最终运行结果。

2）单步运行方式

单步运行是程序调试时最常用的方法之一，它能够为用户及时提供单条指令运行后单片机的系统状态、接口变化以及各类变量的数值情况，也便于程序设计人员找出程序设计的缺陷。同时能随时设置端口的状态、修正各类变量的数值，以达到控制程序运行的预期效果。

首先对系统进行程序复位，然后选择 Debug→Run→Step 或单击调试工具栏上的小图标 按钮，单击一次执行一条语句，反白光标所在指令行表示下一个单步执行的语句。另外，还有一个单步执行小图标 按钮，它的功能与 按钮基本相同，但只有在调用子程序的时候是一步完成。一般在短小程序或那些复杂待调的程序片断中采用单步运行的调试方法，但总体调试的效率不高。

3）自动单步运行方式

自动单步运行方式是一种准连续运行方式，采用慢速指令执行过程。正因为指令执行的速度较慢，软件系统就有充足的时间更新系统状态、接口变化以及各类变量的数值情况。从某种角度说，自动单步运行既实现了连续运行模式，又采纳了单步运行方式信息状态及时返回的优势，弥补了两种运行方式的不足。随着自动单步运行，观察窗口在每条指令后不断更新显示信息，反白光标所在的指令行不断下移，类似于自动播放动画片的效果，因此被称为动画运行方式，用 Animate 表示。

首先对系统进行程序复位，然后选择 Debug→ Animate 或单击调试工具栏上的小图标 按钮进入自动单步运行方式。一般在短小循环程序中采用自动单步运行的调试方法，便于设计人员观察不断更新的端口信息，是否满足程序设计的要求。

4）断点运行方式

在调试较长软件程序时，如果只采用连续运行方式或单步运行方式是很难高效地完成程序的调试任务。而此时最有效的方法之一就是使用设置断点的运行方式，它既能够满足程序的连续运行，又可以暂停在所指定的语句之前，可及时观察各寄存器和自定义变量的数值。可以看到该运行方式综合了连续运行和单步运行方式的优势，便于设计人员进行程序分块和功能化调试。

图 3-53　断点设置

首先右击所指定的语句行，弹出如图 3-53 所示的部分菜单，选择 Set Breakpoint（设置断点）选项即可。在 MPLAB IDE 中，只能设置一个断点，设有断点的语句行前将出现一个红色圈 B，如图 3-54 所示。如果需要取消断点，只须对该语句行再设置一次断点，红色行便消失。如果需要换一个断点，只须对另外一个语句行设置断点即可。

```
D:\ABC\lianxi.asm
1   ;-------------------------------------------------
2   ;源程序清单
3   ;-------------------------------------------------
4   TEMP    EQU     40H         ;定义TEMP寄存器的地址
5           ORG     0000H       ;设置复位矢量
6           NOP                 ;空操作指令
7   ST      MOVLW   0FH         ;数值0FH送W
8           MOVWF   20H         ;W的值送20H
9           MOVLW   0AAH        ;数值AAH送W
10 B        MOVWF   30H         ;W的值送30H
11          MOVWF   TEMP        ;W的值送入TEMP
12          MOVF    20H ,W      ;20H的值送W
13          MOVWF   30H         ;W的值送30H
14          MOVF    TEMP,W      ;TEMP的值送20H
15          MOVWF   20H         ;W的值送20H
16          END
17
```

图 3－54　断点显示方式

当程序断点设置完成后，就可以进行程序的调试，一般采用连续运行方式。主程序从复位地址开始全速执行指令，直到遇到所设置的程序断点处才会暂停，反白光标位于断点语句行，此时观察窗口将及时给出寄存器和自定义变量的数值。

5）截止式运行方式

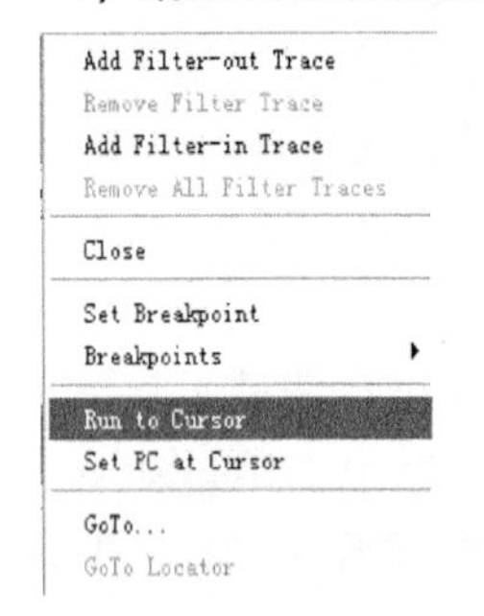

图 3－55　运行到光标

设置断点的运行方式的确提供了很多方便，但需要连续进行断点设置，操作比较繁琐。截止式运行方式改善了断点连续设置的不足，能够灵活地进行调试，随意性较大。主程序可以从复位地址或任何一个语句地址开始全速执行指令，一直运行到预定的语句行。

首先右击所指定的语句行，弹出如图 3－55 所示的菜单，选择 Run to Cursor（运行到光标）选项即可。一旦选择 Run to Cursor，就将以连续运行方式完成复位地址或原断点至指定位置（光标处）的程序执行。

在实际应用时，一般没有固定的调试模式，需要将上面介绍的 5 种调试运行方法交叉综合使用，这样可以缩短程序的调试周期，及时发现程序设计的缺陷。

2. 查看变量

把鼠标移到源程序文件中的变量名上，会即时弹出一个小窗口显示变量的当前数值，如图 3－56 所示，显示变量 TEMP 的数值。

3. 观察窗口

若用户需要同时观察几个变量的值，则可打开一个观察窗口。观察窗口会在屏幕上显示变量的当前值，如图 3－57 所示。

● 选择 View→Watch 打开一个新的观察窗口。

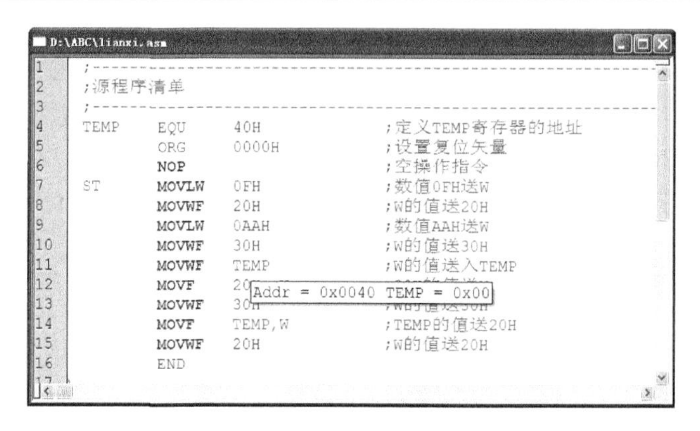

图 3-56　鼠标放在变量上

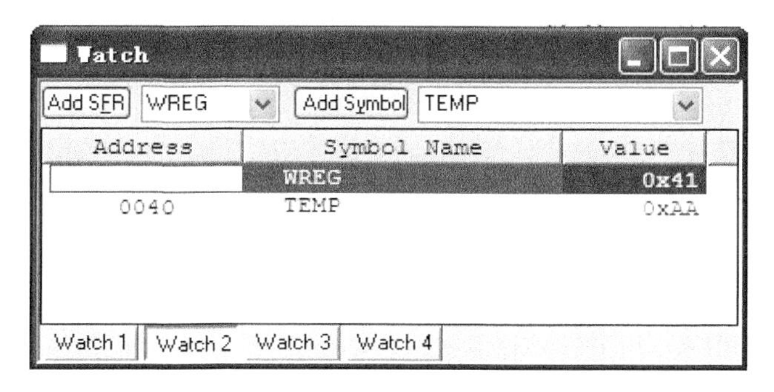

图 3-57　变量观察窗口

- 在窗口顶部的 SFR(特殊功能寄存器)选择框中选择 WREG。单击 Add SFR 把它添加到观察窗口的列表中。
- 在窗口顶部的 Symbol(符号)选择框中选择 TEMP。单击 Add Symbol，把它添加到观察窗口的变量列表中。

4. 观察存储器

在程序运行过程中，为了及时掌握程序片段或者局部的执行结果，除了需要了解自定义变量和特殊功能寄存器的数值以外，有时还需要观察存储器的内容，包括程序存储器、数据存储器和失电保护数据存储器 E^2PROM。运行到特定的位置后暂停，以便观察存储器内容，可以通过下列方法实现：

- 通过 View→Program Memory，可以查看程序存储器的内容，包括源程序、编译结果和数据表等，如图 3-58 所示。
- 通过 View→File Registers，可以查看文件寄存器或者数据寄存器，包括所有的特殊功能寄存器和通用寄存器，如图 3-59 所示。
- 通过 View→EEPROM，可以查看失电保护数据存储器 E^2PROM，如图 3-60 所示。这个模块的数据除了模拟运行外，都不随程序的运行而实时更改，所以若需要了解单片机内部 E^2PROM 的内容还必须采用读入方式将实时数据

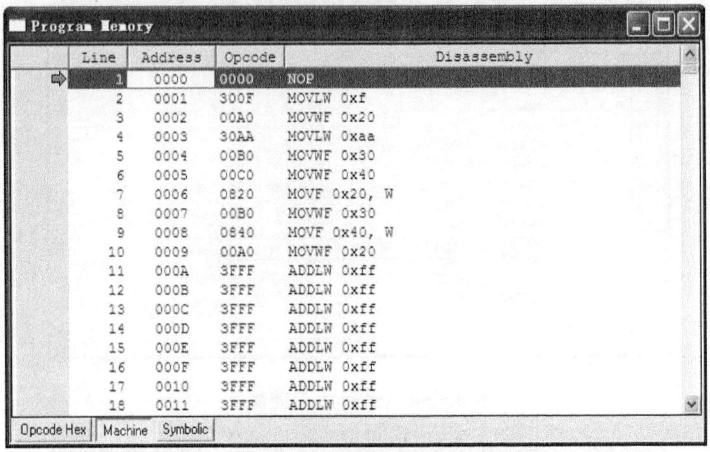

Program Memory

Line	Address	Opcode	Disassembly
1	0000	0000	NOP
2	0001	300F	MOVLW 0xf
3	0002	00A0	MOVWF 0x20
4	0003	30AA	MOVLW 0xaa
5	0004	00B0	MOVWF 0x30
6	0005	00C0	MOVWF 0x40
7	0006	0820	MOVF 0x20, W
8	0007	00B0	MOVWF 0x30
9	0008	0840	MOVF 0x40, W
10	0009	00A0	MOVWF 0x20
11	000A	3FFF	ADDLW 0xff
12	000B	3FFF	ADDLW 0xff
13	000C	3FFF	ADDLW 0xff
14	000D	3FFF	ADDLW 0xff
15	000E	3FFF	ADDLW 0xff
16	000F	3FFF	ADDLW 0xff
17	0010	3FFF	ADDLW 0xff
18	0011	3FFF	ADDLW 0xff

Opcode Hex | Machine | Symbolic

图 3-58　程序存储器

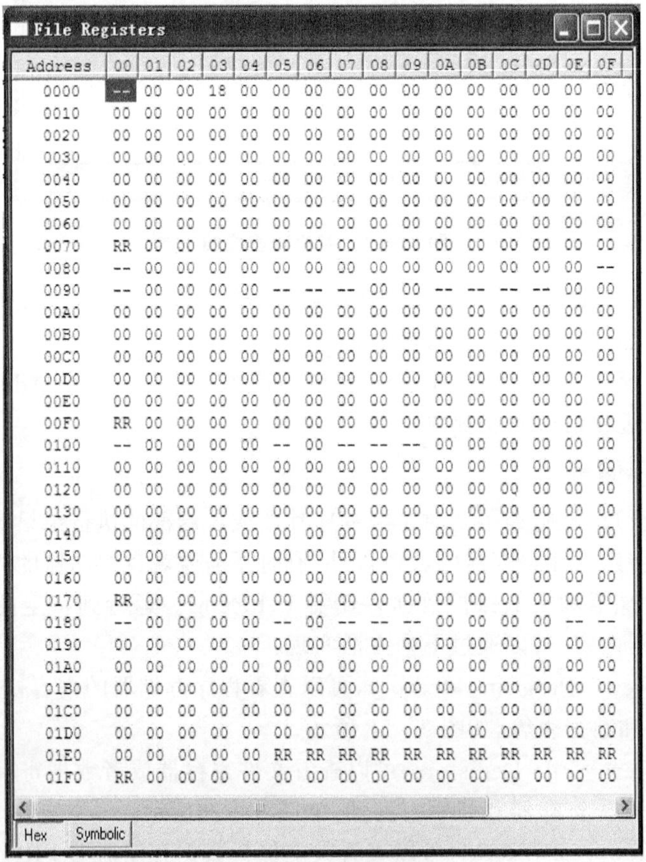

File Registers

Address	00	01	02	03	04	05	06	07	08	09	0A	0B	0C	0D	0E	0F
0000	--	00	00	18	00	00	00	00	00	00	00	00	00	00	00	00
0010	00	00	00	00	00	00	00	00	00	00	00	00	00	00	00	00
0020	00	00	00	00	00	00	00	00	00	00	00	00	00	00	00	00
0030	00	00	00	00	00	00	00	00	00	00	00	00	00	00	00	00
0040	00	00	00	00	00	00	00	00	00	00	00	00	00	00	00	00
0050	00	00	00	00	00	00	00	00	00	00	00	00	00	00	00	00
0060	00	00	00	00	00	00	00	00	00	00	00	00	00	00	00	00
0070	RR	00	00	00	00	00	00	00	00	00	00	00	00	00	00	00
0080	--	00	00	00	00	00	00	00	00	00	00	00	00	00	00	--
0090	--	00	00	00	00	--	--	--	00	00	--	--	--	--	00	00
00A0	00	00	00	00	00	00	00	00	00	00	00	00	00	00	00	00
00B0	00	00	00	00	00	00	00	00	00	00	00	00	00	00	00	00
00C0	00	00	00	00	00	00	00	00	00	00	00	00	00	00	00	00
00D0	00	00	00	00	00	00	00	00	00	00	00	00	00	00	00	00
00E0	00	00	00	00	00	00	00	00	00	00	00	00	00	00	00	00
00F0	RR	00	00	00	00	00	00	00	00	00	00	00	00	00	00	00
0100	--	00	00	00	00	--	00	--	--	--	00	00	00	00	00	00
0110	00	00	00	00	00	00	00	00	00	00	00	00	00	00	00	00
0120	00	00	00	00	00	00	00	00	00	00	00	00	00	00	00	00
0130	00	00	00	00	00	00	00	00	00	00	00	00	00	00	00	00
0140	00	00	00	00	00	00	00	00	00	00	00	00	00	00	00	00
0150	00	00	00	00	00	00	00	00	00	00	00	00	00	00	00	00
0160	00	00	00	00	00	00	00	00	00	00	00	00	00	00	00	00
0170	RR	00	00	00	00	00	00	00	00	00	00	00	00	00	00	00
0180	--	00	00	00	00	--	00	--	--	--	00	00	00	00	--	--
0190	00	00	00	00	00	00	00	00	00	00	00	00	00	00	00	00
01A0	00	00	00	00	00	00	00	00	00	00	00	00	00	00	00	00
01B0	00	00	00	00	00	00	00	00	00	00	00	00	00	00	00	00
01C0	00	00	00	00	00	00	00	00	00	00	00	00	00	00	00	00
01D0	00	00	00	00	00	00	00	00	00	00	00	00	00	00	00	00
01E0	00	00	00	00	00	RR	RR	RR	RR	RR	RR	RR	RR	RR	RR	RR
01F0	RR	00	00	00	00	00	00	00	00	00	00	00	00	00	00	00

Hex | Symbolic

图 3-59　数据存储器

导入到 MPLAB IDE 软件系统中。E^2PROM 数据读入在调试模式和编程器模式下都可以使用，即选择 Debugger→Read EEPROM 或者 Programmer→Read EEPROM。

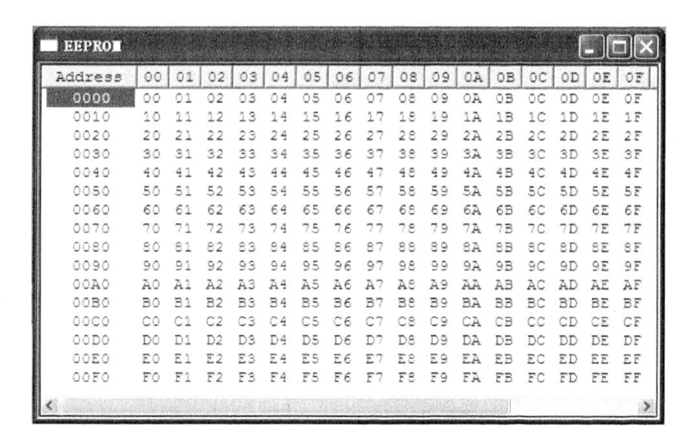

Address	00	01	02	03	04	05	06	07	08	09	0A	0B	0C	0D	0E	0F
0000	00	01	02	03	04	05	06	07	08	09	0A	0B	0C	0D	0E	0F
0010	10	11	12	13	14	15	16	17	18	19	1A	1B	1C	1D	1E	1F
0020	20	21	22	23	24	25	26	27	28	29	2A	2B	2C	2D	2E	2F
0030	30	31	32	33	34	35	36	37	38	39	3A	3B	3C	3D	3E	3F
0040	40	41	42	43	44	45	46	47	48	49	4A	4B	4C	4D	4E	4F
0050	50	51	52	53	54	55	56	57	58	59	5A	5B	5C	5D	5E	5F
0060	60	61	62	63	64	65	66	67	68	69	6A	6B	6C	6D	6E	6F
0070	70	71	72	73	74	75	76	77	78	79	7A	7B	7C	7D	7E	7F
0080	80	81	82	83	84	85	86	87	88	89	8A	8B	8C	8D	8E	8F
0090	90	91	92	93	94	95	96	97	98	99	9A	9B	9C	9D	9E	9F
00A0	A0	A1	A2	A3	A4	A5	A6	A7	A8	A9	AA	AB	AC	AD	AE	AF
00B0	B0	B1	B2	B3	B4	B5	B6	B7	B8	B9	BA	BB	BC	BD	BE	BF
00C0	C0	C1	C2	C3	C4	C5	C6	C7	C8	C9	CA	CB	CC	CD	CE	CF
00D0	D0	D1	D2	D3	D4	D5	D6	D7	D8	D9	DA	DB	DC	DD	DE	DF
00E0	E0	E1	E2	E3	E4	E5	E6	E7	E8	E9	EA	EB	EC	ED	EE	EF
00F0	F0	F1	F2	F3	F4	F5	F6	F7	F8	F9	FA	FB	FC	FD	FE	FF

图 3-60　失电保护数据存储器

测 试 题

一、思考题

1. 请分析 MPLAB 硬件调试部件主要由哪几部分组成？各部分的作用如何？
2. 如何建立一个项目和文件？文件怎样挂接到项目上？
3. 请说明连续运行和自动单步运行的异同。
4. 对于自选观察窗口，如何添加寄存器变量？
5. 为了在某语句行执行后查看数据存储器的内容，可以有几种操作方式？
6. 为什么利用 MPLAB ICD 开发目标用户板时，RB 端口应谨慎使用？
7. 何为脱机运行？这一功能的最大优点是什么？
8. 请分析两个单步运行按钮的功能异同。
9. 通过什么样的方式能够查看 E^2PROM 的内容？
10. 编译通过是否意味着程序一定正确无误？

二、选择题

1. Microchip 公司为 PIC 系列单片机配备了功能强大、基于 Windows 操作系统、易学易用的软件集成开发环境 MPLAB IDE。该开发环境可以使人们在微机系统上实现下列功能，但________除外。

   A. 程序的创建和录入　　　　B. 程序的编辑和汇编

   C. 程序的模拟运行和动态调试　　　　D. 数据的高速传送

2. MPLAB IDE 就其实际应用功能而言，可以分成若干模块，下列模块中________不是 MPLAB 的主要模块之一。

   A. 源程序编辑器　　　　B. 在线仿真调试

   C. 机器码管理器　　　　D. 软件模拟器

3. 在MPLAB IDE的内嵌工具软件中，________软件是MPLAB的核心部分。

A. 工程项目管理器　　B. 软件模拟器

C. 汇编器　　D. 在线调试工具ICD的支持程序

4. 在MPLAB IDE的内嵌工具软件中，________软件可以用于创建和修改汇编语言所编写的扩展名为.ASM程序文件。

A. 工程项目管理器　　B. 源程序编辑器

C. 汇编器　　D. 软件模拟器

5. 在MPLAB IDE的内嵌工具软件中，________软件可以用于将汇编语言编写的扩展名为.ASM的程序文件转换成扩展名为.HEX的程序文件。

A. 工程项目管理器　　B. 源程序编辑器

C. 汇编器　　D. 软件模拟器

6. 在下列功能中，________是MPLAB IDE软件模拟器所不具有的功能。

A. 模拟单片机指令执行过程　　B. 模拟单片机的输入/输出

C. 模拟单片机的实时控制　　D. 调试程序和查找深层次逻辑错误

7. 在MPLAB IDE的内嵌工具软件中，________软件可以直接与应用系统连接，用作实验阶段的评估和辅助调试。

A. 工程项目管理器　　B. 在线调试工具ICD的支持程序

C. 软件模拟器　　D. 源程序编辑器

8. 在用户应用MPLAB IDE集成开发环境时，涉及各种文件，主要包括以下文件扩展名，但________除外。

A. .JPG　　B. .MCP　　C. .ASM　　D. .HEX

9. MPLAB IDE窗口是一个标准的Windows应用程序窗体，从上到下排布着如标题栏、菜单栏等________个组成部分。

A. 3　　B. 5　　C. 4　　D. 7

10. 菜单栏是MPLAB IDE窗口的一个组成部分。在下列各选项中，________不是菜单栏中的选项。

A. 文件、编辑和项目　　B. 编程器、浏览和调试

C. 窗口、工具和帮助　　D. 软件模拟器、在线调试和源程序编辑器

11. 工具栏是MPLAB IDE窗口的一个组成部分，它实际上包含________个可随意切换的工具栏。

A. 5　　B. 4　　C. 3　　D. 2

12. MPLAB IDE窗口是一个标准的Windows应用程序窗体，在下列各项中________是MPLAB的工作区窗口所不具备的。

A. 源程序的输入、编辑　　B. 源程序的汇编

C. 脱机调试信息　　D. 显示各种对话框和调试窗口的区域

13. 使用MPLAB-SIM之前，先要对MPLAB作某些设置，以使得MPLAB按照用户的各项具体要求对单片机的程序进行调试。该设置对话框通过________菜单下的相应选项打开。

A. 编辑(Edit)　　B. 调试器(Debugger)

C. 编程器(Programmer)　　D. 工具(Tools)

14. 在MPLAB IDE的使用过程中，需要建立项目文件和汇编语言源文件。在下列说法中，________是正确的。

A. 项目文件和汇编语言源文件必须位于相同目录,但文件名可以不同

B. 项目文件和汇编语言源文件必须位于相同目录,且文件名必须相同

C. 项目文件和汇编语言源文件可以位于不同目录,但文件名必须相同

D. 项目文件和汇编语言源文件可以位于不同目录,且文件名可以不同

15. 在 MPLAB IDE 的使用过程中,要实现程序调试,下列各操作可以有多种完成顺序,但错误的顺序是________。

(1) 建立源程序文件;

(2) 建立项目文件;

(3) 编辑项目文件,实现将源程序文件加载到目标文件上的操作;

(4) 调试模式选择;

(5) 编译文件。

A. (4)、(2)、(3)、(1)、(5)　　B. (2)、(1)、(3)、(4)、(5)

C. (3)、(1)、(2)、(4)、(5)　　D. (1)、(2)、(3)、(4)、(5)

16. MPLAB IDE 中的 MPLAB-SIM 软件仿真器是一个很好的复合设计软件开发工具。下列的________不是 MPLAB-SIM 软件常用的调试手段。

A. 单步运行和设置断点运行　　B. 连续运行和自动单步运行

C. 设置观察窗和设置观察寄存器变量　D. 在线调试运行

17. 为了更好地了解程序的运行情况, MPLAB-SIM 软件提供了设置观察窗和设置观察寄存器变量的调试手段。要观察 PORTC 的变化可以选择下列菜单功能,但________除外。

A. View(浏览)→Program Memory　　B. View(浏览)→File Registers

C. View(浏览)→Special Function Registers　　D. View(浏览)→Watch

18. 若希望执行一程序片断后暂停下来,观察各寄存器变量的值,用以分析中间结果,可以通过________实现。

A. 单步运行 {} 方式　　B. 自动单步运行方式

C. 设置断点运行方式　　D. 单步运行 {} 方式

19. MPLAB ICD 是一个实时在线调试器(或称"仿真器"),其工具套件主要由以下几部分构成,但________除外。

A. MPLAB ICD 仿真头　　B. MPLAB ICD 模块

C. MPLAB ICD 支持程序　　D. MPLAB ICD 演示板

20. MPLAB ICD 在使用时要占用目标单片机的部分资源,其中要占用________的多个引脚资源。

A. 端口 RA　　B. 端口 RB　　C. 端口 RC　　D. 端口 RD

第4章 PIC 指令系统

指令是单片机的核心，是指挥 CPU 按要求进行一系列操作的命令。一般来说，单片机都具有自身特有的指令系统，相互之间大都互不兼容。PIC 单片机系列按照不同用户的要求分成 3 个不同的应用档次，有着不同的指令集系统，但不少指令的形式是相互兼容的。3 个档次的主要区别体现在：一是指令集数量不同；二是指令字节的长度不同(见表 4-1)。3 个档次也有共性之处，即：不管是何种指令字节长度，均可认为是单字节指令，取指过程一次完成。

表 4-1 指令系统和字节长度

产品等级	指令集数量	每条指令字节长度	主要代表产品
初级	33	12	PIC12C5XX
中级	35	14	PIC16F87X
高级	58	16	PIC18CXXX

4.1 指令流水线操作原则

在单片机系统中，指令的执行时间总是分成两部分：取指过程和执行过程。取指的快慢直接与指令的字节数有关，而指令的执行快慢与时钟的振荡频率有关。在以往的单片机结构中，程序存储器和数据存储器的地址空间和数据传输通道都相互并用，必须采用分时操作来顺序执行。而 PIC 单片机指令的执行过程遵循一种全新哈佛总线体系结构的原则，充分利用计算机系统在程序存储器和数据存储器之间地址空间的相互独立性，使取指过程和执行程序的流水线操作可以同时进行。

PIC 单片机为单字节指令，除打破顺序执行规则的条件跳转指令以外，取指和执行过程均占用 1 个指令周期。在 PIC 单片机中，时钟振荡周期是最基本的系统时序参数，1 个指令周期内部包含 4 个时钟周期过程。在本书中，凡是未加注释处，均假定时钟振荡频率为 4 MHz，其时钟周期为 0.25 μs，对应的指令周期正好是 1 μs。因此，一条指令的执行时间从表面看占用两个指令周期，CPU 执行时间为 2 μs；但从指令连续运行的角度分析，情况就不同了。

由于 PIC 单片机采用哈佛总线结构，程序存储器和数据存储器地址空间以及内部总线的独立性，决定了程序存储器取指操作和数据总线的数据传输是分离的，即这两种操作在哈佛总线结构中可以同时进行。所谓同时进行，并不是说同时完成某条指令的取指操作和指令的执行过程，而是前后指令有机地错位执行。如图 4－1 所示，第 N 条指令的执行过程实际上是与第 $N+1$ 条指令的取指过程并行实施的。对于判断和测试指令，如果条件成立，则可以实行间跳（隔行指令跳转），原已取入的下一条指令被迫放弃执行，而去取间跳处的指令。这时，包含间跳过程的指令，因涉及重复的取指过程，将会用去两个指令执行周期。

图 4－1　指令流水操作

4.2　指令集说明

PIC16F877 单片机每条指令的字节长度为 14 位，主要由说明指令功能的操作码和参与指令处理的操作数组成。PIC 单片机指令机器码结构如图 4－2 所示，一般高位数据（3～6 位）为操作码，低位数据（8～11 位）为操作数。机器码 14 位分布情况以及操作码实际占有位数因不同的指令而异。

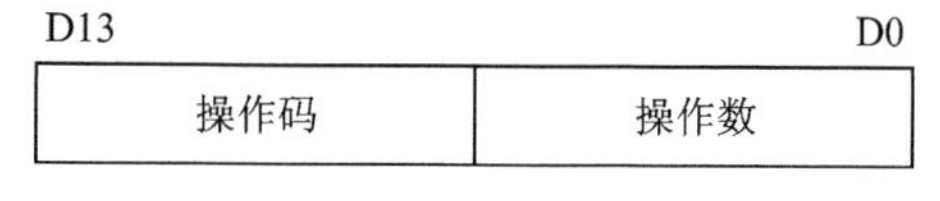

图 4－2　指令机器码结构

1. 操作码

操作码部分简称“助记符”。表 4－2 所列的核心助记符是借用英语单词来间接表达和定义其操作功能的。其中部分助记符可以与字符 W、L 和 F 形成复合助记符，这时字符 W、L 和 F 往往具有特定的含义。字符 W 表示指令操作数中隐含 W 工作寄存器；字符 L 表示指令操作数中应有一个立即数；而字符 F 则表示指令操作数中应包括一个数据存储器地址。对于双目操作指令，参与操作的两个主从操作数则给出两种信息：一是两个参与操作的对象；二是参与操作的操作数之间的相互关系，包括操作结果的存放位置。例如：LW 表示操作数分别是立即数 K 和 W 工作寄存器，操作结果存放到 W 工作寄存器中；WF 分别表示工作寄存器和一般 RAM 数据存储器，操作结果可存放到给定的 F 数据存储器或工作寄存器中。了解这一点对分析指令的执行功能、读懂程序的数据流向是很有帮助的。例如：“ADDWF 20H，F”和“ADDLW 20H”这两条指令，其中的 20H 究竟代表立即数还是数据存储器地址呢?从其补充助记符WF和LW不难看出,前一条指令中,F代表数据存储器,20H应是数据存储器地址;而后一条指令中,L则表示后跟立即数20H。

2. 操作数

操作数部分是按照操作码的操作功能对操作数进行处理。根据操作数的源地址和目标地址的访问性质,可以有多种表现形式,主要有直接寻址、间接寻址、立即寻址和位寻址4类。

在指令系统中,为了能正确表达指令的功能和含义,除了核心助记符操作码外,还有操作码和操作数的补充定义部分,一起构成复合助记符,如表4-3所列。

表4-2　核心助记符

助记符	功能说明	助记符	功能说明	助记符	功能说明	助记符	功能说明
ADD	相加	XOR	相“异或”	RL	左移	RET	返回
SUB	相减	INC	加1	RR	右移	BTF	测试
AND	相“与”	DEC	减1	CLR	清零		
IOR	相“或”	MOV	传送	COM	取“反”		

表4-3　指令系统补充字符说明

字　符	功能说明	字　符	功能说明
W	工作寄存器(即累加器)	FSZ	寄存器f为0,则间跳
f	寄存器地址(取7位寄存器地址,00H～7FH)	FSC	寄存器f的b位为0,则间跳
b	8位寄存器f内位地址(0～7)	FSS	寄存器f的b位为1,则间跳
K	立即数(8位常数或11位地址)、常量或标号	( )	表示寄存器的内容
L	指令操作数中含有8位立即数K	(( ))	表示寄存器间接寻址的内容
d	目标地址选择:d=0,结果至W;d=1,结果至f	→	表示运算结果送入目标寄存器

中档单片机PIC16F87X指令集系统包含35条功能指令,按操作码的类别可将其分为数据传送类指令、算术运算类指令、逻辑运算类指令和控制转移类指令4种。而在很多参考书中,往往按操作数的访问形式进行分类,即分为字节操作类指令、位操作类指令、立即数操作类指令和控制操作类指令4种。为了便于初学者的记忆和理解,本书倾向于传统的思维习惯,从操作码类别的角度对指令集系统进行分析。通过对指令机器码结构的讨论,加深认识操作码与操作数之间的功能关系。

4.2.1　数据传送类指令

数据传送类指令共有4条,主要功能是将数据从源地址(或立即数)传送至目标地址中,如表4-4所列。

1) MOVF　f,d

说明：将 f 寄存器内容传送至 W (d=0)或 f (d=1)

数域：0≤f≤127,d ∈[0,1]

操作：(f) → (d)

标志：Z

2) MOVWF　f

说明：将 W 寄存器的内容传送至 f 寄存器

数域：0≤f≤127

操作：(W) → (f)

标志：无

3) MOVLW　K

说明：将立即数 K 传送至 W 寄存器

数域：0≤K≤255

操作：K → (W)

标志：无

4) SWAPF　f,d

说明：将 f 寄存器的内容高 4 位和低 4 位交换后，传送至 W (d=0)或 f (d=1)

数域：0≤f≤127,d ∈[0,1]

操作：($f_{0\sim3}$ ←→ $f_{4\sim7}$) → (d)

标志：无

寄存器高低 4 位的交换示意图如图 4-3 所示。

表 4-4　数据传送类指令

助记符	操作说明	影响的状态位
MOVF　f,d	f 传送至 d	Z
MOVWF　f	W 传送至 f	—
MOVLW　K	K 传送至 W	—
SWAPF　f,d	f 半字节交换至 d	—

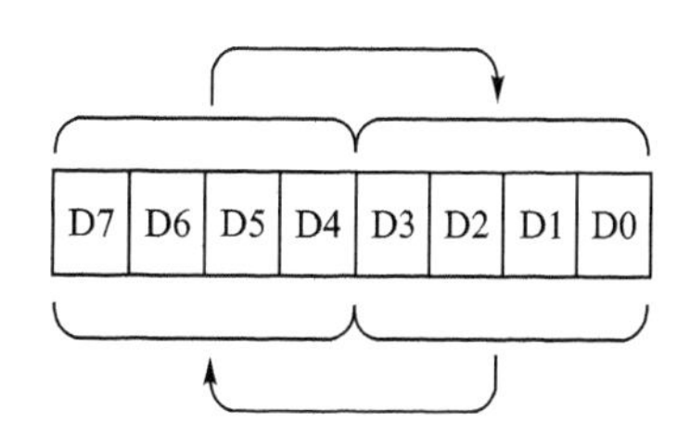

图 4-3　寄存器高低 4 位的交换

数据传送类指令是一种很常用的指令，其形式非常简单。对于立即数的输入，只能先用传送指令“MOVLW　K”将立即数送到 W 寄存器中，然后用“MOVWF　f”指令才能将该立即数 K 间接传送到相应的 f 寄存器中。在传送类指令中，只有第一条指令的执行对状态标志位 Z 有影响。例如“MOVF　20H,F”指令，初学者常常认为这是一条无所作为的语句，20H 中的数据转了一圈以后又返回 20H。其实不然，仔细分析这条指令后即可发现，除数据自身传递以外，又在状态标志位 Z 中留下痕迹，间接反映出传递内容是否为 0 这个隐含的功能。另外，初学者往往会写出不少违反 PIC 语法规则的指令，如：

```
MOVLF     20H,20H     ;将立即数 20H 传送至 20H 寄存器中
MOVF      20H,30H     ;将 20H 的内容传送至 30H 寄存器中
MOVFW     20H         ;将 20H 的内容传送至工作寄存器 W 中
```

【例题 4-1】 利用数据传送类指令编写一段子程序，将立即数 20H 传送到通用寄存器 20H 中。

解题分析 这是一个非常简单的例子，可以通过直接寻址和间接寻址的方式完成。

```
;------------------------------------------------------------------
;利用间接寻址方式的程序片段 1 如下
;------------------------------------------------------------------
    MOVLW     20H       ;将立即数 20H 送至 W 工作寄存器
    MOVWF     FSR       ;将 W 工作寄存器的内容送至 FSR 寄存器
    MOVWF     INDF      ;将 W 工作寄存器的内容即 20H 送至 FSR 内容 20H 所
                        ;指向的寄存器
;------------------------------------------------------------------
;利用直接寻址方式的程序片段 2 如下
;------------------------------------------------------------------
    MOVLW     20H       ;将立即数 20H 送至 W 工作寄存器
    MOVWF     20H       ;将 W 工作寄存器的内容送至 20H 寄存器
```

【例题 4-2】 利用数据传送类指令编写一段子程序，将通用寄存器 20H 和 30H 中的内容进行交换。

解题分析 通用寄存器的数据交换不能直接进行，而必须借助于 W 工作寄存器和其他数据存储器空间(如 40H)完成。

```
;------------------------------------------------------------------
;程序片段如下
;------------------------------------------------------------------
    MOVF      20H,0     ;将(20H)送至 W 工作寄存器
    MOVWF     40H       ;将 W 工作寄存器的内容送至 40H 寄存器
    MOVF      30H,0     ;将(30H)送至 W 工作寄存器
    MOVWF     20H       ;将 W 工作寄存器的内容(30H)送至 20H 寄存器
    MOVF      40H,0     ;将(40H)送至 W 工作寄存器
    MOVWF     30H       ;将 W 工作寄存器的内容(20H)送至 30H 寄存器
```

4.2.2 算术运算类指令

算术运算类指令是 PIC 单片机指令系统中承担运算功能的重要部分，共有 6 条

指令,主要是加/减指令、增量/减量指令,如表 4-5 所列。

表 4-5 算术运算类指令

助记符	操作说明	影响的状态位	助记符	操作说明	影响的状态位
ADDWF f,d	W 加 f 至 d	C、DC、Z	SUBLW K	K 减 W 至 W	C、DC、Z
SUBWF f,d	f 减 W 至 d	C、DC、Z	INCF f,d	f 加 1 至 d	Z
ADDLW K	K 加 W 至 W	C、DC、Z	DECF f,d	f 减 1 至 d	Z

1) ADDWF f,d

说明:将 W 寄存器内容加 f 寄存器内容,传送至 W (d=0)或 f (d=1)

数域:$0 \leqslant f \leqslant 127, d \in [0,1]$

操作:(W)+(f) → (d)

标志:C、DC 和 Z

2) SUBWF f,d

说明:将 f 寄存器内容减 W 寄存器内容,传送至 W (d=0)或 f (d=1)

数域:$0 \leqslant f \leqslant 127, d \in [0,1]$

操作:(f)-(W) → (d)

标志:C、DC 和 Z

3) ADDLW K

说明:将立即数 K 加 W 寄存器内容,传送至 W

数域:$0 \leqslant K \leqslant 255$

操作:K +(W) → (W)

标志:C、DC 和 Z

4) SUBLW K

说明:将立即数 K 减 W 寄存器内容,传送至 W

数域:$0 \leqslant K \leqslant 255$

操作:K -(W) → (W)

标志:C、DC 和 Z

5) INCF f,d

说明:f 寄存器内容加 1,传送至 W (d=0)或 f (d=1)

数域:$0 \leqslant f \leqslant 127, d \in [0,1]$

操作:(f)+1 → (d)

标志:Z

6) DECF f,d

说明:f 寄存器内容减 1,传送至 W (d=0)或 f (d=1)

数域:$0 \leqslant f \leqslant 127, d \in [0,1]$

操作：(f)－1 → (d)

标志：Z

加/减运算是一种常见操作，是组成程序的核心部分，将对标志位 Z、DC 和 C 产生影响。有 3 点需要引起初学者的重视：

- 目标操作地址为 d，这是一种通用表达方式，将引出两种可能的目标地址，即 W (d＝0)或数据寄存器 f(d＝1)。
- 以上两条相减指令中，注意减数都是 W 工作寄存器。如果被减数大于或等于减数 W，则运算结果状态标志位 C 为 1；如果被减数小于减数 W，则运算结果状态标志位 C 为 0。半进位标志 DC 也一样，如果有借位 DC 为 0；如果无借位 DC 为 1。
- 在通用指令语句中，f 表示数据存储器的直接地址，取值为 00H～7FH。

【例题 4－3】 将通用寄存器 20H、30H 构成的 16 位数据与通用寄存器 40H、50H 构成的 16 位数据相加后放入 40H、50H 中，已知其和不会超出 65 535。

解题分析 20H、30H 构成的 16 位数据中，20H 存放高 8 位，30H 存放低 8 位，而 40H、50H 类同。16 位数相加时，应考虑低 8 位相加后可能产生的进位信息。

程序如下：

```
        MOVF    20H,0       ;将 20H 寄存器的内容送至 W 寄存器
        ADDWF   40H,1       ;将 W 的内容和 40H 寄存器的内容相加，送至 40H 寄存器
        MOVF    30H,0       ;将 30H 寄存器的内容送至 W 工作寄存器
        ADDWF   50H,1       ;将 W 的内容和 50H 寄存器的内容相加，送至 50H 寄存器
        BTFSS   STATUS,C    ;判有无进位
        GOTO    LOOP        ;无进位
        INCF    20H,1       ;有进位，将 20H 寄存器的内容加上进位标志 1，送至 W 寄存器
LOOP    NOP                 ;结束
```

4.2.3 逻辑运算类指令

逻辑运算类指令是一组比较复杂的指令，形式较多，可以对位和字节进行逻辑操作。其主要有“与”、“或”、“异或”、清零、置位、取“反”和左右移位等 14 条指令，详见表 4－6。

1) CLRF　f

说明：f 寄存器内容清零

数域：0≤f≤127

操作：0 → (f)

标志：Z

2) CLRW

说明：W 寄存器内容清零

操作：0 → (W)

标志：Z

表 4-6　逻辑运算类指令

助记符		操作说明	影响的状态位	助记符		操作说明	影响的状态位
CLRF	f	f 清零	Z	ANDWF	f,d	W "与" f 至 d	Z
CLRW	—	W 清零	Z	IORWF	f,d	W "或" f 至 d	Z
CLRWDT	—	WDT 清零	$\overline{TO}$、$\overline{PD}$	XORWF	f,d	W "异或" f 至 d	Z
BCF	f,b	f 的 b 位清零	—	ANDLW	K	K "与" W 至 W	Z
BSF	f,b	f 的 b 位置位	—	IORLW	K	K "或" W 至 W	Z
RLF	f,d	f 带 C 左循环	C	XORLW	K	K "异或" W 至 W	Z
RRF	f,d	f 带 C 右循环	C	COMF	f,d	f 取 "反" 至 d	Z

3) CLRWDT

说明：WDT 寄存器内容清零

操作：0 →(WDT),0 →WDT 预分频器,1→$\overline{TO}$,1→$\overline{PD}$

标志：$\overline{TO}$、$\overline{PD}$

4) BCF　f,b

说明：f 寄存器内容的 b 位清零

数域：0≤f≤127,0≤b≤7

操作：0 → (f_b)

标志：无

5) BSF　f,b

说明：f 寄存器内容的 b 位置位

数域：0≤f≤127,0≤b≤7

操作：1 → (f_b)

标志：无

6) RLF　f,d

说明：f 寄存器内容带 C 左循环后,送至 W(d=0)或 f(d=1)

数域：0≤f≤127,d ∈[0,1]

操作：如图 4-4 所示

标志：C

7) RRF　f,d

说明：f 寄存器内容带 C 右循环后,送至 W(d=0)或 f(d=1)

数域：0≤f≤127,d ∈[0,1]

操作：如图 4-5 所示

标志：C

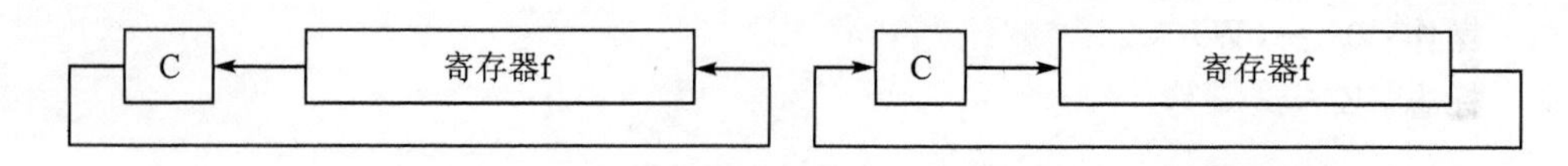

图 4-4　寄存器左循环　　　　**图 4-5　寄存器右循环**

8）ANDWF　f,d

说明：将 W 寄存器内容和 f 寄存器内容相“与”后，传送至 W（d=0）或 f（d=1）

数域：$0 \leqslant f \leqslant 127$，$d \in [0,1]$

操作：$(W) \wedge (f) \rightarrow (d)$

标志：Z

9）IORWF　f,d

说明：将 W 寄存器内容和 f 寄存器内容相“或”后，传送至 W（d=0）或 f（d=1）

数域：$0 \leqslant f \leqslant 127$，$d \in [0,1]$

操作：$(W) \vee (f) \rightarrow (d)$

标志：Z

10）XORWF　f,d

说明：将 W 寄存器内容和 f 寄存器内容相“异或”后，传送至 W（d=0）或 f（d=1）

数域：$0 \leqslant f \leqslant 127$，$d \in [0,1]$

操作：$(W) \oplus (f) \rightarrow (d)$

标志：Z

11）ANDLW　K

说明：将立即数 K 和 W 寄存器内容相“与”后，传送至 W

数域：$0 \leqslant K \leqslant 255$

操作：$K \wedge (W) \rightarrow (W)$

标志：Z

12）IORLW　K

说明：将立即数 K 和 W 寄存器内容相“或”后，传送至 W

数域：$0 \leqslant K \leqslant 255$

操作：$K \vee (W) \rightarrow (W)$

标志：Z

13）XORLW　K

说明：将立即数 K 和 W 寄存器内容相“异或”后，传送至 W

数域：$0 \leqslant K \leqslant 255$

操作：$K \oplus (W) \rightarrow (W)$

标志：Z

14）COMF　f,d

说明：将 f 寄存器内容取“反”后，传送至 W（d=0）或 f（d=1）

数域：$0 \leqslant f \leqslant 127, d \in [0,1]$

操作：$(\bar{f}) \rightarrow (d)$

标志：Z

在逻辑运算类指令中，除了清零、置位操作语句以外，都对部分状态标志位 Z、DC 和 C 产生影响。这一点与算术运算类指令一样，请初学者注意。在实际使用中，逻辑“与”和逻辑“或”有一个非常重要的屏蔽和组合特性，试分析以下例题。

【例题 4-4】 将数据存储器 20H 和 30H 中的数据分别与立即数 20H、30H 相“与”和相“或”后相加，结果放入 40H 存储器中。试编写相应的程序。

程序如下：

```
        ORG       0000H
        NOP                 ;MPLAB 开发系统需要
        MOVLW     20H       ;立即数 20H 送入 W 工作寄存器
        ANDWF     20H,0     ;W 寄存器内容(20H)和数据存储器 20H 内容相“与”后送入 W
                            ;寄存器
        MOVWF     40H       ;相“与”结果送入数据存储器 40H 中
        MOVLW     30H       ;立即数 30H 送入 W 工作寄存器
        IORWF     30H,0     ;W 内容(30H)和数据存储器 30H 内容相“或”后送入 W 工作寄
                            ;存器
        ADDWF     40H,1     ;“与”和“或”结果相加后送入数据存储器 40H
;--------------------------------------------------------------------------
        END
;--------------------------------------------------------------------------
```

【例题 4-5】 试编写一个完整的程序，将数据存储器 20H 低 4 位和 30H 高 4 位组合成一个 8 位二进制数据，并从 RC 端口输出。

解题分析　必须通过定义才能设置 RC 端口为输出方式，即把 TRISC 清零。方向寄存器 TRISC 处于数据存储器体 1，而数据寄存器 PORTC 处于数据存储器体 0，在编程中应及时调整数据存储器体域。选择体域最简单的方式就是利用 BANKSEL 伪指令。用到哪一个符号变量，如 XYZ，不必考虑所属体域，而直接启用“BANKSEL XYZ”，自动将数据存储器转到 XYZ 所在体域。

程序如下：

```
        ORG         0000H
        NOP                         ;MPLAB 开发系统需要
        BANKSEL     TRISC           ;选择数据存储器体 1
        MOVLW       00H             ;定义 RC 端口全为输出
        MOVWF       TRISC
        BANKSEL     PORTC
        MOVF        20H,0           ;20H 的内容传送给 W 寄存器
        ANDLW       0FH             ;W 寄存器内容屏蔽高 4 位
```

```
        MOVWF     20H          ;返还给 20H 单元
        MOVF      30H,0        ;30H 的内容传送给 W 寄存器
        ANDLW     0F0H         ;W 寄存器内容屏蔽低 4 位
        IORWF     20H,0        ;20H 低 4 位和 30H 高 4 位组合成 8 位二进制数
        MOVWF     PORTC        ;从 RC 端口输出
;-----------------------------------------------------------------------
        END
;-----------------------------------------------------------------------
```

4.2.4 控制转移类指令

控制转移类指令是在指令系统中形式灵活、功能较强的一组指令,共有 11 条。控制转移类指令是构成程序循环和跳转的关键要素,一般可以分为有条件跳转和无条件跳转两大类,如表 4-7 所列。在有条件跳转指令中,根据位测试信息或标志位 Z 的状态进行判别,均有两个出口:如果判别条件不满足,程序将继续执行;如果判别条件满足,程序将间跳转移执行。所谓间跳转移,是指跳过本条判断指令的下一条指令。注意,在相同的跳转指令中,由于其执行的过程不同,对应指令的执行周期是不一样的。程序继续执行时仅占有一个指令周期;而对应间跳情况下,需要无条件放弃已取得的指令机器码,所以,将多出一个无效的工作周期。

表 4-7　控制转移类指令

助记符		操作说明	影响的状态位
CALL	K	调用 K 处子程序	—
GOTO	K	跳转至 K 处	—
INCFSZ	f,d	f 加 1 至 d,为 0 则间跳	—
DECFSZ	f,d	f 减 1 至 d,为 0 则间跳	—
BTFSC	f,b	f 的 b 位,为 0 则间跳	—
BTFSS	f,b	f 的 b 位,为 1 则间跳	—
RETFIE	—	中断返回	—
RETLW	K	子程序返回(K 传递给 W)	—
RETURN	—	子程序返回	—
NOP	—	空操作	—
SLEEP	—	进入睡眠状态	$\overline{TO}$、$\overline{PD}$

1) CALL　K

说明:调用 K 处子程序

数域:0≤K≤2 047

操作:(PC)+ 1 → TOS(堆栈)

　　K → $PC_{0\sim10}$

　　$(PCLATH_{3\sim4}) \rightarrow PC_{11\sim12}$

标志：无

2）GOTO　K

说明：无条件跳转至 K 处

数域：$0 \leqslant K \leqslant 2047$

操作：$K \rightarrow PC_{0\sim10}$

　　$(PCLATH_{3\sim4}) \rightarrow PC_{11\sim12}$

标志：无

3）INCFSZ　f,d

说明：f 加 1 传送至 W（d=0）或 f（d=1），为 0 则间跳

数域：$0 \leqslant f \leqslant 127, d \in [0,1]$

操作：$(f)+1 \rightarrow (d)$，若 $(f)+1=0$ 成立，则 $(PC)+2 \rightarrow PC$；否则 PC 自动加 1

标志：Z

4）DECFSZ　f,d

说明：f 减 1 传送至 W（d=0）或 f（d=1），为 0 则间跳

数域：$0 \leqslant f \leqslant 127, d \in [0,1]$

操作：$(f)-1 \rightarrow (d)$，若 $(f)-1=0$ 成立，则 $(PC)+2 \rightarrow PC$；否则 PC 自动加 1

标志：Z

5）BTFSC　f,b

说明：测试 f 寄存器内容的 b 位，为 0 则间跳

数域：$0 \leqslant f \leqslant 127, 0 \leqslant b \leqslant 7$

操作：若 $(f_b)=0$ 成立，则 $(PC)+2 \rightarrow PC$；否则 PC 自动加 1

标志：无

6）BTFSS　f,b

说明：测试 f 寄存器内容的 b 位，为 1 则间跳

数域：$0 \leqslant f \leqslant 127, 0 \leqslant b \leqslant 7$

操作：若 $(f_b)=1$ 成立，则 $(PC)+2 \rightarrow PC$；否则 PC 自动加 1

标志：无

7）RETFIE

说明：从中断服务程序返回

操作：TOS（栈顶数据）→ PC

　　1 → GIE（总中断使能位）

标志：无

8）RETLW　K

说明：将立即数传送至 W，返回至原断点（对应 CALL 子程序）

数域：$0 \leqslant K \leqslant 255$

操作：K → (W)，TOS → PC

标志：无

9）RETURN

说明：从 CALL 子程序返回

操作：TOS → PC

标志：无

10）NOP

说明：空操作，仅有单条指令周期的延时

操作：无

标志：无

11）SLEEP

说明：睡眠状态

操作：0 → (WDT)，0 → WDT 预分频器，1 → $\overline{\text{T0}}$，0 → $\overline{\text{PD}}$

标志：$\overline{\text{T0}}$，$\overline{\text{PD}}$

PIC 控制转移类指令形式比较单一，不同于其他单片机的指令功能，特别是以下两点应引起注意：

(1) 相对转移间跳。这是一种比较特殊的转移形式，根据位测试或加减 1 后的内容，判断条件的成立与否，以决定程序继续执行还是间跳执行指令。不满足条件时，继续执行指令；而条件满足时，便间跳执行指令。这种相对的间跳转移，必须引起初学者重视。间跳的缺点非常明显：形式比较呆板，留给不满足条件的语句只有 1 个指令空间（一般采用 GOTO 语句），当转移分支比较多时，程序转移的层次就不是很清晰。

(2) 绝对转移和调用。PIC 指令系统的绝对转移主要由 CALL 和 GOTO 语句引出。在指令机器码内部并没有携带完整的转移目标地址，只包含低 11 位地址，而高 2 位将由 PCLATH 寄存器给出。详细情况可参看有关章节。

【例题 4-6】 将通用寄存器单元 20H～2FH 分别对应赋值 20H～2FH，并编写相应的软件程序。

解题分析 主要考虑通用寄存器单元增量和数值增量的协调一致，利用数据寄存器间接寻址比较容易满足条件。数据存储器赋值流程框图如图 4-6 所示。

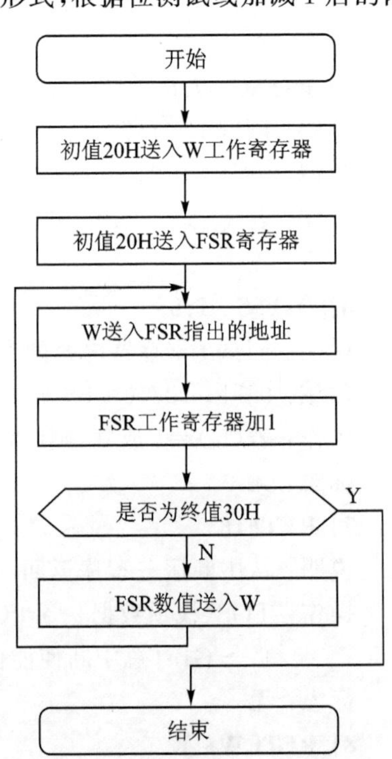

图 4-6　数据存储器赋值流程框图

```
;------------------------------------------------------------------------
;程序片段如下：
;------------------------------------------------------------------------
        MOVLW     20H              ;将初始立即数20H送至W工作寄存器
        MOVWF     FSR              ;将W的内容20H送至FSR寄存器
QT      MOVWF     INDF             ;将20H送至(20H),21H送至(21H)……2FH送
至(2FH)
        INCF      FSR              ;指向21H
        MOVF      FSR,0            ;将21H送至W工作寄存器
        BTFSS     FSR,4            ;若FSR4=1,则间跳,即到30H将结束循环
        GOTO      QT               ;转向下一个寄存器单元
;------------------------------------------------------------------------
        END
;------------------------------------------------------------------------
```

【例题4-7】 请分析以下程序片段,并指出当程序执行完后,涉及的所有存储器单元的结果。

程序如下：

```
        MOVLW     22H
        MOVWF     22H
        MOVWF     FSR
        ADDWF     INDF,1
        INCF      INDF
        SWAPF     22H,0
        RLF       22H,1
        DECF      FSR,1
        MOVWF     INDF
        BSF       INDF,7
```

解题分析 主要涉及通用存储器21H和22H单元,以及特殊功能寄存器FSR和W,按照每执行一条指令后的结果进行分析,有下划线的表示最终的运算结果。

程序如下：

```
;------------------------------------------------------------------------
;                          21H       22H       FSR       W
;------------------------------------------------------------------------
        MOVLW     22H      —         —         —         22H
        MOVWF     22H      —         22H       —         22H
        MOVWF     FSR      —         22H       22H       22H
        ADDWF     INDF,1   —         44H       22H       22H
        INCF      INDF     —         45H       22H       22H
```

```
        SWAPF    22H,0       —       45H      22H      54H
        RLF      22H,1       —       8AH      22H      54H
        DECF     FSR,1       —       8AH      21H      54H
        MOVWF    INDF       54H      8AH      21H      54H
        BSF      INDF,7     D4H      8AH      21H      54H
```

因此,程序的运行结果是:(21H) = D4H,(22H) = 8AH,FSR = 21H,W=54H。

【例题4-8】 编写散转指令程序。

解题分析 一般在高级语言中都有“DO CASE”散转指令,它为程序的系统设计提供了很大的方便。例如监控系统的键盘扫描程序,功能键的定义往往会用到散转指令。但PIC中没有现成的散转指令,必须利用程序模块自己构造。以下子程序定义了8个散转方向,方向功能子程序必须位于相同的页面。

程序如下:

```
;------------------------------------------------------------------------
;散转模块子程序 SZH:
;------------------------------------------------------------------------
SZH   MOVWF    20H          ;参数送入20H,根据参数(0~7)的不同去执行相应的子程序
      MOVLW    07H          ;屏蔽高5位
      ANDWF    20H,0
      ADDWF    PCL,1        ;低位加上(0~7)方向偏移量
L0    GOTO     LOOP0        ;键盘0执行子程序
L1    GOTO     LOOP1        ;键盘1执行子程序
L2    GOTO     LOOP2        ;键盘2执行子程序
L3    GOTO     LOOP3        ;键盘3执行子程序
L4    GOTO     LOOP4        ;键盘4执行子程序
L5    GOTO     LOOP5        ;键盘5执行子程序
L6    GOTO     LOOP6        ;键盘6执行子程序
L7    GOTO     LOOP7        ;键盘7执行子程序
```

以上程序中的核心语句是“ADDWF　PCL,F”。它是利用W数值作为偏移量,执行以PCL为目标地址的指令,动态调整下一条执行指令地址的构造内容。W数值参数经高5位屏蔽后为00H~07H,分别作为L0~L7语句的偏移量参数。

【例题4-9】 假定RB0接入一个按键K,当K按下时,RB0为高电平;当K为常态时,RB0为低电平。请编写按键K的监控扫描程序片段。其中DELAY10MS为10 ms延时子程序,程序框图如图4-7所示。

解题分析 键盘程序是控制系统中一个很重要的监控扫描子程序,它主要考虑键盘接触点的机械特性。在接触点接通和断开时会出现弹跳现象,利用10~20 ms延时子程序可以有效避免这一过程所引起的误操作。

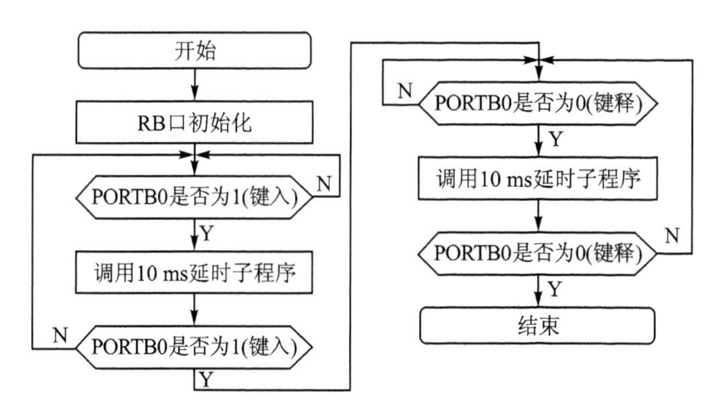

图4-7 程序框图

程序如下：

```
;------------------------------------------------------------------------
;监控扫描程序片段
;------------------------------------------------------------------------
        BSF       STATUS,5        ;选择数据存储器体 1
        MOVLW     01H             ;RB0 为输入,其他为输出
        MOVWF     TRISB
        BCF       STATUS,5        ;恢复数据存储器体 0
LOOP    BTFSS     PORTB,0         ;RB0 键是否按下
        GOTO      LOOP            ;K 键没有按下
        PAGESEL   DELAY10MS       ;转入"DELAY10MS 子程序"页面
        CALL      DELAY10MS       ;RB0 键按下,调用 10 ms 延时子程序
        PAGESEL   LOOP            ;返回原 0 页面
        BTFSS     PORTB,0         ;再次判断 RB0 键是否按下
        GOTO      LOOP            ;原按下是干扰信号,继续监控扫描
PPA     BTFSC     PORTB,0         ;判断 RB0 键是否释放
        GOTO      PPA             ;没有释放,继续判断释放
        PAGESEL   DELAY10MS       ;转入"DELAY10MS 子程序"页面
        CALL      DELAY10MS       ;RB0 键释放,调用 10 ms 延时子程序
        PAGESEL   PPA             ;返回到原 0 页面
        BTFSC     PORTB,0         ;再次判断 RB0 键是否释放
        GOTO      PPA             ;原释放是干扰信号,继续判断释放
;------------------------------------------------------------------------
;监控扫描程序片段
;------------------------------------------------------------------------
```

【例题 4-10】 实现双键手动加/减计数电路如图 4-8 所示。PORTD 连接 8 个 LED;RB0 连接独立单键,定义为增数键;RB1 连接独立单键,定义为减数键。当

按下 RB0 或 RB1 时，8 个 LED 显示器正确显示计数数值的大小。

解题分析　首先必须进行 RB 和 RD 端口的初始化定义，将 RD 设置为输出，而将 RB0、RB1 设置为输入；在进行键盘键入判断时，为了有效防止接触点的弹跳，必须加入 10～20 ms 延时子程序。并且在进行两次判键盘按下和两次判键盘释放后，才能真正执行一次键盘按下的功能程序。实验系统对于两个独立单键盘的电路设计结构是：当键盘按下时为高电平，当键盘释放位置时接地。以下为“双键手动计数”功能的软件参考源程序，程序框图如图 4 - 9 所示。

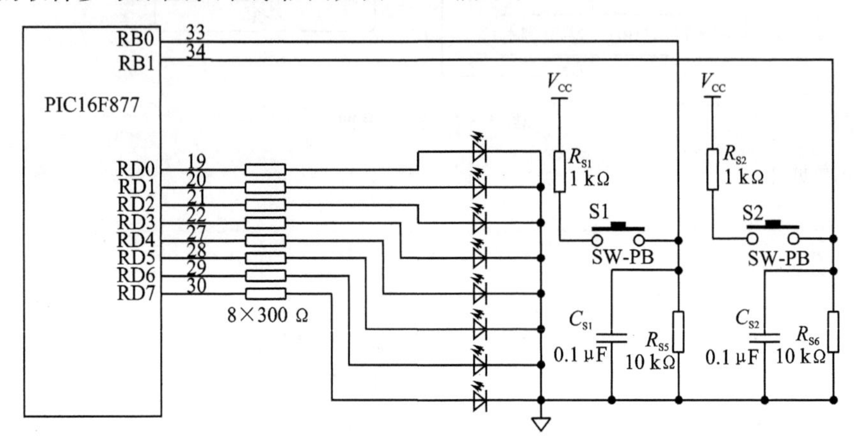

图 4 - 8　双键手动加/减计数电路图

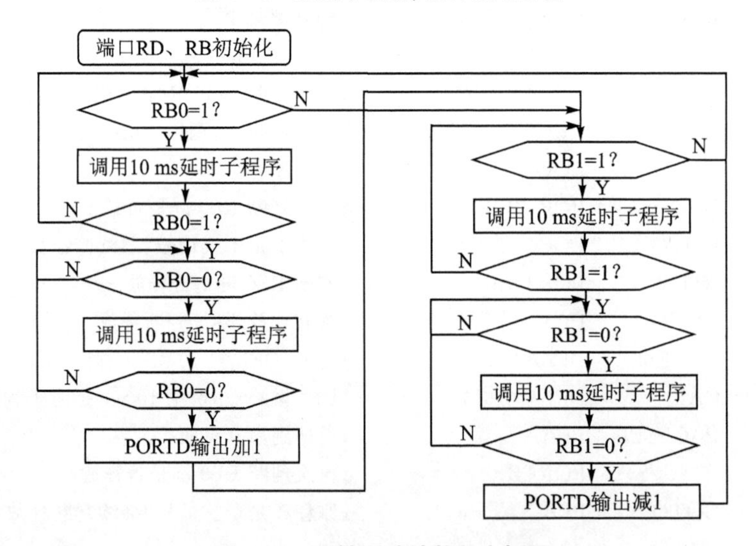

图 4 - 9　双键手动计数程序框图

程序如下：

```
;----------------------------------------------------------------------
;双键手动计数程序
;----------------------------------------------------------------------
```

```
PORTB     EQU     06H          ;定义特殊功能寄存器
PORTD     EQU     08H
TRISB     EQU     86H
TRISD     EQU     88H
STATUS    EQU     03H
COUNTER   EQU     30H          ;定义计数器变量
          ORG     0000H
          NOP                  ;MPLAB 专用
          BSF     STATUS,5     ;转到数据存储器体 1
          MOVLW   00H          ;定义 RD 端口为输出
          MOVWF   TRISD
          MOVLW   03H          ;定义 RB0、RB1 端口为输入
          MOVWF   TRISB
          BCF     STATUS,5     ;转到数据存储器体 0
          CLRF    PORTD        ;RD 端口清零
ST        NOP
RB0       BTFSS   PORTB,0      ;判断 RB0 键是否按下
          GOTO    RB1          ;如果 RB0 键未按下,则转入判断 RB1 键
          CALL    DELAY10MS    ;有键输入,延时 10 ms
          BTFSS   PORTB,0      ;再判断 RB0 键是否按下
          GOTO    RB0          ;虚假按下,再判断 RB0 键是否按下
PP0       BTFSC   PORTB,0      ;判断 RB0 键是否释放
          GOTO    PP0          ;没有,继续判断 RB0 键是否释放
          CALL    DELAY10MS    ;键释放,延时 10 ms
          BTFSC   PORTB,0      ;再判断 RB0 键是否释放
          GOTO    PP0          ;虚假释放,再判断 RB0 键是否释放
          INCF    PORTD,1      ;一次 RB0 键按下判断结束,执行增数(加 1)功能
RB1       BTFSS   PORTB,1      ;判断 RB1 键是否按下
          GOTO    RB0          ;如果 RB1 键未按下,则转入判断 RB0 键
          CALL    DELAY10MS    ;有键输入,延时 10 ms
          BTFSS   PORTB,1      ;再判断 RB1 键是否按下
          GOTO    RB1          ;虚假按下,再判断 RB1 键是否按下
PP1       BTFSC   PORTB,1      ;判断 RB1 键是否释放
          GOTO    PP1          ;再判断 RB1 键是否释放
          CALL    DELAY10MS    ;键释放,延时 10 ms
          BTFSC   PORTB,1      ;再判断 RB1 键是否释放
          GOTO    PP1          ;虚假释放,再判断 RB1 键是否释放
          DECF    PORTD,1      ;一次 RB1 键按下判断结束,执行减数(减 1)功能
          GOTO    ST           ;继续键入判断
;------------------------------------------------------------------------
;10 ms 延时子程序
;------------------------------------------------------------------------
```

```
DELAY10MS   MOVLW     0DH          ;外循环常数
            MOVWF     20H          ;外循环寄存器
LOOP1       MOVLW     0FFH         ;内循环常数
            MOVWF     21H          ;内循环寄存器
LOOP2       DECFSZ    21H          ;内循环寄存器递减
            GOTO      LOOP2        ;继续内循环
            DECFSZ    20H          ;外循环寄存器递减
            GOTO      LOOP1        ;继续外循环
            RETURN
;------------------------------------------------------------------------
;           END
;------------------------------------------------------------------------
```

测试题

一、思考题

1. PIC16F877 单片机的寻址方式有哪几种？各有什么特点？
2. 对数据存储器 20H 清零,可以有哪几种方式？
3. 请编写 10 个方向的散转子程序。
4. 请详细说明返回指令 RETURN、RETLW 和 RETFIE 的区别。
5. 试利用"与"运算,编写程序判断数据存储器 20H 的数是奇数还是偶数。
6. 在指令中如何区分操作数是常数还是数据存储器地址？
7. 在什么情况下,哪些指令的执行时间为两个指令周期？
8. 如何理解指令的流水操作？一条指令的执行时间与什么有关？
9. 请分析各条清零指令的功能。
10. 如何进行数据位的屏蔽？如何构成 4 方向的散转模块子程序？

二、选择题

1. 将 20H 单元中的最低位清零,可以利用语句________。

   A. BTFSC 20H,0　　B. BTFSS 20H,0

   C. BCF 20H,0　　D. BSF 20H,0

2. PIC 单片机系列按照不同用户的要求分成 3 个不同的应用档次(初级、中级和高级),PIC16F87X(中级产品)的指令集有________条指令。

   A. 33　B. 35　C. 58　D. 37

3. 在 PIC 单片机中,时钟振荡周期是最基本的系统时序参数,根据其指令特性,一个指令周期包含________个时钟振荡周期。

   A. 3　B. 4　C. 5　D. 6

4. 在 PIC 单片机中,若给定的时钟振荡器频率为最常用的 4 MHz,则对应的单指令的执行时间是________ μs。

   A. 0.5　B. 2　C. 1.5　D. 1

5. 请分析下列指令,其中包含 20H 立即数的指令是________。

A. ADDLW　20H　　B. INCF　20H,W

C. ADDWF　20H,F　　D. ANDWF　20H,F

6. 下列指令中,承担间接寻址方式的指令是________。

A. ADDLW　20H　　B. INCF　INDF,W

C. ADDWF　FSR,F　　D. BSF　F,b

7. 指令"MOVF　COUNT,0"的功能是________。

A. 将 COUNT 寄存器内容传送至 W　B. 将 0 传送至 COUNT

C. 将 W 寄存器内容传送至 COUNT　D. 将 COUNT 寄存器内容传送至 COUNT

8. 在下列指令的执行过程中,________将对 STATUS 状态寄存器的标志位 Z 产生影响。

A. MOVWF　F　　B. SWAPF　F,d

C. MOVF　F,d　　D. GOTO　LOOP

9. 下列指令中不能实现寄存器内容加 1 的是________。

A. ADDLW　01H　　B. INCF　20H,1

C. INCFSZ　20H,1　　D. MOVLW　01H

10. 将 FSR 寄存器中的 Bit3 置位,可以利用语句________。

A. BTFSC　FSR,3　　B. BCF　FSR,3

C. BSF　FSR,3　　D. BTFSS　FSR,3

11. 当条件满足时,下列指令能实现转移,但________指令除外。

A. DECFSZ　f,0　　B. INCFSZ　f,1

C. BTFSC　f,0　　D. SWAPF　f,1

12. 指令"ADDWF　INDF,0"实现的功能是________。

A. ((INDF)+(W)→(W))　　B. ((FSR))+(W)→(FSR)

C. ((FSR)) +(W)→(W)　　D. (FSR)+(W)→(FSR)

13. 指令"RRF　LED,1"实现的功能是________。

A. (LED)带 C 左移→(LED)　　B. (LED)带 C 右移→(LED)

C. (LED)右移→(LED)　　D. (LED)左移→(LED)

14. 指令"RLF　f,W"实现的功能是________。

A. (f)带 C 左移→(W)　　B. (f)带 C 右移→(W)

C. (W)带 C 左移→(F)　　D. (W)带 C 右移→(F)

15. 伪指令"BANKSEL　TRISC"选择的是数据存储器体________。

A. 0　B. 2　C. 1　D. 3

16. 请分析以下程序片段,当程序执行完后,(20H)及(FSR)存储器单元的结果是________。

```
MOVLW     20H
MOVWF     FSR
MOVWF     20H
INCF      INDF
INCF      FSR
SWAPF     20H
MOVF      20H,W
ANDWF     FSR,F
```

A. (20H)=20H,(FSR)=20H　　B. (20H)=21H,(FSR)= 21H

C. (20H)=12H,(FSR)=00H　　D. (20H)=12H,(FSR)=21H

17. PIC16F877 每条指令的字节长度为 14 位，主要由操作码和操作数组成。PIC 单片机的指令机器码中一般________位为操作码。

A. 2～4　B. 3～6　C. 1～3　D. 2～5

18. 一般而言，PIC 单片机的指令与其他单片机一样，包括操作码和操作数两部分。所谓指令的寻址方式是指________。

A. 寻找地址的方法　　B. 寻找操作码的方法

C. 寻找操作数的方法　　D. 寻找指令机器码的方法

19. 以下为一个完整的程序，经分析共有________条指令是非法或不正确的。

```
ABC     EQU       02H
        ORG       0000H
ST      MOVLF     20H
        CLRF      20H
        BTFSZ     20H,0
        SWAP      20H
        MOVWF     ABC
        END
```

A. 1　B. 2　C. 3　D. 4

20. PIC16F877 单片机数据存储器的内部数据总线和地址总线分别为________位。

A. 8、8　B. 8、9　C. 10、8　D. 10、9

第5章 汇编语言程序设计

PIC单片机指令系统与其他单片机一样，是较为低级的语言系统，是一套控制和指挥CPU工作的编码，即机器语言。单片机只能识别和执行由二进制数组成的机器语言，然而这种二进制代码的机器语言却很难理解和分析。为了能较好地表达人们的设计思路，便于记忆和使用，人们在低级语言的基础上设计出一种新的符号语言，即汇编语言。汇编语言的指令构造方式主要是从人们的记忆和理解角度出发，利用助记符表示指令的操作形式和内容。通过编译系统，可以很容易地将助记符指令，即汇编语言转换成机器的执行语言。PIC汇编语言的编辑环境MPASM，兼容于所有文本编辑的程序，一般的PIC单片机集成开发系统MPLAB都嵌入了汇编语言的编译软件。

5.1 汇编语言指令格式

汇编语言是一种面向物理界面和硬件接口的系统执行语言。它的程序设计不如高级语言那样随意和方便，而且通用移植性不大，但却以其独特的优越性，始终在小系统的控制领域方面占据很重要的地位。就其实质来说，汇编语言是机器语言符号的表达，基本具备了机器语言的优点。其编程结构简单，存储空间小；实时性能强大，执行速度快；硬件配合方便，测控效果佳。

PIC汇编语言的格式与其他汇编语言一样，一般可由4部分组成，即标号、操作码、操作数和注释，如下所列：

标　号	操作码(指令助记符)	操作数	注　释
label	opcode	operand	comment

对于PIC汇编语言语句，这4部分是通用的表示方式。根据指令的功能和作用，只有操作码是必须存在的，它主要决定指令的操作性质；而其他部分是指令语句的重要补充和说明，有时可以省略。

在编写程序时必须注意，这4部分的次序不能颠倒。如果前3项都存在，那么它们之间至少留有一个或一个以上空格。PIC汇编源程序原则上既可以大写字母书写，也可以小写字母书写，还可以大小写字母混合书写。但其作用的效果对于前3部分是完全不一样的，初学者应特别注意。一个汇编语言语句行最多允许有225个(半角)字符。以下对汇编语言语句的各部分进行介绍和分析。

1. 标　号

标号位于指令助记符前面,用于表示指令所在的地址,例如,表示主程序或子程序的起始地址和转移语句的入口地址等。作为程序块的引导标志,标号的设置有时是为了识别程序块的功能,这时是可以省略的;但如果是作为程序转入的引导符号,那么这种识别标号就必须设置。在程序汇编时,将该指令机器码第一个字节所在程序存储器中的地址值赋给该标号。这样,对于调用或转移至标号段程序的指令,就可以通过引用标号而达到隐含跳转对应的地址。

使用标号的要点是:

- 标号并不是指令的必须部分,只有那些欲被其他语句引用的指令之前,才必须附加标号。标号不一定和语句同行,可以单独在语句上方作为一行使用。
- 标号最多可以由 32 个字母、数字和其他一些字符组成,但第一个字符必须是字母或下划线。标号不能用系统保留字,即系统禁用指令助记符、寄存器名、标志符等作为标号,例如 ADD、PCLATH 等。
- 一个标号只能表示一个地址,不允许多个地址用一个标号重复定义。
- 标号的定义和引用必须一致,其中的大小写可以混写,但必须相同。
- 标号必须顶格书写,结束不用冒号。

2. 操作码

操作码决定指令的操作类型和操作性质,是汇编语言语句中的核心要素。每一条汇编指令都不可缺少操作码,而其他 3 部分则对某些指令可以省略。操作码用汇编语言表达的形式就是指令助记符,通常是语句功能名称的英文缩写。例如:MOV 代表一种数据传送类操作;ADD 代表一种加法类操作。在汇编的过程中,汇编器如同一个查表的工具,将指令助记符与一个预先设计好的操作码和助记符索引对照表进行查询比较,以便找出对应指令机器码的核心内容,即操作机器码部分,然后再紧跟操作数依次转换成数据机器码。

有关操作码(指令助记符)的要点是:

- 操作码所对应的指令助记符,其中的符号大小写可以混写,而不会影响操作码的含意,这一点与标号、操作数符号变量的表达方式有本质区别。
- 指令助记符不能顶格书写,当前面没有标号时,必须至少保留一个空格。
- 操作码核心助记符部分比较简单,初学者必须熟悉复合助记符部分的功能。

3. 操作数

在 PIC 汇编语言语句中,操作数的形式和内容最为丰富。它是指令助记符操作的对象,一般以数据或地址的形式出现;也可以用符号变量所表示的数据或地址。即使是地址,除了跳转类指令以外,往往也是直接或间接所对应的数据参与操作。

PIC 汇编语言对数值的表达方式可以是二进制、八进制、十进制和十六进制。而对于每一种进制都有多种书写方式，如十进制数 168，在各种进制下的表示方式如表 5-1 所列。

表 5-1　各种进制下 168 的表示形式

进　制	通用形式	默认形式 1	默认形式 2	特定形式
十六进制	H‘A8’	0A8H	0A8	0xA8
十进制	D‘168’	168D	168	.168
八进制	Q‘250’	250Q	250	—
二进制	B‘10101000’	10101000B	10101000	—

以上多种书写方式在理论上都是成立的，但对于初学者而言，要正确表达一个数的多种进制，并不是一件容易的事情。由于 PIC 汇编语言编辑环境是可以任意设定某种进制为默认方式，所以有些书写方式就可能产生计算机的误解。例如，10111000B 在许多单片机的汇编语言中都是正确的，然而在 PIC 中如果设置为十六进制默认方式，就可能产生差错而误解为 0BH。因此，默认方式下的表达形式应特别注意，一般推荐使用通用表达形式，也就是直接以进制符号引导。

使用操作数的要点是：

- 若操作数有两项，中间应用逗号(半角)分开。
- 以 A、B、C、D、E 和 F 开头的数，前面应加 0 作为引导。
- MPASM 编辑环境默认进制为十六进制，也可按用户需要进行重新设置。
- 操作数部分的符号变量必须区分大小写。
- 重视 d 参数的应用，目标地址为 F(d=1)；W(d=0)。

4. 注　释

注释内容用分号引出，是汇编语言语句功能的一种补充说明，主要是为了便于程序的阅读、分析、修改和调试。注释内容可与源程序一起保存和打印，但汇编时将被系统忽略，对程序的执行不起作用。

使用注释的要点是：

- 用分号(半角)引出注释内容，可以紧跟指令之后，也可以独立一行或多行书写，但每一行均须由分号引出。
- 注释内容可以英文书写，也能用中文书写(来源于文本编辑内容)。

5.2　系统伪指令

各种单片机的汇编程序除了指令系统语句以外，一般还定义许多非正式指令的语句，即伪指令。大多数伪指令汇编时并不产生机器码，仅为源程序提供汇编控制信息，如 EQU 是一种用于定义符号名参数的伪指令。充分利用伪指令，将有利于程序设计的规范化、简单化和条理化。PIC 单片机的伪指令内容非常丰富，在程序设计中起到很好的补充功能。下面介绍几条常用的伪指令。

1. 定位伪指令——ORG(Origin)

格式：ORG　nnnn

说明：ORG(Origin)伪指令指出紧跟在该伪指令后的机器码指令的汇编地址，也就是经汇编后生成的机器码目标程序或数据块在单片机程序存储器中的起始存放地址。一个汇编语言源程序，可以在有效存储器地址的范围内调用子程序或转移指令。对于这样的模块程序，既可以续接前面的程序依次存放，也可以选择特殊的地址存放，因而允许使用多条 ORG 伪指令。但后一个 ORG 伪指令的操作数应大于前面机器码已占用的存储地址。

格式中的 nnnn 是 ORG 伪指令所带有的特定操作数，在 PIC16F877 单片机中其有效位是 13 位，代表 8 KB 程序存储器的地址空间。操作数可以用多种进制的绝对地址表示，也可以采用符号常量或表达式表示，但所用到的符号常量必须在引用前被定义过。若用格式中的 nnnn 来表示，则默认为 0000H。

【例题 5－1】 以下 3 个程序段的含意是一样的。

```
;------------------------------------------------------------
;程序段 1：
;------------------------------------------------------------
        ORG       0008H             ;常数 0008H
START   MOVLW     00H
;------------------------------------------------------------
;程序段 2：
;------------------------------------------------------------

ABC     EQU       0008H
        ORG       ABC               ;标识符 ABC 即 0008H
START   MOVLW     00H
;------------------------------------------------------------
;程序段 3：
;------------------------------------------------------------
ABC     EQU       0004H
        ORG       ABC+4             ;代数表达式即 0008H
START   MOVLW     00H
```

2. 赋值伪指令——EQU(Equate)

格式：符号名 EQU nn

说明：EQU(Equate)伪指令几乎在每一个程序中都用到，其操作含意是使 EQU

两端的值相等。一般在 PIC 的程序设计中，原则上每次遇到新的符号参数，都必须在前面补充定义符号名的初始数值或存储器地址。符号名一旦被 EQU 赋值，其值便不能再重新定义。这里的符号名，既可以是 PIC 中的特殊功能寄存器、常数，也可以是一个通用数据存储器地址。如果符号名代表一个通用数据存储器地址，而在这个地址单元内可以存放不同的数据，则它的角色和常用的变量类似。因此，有时符号名被称为符号变量。为了统一术语，把定义为数据存储器地址的参数统称为符号变量，这是因为存入该单元的内容是可以变化的；而把定义为固定常数的参数统称为符号常量，这是因为它所代表的数据是一个不变的常数。但有时要确切定性某个量是符号常量还是符号变量，是非常困难的。

对于伪指令“ABC EQU 20H”，其中的 ABC 既可以认为是符号变量(因为 ABC 代表 20H 地址)，又可以认为是符号常量(因为 ABC 可以代表特定的常量 20H)。因此，对于定义的符号量，应结合引用的指令进行分析才能真正确定符号量的类型。

【例题 5-2】 正确区别符号变量和符号常量之间的关系。

程序如下：

```
ABC     EQU      20H              ;定义符号量 ABC
        ORG      0000H
        NOP
        MOVLW    77H
        MOVWF    20H
        MOVLW    88H
        MOVF     ABC,0            ;ABC 为数据存储器地址 20H
        MOVLW    ABC              ;ABC 为常量 20H
        NOP
;------------------------------------------------------------
        END
;------------------------------------------------------------
```

定义格式中的 nn 与 ORG 伪指令所带有的特定操作数类似。在 PIC16F877 中，它的有效位是 8 位，可以用多种进制的数值表示，也可以采用符号变量或表达式表示，但所用到的符号变量必须在引用前被定义过。

在符号名定义和引用过程中，必须保证大小写属性的一致性，不能混合使用。例如：“ABC EQU 20H”在引用符号变量 ABC 时，Abc、aBC 或 ABc 与 ABC 是不一样的，在汇编时均会出现出错信息。

3. 程序结束伪指令——END

格式： END

说明： END 伪指令表示汇编语言源程序(*.ASM)的结束。MPASM 汇编器在汇编时遇到 END 就认为程序已结束，对其后的程序段不再进行编译。在一个源程序中,必须要有一条 END 伪指令,而且只能有一条,并放在整个程序的末尾。这一点与其他汇编语言有所区别,应引起重视。

4. 列表选项伪指令——LIST

格式: LIST\[可选项,可选项,…\]

说明: LIST 伪指令用于设置各种汇编参数,以便控制整个汇编过程或对打印输出的列表文件进行格式化。该伪指令所有参数只能在一行内书写完成。选项参数种类共有 10 种,参数的数值都必须用十进制设置。下面是最常用的两种参数:

① P=〈设置微控制器类型,即单片机型号〉

例如:P=16F877。

② R=〈定义默认的数值进位制的基数〉

例如:R=DEC(十进制);R=HEX(十六进制);R=BIN(二进制)等。默认为十六进制。

5. 外调程序伪指令——INCLUDE

格式: INCLUDE"文件名"

说明: INCLUDE 伪指令的主要功能是将外部预先编写好的指定文件调入本源程序的汇编内容。这样可以减少重复劳动,提高编程效率。调入的指定文件一般为 PIC 单片机的通用定义文件。对于各种类型的 PIC 单片机,软件开发系统都附带着相应的初始化文件,例如 P16F877.INC 为 PIC16F877 单片机的复位矢量、专用寄存器的地址及其控制位和状态位的位地址的原始定义。有些参考书把 P16F877.INC 称为 PIC16F877 单片机的头文件。例如:

```
INCLUDE  "P16F877.INC"
```

这是在 PIC16F877 单片机编写程序中推荐引用的一个伪指令语句,一般放在系统程序的首行。这样就不必考虑众多特殊功能寄存器及其位功能参数的定义,可以直接使用。但对于初学者,还是要养成用符号变量先定义后使用的习惯。

【例题 5-3】 通过循环变量 COUNTER,从 RD 端口输出二进制计数过程(00H~0FFH),采用引入头文件的方法。

解题分析 在介绍完伪指令 INCLUDE 后,编程方法将进入一个新的境地,不再需要具体定义(也无须关心)特殊功能寄存器地址。特别是在编写程序过程中,对于那些目标地址为 d 的情况,不再用 0 或 1 表示,而是直接采用比较明确的 W 或 F,进一步增强了程序的可读性。特殊功能寄存器所涉及的位也采用比较简单的位名代替,如 RP0、RP1、Z 和 C 等,有效避免了比较烦琐的位值确定。

程序如下:

```
;-----------------------------------------------------------------------
;源程序编写格式(采用统一的引用文件):
;-----------------------------------------------------------------------
```

```
INCLUDE "P16F877.INC"                          ;省略 STATUS、PORTD 和 TRISC 定义
;-----------------------------------------------------------------------------
COUNTER    EQU     20H                         ;定义循环变量 COUNTER
           ORG     0000H                       ;单片机复位地址
           NOP                                 ;MPLAB 特定需要
ST         BSF     STATUS,RP0                  ;数据存储器转到体 1
           CLRF    TRISD                       ;端口 RD 设置为输出
           BCF     STATUS,RP0                  ;数据存储器转到体 0
           CLRF    COUNTER,F                   ;循环变量 COUNTER 清零
           CLRF    PORTD,F                     ;端口 RD 清零
LOOP       MOVF    COUNTER,W                   ;COUNTER 内容送至工作寄存器 W
           MOVWF   PORTD                       ;W 内容送至端口 RD 输出
           INCF    COUNTER,F                   ;循环变量 COUNTER 自动加 1
           BTFSS   STATUS,Z                    ;二进制计数是否到 0FFH
           GOTO    LOOP                        ;没有到,返回继续执行
           NOP                                 ;已经到,结束
;-----------------------------------------------------------------------------
           END                                 ;程序结束标志
;-----------------------------------------------------------------------------
```

系统中给出的头文件 P16F877.INC 是单片机内部特殊功能寄存器及其位功能参数定义的需要,对于一位善于“偷懒”的程序设计员来说,则可以充分使用好头文件,自己动手扩容头文件。例如,在程序设计中经常用到的变量定义、编码查表子程序、二进制数与 BCD 码转换子程序和常用数据表等均装入到头文件中,实际使用时就可以直接调用。在读者的实践过程中,还可以根据自己的喜好不断完善和丰富头文件的内容,从而达到事半功倍的效果。本书之后的应用举例是为了能够让读者清楚变量形成以及功能子程序模块作用,大多数情况下还是给出了相关变量的定义及功能子程序模块。这里截取了 P16F877.INC 中特殊功能寄存器及其位功能参数定义,并补充了部分头文件内容:

```
;-----------------------------------------------------------------------------
;Register Definitions(以下为原头文件一部分内容)
;-----------------------------------------------------------------------------
W              EQU        H'0000'
F              EQU        H'0001'
;-----------------------------------------------------------------------------
;Register Files
;-----------------------------------------------------------------------------

INDF           EQU        H'0000'
```

```
TMR0        EQU    H'0001'
PCL         EQU    H'0002'
STATUS      EQU    H'0003'
FSR         EQU    H'0004'
PORTA       EQU    H'0005'
PORTB       EQU    H'0006'
PORTC       EQU    H'0007'
PORTD       EQU    H'0008'
PORTE       EQU    H'0009'
PCLATH      EQU    H'000A'
INTCON      EQU    H'000B'
PIR1        EQU    H'000C'
PIR2        EQU    H'000D'
TMR1L       EQU    H'000E'
TMR1H       EQU    H'000F'
T1CON       EQU    H'0010'
TMR2        EQU    H'0011'
T2CON       EQU    H'0012'
ADRESH      EQU    H'001E'
ADCONO      EQU    H'001F'
OPTION_REG  EQU    H'0081'
TRISA       EQU    H'0085'
TRISB       EQU    H'0086'
TRISC       EQU    H'0087'
TRISD       EQU    H'0088'
TRISE       EQU    H'0089'
;--------------------------------------------------------------------------------
;以下为作者新增的头文件内容，读者可根据需要增减
;--------------------------------------------------------------------------------
COUNTER     EQU    40H          ;一般作为计数或者查表偏移量
TIMES       EQU    41H          ;一般作为定时时间常数变量或者循环变量
S1H         EQU    42H          ;定义源操作数据 1 高 8 位
S1L         EQU    43H          ;定义源操作数据 1 低 8 位
S2H         EQU    44H          ;定义源操作数据 2 高 8 位
S2L         EQU    45H          ;定义源操作数据 2 低 8 位
R1H         EQU    46H          ;定义结果数据 1 高 8 位
R1L         EQU    47H          ;定义结果数据 1 低 8 位
R2H         EQU    48H          ;定义结果数据 2 高 8 位
R2L         EQU    49H          ;定义结果数据 2 低 8 位
```

```
TEMP      EQU      4AH          ;定义临时数据变量
BWEI      EQU      4BH          ;定义百位常数变量
SWEI      EQU      4BH          ;定义十位常数变量
GWEI      EQU      4BH          ;定义个位常数变量
;--------------------------------------------------------------
;10 ms 软件延时子程序 DEL 10 ms
;--------------------------------------------------------------
DEL10MS   MOVLW    0DH          ;外循环常数
          MOVWF    20H          ;外循环寄存器
LOOP1     MOVLW    0FFH         ;内循环常数
          MOVWF    21H          ;内循环寄存器
LOOP2     DECFSZ   21H          ;内循环寄存器递减
          GOTO     LOOP2        ;继续内循环
          DECFSZ   20H          ;外循环寄存器递减
          GOTO     LOOP1        ;继续外循环
          RETURN
;--------------------------------------------------------------
;编码查表程序
;--------------------------------------------------------------
BMA       ADDWF    PCL,F        ;W 加 PCL 形成偏移量
          RETLW    3FH          ;返回"0"编码
          RETLW    06H          ;返回"1"编码
          RETLW    5BH          ;返回"2"编码
          RETLW    4FH          ;返回"3"编码
          RETLW    66H          ;返回"4"编码
          RETLW    6DH          ;返回"5"编码
          RETLW    7DH          ;返回"6"编码
          RETLW    07H          ;返回"7"编码
          RETLW    7FH          ;返回"8"编码
          RETLW    6FH          ;返回"9"编码
;--------------------------------------------------------------
;SPI 方式输出编码数据子程序
;--------------------------------------------------------------
OUTXSH    MOVWF    SSPBUF       ;送至 SSPBUF 后开始逐位发送
LOOP1     BSF      STATUS,RP0   ;选择体 1
          BTFSS    SSPSTAT,BF   ;是否发送完毕
          GOTO     LOOP1        ;否,继续查询
          BCF      STATUS,RP0   ;发送完毕,选择体 0
          MOVF     SSPBUF,W     ;移空 SSPBUF
          RETURN                ;返回
```

```
;------------------------------------------------------------------------
;1 s 延时子程序
;------------------------------------------------------------------------
DELAY1S   MOVLW    06H         ;外循环常数
          MOVWF    20H         ;外循环寄存器
LOOP1     MOVLW    0EBH        ;中循环常数
          MOVWF    21H         ;中循环寄存器
LOOP2     MOVLW    0ECH        ;内循环常数
          MOVWF    22H         ;内循环寄存器
LOOP3     DECFSZ   22H         ;内循环寄存器递减
          GOTO     LOOP3       ;继续内循环
          DECFSZ   21H         ;中循环寄存器递减
          GOTO     LOOP2       ;继续中循环
          DECFSZ   20H         ;外循环寄存器递减
          GOTO     LOOP1       ;继续外循环
          RETURN               ;返回
;------------------------------------------------------------------------
```

6. 定义数据伪指令

在程序存储器定义数据伪指令中,不少参考书都给出了多种 PIC 单片机伪指令格式。作者进行了专门的比较研究,感到在 PIC16F877 单片机中有一些伪指令的使用存在某种缺陷或不能正常使用,应引起读者重视。目前各类参考书介绍的伪指令有 DB、DW、DE 和 DATA 等。

下面就这些程序存储器定义数据伪指令方法进行同等程序执行和列表分析,不难得出适用于 PIC16F877 中定义数据伪指令的正确用法。

格式: DB(DW、DE、DATA)〈表达式〉,〈表达式〉,…

【例题 5-4】 采用不同定义数据的伪指令方法,从 0100H、0200H、0300H 和 0400H 开始的数据块定义如下:

```
ORG     0000H
NOP
ORG     0100H
DB      45H,67H,89H,0ABH,0CDH,0EFH      ;定义 6 字节数据
ORG     0200H
DB      4567H,89ABH,0CDEFH              ;定义 6 字节数据
ORG     0300H
DB      'A','B','C','D','E','F','G'     ;定义 6 个字符数据
```

```
ORG      0400H
DB       "ABCDEFG"                ;定义1个字符串数据
END
```

在以上的程序中,用 DW、DE 和 DATA 依次替代 DB。4 种方式的程序编译(运行)都通过分别对应程序存储器单元赋值结果列于表 5-2 中,进行定义数据伪指令关系比较。其中阴影部分的伪指令执行没有得到正确的答案,不可使用。从表 5-2 可以看到,DB 定义方式的结果都是错误的,显然不适合在 PIC16F877 单片机程序中使用;DW 和 DATA 定义方式只适用单字节和单字符的赋值定义;DE 定义方式的功能最强,既可以进行单字节数据的定义,又适合单字节以及字符串的赋值定义。

表 5-2 定义数据伪指令关系比较

程序存储器	0100H	0101H	0102H	0103H	0104H	0105H	0200H	0201H	0202H	0203H	0204H	0205H
DB 定义方式	0567H	09ABH	0DEFH	3FFFH	3FFFH	3FFFH	27ABH	2F00H	3FFFH	3FFFH	3FFFH	3FFFH
DW 定义方式	0045H	0067H	0089H	00ABH	00CDH	00EFH	0567H	09ABH	0DEFH	3FFFH	3FFFH	3FFFH
DE 定义方式	0045H	0067H	0089H	00ABH	00CDH	00EFH	0067H	00ABH	00EFH	3FFFH	3FFFH	3FFFH
DATA 定义方式	0045H	0067H	0089H	00ABH	00CDH	00EFH	0567H	09ABH	0DEFH	3FFFH	3FFFH	3FFFH
程序存储器	0300H	0301H	0302H	0303H	0304H	0305H	0400H	0401H	0402H	0403H	0404H	0405H
DB 定义方式	0142H	0344H	0546H	3FFFH	3FFFH	3FFFH	0142H	0344H	0546H	3FFFH	3FFFH	3FFFH
DW 定义方式	0041H	0042H	0043H	0044H	0045H	0046H	0142H	0344H	0546H	3FFFH	3FFFH	3FFFH
DE 定义方式	0041H	0042H	0043H	0044H	0045H	0046H	0041H	0042H	0043H	0044H	0045H	0046H
DATA 定义方式	0041H	0042H	0043H	0044H	0045H	0046H	0142H	0344H	0546H	3FFFH	3FFFH	3FFFH

7. 进制定义伪指令——RADIX

格式: RADIX〈进制表达式〉

说明: RADIX 伪指令用于设置在 MPLAB-IDE 集成开发环境中采用的进制方式,如定义十进制、八进制和十六进制等参数。MPLAB-IDE 集成开发系统默认为十六进制。

例如:

```
RADIX   DEC              ;定义为十进制
RADIX   HEX              ;定义为十六进制
RADIX   OCT              ;定义为八进制
```

5.3 存储器选择方式

有两个概念是 PIC 单片机课程的难点和重点,对于进行程序设计至关重要。一个是数据存储器 4 个体的体选方式,它需要时刻考虑每一个访问的特殊功能寄存器和通用数据存储器的体位；另一个是程序存储器 4 个页的页选方式，特别是在发生转移或跳转时，须密切注意是否会发生页面转换。

5.3.1 数据存储器体选方式

PIC16F877 单片机的数据存储器是一个具有空间为 512 字节的存储器，其中只有 19 字节是无效存储单元。为了能完全选择 512 字节内的数据，需要 9 条地址线。根据 9 条地址线的组合方式不同，形成两种迥然不同的寻址方式，即直接寻址和间接寻址。

根据直接寻址和间接寻址操作码携带的地址信息情况，一般把 512 字节(包括无效地址)的数据存储器分成 4 个区域，在 PIC 中被称为“体(bank)”。具体分布如下：

体 0　000H～07FH；

体 1　080H～1FFH；

体 2　100H～17FH；

体 3　180H～1FFH。

1. 直接寻址访问数据存储器

在直接寻址指令机器码中，操作数所携带的寻址信息是低 7 位地址，这不是一个完备的数据信息，每一个体中均会有一个相关的地址与之对应。要唯一确定地址单元，还必须依托其他数据线进行复合选择。在 PIC 单片机中规定，利用状态标志寄存器 STATUS 中的 RP1 和 RP0 位，与直接寻址机器码中低 7 位地址共同选择相应数据存储器的内容参与操作，即直接寻址的 7 加 2 模式。RP1 和 RP0 给出的是组合地址的高 2 位，即对应 4 个体的选择。

2. 间接寻址访问数据存储器

在间接寻址指令机器码中，真正携带的寻址信息是低 8 位地址，这也不是一个完备的数据信息，在整个数据存储器中有两个相关的地址与之对应。同样，要确定唯一地址单元，也必须依托另一根数据线进行复合选择。它主要是依托状态标志位的 IRP，才能准确选择相应数据存储器的内容参与操作，即间接寻址的 8 加 1 模式。而 IRP 确定了组合地址的最高位，即对应 4 个体前后两个体的选择。

从以上分析可以看到，访问数据存储器的某一个单元，不管采用哪一种寻址方式，首先必须根据该单元的所在地址，对 STATUS 寄存器中的 RP1、RP0 或 IRP 进行预置或确信已位于所希望的体域。在系统复位情况下，RP1、RP0 和 IRP 均为 0，即系统默认为体 0。这是一项非常烦琐的工作，特别是对于初学者较为困难，需要细心确定每个所调用寄存器单元的体位。为了使初学者提高学习 PIC 单片机的兴趣，PIC 汇编系统接受了一个额外的伪指令语句，即体选伪指令：BANKSEL。有了这样一条补充伪指令，就无须记忆单元的体位，如以下程序片段：

```
ABC     EQU         20H
        ORG         0100H
        BANKSEL     ABC         ;选择 ABC 所在数据存储器的体而无须知道目前状态
        MOVLW       00H         ;常数 00 送入 W
        MOVWF       ABC         ;W 送入 ABC 存储器中
```

这样，编程设计者不必再去关心 ABC 数据存储器的地址。但是，事物总有其另外的一面，这种无条件的体选择，也为程序的设计者带来不少麻烦。例如，每次遇到调用数据存储器单元都要选用 BANKSEL，实际上有时并不需要进行体位的转换，因为它完全是多余的操作。

另外，在数据存储器 4 个体的最后 16 个单元(070H～07FH、0F0H～0FFH、170H～17FH 和 1F0H～1FFH)存在集中映射的现象，即不管当前位于哪一个体，对应 16 个单元的数据均映射到 070H～07FH 而形成共享。因此，在程序设计中，一般可以将这 16 个单元设置成通用的符号变量，当然也可以把这些定义伪指令放入外部文件 P16F877.INC 中。为了便于记忆和使用，可以在外部文件 P16F877.INC 中设置 16 个通用的符号变量，如通过以下的伪指令定义，就可以在任何时候直接使用这些符号变量 AB0、AB1、…、ABF，而不必关心数据存储器所在的工作区域。以下是 16 个通用符号变量的原始定义：

```
AB0     EQU     70H         ;定义符号变量为 AB0
AB1     EQU     71H         ;定义符号变量为 AB1
AB2     EQU     72H         ;定义符号变量为 AB2
 ⋮
ABF     EQU     7FH         ;定义符号变量为 ABF
```

5.3.2　程序存储器页选方式

PIC16F877 单片机的程序存储器(Flash)是一个具有空间为 8K×14 位的存储器，其中 14 位为单元字节长度。为了能完全选择 8 KB 的程序存储器，需要合成 13 条地址选择线。程序存储器指令语句的选择，主要有以下 6 种途径：

(1) 复位地址 0000H，这是无条件的选择方向，直接给出 13 条地址选择线；

(2) 中断地址 0004H，这也是无条件的选择方向，直接给出 13 条地址选择线；

(3) 指令寄存器，是在每一个指令的执行周期自动加 1 而形成当前程序的执行方向；

(4) 执行以 PCL 为目标地址的算术逻辑类指令；

(5) 转移指令方式，即 GOTO 语句；

(6) 调用子程序方式，即 CALL 语句以及相应的返回语句(RETRUN、RETFIE 和 RETLW)。

在以上 6 种情况中，目标地址的构建方式是完全不同的，主要可以分为以下 3 种方式：

(1) 完全地址形成方式。这种形成方式对应前 3 种情况，可以完全给出程序存储器所需的 13 位地址，无须设计者进行设置。

(2) 运算地址形成方式。上述第(4)种情况比较特殊，当执行完以 PCL 为目标地址的算术逻辑类指令后，将可能改变下一条指令的方向。此时，下一条指令 13 位地址的构成是以 PCL 的运算结果为低 8 位，而高 5 位将由寄存器 $PCLATH_{0\sim4}$ 装载，如图 5－1 所示。

(3) 转移地址形成方式。后两种情况是在其指令机器码中，操作数应携带 13 位目标地址，但由于 PIC16F877 单片机指令系统的机器码宽度只有 14 位，CALL 和 GOTO 语句对应的指令操作码占 3 位，留给目标地址仅有 11 位。而 11 位地址寻址范围是 2 KB，即表示在 2 KB 程序存储器范围内进行跳转和调用子程序，不会出现什么问题。当跳转的范围超出 2 KB 程序存储器空间时，就不得不寻求其他附加寻址条件。可以把 8 KB 程序存储器分成 4 个区域，每一个区域为 2 KB，在 PIC 中被称为“页(page)”。程序存储器的 4 个页对应的地址空间为

页 0　0000H～07FFH；

页 1　0800H～0FFFH；

页 2　1000H～17FFH；

页 3　1800H～1FFFH。

如果 CALL 和 GOTO 语句跳出 2K 页的范围，那么通过指令机器码携带 11 位地址信息就不能反映出真正的目标地址。

如何才能正确地跳转呢？这还得考虑 13 位 PC 程序计数器，从后 3 种情况下的形成方式分析着手。按照通用单片机的构成方式，程序存储器指针(13 位)都是由 PCL(低 8 位)和 PCH(高 5 位)复合而成。但 PIC 单片机却没有 PCH 这个特殊功能寄存器，它的高 5 位是由寄存器 $PCLATH_{0\sim4}$ 间接装载，只有在如下两类指令的执行过程中会完成这样的装载效能(见图 5－1 和图 5－2)，即

(1) 执行以 PCL 为目标地址的算术逻辑类指令；

(2) 执行跳转指令(CALL、GOTO、RETRUN、RETFIE 和 RETLW)。

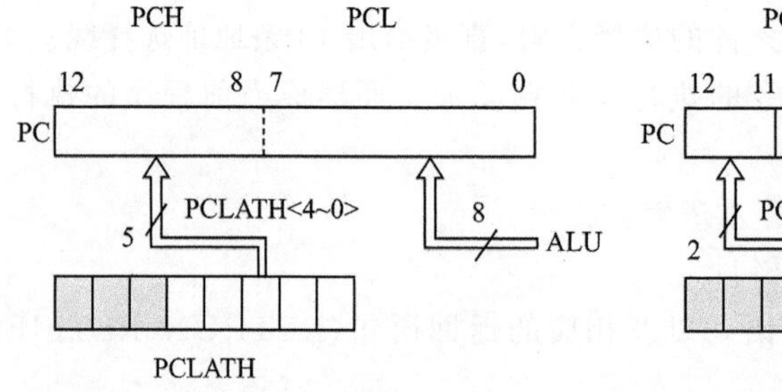

图 5－1　执行 PCL 为目标地址指令

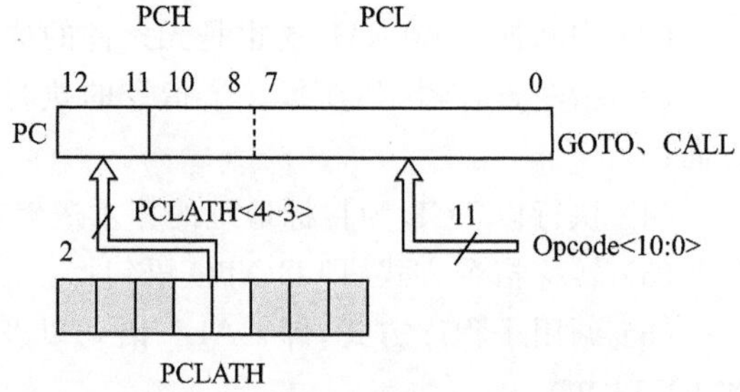

图 5－2　执行跨页跳转和调用指令

既然在执行以上两类指令的过程中会完成 PCLATH 的装载,那么在执行这些指令之前就必须对 PCLATH 的低 5 位预置初值,以便在 8 KB 的范围内随意跳转。这一点与数据存储器的体选过程是异曲同工,希望引起重视。

在执行以 PCL 为目标地址的算术逻辑类指令过程中,需要 PCLATH 低 5 位($PCLATH_{0\sim4}$)装载,以便合成新的目标地址。而在执行跳转指令时,指令机器码隐含了跳转方向的 11 位地址,要求 PCLATH 中的两位($PCLATH_{3\sim4}$)预置相应的数值。实际上由 PCLATH 提供的两位是确定跳转方向的高 2 位,所以有些参考书也把 $PCLATH_{3\sim4}$ 看作程序存储器的页面选择。

从以上分析可以看出,跳转到程序存储器的某一个单元,不论采用哪一种方式,首先必须根据该单元的所在地址,对 PCLATH 寄存器中的 $PCLATH_{0\sim4}$ 进行预置。这与数据存储器体选一样,是一件繁琐的工作,特别是对于初学者比较困难。同样,PIC 汇编系统也给出一个额外的伪指令语句,即页选指令 PAGESEL。这样就无须记忆和分析所跳转单元的页面区域,如以下程序片段:

```
        ORG         0100H
        PAGESEL     ABC                     ;选择 1000H 所在的程序存储器页
        GOTO        ABC                     ;转移至 ABC
        ORG         1000H
ABC     MOVLW       00H                     ;常数 00 送入 W
        MOVWF       20H                     ;W 送入 20H 中
```

在此,编程设计者如果感到页面的确定比较困难,可以不必关心 ABC 程序存储器的地址(实际上已超出 2 KB 的范围),这是一个非常有效的方法。当然,此方法也存在缺陷,当不必转页时也会成为多余的设置。建议还是以 PCLATH 设置为重点训练内容。

一般 PIC 教学参考书上例题给出的源程序往往均认为位于程序存储器的页 0,或在一个比较狭小的程序存储器空间举例,并未过细地研究页面内较大范围或不同页面之间的程序切换所带来的问题。不过,PAGESEL 也不是万能的,过分依赖于 PAGESEL 将会导致源程序的执行出现莫名其妙的“飞溢”情况,这对于熟练的技术人员也可能是一件烦恼的事情。为了详细说明这个现象,首先分析一个例题,以便引出讨论。

【例题 5-5】 利用散转查表方式编写程序,将任意 16 个数据(本例取规则数 00H～0FH)依此送入数据存储器 20H～2FH 中。

解题分析　首先给出通常的程序。这个程序编译没有问题,调试也会顺利通过。

```
;--------------------------------------------------------------------------------
LIST    P=16F877                                    ;PAGESEL
INCLUDE "P16F877.INC"
```

```
;------------------------------------------------------------------------
COUNTER     EQU      30H            ;查表偏移量
            ORG      0000H
            NOP
            MOVLW    20H            ;数据存储器起始地址
            MOVWF    FSR
            CLRF     COUNTER        ;查表偏移量置 0
LOOP        MOVF     COUNTER,W
            CALL     CHABIAO        ;调用查表子程序
            MOVWF    INDF           ;送入数据存储器
            INCF     COUNTER        ;指向下一偏移量
            INCF     FSR            ;指向下一数据存储器
            BTFSS    COUNTER,4      ;是否已取 16 个数据
            GOTO     LOOP           ;否,继续
            GOTO     $              ;是,停止
;------------------------------------------------------------------------
;查表子程序
;------------------------------------------------------------------------
CHABIAO     ADDWF    PCL,F          ;增加偏移量
            RETLW    00H            ;第 0 个数据
            RETLW    01H            ;第 1 个数据
            RETLW    02H            ;第 2 个数据
            RETLW    03H            ;第 3 个数据
            RETLW    04H            ;第 4 个数据
            RETLW    05H            ;第 5 个数据
            RETLW    06H            ;第 6 个数据
            RETLW    07H            ;第 7 个数据
            RETLW    08H            ;第 8 个数据
            RETLW    09H            ;第 9 个数据
            RETLW    0AH            ;第 10 个数据
            RETLW    0BH            ;第 11 个数据
            RETLW    0CH            ;第 12 个数据
            RETLW    0DH            ;第 13 个数据
            RETLW    0EH            ;第 14 个数据
            RETLW    0FH            ;第 15 个数据
;------------------------------------------------------------------------
            END
;------------------------------------------------------------------------
```

继续分析　如果把查表子程序地址稍加改动,情况就不一样了,程序将无法运行下去。

【例题 5-5 改动 1】 将查表子程序设置在页 0 的其他地址,如"ORG 0100H",在执行该程序时将会出现程序"飞溢"现象。

```
;------------------------------------------------------------------
LIST      P=16F877                                  ;PAGESEL
INCLUDE "P16F877.INC"
;------------------------------------------------------------------
COUNTER     EQU        30H                          ;查表偏移量
            ORG        0000H
            NOP
            MOVLW      20H                          ;数据存储器起始地址
            MOVWF      FSR
            CLRF       COUNTER                      ;查表偏移量置 0
LOOP        MOVF       COUNTER,W
            CALL       CHABIAO                      ;调用查表子程序
            MOVWF      INDF                         ;送入数据存储器
            INCF       COUNTER                      ;指向下一偏移量
            INCF       FSR                          ;指向下一数据存储器
            BTFSS      COUNTER,4                    ;是否已取 16 个数据
            GOTO       LOOP                         ;否,继续
            GOTO       $                            ;是,停止
            ORG        0100H
;------------------------------------------------------------------
;查表子程序(省略)
;------------------------------------------------------------------
```

【例题 5-5 改动 2】 将查表子程序设置在页 3 地址,如"ORG 1EF8H",并在调用子程序以前引用 PAGESEL 语句,但还是出现程序"飞溢"现象。

```
;------------------------------------------------------------------
LIST      P=16F877                                  ;PAGESEL
INCLUDE "P16F877.INC"
;------------------------------------------------------------------
COUNTER     EQU        30H                          ;查表偏移量
            ORG        0000H
            NOP
            MOVLW      20H                          ;数据存储器起始地址
            MOVWF      FSR
            CLRF       COUNTER                      ;查表偏移量置 0
LOOP        MOVF       COUNTER,W
            PAGESEL    CHABIAO                      ;页面选择
```

```
        CALL      CHABIAO        ;调用查表子程序
        MOVWF     INDF           ;送入数据存储器
        INCF      COUNTER        ;指向下一偏移量
        INCF      FSR            ;指向下一数据存储器
        BTFSS     COUNTER,4      ;是否已取 16 个数据
        GOTO      LOOP           ;否,继续
        GOTO      $              ;是,停止
        ORG       1EF8H
;------------------------------------------------------------------
;查表子程序(省略)
;------------------------------------------------------------------
```

继续分析 1 第一次改动,从表面上看源程序的调用空间并没有发生质的变化,还是位于第 0 页面,但是其微观的指令指针却出现不协调。作者认为:正是由于程序指针的不协调才导致出现程序“飞溢”。

因为在 CALL 指令中,操作源代码携带目标地址的低 11 位信息,高 2 位表示页面情况,所以应对 PCLATH 人为设置。但考虑到本例并未超出第 0 页面,所以 PCLATH 没有预先设置。如果处于单步调试方式,则从主程序跳转到查表子程序是没有问题的,下一步本应执行地址为 0101H 处的“RETLW 00H”(因为此时 W 为 0)语句,却“飞溢”到 0001H 地址处执行“MOVLW 20H”语句。主要问题在于 PCLATH 中的数据未得到及时更新,因为 CALL 语句携带低 11 位地址,在当前页面能确保进入子程序 0100H 中。若继续执行一般语句没有问题,则地址指针会自动加 1。但此时若遇到以 PCL 为目标地址的加载指令,由于 PCLATH 的内容从主程序跳转到子程序时,其数据并未刷新,仍然是 00H,所以 PCLATH 加载高 8 位后形成的目标地址就变成 0001H,而不是预期的 0101H。

PCLATH 中涉及的程序指针是低 5 位,如图 5-3 所示。其中 $PCLATH_{3\sim4}$ 决定程序存储器的页面选择,一般可通过 PAGESEL 进行修正;但低 3 位 $PCLATH_{0\sim3}$ 既不能通过 PAGESEL 进行修改,也不会由 CALL 和 GOTO 指令的执行进行调整,所以必须在适当时候(如本例后接以 PCL 为目标地址的语句)进行预先人工设置。例如,本例在调用查表子程序之前加上语句“BSF　PCLATH,0”即可。

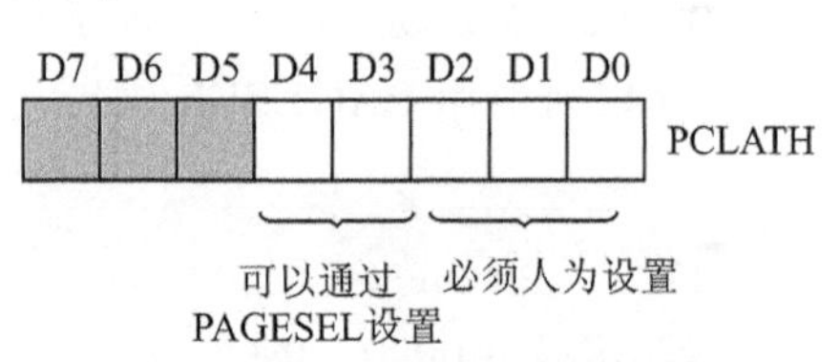

图 5-3　PCLATH 设置方式

继续分析 2 第二次改动,采用从第 0 页面直接调用第 3 页面的子程序,应该引入页面选择 PAGESEL 语句,且添加 $PCLATH_{0\sim3}$ 修正语句,如“BSF PCLATH,1”和“BSF PCLATH,2”。另外,在源主程序“GOTO LOOP”之前必须加上相应的语句,以确保返回第 0 页面。但是,程序顺利进行并完成 7 个数据送入以后,第 8 次进入查表子程序时又在下一条指令产生程序“飞溢”现象。究其原因,仍然是另一种现象下的

$PCLATH_{0\sim3}$ 修正刷新问题。因为在第 8 次调用查表子程序时入口参数 W 为 7，加上当前 PCL 低 8 位地址将出现数据溢出，而这种进位现象是不可能及时在 $PCLATH_{0\sim3}$ 中反映出来的。其问题解决的方案与上面一样，采用及时判别方法。一旦 PCL 和偏移量之和发生溢出现象，就应对 $PCLATH_{0\sim3}$ 预先进行人工设置。为了有效避免这种不可预见性的错误，子程序一般可以设置在低 8 位为 00H 处，只要查表数据不超过 256 个，就不会出现“飞溢”现象。

本例经修改后的正确程序如下：

```
;------------------------------------------------------------------------
LIST        P=16F877                                    ;PAGESEL
INCLUDE "P16F877.INC"
;------------------------------------------------------------------------
COUNTER     EQU         30H                             ;查表偏移量
            ORG         0000H
            NOP
            MOVLW       20H                             ;数据存储器起始地址
            MOVWF       FSR
            CLRF        COUNTER                         ;查表偏移量置 0
LOOP        MOVF        COUNTER,W
            SUBLW       06H                             ;是否是第 8 个数据
            BTFSC       STATUS,C                        ;是否有借位
            GOTO        POP                             ;没有借位
            BSF         PCLATH,0                        ;有借位,PCLATH0 置 1
            GOTO        WTO
POP         BCF         PCLATH,0                        ;没有借位,PCLATH0 置 0
WTO         BSF         PCLATH,1                        ;PCLATH1 置 1
            BSF         PCLATH,2                        ;PCLATH2 置 1
            MOVF        COUNTER,W
            PAGESEL     CHABIAO                         ;选择页面
            CALL        CHABIAO                         ;调用查表子程序
            MOVWF       INDF                            ;送入数据存储器
            INCF        COUNTER                         ;指向下一偏移量
            INCF        FSR                             ;指向下一数据存储器
            PAGESEL     LOOP                            ;选择页面
            BTFSS       COUNTER,4                       ;是否已取 16 个数据
            GOTO        LOOP                            ;否,继续
            GOTO        $                               ;是,停止
            ORG         1EF8H
;------------------------------------------------------------------------
;查表子程序(省略)
;------------------------------------------------------------------------
```

5.4 常用子程序的设计

在程序设计中，除主程序以外，还有一部分很重要的内容就是关于子程序的设计。它是为完成特定的目的而构成的复合程序。PIC 程序设计与其他单片机一样，子程序的形式较多，但比较有代表性的主要有：跳转和循环子程序、软件延时子程序、数据查表子程序、分支功能跳转子程序和常用数学运算类子程序等。

5.4.1 跳转和循环子程序

跳转和循环子程序，主要是通过跳转、判断和位测试指令来构成的。

1. 跳转指令

跳转指令是打破程序顺序执行的核心要素，主要有 CALL 和 GOTO 两条指令。CALL 用于调用子程序，GOTO 用于程序的跳转，它们附带的操作数为跳转方向的低 11 位绝对地址。两者在使用时都要考虑跳转地址的页面选择，一旦确定目标地址已超出 2 KB 的范围，就必须在使用前预置 $PCLATH_{3\sim4}$，或执行 PAGESEL 指令。

2. 判断指令

判断功能主要适用于增量或减量的操作，数据存储器中每一个单元都可以作为判断指令的操作对象。当经过增/减量操作后发现单元结果为 0，就产生间跳。由判断指令产生的跳转是相对地址的间跳，即跳过下一条指令。而留给单元结果不为 0 时，书写指令的空间只有一条，除特殊情况以外，一般在此均设计一条跳转指令。

【例题 5-6】 假定执行某个显示功能 100 次后结束工作，显示子程序为 XSH。

程序如下：

```
        ORG      0000H
        MOVLW    D'101'       ;取常数 101
        MOVWF    20H          ;送入 20H 单元中
LOOP    DECFSZ   20H,F        ;20H 单元减 1,为 0 则间跳
        GOTO     RRT          ;未到 100 次跳转显示
        GOTO     PPY          ;100 次结束
RRT     PAGESEL  XSH          ;转入 XSH 子程序页面
        CALL     XSH          ;调用显示子程序
        PAGESEL  LOOP         ;返回到第 0 页面
        GOTO     LOOP         ;返回继续减 1 操作
PPY     END
```

在本例中，跳转入口地址 RRT 和 PPY 是不会超出 2 KB 第 0 页面的范围，所以无须改变页面的选择。而要求显示子程序 XSH，在程序中没有给出，可能会超出第 0 页面的范围，所以必须通过设置，以保证跳转的正确性。同样，XSH 可能为非第 0

页面范围。进入这个页面后再执行第 0 页面范围内的跳转，而且必须重新设置返回到第 0 页面。

3. 位测试指令

位测试功能主要适用于单元位的测试操作。数据存储器中每一个单元都可以作为位测试指令的操作对象，可以测试给定单元位是否为 0 或 1 而产生间跳。由位测试指令产生的跳转与判断指令一样，都是相对地址的隔行间跳。

【例题 5-7】 比较两个数据寄存器 20H 和 30H 内容的大小，将较大的数送入 40H 中。

解题分析 PIC 没有现成的比较指令。要比较两个寄存器内容的大小，必须借助于 W 工作寄存器进行减法操作，然后根据状态位 Z 和 C 进行条件判断。其程序如下：

```
        MOVF    30H,W           ;30H 内容送入 W
        SUBWF   20H,W           ;(20H)与 W 相减后送入 W
        BTFSC   STATUS,C        ;判进位(借位)标志
        GOTO    L20H            ;无借位,(20H)≥(30H)
        MOVF    30H,W           ;(20H)<(30H)
        MOVWF   40H             ;较大的数送入 40H 中
        GOTO    POP
L20H    MOVF    20H,W           ;(20H)≥(30H)
        MOVWF   40H             ;较大的数送入 40H 中
POP     END                     ;子程序结束
```

5.4.2 软件延时子程序

在程序设计中，单片机的延时程序具有很重要的地位。延时的设计，一般可以通过两种方式：硬件延时和软件延时。硬件延时是由单片机系统的定时器实现；而软件延时是通过循环程序实现。一般来说，前者适用于精确定量延时；而后者常用于粗略定性延时，然而利用在线集成开发系统 MPLAB，PIC 的软件延时同样可以做到比较精确。本小节主要讨论软件延时子程序，并给出几个常用的延时实例。

【例题 5-8】 试编写单循环的软件延时子程序。

```
;------------------------------------------------------------------
;软件延时子程序 DELAY
;------------------------------------------------------------------
COUNTER     EQU      20H          ;定义循环寄存器 COUNTER 符号变量
            ORG      0000H
DELAY       MOVLW    0FFH         ;循环常数
            MOVWF    COUNTER      ;循环寄存器
LOOP        DECFSZ   COUNTER      ;循环寄存器递减
            GOTO     LOOP         ;继续循环
            RETURN
```

以上为单循环的软件延时，其中循环常数 0FFH(255)直接决定延时的长短。在 MPLAB 集成开发系统中，可以通过软件模拟器获得软件程序块的执行时间。具体方法是从 MPLAB 的菜单栏中选择命令 Debugger→Stopwatch，打开 Stopwatch 窗口，如图 5-4 所示。当取循环常数为 0FFH 和 50H 时，获得该段子程序的精确延时分别为 770 μs 和 250 μs。

对于例题 5-8 的单循环的软件延时子程序，所完成的延时时间有很大的局限性。如果希望设置较长的延时，则可以采用两种方法：一是在单循环指令内部插入 NOP 等耗时语句；二是启用多重循环。另外，软件模拟器执行的时间并不代表单片机的实际运行时间，但它们之间有一定的比例关系。一般软件延时时间越长，模拟执行的时间就越长，如 1 s 的软件延时，模拟执行时间可能将耗时 10 min。下面举两个常用的延时实例。

【例题 5-9】 试编写 10 ms 软件延时子程序。

解题分析 在键盘监控管理程序中，为了防止接触点的弹跳和振动，必须要用到一个接近 10 ms 的延时子程序。该程序若用单循环比较难实现，可以使用内外两个循环，循环参数分别为 0DH 和 0FFH。通过软件模拟器，实际测试到的延时为 10.02 ms。程序框图如图 5-5 所示。

```
;------------------------------------------------------------------------
;10 ms 软件延时子程序 DEL10MS
;------------------------------------------------------------------------
DEL10MS  MOVLW    0DH           ;外循环常数
         MOVWF    20H           ;外循环寄存器
LOOP1    MOVLW    0FFH          ;内循环常数
         MOVWF    21H           ;内循环寄存器
LOOP2    DECFSZ   21H           ;内循环寄存器递减
         GOTO     LOOP2         ;继续内循环
         DECFSZ   20H           ;外循环寄存器递减
         GOTO     LOOP1         ;继续外循环
         RETURN
```

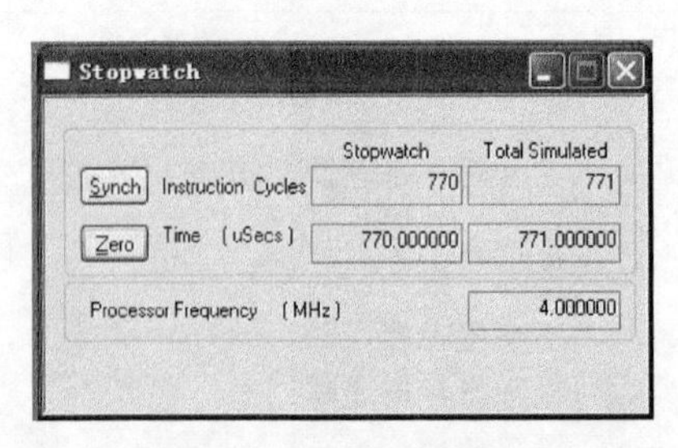

图 5-4 Stopwatch 窗口

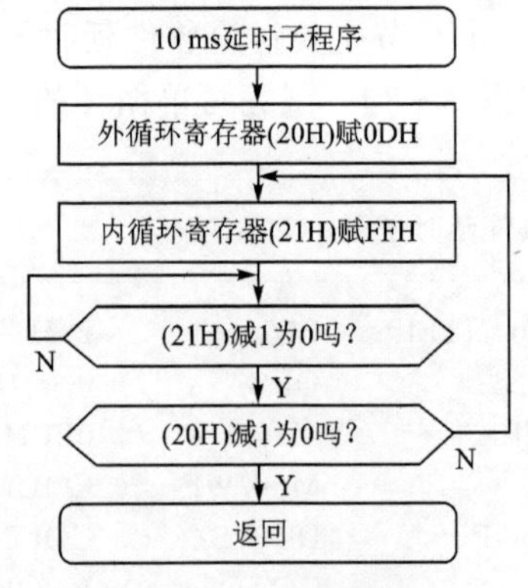

图 5-5 程序框图

【例题 5 - 10】　试编写 1 s 软件延时子程序。

解题分析　在输出显示中，作为循环的停留时间，经常需要调用较长时间的延时。在本例中设计了 3 重循环，循环参数分别为 06H、0EBH 和 0ECH。通过软件模拟器，实际测试到的延时为 1 002 ms，已达到较高的延时精度。

```
;--------------------------------------------------------------------------
;1 s 软件延时子程序 DELAY1S
;--------------------------------------------------------------------------
DELAY1S  MOVLW    06H        ;外循环常数
         MOVWF    20H        ;外循环寄存器
LOOP1    MOVLW    0EBH       ;中循环常数
         MOVWF    21H        ;中循环寄存器
LOOP2    MOVLW    0ECH       ;内循环常数
         MOVWF    22H        ;内循环寄存器
LOOP3    DECFSZ   22H        ;内循环寄存器递减
         GOTO     LOOP3      ;继续内循环
         DECFSZ   21H        ;中循环寄存器递减
         GOTO     LOOP2      ;继续中循环
         DECFSZ   20H        ;外循环寄存器递减
         GOTO     LOOP1      ;继续外循环
         RETURN
```

5.4.3　数据查表子程序

数据查表子程序在某些特殊场合是非常有用的，如共阴极 LED 8 段显示器以及其他具有固定显示模式的场合，须根据其显示数值去查找对应参考数据表编码输出。8 段显示的数值（0～9）编码如表 5 - 3 所列。

表 5 - 3　8 段显示数值(0～9)编码

数　值	编　码	数　值	编　码
1	06H	6	7DH
2	5BH	7	07H
3	4FH	8	7FH
4	66H	9	6FH
5	6DH	0	3FH

【例题 5 - 11】　将 RC 端口与共阴极 LED 8 段显示器相连，0～9 循环显示，间隔时间为 1 s。试编写相应的软件程序。

解题分析　此题为典型的数据查表子程序，通过 0～9 不断循环，根据其值去调用编码查表子程序，然后再调用前面提到的 1 s 延时子程序。

程序如下：

```
LIST P=16F877
INCLUDE "P16F877.INC"
ABC          EQU          25H
```

```
;------------------------------------------------------------------------
;主程序
;------------------------------------------------------------------------
          ORG       0000H
          NOP
          BSF       STATUS,RP0        ;选择数据存储器体 1
          CLRF      TRISC             ;定义 RC 为输出
          BCF       STATUS,RP0        ;恢复数据存储器体 0
MAIN      MOVLW     00H
          MOVWF     ABC               ;ABC 变量赋初值
LOOP      MOVF      ABC,W
          CALL      CAIBIAO           ;调用查表子程序
          MOVWF     PORTC
          CALL      DELAY1S           ;调用 1 s 延时子程序
          INCF      ABC               ;ABC 变量增 1
          MOVLW     09H               ;循环到位
          SUBWF     ABC,W
          BTFSS     STATUS,Z          ;相减为 0,一次循环结束
          GOTO      LOOP
          GOTO      MAIN              ;ABC 复位,继续循环
;------------------------------------------------------------------------
;查表程序
;------------------------------------------------------------------------
CAIBIAO   ADDWF     PCL,F             ;W 加 PCL 形成偏移量
          RETLW     3FH               ;返回"0"编码
          RETLW     06H               ;返回"1"编码
          RETLW     5BH               ;返回"2"编码
          RETLW     4FH               ;返回"3"编码
          RETLW     66H               ;返回"4"编码
          RETLW     6DH               ;返回"5"编码
          RETLW     7DH               ;返回"6"编码
          RETLW     07H               ;返回"7"编码
          RETLW     7FH               ;返回"8"编码
          RETLW     6FH               ;返回"9"编码
;------------------------------------------------------------------------
;1 s 延时子程序
;------------------------------------------------------------------------
DELAY1S   MOVLW     06H               ;外循环常数
          MOVWF     20H               ;外循环寄存器
```

```
LOOP1   MOVLW   0EBH        ;中循环常数
        MOVWF   21H         ;中循环寄存器
LOOP2   MOVLW   0ECH        ;内循环常数
        MOVWF   22H         ;内循环寄存器
LOOP3   DECFSZ  22H         ;内循环寄存器递减
        GOTO    LOOP3       ;继续内循环
        DECFSZ  21H         ;中循环寄存器递减
        GOTO    LOOP2       ;继续中循环
        DECFSZ  20H         ;外循环寄存器递减
        GOTO    LOOP1       ;继续外循环
        RETURN
;-----------------------------------------------------------------
        END
;-----------------------------------------------------------------
```

【例题 5 - 12】 将 RC 端口与 8 个 LED 显示器相连,按照如表 5 - 4 所列的跑马灯流动显示状态参数,间隔时间为 1 s。试编写相应的软件程序。

解题分析　此题也是典型的数据查表子程序,通过调用 16 种状态不断循环,根据其状态值去调用对应编码查表子程序,然后再调用前面提到的 1 s 延时子程序。

表 5 - 4　跑马灯流动显示状态参数

序　号	显示内容	十六进制数值	序　号	显示内容	十六进制数值
0	00000000	00H	8	11111111	0FFH
1	00000001	01H	9	11111110	0FEH
2	00000011	03H	10	11111100	0FCH
3	00000111	07H	11	11111000	0F8H
4	00001111	0FH	12	11110000	0F0H
5	00011111	1FH	13	11100000	0E0H
6	00111111	3FH	14	11000000	0C0H
7	01111111	7FH	15	10000000	80H

程序如下:

```
LIST P=16F877
INCLUDE "P16F877.INC"
ABC     EQU     20H         ;定义 ABC 变量
STATUS  EQU     03H
PORTC   EQU     87H
TRISC   EQU     07H
;-----------------------------------------------------------------
;主程序
;-----------------------------------------------------------------
```

```
         ORG      0000H
         NOP
         BSF      STATUS,RP0       ;选择数据存储器体 1
         MOVLW    00H              ;RC 口全为输出
         MOVWF    TRISC
         BCF      STATUS,RP0       ;恢复数据存储器体 0
MAIN     MOVLW    00H
         MOVWF    ABC              ;循环参数设置初值
         MOVLW    00H              ;设置 RC 口初始化输出为 0
         MOVWF    PORTC
ST       MOVF     ABC,W            ;ABC 送入 W
         CALL     SHUZH            ;调用查表子程序
         MOVWF    PORTC            ;显示状态输出
         CALL     DELAY1S          ;调用 1 s 延时子程序
         INCF     ABC,F            ;循环参数加 1
         BTFSS    ABC,4            ;判断是否已完成 16 种状态的显示
         GOTO     ST               ;未到 16 种状态,继续
         GOTO     MAIN             ;已到 16 种状态,循环参数复位
;------------------------------------------------------------------
;查表子程序
;------------------------------------------------------------------
SHUZH    ADDWF    PCL,F            ;W 加 PCL 形成偏移量
         RETLW    00H              ;返回第 0 状态编码
         RETLW    01H              ;返回第 1 状态编码
         RETLW    03H              ;返回第 2 状态编码
         RETLW    07H              ;返回第 3 状态编码
         RETLW    0FH              ;返回第 4 状态编码
         RETLW    1FH              ;返回第 5 状态编码
         RETLW    3FH              ;返回第 6 状态编码
         RETLW    7FH              ;返回第 7 状态编码
         RETLW    0FFH             ;返回第 8 状态编码
         RETLW    0FEH             ;返回第 9 状态编码
         RETLW    0FCH             ;返回第 10 状态编码
         RETLW    0F8H             ;返回第 11 状态编码
         RETLW    0F0H             ;返回第 12 状态编码
         RETLW    0E0H             ;返回第 13 状态编码
         RETLW    0C0H             ;返回第 14 状态编码
         RETLW    80H              ;返回第 15 状态编码
;------------------------------------------------------------------
```

```
DELAY1S                                              ;1 s 延时子程序(省略)
;------------------------------------------------------------------------------
END
;------------------------------------------------------------------------------
```

【例题 5-13】 试编写通用查表子程序(超过 256 个数据)。

解题分析 编写通用查表子程序需要考虑两方面情况：一是表地址必须是任意位置;二是表数据的大小可能超过 256 个。对于第一种情况比较好解决,只要加入页面选择伪指令 PAGESEL 即可满足。对于第二种情况,当表数据在 256 个数据范围之内,非常容易处理;而如果超过 256 个数据,就必须经过特殊的处理。本例题将重点考虑这一情况。另外,查表偏移量将超过 8 位二进制数,可取两个符号变量 AB1 和 AB0,根据其数值对应查找某一个参数。表格数据超过 256 以上,可安排第 0 个数据到第 255 个数据分别设置为 00H～FFH,而第 256 个以上数据再重复设置。AB0 为低位,AB1 为高位,通过 AB1 修改程序地址的高位指针来达到查表超越 256 个数据的限制。

程序如下：

```
;------------------------------------------------------------------------------
;初始化定义
;------------------------------------------------------------------------------
INCLUDE "P16F877.INC"
LIST P=16F877
AB0         EQU         20H
AB1         EQU         21H
;------------------------------------------------------------------------------
;主程序片段
;------------------------------------------------------------------------------
            ORG         0000H
            NOP
            MOVLW       05H             ;假定低位地址为 05H
            MOVWF       AB0
            MOVLW       01H             ;假定高位地址为 01H(已超出 256 个数据)
            MOVWF       AB1
;------------------------------------------------------------------------------
;查表程序
;------------------------------------------------------------------------------
            MOVF        AB1,W           ;高位数据修正 PCLATH
            ADDWF       PCLATH,F
            MOVF        AB0,W
            CALL        CHABIAO         ;利用低位内容 AB0 相对寻址
            GOTO        $-1             ;符号“$”代表当前程序指针,返回上一语句
```

```
;-------------------------------------------------------------------------
;表格数据(256 个数据以上)
;-------------------------------------------------------------------------
CHABIAO   ADDWF    PCL,F      ;利用低位内容 AB0 相对寻址,高位 PCLATH 装载
SHUJ0     RETLW    00H
          RETLW    01H
          RETLW    02H
          RETLW    03H
          RETLW    04H
          RETLW    05H
          RETLW    06H
          RETLW    07H
          RETLW    08H
          RETLW    09H
          RETLW    0AH
          RETLW    0BH
          RETLW    0CH
          RETLW    0DH
          RETLW    0EH
          RETLW    0FH
SHUJ1     RETLW    10H
          ⋮
SHUJF     RETLW    F0H
          ⋮
SHUJG     RETLW    00H
          ⋮
SHUJH     RETLW    10H
          ⋮
;-------------------------------------------------------------------------
          END
;-------------------------------------------------------------------------
```

当取 AB1 为 01H、AB0 为 05H 时，若 PCLATH 未用 AB1 修正，则查表获得的数据为总数据序中的第 6 个数据 05H；若加入 AB1 的修正参数，则 PCLATH 内容加 1。当 AB0 决定查表相对地址时，将受到 PCLATH 装载的影响，查表数据将调整为 256+6，即为第 262 个数据 05H。

本例的查表方式突破了 256 个数据的限制，是一个很有实用价值的通用程序。

5.4.4 分支功能跳转子程序

一般在高级语言系统中都有跳转指令，根据条件判断可以构成多向执行通路，为

程序设计提供了很大方便。在PIC指令系统中并没有类似的语句，但如果借助于PIC单片机指令的特殊功能，同样可以轻松地构成分支跳转。需要特别指出是，分支跳转实际上是多条件判断指令，条件本身是一个整数或事件，而跳转出口应该是整数的信息返回或事件功能内容的具体表现。在实时控制中，键盘扫描程序是最基本的在线控制理念，利用分支功能跳转方式，就能很方便地实现每一个功能键的定义。在程序形式上，分支功能跳转子程序与数据查表子程序的结构类似，只是它是用GOTO语句替代了RETLW语句。

【例题5-14】 试编写*N*个键盘功能选择子程序。

解题分析 本例省略键盘扫描程序部分。假定通过CALL指令去执行识别键入过程，并经数据处理，可以获得各键（0～*N*－1）的序列编号，由W工作寄存器带回。

程序如下：

```
        PAGESEL   KEY
        CALL      KEY              ;调用 KEY 键盘扫描程序,位键由 W 返回
        PAGESEL   JIANGN
        CALL      JIANGN
;-------------------------------------------------------------------------
;根据键入情况,确定相应键功能子程序
;-------------------------------------------------------------------------
JIANGN  ADDWF     PCL,F            ;确定相对偏移量
        GOTO      PKEY0            ;执行 PKEY0 键盘定义功能
        GOTO      PKEY1            ;执行 PKEY1 键盘定义功能
        GOTO      PKEY2            ;执行 PKEY2 键盘定义功能
          ⋮
        GOTO      PKEYN-1          ;执行 PKEYN-1 键盘定义功能
```

5.4.5 常用数学运算类子程序

数学运算是单片机的弱项，特别是PIC单片机更是缺少乘/除功能而给设计人员带来很大的不便。本小节给出一些常用的数学运算类子程序，主要有加、减、乘、除等子程序，还有为外扩系统设计中的数码显示所需的BCD码和二进制数据的互换子程序。以下例题均涉及入口条件及出口条件，在调用时务必加以注意。一般入口条件是指参与操作的相关源数据，用S1、S2(source)等表示，而操作结果用R1、R2(result)等表示。高、低8位数据分别用H、L表示，另外用Z表示中8位数据。可以将这些固定变量参数定义在PIC16F877的头文件内，并且单元定义位于映射区域70H～7FH，这样就可以不受程序所在页面的影响。

【例题5-15】 将两个无符号16位数相加，编写双精度运算程序。

解题分析 首先假定两个无符号16位数相加不会产生溢出，仅产生一个16位

数的运算结果，因此实现方法很简单。

入口条件：两个 16 位操作数分别放在 S1H：S1L 和 S2H：S2L 中。

出口条件：运算结果（16 位二进制数）放在 R1H：R1L 中。

```
;------------------------------------------------------------------------
;应用程序
;------------------------------------------------------------------------
INCLUDE "P16F877.INC"
S1H     EQU      50H          ;定义源加数据高 8 位
S1L     EQU      51H          ;定义源加数据低 8 位
S2H     EQU      52H          ;定义源被加数据高 8 位
S2L     EQU      53H          ;定义源被加数据低 8 位
R1H     EQU      54H          ;定义结果数据高 8 位
R1L     EQU      55H          ;定义结果数据低 8 位
        ORG      0000H
        NOP
        MOVLW    12H          ;给出一组调试源数据
        MOVWF    S1H          ;(S1H：S1L)+(S2H：S2L)= 1234H + 5678H
        MOVLW    34H
        MOVWF    S1L
        MOVLW    56H
        MOVWF    S2H
        MOVLW    78H
        MOVWF    S2L
        CALL     ADDXY        ;调用加法子程序
        GOTO     $            ;原地等待
;------------------------------------------------------------------------
;加法子程序
;------------------------------------------------------------------------
ADDXY   MOVF     S1L,W
        ADDWF    S2L          ;加低位
        BTFSC    STATUS,C
        INCF     S2H
        MOVF     S1H,W
        ADDWF    S2H          ;加高位
        MOVF     S2H,W        ;变换输出
        MOVWF    R1H
        MOVF     S2L,W
        MOVWF    R1L
        RETLW    00H
```

```
        END
;-----------------------------------------------------------------------
;本题实验结果：(R1H：R1L)= 68ACH
;-----------------------------------------------------------------------
```

【例题 5-16】 将两个无符号16位数相减，试编写双精度运算程序。

解题分析　首先假定两个无符号16位数相减总是以大数去减小数，将不会产生借位现象，仅产生一个16位数的运算结果，因此实现方法也很简单。

入口条件：两个16位操作数分别放在S1H：S1L和S2H：S2L中。

出口条件：运算结果(16位二进制数)放在R1H：R1L中。

```
;-----------------------------------------------------------------------
;应用程序；
;-----------------------------------------------------------------------
INCLUDE "P16F877.INC"
S1H        EQU        50H        ;定义源减数据高8位
S1LEQU 51H ;定义源减数据低8位
S2HEQU 52H ;定义源被减数据高8位
S2LEQU 53H ;定义源被减数据低8位
R1HEQU 54H ;定义结果数据高8位
R1LEQU 55H ;定义结果数据低8位
ORG 0000H
NOP
MOVLW 56H ;给出一组调试源数据
MOVWFS1H ;(S1H：S1L)-(S2H：S2L)= 5678H-1234H
MOVLW 78H
MOVWFS1L
           MOVLW      12H
           MOVWF      S2H
           MOVLW      34H
           MOVWF      S2L
           CALL       SUBXY              ;调用减法子程序
           GOTO       $                  ;原地等待
SUBXY      COMF       S2L                ;取“反”
           INCF       S2L
           BTFSC      STATUS,Z
           DECF       S2H
           COMF       S2H                ;取“反”
;-----------------------------------------------------------------------
;加法程序
```

```
;------------------------------------------------------------
        MOVF        S2L,W
        ADDWF       S1L             ;低 8 位相加
        BTFSC       STATUS,C
        INCF        S1H
        MOVF        S2H,W
        ADDWF       S1H             ;高 8 位相加
        MOVF        S1H,W           ;变换输出
        MOVWF       R1H
        MOVF        S1L,W
        MOVWF       R1L
        RETLW       00H
        END
;------------------------------------------------------------
;本题实验结果：(R1H：R1L)＝ 4444H
;------------------------------------------------------------
```

【例题 5－17】 将两个无符号 16 位数相乘，试编写双精度运算程序。

解题分析　通过两个 16 位数相乘，将产生一个 32 位数的运算结果，其主要通过移位相加的方法实现。

入口条件：两个 16 位操作数分别放在 S1H：S1L 和 S2H：S2L 中。

出口条件：运算结果(32 位二进制数)放在 R1H：R1L：R2H：R2L 中。

```
;------------------------------------------------------------
;应用程序
;------------------------------------------------------------
INCLUDE"P16F877.INC"
S1H         EQU         50H         ;定义源乘数据高 8 位
S1L         EQU         51H         ;定义源乘数据低 8 位
S2H         EQU         52H         ;定义源被乘数据高 8 位
S2L         EQU         53H         ;定义源被乘数据低 8 位
R1H         EQU         54H         ;定义结果数据高 16 位
R1L         EQU         55H
R2H         EQU         56H         ;定义结果数据低 16 位
R2L         EQU         57H
P1H         EQU         58H
P1L         EQU         59H
COUNT       EQU         5AH         ;循环次数
            ORG         0000H
            NOP
```

```
        MOVLW    12H          ;给出一组调试源数据
        MOVWF    S1H          ;(S1H：S1L)×(S2H：S2L)= 1234H×5678H
        MOVLW    34H
        MOVWF    S1L
        MOVLW    56H
        MOVWF    S2H
        MOVLW    78H
        MOVWF    S2L
        CALL     MPXY         ;调用乘法子程序
        GOTO     $            ;原地等待
;-----------------------------------------------------------------
;乘法子程序
;-----------------------------------------------------------------
MPXY    CALL     YIWEI        ;调用16次右移设置准备程序
MPLOOP  RRF      P1H
        RRF      P1L
        BTFSC    STATUS,C
        CALL     MPADD        ;调用加法子程序
        RRF      S2H          ;进行右移
        RRF      S2L
        RRF      R2H
        RRF      R2L
        DECFSZ   COUNT        ;16位右移完成
        GOTO     MPLOOP
        MOVF     S2H,W        ;变换输出
        MOVWF    R1H
        MOVF     S2L,W
        MOVWF    R1L
        RETLW    00H
;-----------------------------------------------------------------
;16次右移设置准备程序
;-----------------------------------------------------------------
YIWEI   MOVLW    10H
        MOVWF    COUNT
        MOVF     S2H,W
        MOVWF    P1H
        MOVF     S2L,W
        MOVWF    P1L
        CLRF     S2H
```

```
        CLRF      S2L
        RETLW     00H
MPADD   MOVF      S1L,W       ;进行加法
        ADDWF     S2L         ;加低位
        BTFSC     STATUS,C
        INCF      S2H
        MOVF      S1H,W
        ADDWF     S2H         ;加高位
        RETLW     00H
        END
;--------------------------------------------------------------------------------
;本题实验结果:(R1H:R1L:R2H:R2L)= 06260060H
;--------------------------------------------------------------------------------
```

【例题 5-18】 将两个无符号 16 位数相除,试编写双精度运算程序。

解题分析 通过两个 16 位数相除,将产生一个 16 位数的运算结果及 16 位数的余数,其主要通过移位相减的方法实现。其操作形式:(S2H:S2L)/(S1H:S1L)。

入口条件:两个 16 位操作数分别放在 S1H:S1L 和 S2H:S2L 中。

出口条件:运算结果 16 位二进制数放在 R1H:R1L 中,而余数放在 R2H:R2L 中。

```
;--------------------------------------------------------------------------------
;应用程序
;--------------------------------------------------------------------------------
INCLUDE"P16F877.INC"
S1H       EQU       50H         ;定义源除数据高 8 位
S1L       EQU       51H         ;定义源除数据低 8 位
S2H       EQU       52H         ;定义源被除数据高 8 位
S2L       EQU       53H         ;定义源被除数据低 8 位
R1H       EQU       54H         ;定义结果数据高 8 位
R1L       EQU       55H         ;定义结果数据低 8 位
R2H       EQU       56H         ;定义余数高 8 位
R2L       EQU       57H         ;定义余数低 8 位
P1H       EQU       58H
P1L       EQU       59H
COUNT     EQU       5AH         ;循环次数
          ORG       0000H
          NOP
          MOVLW     12H         ;给出一组调试源数据
          MOVWF     S1H         ;(S2H:S2L)/(S1H:S1L)=5678H / 1234H
```

```
        MOVLW     34H
        MOVWF     S1L
        MOVLW     67H
        MOVWF     S2H
        MOVLW     89H
        MOVWF     S2L
        CALL      DIVXY          ;调用相除子程序
        GOTO      $              ;原地等待
;---------------------------------------------------------------
;除法子程序
;---------------------------------------------------------------
DIVXY   CALL      DIVYIWEI       ;调用 16 次左移设置准备程序
        CLRF      R2H
        CLRF      R2L
DIVLOOP BCF       STATUS,C
        RLF       P1L            ;进行左移
        RLF       P1H
        RLF       R2L
        RLF       R2H
        MOVF      S1H,W
        SUBWF     R2H,W          ;进行相减比较
        BTFSS     STATUS,Z
        GOTO      ASP
        MOVF      S1L,W
        SUBWF     R2L,W
ASP     BTFSS     STATUS,C
        GOTO      PUP
        MOVF      S1L,W
        SUBWF     R2L
        BTFSS     STATUS,C
        DECF      R2H
        MOVF      S1H,W
        SUBWF     R2H
        BSF       STATUS,C
PUP     RLF       S2L
        RLF       S2H
        DECFSZ    COUNT          ;16 位左移完成
        GOTO      DIVLOOP
        MOVF      S2H,W          ;变换输出
```

```
          MOVWF     R1H
          MOVF      S2L,W
          MOVWF     R1L
          RETLW     00H
;------------------------------------------------------------
;16 次左移设置准备程序
;------------------------------------------------------------
DIVYIWEI  MOVLW     10H
          MOVWF     COUNT
          MOVF      S2H,W
          MOVWF     P1H
          MOVF      S2L,W
          MOVWF     P1L
          CLRF      S2H
          CLRF      S2L
          RETLW     00H
          END
;------------------------------------------------------------
;本题实验结果：(R1H：R1L)= 0005H,余数(R2H：R2L)=0C85H
;------------------------------------------------------------
```

【例题 5-19】 将一个 5 位数(<65 536)的 BCD 码转换成二进制数。

解题分析 通过将 BCD 码数向右逐位移到二进制数内，检查每一个数是否大于 7，如果是，则在该位减 3。

入口条件：5 位 BCD 码数放在 S1H：S1Z：S1L 中。

出口条件：转换结果(16 位二进制数)放在 R1H：R1L 中。

```
;------------------------------------------------------------
;应用程序
;------------------------------------------------------------
INCLUDE"P16F877.INC"
S1H       EQU       50H          ;定义源数据高 8 位
S1Z       EQU       51H          ;定义源数据中 8 位
S1L       EQU       52H          ;定义源数据低 8 位
R1H       EQU       53H          ;定义结果数据高 8 位
R1L       EQU       55H          ;定义结果数据低 8 位
COUNT     EQU       56H          ;循环次数
          ORG       0000H
          NOP
          MOVLW     01H          ;给出一组调试源数据
```

```
        MOVWF     S1H          ;(S1H : S1Z : S1L)= 12345
        MOVLW     23H
        MOVWF     S1Z
        MOVLW     45H
        MOVWF     S1L
        CALL      BCDTOBIN     ;调用 BCD 码转换成二进制数
        GOTO      $            ;原地等待
;-----------------------------------------------------------------
;BCD 码转换成二进制数子程序
;-----------------------------------------------------------------
BCDTOBIN MOVLW    10H          ;循环向右移位 16 次
        MOVWF     COUNT
        CLRF      R1H
        CLRF      R1L
LOOP    BCF       STATUS,C     ;BCD 码单元逐位移入二进制数据单元
        RRF       S1H
        RRF       S1Z
        RRF       S1L
        RRF       R1H
        RRF       R1L
        DECFSZ    COUNT
        GOTO      ADJDCT
        RETLW     00H
ADJDCT  MOVLW     S1L
        MOVWF     FSR
        CALL      ADJBIN       ;调整低 8 位 R1L
        MOVLW     S1Z
        MOVWF     FSR
        CALL      ADJBIN       ;调整中 8 位 R1Z
        MOVLW     S1H
        MOVWF     FSR
        CALL      ADJBIN       ;调整高 8 位 R1H
        GOTO      LOOP
;-----------------------------------------------------------------
;逐位调整
;-----------------------------------------------------------------
ADJBIN  MOVLW     03H
        BTFSC     INDF,3       ;是否大于 7
        SUBWF     INDF         ;是 LSD 减 3
```

```
          MOVLW     30H
          BTFSC     INDF,7          ;是否大于 7
          SUBWF     INDF            ;是 MSD 减 3
          RETLW     00H
          END
;-------------------------------------------------------------
;本题转换实验结果：(R1H ∶ R1L)= 3039H
;-------------------------------------------------------------
```

【例题 5-20】 将一个 16 位二进制数转换成 BCD 码(<65 536)

解题分析 通过将 16 位二进制数向左逐位移到 BCD 数内，检查每一个 BCD 码数是否大于 4，如果是，则在该位加 3。

入口条件：16 位二进制数放在 S1H ∶ S1L 中。

出口条件：转换结果(5 位 BCD 码数)放在 R1H ∶ R1Z ∶ R1L 中。

```
;-------------------------------------------------------------
;应用程序
;-------------------------------------------------------------
INCLUDE"P16F877.INC"
S1H       EQU       50H             ;定义源数据高 8 位
S1L       EQU       51H             ;定义源数据低 8 位
R1H       EQU       52H             ;定义结果数据高 8 位
R1Z       EQU       53H             ;定义结果数据中 8 位
R1L       EQU       54H             ;定义结果数据低 8 位
COUNT     EQU       55H             ;循环次数
TEMP      EQU       56H
          ORG       0000H
          NOP
          MOVLW     12H             ;给出一组调试源数据
          MOVWF     S1H             ;(S1H ∶ S1L)= 1234H
          MOVLW     34H
          MOVWF     S1L
          CALL      BINTOBCD        ;调用二进制数转换成 BCD 码
          GOTO      $               ;原地等待
;-------------------------------------------------------------
;二进制数转换成 BCD 码子程序
;-------------------------------------------------------------
BINTOBCD  MOVLW     10H             ;循环向左移位 16 次
          MOVWF     COUNT
          CLRF      R1H
```

```
            CLRF      R1Z
            CLRF      R1L
LOOP        RLF       S1L           ;二进制数据单元逐位移入 BCD 码单元
            RLF       S1H
            RLF       R1L
            RLF       R1Z
            RLF       R1H
            DECFSZ    COUNT
            GOTO      ADJDET
            RETLW     00H
ADJDET      MOVLW     R1L
            MOVWF     FSR
            CALL      ADJBCD        ;调整低 8 位 R1L
            MOVLW     R1Z
            MOVWF     FSR
            CALL      ADJBCD        ;调整中 8 位 R1Z
            MOVLW     R1H
            MOVWF     FSR
            CALL      ADJBCD        ;调整高 8 位 R1H
            GOTO      LOOP
;--------------------------------------------------------------------
;逐位调整
;--------------------------------------------------------------------
ADJBCD      MOVLW     03H
            ADDWF     INDF,W        ;是否 LSD 加 3
            MOVWF     TEMP
            BTFSC     TEMP,3        ;是否大于 4
            MOVWF     INDF          ;确定 LSD 加 3
            MOVLW     30H
            ADDWF     INDF,W        ;是否 MSD 加 3
            MOVWF     TEMP
            BTFSC     TEMP,7        ;是否大于 4
            MOVWF     INDF          ;确定 MSD 加 3
            RETLW     00H
            END
;--------------------------------------------------------------------
;本题转换实验结果：(R1H：R1Z：R1L)=04660
;--------------------------------------------------------------------
```

【例题 5-21】 将一个 16 位二进制数开平方。

解题分析 一个 16 位二进制数最大为 65 535，所以可能得到的开平方数值是 0～256 之间的整数。本题定义两个临时变量 TEMP1 和 TEMP2，通过比较方式进行递增定位数值分析，再通过变量左移除 2 方式，最终获得所要求的 16 位二进制数的开平方值。

入口条件：16 位二进制数放在 S1H：S1L 中。

出口条件：开平方结果放在 R1L 中。

```
;---------------------------------------------------------------------------
;应用程序
;---------------------------------------------------------------------------
INCLUDE"P16F877.INC"
S1H      EQU      50H          ;定义源数据高 8 位
S1L      EQU      51H          ;定义源数据低 8 位
R1L      EQU      54H          ;定义结果数据 8 位
COUNT    EQU      55H          ;循环次数
TEMP1    EQU      56H          ;临时变量 1
TEMP2    EQU      57H          ;临时变量 2
         ORG      0000H
         NOP
         MOVLW    02H          ;给出一组调试源数据
         MOVWF    S1H          ;(S1H：S1L)= 0271H
         MOVLW    71H
         MOVWF    S1L
         CALL     KFSQR        ;调用二进制数开平方
         GOTO     $            ;原地等待
;---------------------------------------------------------------------------
;二进制数开平方子程序
;---------------------------------------------------------------------------
KFSQR    MOVLW    0F0H         ;屏蔽高 8 位源数据 S1H 的低 4 位
         ANDWF    S1H,W
         BTFSC    STATUS,Z     ;高 8 位源数据 S1H 中的高 4 位是否为 0
         GOTO     KF01         ;为 0 时，跳转
         MOVLW    10H          ;不为 0 时，屏蔽低 4 位后的 S1H 减 1000H
         SUBWF    S1H,F
         MOVLW    81H          ;将临时变量 TEMP1 赋值 81H(129)
         MOVWF    TEMP1
         GOTO     KF02         ;转到 KF02
KF01     MOVLW    01H          ;将临时变量 TEMP1 赋值 01H(1)
         MOVWF    TEMP1
```

```
KF02    CLRF     TEMP2        ;临时变量 TEMP2 清零
KF03    MOVF     TEMP1,W      ;取出 TEMP1 送到 W
        SUBWF    S1L,F        ;将低 8 位源数据 S1L 内容减 TEMP1
        MOVF     TEMP2,W      ;取出临时变量 TEMP2
        BTFSS    STATUS,C     ;判断低 8 位源数据 S1L 内容与 TEMP1 相减结果
        ADDLW    01H          ;S1L<TEMP1,临时变量 TEMP2 加 1
        SUBWF    S1H,F        ;S1L≥TEMP1,S1H 内容减去 TEMP2 数值
        BTFSS    STATUS,C     ;判断 S1H 内容与 TEMP2 数值相减后的结果
        GOTO     KF04         ;S1H<TEMP2,转到 KF04
        MOVLW    02H          ;S1H≥TEMP2,将 W 赋值 2
        ADDWF    TEMP1,F      ;TEMP1 内容加 2
        BTFSC    STATUS,C     ;判断相加结果是否溢出进位
        INCF     TEMP2,F      ;有进位,临时变量 TEMP2 加 1
        GOTO     KF03         ;没有进位,返回 KF03
KF04    BCF      STATUS,C     ;将进位标志清零
        RRF      TEMP2,W      ;将变量 TEMP2 带进位标志 C 左移除 2
        MOVWF    S1H          ;送给 S1H
        RRF      TEMP1,W      ;将变量 TEMP1 带进位标志 C 左移除 2
        MOVWF    S1L          ;送给 S1L
        MOVF     S1L,W        ;将运算结果送给 R1L
        MOVWF    R1L
        RETURN                ;子程序返回
;-----------------------------------------------------------------------
        END
;-----------------------------------------------------------------------
;本题转换实验结果:              (R1L)=19H
;-----------------------------------------------------------------------
```

测试题

一、思考题

1. 程序行标的设置应注意哪些要点?
2. 立即数 15 在什么情况下可以被写成 00001111B?
3. 在一条指令中,行标、操作码、操作数这 3 者用符号表达时只有哪一个可以不分大小写格式?
4. 在指令的多项组成中主要有哪些项?只有哪一项是必不可少的?
5. 为了避免数据存储器和程序存储器区域的选择,可以利用哪些指令进行说明?
6. 处理操作码时应注意哪些要点?
7. 如何确保数据书写的正确性?

8. 编写注释行有什么限制？

9. 如果编译没有通过，怎样查找出错指令？

10. 若汇编程序编译通过，是否说明程序完全正确？请举例说明。

二、选择题

1. 在 PIC 单片机指令系统之外，伪指令也起着重要作用，例如：PAGESEL 是程序存储器的页选伪指令，它能有效改变 PCLATH 寄存器________位的内容。

   A. $PCLATH_{0\sim1}$　　B. $PCLATH_{1\sim2}$

   C. $PCLATH_{2\sim3}$　　D. $PCLATH_{3\sim4}$

2. PIC 汇编语言指令的格式与其他汇编语言语句一样，一般在指令机器码中可以分成以下 4 部分，其中只有________是必须存在的。

   A. 操作数部分　B. 标号部分　C. 操作码部分　D. 注释部分

3. 一般在 PIC 的程序设计中，几乎每一个程序中都会用到 EQU 伪指令。关于下列程序段，请问说法________是正确的。

```
COUNT     EQU       20H
          ORG       0000H
          NOP
          MOVLW     COUNT
          MOVWF     22H
          NOP
          END
```

   A. 20H 和 22H 都是寄存器的地址

   B. 20H 和 22H 都是常数

   C. COUNT 是常数变量，其值为 20H，22H 是寄存器的地址

   D. 20H 是 COUNT 寄存器地址，22H 是常数

4. 以下程序片段给出一个通用程序的基本框架。请分析以下程序，在执行完后指定单元的运行结果是________。

```
COUNT     EQU       20H
          ORG       0000H
          NOP
          MOVLW     COUNT
          MOVWF     22H
          MOVLW     22H
          MOVWF     COUNT
          END
```

   A. (COUNT)=20H，(22H)=20H　　B. (COUNT)=22H，(22H)=20H

   C. (COUNT)=22H，(22H)=22H　　D. (COUNT)=20H，(22H)=22H

5. PIC 汇编系统接受两个额外的伪指令语句：体选和页选伪指令——BANKSEL 和 PAGESEL。对于初学者，可以不用细心确定每个所调用单元的体位和页位。例如："BANKSEL　TRISC"与下列程序段________等价。

   A. BCF　STATUS,RP0　　B. BSF　STATUS,RP0

BCF　STATUS,RP1　　　　BCF　STATUS,RP1

C. BSF　STATUS,RP0　　　　D. BCF　STATUS,RP0

BSF　STATUS,RP1　　　　BSF　STATUS,RP1

6. 在程序存储器指令语句的选择中,有________种方式可以实现特殊功能寄存器 PCLATH 对程序指针高 5 位的加载。

A. 2　B. 3　C. 4　D. 5

7. PIC16F877 单片机的数据存储器是一个具有空间为 512 字节的存储器,为了能完全选择 512 字节内的数据,需要 9 条地址线。在下列各个选项中,________是与 9 条地址线的组合无关的。

A. 寄存器 FSR　　　　B. STATUS 中的 RP0、RP1

C. 寄存器 PCLATH　　　　D. STATUS 中的 IRP

8. PIC 单片机程序在执行过程中有时会出现“飞溢”现象,这种现象的发生可能与下列原因有关,但除________之外。

A. 没有及时设置 STATUS 的 IRP 的值

B. 没有及时安排 PAGESEL 伪指令

C. 没有及时修正或更新 $PCLATH_{0\sim4}$ 的内容

D. PCL 寄存器的内容出现高位溢出

9. PIC 单片机延时的设计方法有两种:软件延时和硬件延时。其中软件延时程序是一类常用的汇编语言子程序,既可以对原子程序进行估算,也能够通过菜单工具进行比较精确的计算,如通过窗口 STOPWATCH。假定系统时钟为 4 MHz,下列子程序的延时时间大约是________ μs。

```
DELAY   MOVLW   0FH
        MOVWF   20H
LOOP    DECFSZ  20H,F
        GOTO    LOOP
        NOP
        NOP
        RETURN
```

A. 10　B. 50　C. 150　D. 100

10. 键盘扫描程序是控制系统中一个很重要的监控扫描子程序。在接点接通和断开时,为了防止错判,一般常调用一个________ ms 延时的子程序进行有效检测。

A. <5　B. 100　C. 50～60　D. 10～20

11. 根据 PIC 单片机软件延时比较准确的特点,如果希望设置的延时再延长一些,则下列说法不正确是________。

A. 在循环结构内插入 NOP 等耗时语句　　　　B. 启用多重循环

C. 增加循环次数　　　　D. 延长指令周期

12. 在 PIC 单片机的 MPLAB 集成开发环境下,提供了一个测试软件延时时间的窗口,该功能选项位于________菜单下。

A. EDIT　B. DEBUG　C. WINDOW　D. OPTION

13. 在 MPLAB 集成开发环境下,可以通过软件模拟器获得软件延时程序块的执行时间,下列说法不正确的是________。

A. 模拟执行时间等于软件延时时间

B. 模拟执行时间大于软件延时时间

C. 软件模拟器执行的时间并不代表实际单片机的运行时间

D. 1 s 的软件延时模拟执行时间可能将耗时 10 min

14. 当 PIC16F877 单片机调用子程序指令 CALL 和执行转移指令 GOTO 时，对应指令机器码将带有跳转方向的________位绝对地址。

A. 12　B. 11　C. 13　D. 14

15. 假如某一子程序位于程序存储器的页 3，若要调用该子程序，一般必须先进行页选操作。下列程序段中的________所完成的页选正确。

A. BCF　PCLATH，3
　 BCF　PCLATH，4

B. BSF　PCLATH，3
　 BCF　PCLATH，4

C. BSF　PCLATH，3
　 BSF　PCLATH，4

D. BCF　PCLATH，3
　 BSF　PCLATH，4

16. 各种单片机的汇编程序除了指令系统语句以外，一般都还定义许多非正式指令的语句，即伪指令。下列选项中的________不属于 PIC 单片机的伪指令。

A. INCLUDE　B. END　C. SLEEP　D. LIST

17. 在 PIC 的伪指令中，________的主要功能是将外部预先编写好的指定文件纳入本源程序的汇编内容，从而可以提高编程效率。

A. EQU　B. INCLUDE　C. ORG　D. LIST

18. PIC16F877 数据存储器分为 4 个体，除去保留未用的和特殊功能寄存器单元外，剩下 416 个单元，但 4 体中有________单元均映射到一个体中，所以实际通用寄存器单元为 368 个。

A. 16　B. 26　C. 6　D. 32

19. 当执行完________指令后，下一条指令 13 位地址的构成是以 PCL 的运算结果为低 8 位，而高 5 位将由寄存器 $PCLATH_{0\sim4}$ 装载。

A. RETLW

B. MOVF　INDF，W

C. INCFSZ　FSR，F

D. ADDWF　PCL，F

20. PIC 汇编语言有多种数值的表达方式，不正确的十六进制数的表示为________。

A. H‘A5’　B. 245Q　C. 0XA5　D. 0A5H

第6章 I/O端口

单片机的性能优劣在很大程度上取决于输入/输出(I/O)端口功能的强弱。PIC16F877 PDIP型单片机共有40个引脚,其中的33个是I/O引脚。绝大多数I/O引脚都是多重复用,除具备常规的双向输入/输出功能以外,还有各自第二、第三功能的特殊作用,如作为外围功能模块数据的输入/输出寄存器,以及与外部控制器件的信息传输和控制通信等。在一般情况下,如果某个I/O端口引脚作为外围功能模块使用,那么它只能承担相应功能模块的输入/输出或数据通信接口,而不再担任通用I/O端口的功能。PIC16F877单片机的33个I/O引脚归属于5个端口,分别为PORTA(6)、PORTB(8)、PORTC(8)、PORTD(8)和PORTE(3),其中括号内的数字为该端口的位数。

本章的讨论限于I/O端口的基本功能,并对其内部结构、初始化设置和应用实例进行说明。关于外围功能模块及相应的I/O端口功能,将在以后相关的章节里进行详细分析。

6.1 I/O端口功能的通用结构

PIC16F877单片机有5个I/O端口,它们的设计思想和内部结构都是不同的,即使同一个端口,各个引脚的内部结构也存在差异。但就其通用的输入/输出功能,则具有类同的线路结构。下面就其共同的特点和内部结构进行分析。

基本端口内部结构如图6-1所示。就其基本的输入/输出功能而言,所有33个I/O端口引脚都有共性。主要包括:由3个D触发器组成的输入/输出数据锁存电路和方向选择锁存电路;两个三态门控电路;二输入"与"门和"或"门组成数据输出的前向通道;由P沟道场效应管和N沟道场效应管构成互补推挽的电流输出级。I/O端口电路的协调工作和数据的有效传输主要是通过两个特殊功能寄存器来管理的。下面详细介绍如何通过端口属性寄存器(数据寄存器和方向寄存器)完成端口定义、数据输入和输出的传输。

6.1.1 设置端口的输入/输出状态

任何I/O端口的基本功能和特殊功能都必须通过相应的设置和初始化。I/O端口的方向寄存器用于定义其端口引脚的输入/输出状态;而I/O端口的数据寄存器

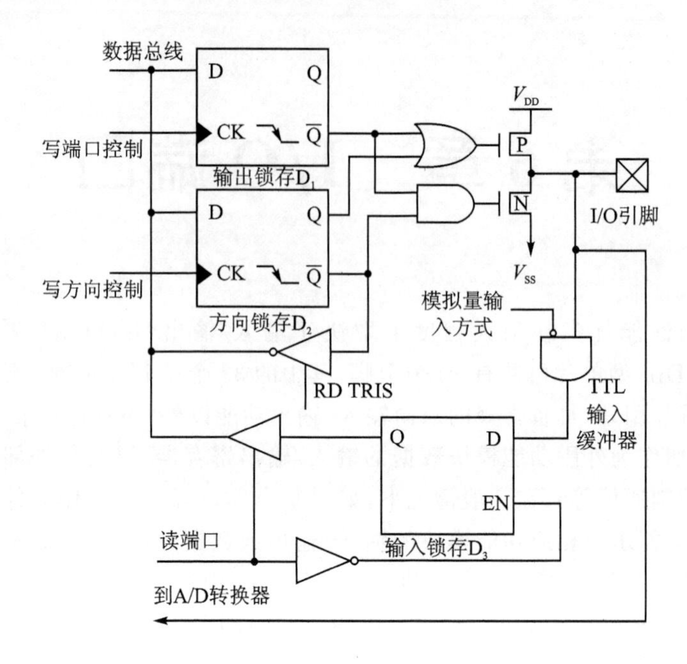

图 6-1　基本端口内部结构

是其端口输入/输出数据的桥梁，或称为数据缓冲器。根据 I/O 端口引脚的输入/输出状态，对该端口的数据方向控制寄存器 TRIS 进行初始化定义。若把 TRIS 某位设置为 1，则相应的 PORT 端口引脚定义为输入，通过两个场效应管使得相应的输出驱动器呈高阻状态；若把 TRIS 某位设置为 0，则相应的 PORT 端口引脚定义为输出，通过写信号将选中引脚的输出内容锁存到端口数据寄存器 PORT 中。为了便于熟悉和记忆：定义输入为 INPUT，用 I 即 1 表示；定义输出为 OUTPUT，用 O 即 0 表示。下面通过设置为输入和输出状态，详细分析基本端口内部结构的工作原理。

1. 定义输入端线

当把某个端线定义为输入状态时，信号“1”通过单片机的内部数据总线加至方向锁存器 D_2 的输入端，在写方向控制信号的触发下写入 D_2 锁存。此时 D_2 的 Q=1，上部的“或”门封闭，其输出恒定为 1，这就导致 P 沟道场效应管截止；而 $\overline{Q}$=0 时，下部的“与”门封闭，其输出恒定为 0，这就导致 N 沟道场效应管截止。正是由于数据输出通路的封闭，数据只能从外部单向输入传送。

2. 定义输出端线

当把某个端线定义为输出状态时，信号“0”通过单片机的内部数据总线加至方向锁存器 D_2 的输入端，在写方向控制信号的触发下写入 D_2 锁存。此时 D_2 的 Q=0，上部的“或”门恒定开放，“或”门的输出直接由来自数据锁存器 D_1 的输出决定；而 $\overline{Q}$=1 时，下部的“与”门也恒定开放，“与”门的输出直接由来自数据锁存器 D_1 的输出决定。数据输出通路打开,被定义为输出状态。

6.1.2 查询端口的输入/输出状态

从结构图中可以看到,读取方向控制的状态信息是来自方向锁存器 D_2 的反向输出 $\overline{Q}$ 端,所以在读取通路上安排了一个三态门控反向器,以便调整它的电平状态。门控信号是读端口方向的触发脉冲的,是用来协调方向控制状态位借用内部数据总线的占用时间。

6.1.3 从端口输入数据

当 I/O 端口引脚用于输入数据时,方向控制寄存器 TRIS 的对应位必须设置为 1。根据"或"门和"与"门的接线方式,不论另一个输入端的信号为何,此时这两个门的输出均被封闭,即处于高阻状态。因此,在这种情况下,上下两个场效应管都处于截止状态,I/O 输出数据通道是关闭的。

外部 I/O 引脚数据,经过 TTL 电平输入缓冲器调整连接到输入数据锁存器 D_3 的输入端,通过读端口数据触发信号完成数据的输入。该信号主要有两个作用:

- 锁存输入数据。读端口脉冲信号,经反相器触发锁存外部 I/O 引脚的输入数据。
- 临时占用内部数据总线。作为门控信号临时打开三态门,以便让输入数据锁存器的输出连通内部数据总线。

数据输入时应特别注意,外部提供的数据信号并不会自动锁存,必须保持足够长的时间,直到指令读入为止。

6.1.4 从端口输出数据

与数据输入不完全一样,输出信号可以被锁存并保持不变,直到被更换为止。当 I/O 端口用于输出数据时,方向控制寄存器的对应位设置为 0。根据"或"门和"与"门的接线方式,此时这两个门电路都处于直通模式,它们的输出状态均由另一个输入端的信号决定。从 I/O 端口输出数据,就是通过 PORT 端口寄存器写入数据锁存器。

注意: 所有写 I/O 端口引脚的操作都是"读入—修改—写入"操作,因此,写 I/O 端口的操作意味着总是先读 I/O 引脚电平,然后修改这个值,最后再写入 I/O 端口的输出数据锁存器。

1. 输出数据"1"

信号"1"通过单片机的内部数据总线加至输出数据锁存器 D_1 的输入端,在写端口控制信号 CK 的触发下写入 D_1 锁存。从 D_1 的反相器输出端 $\overline{Q}$ 输出 0,考虑到此时的"或"门处于直通状态,"或"门的输出也为 0,因而 P 沟道场效应管导通;同样,"与"门的输出为 0,导致 N 沟道场效应管截止。正是由于上部的场效应管导通而下部的场效应管截止，此时 I/O 输出引脚被拉至高电平 1。与原内部数据总线的信号一致，内部的数据“1”被间接输出。

2. 输出数据“0”

与上面的分析一样，信号“0”通过单片机的内部数据总线加至输出数据锁存器 D_1 的输入端，在写端口控制信号 CK 的触发下写入 D_1 锁存。从 D_1 的反向器输出端 $\overline{Q}$ 输出 1，因而“或”门输出为 1，P 沟道场效应管截止；“与”门输出为 0，N 沟道场效应管导通。正是由于上部的场效应管截止而下部的场效应管导通，此时 I/O 输出引脚被拉至低电平 0。与原内部数据总线的信号完全一致，内部的数据“0”被间接输出。

6.1.5 I/O 端口分析

PIC16F877 单片机有着很强的输入/输出端口功能。从原理上说，对于任何一个端口，既可以作为输入端口，又可以作为输出端口。而对于某一个端口，任何一个引脚，既可以作为输入数据信号线，又可以作为输出数据信号线；并且对于任何一个引脚，一会儿可以作为输入，一会儿又可以作为输出。为了更好地应用好 I/O 端口特性，有必要对 I/O 端口的特殊性进行认真分析。

1. 端口寄存器刷新

端口寄存器读出的是相应 I/O 引脚的电平状态，而写端口寄存器则是写入其输出数据锁存器。所有写 I/O 端口的操作都是“读入—修改—写入”操作，对 I/O 端口的写操作意味着总是先读 I/O 引脚电平，然后修改这个值，最后再写入 I/O 端口的数据锁存器。

2. 端口驱动能力

从图 6-1 可以看到，I/O 输出电路为 CMOS 互补推挽电路，有很强的驱动负载能力。具体表现在高电平输出时允许 20 mA 的拉电流，而低电平输出时允许 25 mA 的灌电流。这种特性决定着 PIC 单片机端口引脚可以直接驱动 LED 显示器和小型继电器等，是一般单片机所不具备的。但是，请读者注意：PIC 单片机的任何一个引脚都具有这样的特性，并不是说每一个引脚可以同时具有这样的驱动能力。由于 PIC 单片机存在不同端口结构差异，因此各端口提供的总电流并不相同。一般每个端口各引脚驱动电流之和都要小于 70 mA，所有 5 个端口驱动电流之和不会大于 200 mA。详细参数可参考 PIC 相关芯片数据手册。

3. 端口其他功能

PIC16F877 单片机的 33 个 I/O 引脚大多数都是多重复用，既能作为一般通用 I/O 引脚，也可以作为外围扩展模块的功能引脚。一般来说，当启用外围扩展模块时，相关的 I/O 引脚不再承担通用 I/O 引脚功能，只能切换到对应功能模块的 I/O 引脚。表 6-1 简单介绍了 PIC16F877 单片机 I/O 引脚多重复用的派生功能。

表 6-1 PIC16F877 单片机 I/O 引脚派生功能

端 口	引 脚	功能标识引脚	模 块	功 能
RA	RA0、RA1、RA2、RA3、RA5	AN0、AN1、AN2、AN3、AN4	AD	AD 模拟量输入
	RA4	T0CKI	T0	T0 外触发
	RA5	$\overline{SS}$	SPI	SPI 从动选择
RB	RB0	INT	INT	外部中断信号输入
	RB4、RB5、RB6、RB7	RB4、RB5、RB6、RB7	电平检测	电平变化中断
	RB3、RB6、RB7 *	PGM、PGC、PGD	串行编程	电压、时钟、数据
RC	RC0、RC1	T1OSO、T1OSI	T1 振荡器	时钟输入/输出
	RC0	T1CKI	T1	T1 外触发
	RC1、RC2	CCP2、CCP1	CCP2、CCP1	捕捉比较脉宽调制
	RC3、RC4、RC5	SCK、SDI、SDO	SPI	时钟及输入/输出数据
	RC3、RC4	SCL、SDA	I^2C	时钟及输入/输出数据
	RC6、RC7	TX、RX	USART	异步接收发送
	RC6、RC7	CK、DT	SCI	同步时钟及数据
RD	RD0～RD7	PSP0～PSP7	PSP	并行从动传送
RE	RE0、RE1、RE2	$\overline{RD}$、$\overline{WR}$、$\overline{CS}$	PSP	读/写控制及片选
	RE0、RE1、RE2	AN5、AN6、AN7	AD	A/D 模拟量输入

* RB3、RB6 和 RB7 是 3 个比较特殊的引脚。当用于 ICD 开发模块时，它们将不再承担一般 I/O 引脚的功能。

在上述功能中，RB3、RB6 和 RB7 是 3 个比较特殊的引脚。当启用在线开发模式时，例如 MPLAB-ICD 或用户实验开发系统调试时，它们将不再承担一般 I/O 引脚的功能，而用于串行编程的专线。此时，用户在使用 RB 端口 I/O 时应尽量避开这 3 个引脚。如果一定要使用这些引脚，则需要采用特殊的操作方案。首先把 RB3、RB6 和 RB7 所连接的外围控制(数据)线断开，选择菜单选项 Programmer(编程器)→select Programmer(选择编程器)，同 Debugger 菜单一样在 Programmer 菜单中选择 MPLAB ICD 2 作为编程器，即在应用程序下载中不包括监控程序。这是一种很重要的应用模式，允许应用开发系统可以脱离主机而独立工作。一旦下载程序成功，就可以重新将 RB3、RB6、RB7 接好，加电后即刻进入正常工作状态。

【例题 6-1】 PIC 系列单片机直接驱动多位数码管显示，将 20H、21H、22H 数据存储器中的数(0～9)在 3 位数码管中显示，其中的数据会不断更新。试编写动态扫描显示子程序。

解题分析 一般单片机并不具备直接驱动数码管显示的能力，I/O 端口带负载能力是非常有限的,例如小于 2 mA;而 PIC 系列单片机具有较强的端口驱动能力,对一般数码管或液晶显示完全可以直接驱动。如图 6-2 所示为 PIC16F877 单片机直接驱动多位数码管显示电路。

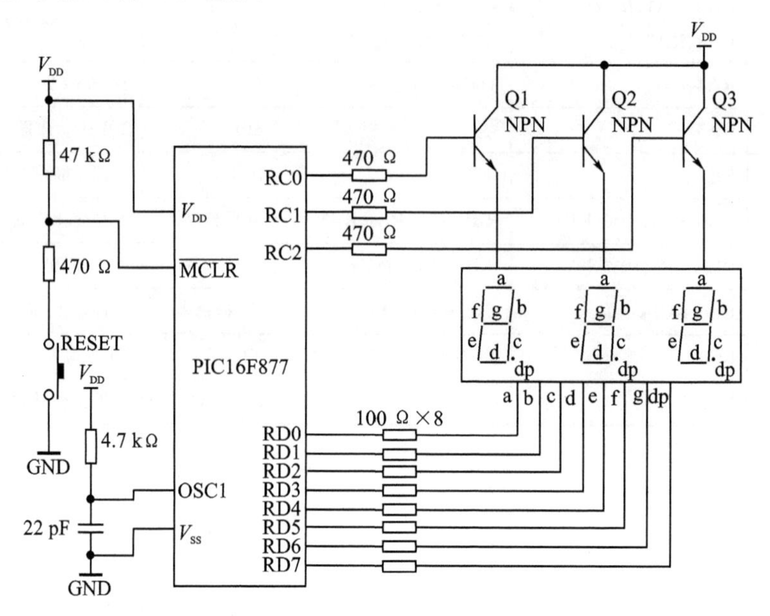

图 6-2　多位数码管显示电路

程序如下:

```
;------------------------------------------------------------------------
INCLUDE "P16F877.INC"
;------------------------------------------------------------------------
BWEI        EQU       23H              ;定义百位常数变量
SWEI        EQU       24H              ;定义十位常数变量
GWEI        EQU       25H              ;定义个位常数变量
COUNTER     EQU       26H              ;定义循环常数变量
            ORG       0000H            ;系统复位地址
            NOP                        ;MPLAB 需要
ST          BSF       STATUS,RP0       ;选择数据存储器体 1
            CLRF      TRISC            ;端口 RC 为输出
            CLRF      TRISD            ;端口 RD 为输出
            BCF       STATUS,RP0       ;选择数据存储器体 0
LOOP        CLRF      COUNTER          ;COUNTER 清零
            MOVF      20H,W            ;取出百位数字
            CALL      CHABIAO          ;查表获得编码
            MOVWF     BWEI             ;送入百位常数变量
            MOVF      21H,W            ;取出十位数字
```

```
            CALL        CHABIAO          ;查表获得编码
            MOVWF       SWEI             ;送入十位常数变量
            MOVF        22H,W            ;取出个位数字
            CALL        CHABIAO          ;查表获得编码
            MOVWF       GWEI             ;送入个位常数变量
;------------------------------------------------------------
;动态扫描显示程序 SAOMIAO
;------------------------------------------------------------
SAOMIAO     INCF        COUNTER          ;计数器加1
            BTFSC       COUNTER,3        ;是否不为4
            GOTO        LOOP             ;为4时结束显示扫描
            MOVF        COUNTER,W        ;不为4
            ADDWF       PCL, F           ;循环显示指针
            NOP
            GOTO        LBWEI            ;转向显示百位
            GOTO        LSWEI            ;转向显示十位
            GOTO        LGWEI            ;转向显示个位
LBWEI       MOVLW       01H
            MOVWF       PORTC            ;选通百位
            MOVF        SHUBW, W         ;取出百位数编码
            MOVWF       PORTD            ;从RD端口显示百位内容
            GOTO        BACK             ;转去延时
LSWEI       MOVLW       02H
            MOVWF       PORTC            ;选通十位
            MOVF        SHUSW, W         ;取出十位数编码
            MOVWF       PORTD            ;从RD端口显示十位内容
            GOTO        BACK             ;转去延时
LGWEI       MOVLW       04H
            MOVWF       PORTC            ;选通个位
            MOVF        SHUSW, W         ;取出个位数编码
            MOVWF       PORTD            ;从RD端口显示个位内容
BACK        CALL        DELAY20MS        ;调用20 ms延时子程序
            GOTO        SAOMIAO          ;继续扫描
;------------------------------------------------------------
;查表子程序 CHABIAO
;------------------------------------------------------------
CHABIAO     ADDWF       PCL,F            ;查表,字形码
            RETLW       3FH              ;"0"
            RETLW       06H              ;"1"
```

```
            RETLW       5BH                     ;"2"
            RETLW       4FH                     ;"3"
            RETLW       66H                     ;"4"
            RETLW       6DH                     ;"5"
            RETLW       7DH                     ;"6"
            RETLW       07H                     ;"7"
            RETLW       7FH                     ;"8"
            RETLW       6FH                     ;"9"
;-------------------------------------------------------------------
;20 ms 延时子程序
;-------------------------------------------------------------------
DELAY20MS
            MOVLW       17H                     ;外循环常数
            MOVWF       30H                     ;外循环寄存器
L1          MOVLW       0FFH                    ;内循环常数
            MOVWF       31H                     ;内循环寄存器
L2          DECFSZ      31H                     ;内循环寄存器递减
            GOTO        L2                      ;继续内循环
            DECFSZ      30H                     ;外循环寄存器递减
            GOTO        L1                      ;继续内循环
            RETURN                              ;子程序返回
;-------------------------------------------------------------------
            END
;-------------------------------------------------------------------
```

6.2　I/O 端口寄存器及其初始化

PIC16F877 单片机共有 6 个专用功能模块,几乎每一个或多、或少都与 I/O 端口有关系。有些涉及控制引脚,有些作为数据输入/输出通道。在 RAM 数据存储器中,与各个基本 I/O 端口功能相关并统一进行编址的寄存器主要有两类:数据寄存器和方向控制寄存器,如表 6-2 所列。

基本 I/O 端口功能的设置非常方便,只要对 I/O 端口的方向控制寄存器 TRIS 进行定义即可。例如对于某个引脚:设置为 1,则定义为输入状态;设置为 0,则定义为输出状态。但对于 RA 和 RE 端口引脚的使用,需要特别注意,即使用于一般的输入/输出功能,也必须进行特殊的定义。通常采用设置 ADCON1 参数,具体说明将在第 11 章中详细介绍。

表 6-2 数据寄存器和方向控制寄存器配置

类别	寄存器名称	寄存器地址	端口寄存器有效位数定义和设置							
数据寄存器	PORTA	05H	—	—	RA5	RA4	RA3	RA2	RA1	RA0
	PORTB	06H/106H	RB7	RB6	RB5	RB4	RB3	RB2	RB1	RB0
	PORTC	07H	RC7	RC6	RC5	RC4	RC3	RC2	RC1	RC0
	PORTD	08H	RD7	RD6	RD5	RD4	RD3	RD2	RD1	RD0
	PORTE	09H	—	—	—	—	—	RE2	RE1	RE0
方向寄存器	TRISA	85H	—	—	1/0	1/0	1/0	1/0	1/0	1/0
	TRISB	86H/186H	1/0	1/0	1/0	1/0	1/0	1/0	1/0	1/0
	TRISC	87H	1/0	1/0	1/0	1/0	1/0	1/0	1/0	1/0
	TRISD	88H	1/0	1/0	1/0	1/0	1/0	1/0	1/0	1/0
	TRISE	89H	—	—	—	—	—	1/0	1/0	1/0

【例题 6-2】 将 RC 端口的高 4 位和低 4 位分别设置为输入和输出端，而把 RB 端口全部定义为输出接口。

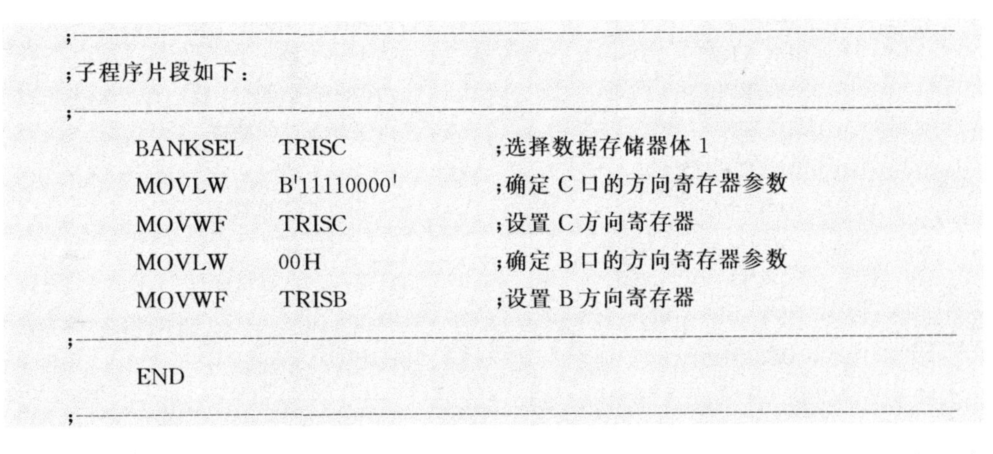

```
;------------------------------------------------------------
;子程序片段如下:
;------------------------------------------------------------
        BANKSEL     TRISC               ;选择数据存储器体 1
        MOVLW       B'11110000'         ;确定 C 口的方向寄存器参数
        MOVWF       TRISC               ;设置 C 方向寄存器
        MOVLW       00H                 ;确定 B 口的方向寄存器参数
        MOVWF       TRISB               ;设置 B 方向寄存器
;------------------------------------------------------------
        END
;------------------------------------------------------------
```

【例题 6-3】 首先将 PIC 单片机 RD 端口初始化设置为数据输出方式，然后从 RD 端口 0、2、4、6 位和 1、3、5、7 位依次交替延迟 1 s 输出高电平或低电平。

解题分析 单双位交替延迟 1 s 输出高、低电平。为了达到 LED 单双位交替点亮，在 LED 单双位交替点亮之后，调用规定 1 s 延时子程序：

```
;------------------------------------------------------------
;单双位变换显示
;------------------------------------------------------------
STATUS      EQU         03H             ;特殊功能寄存器定义
TRISD       EQU         88H             ;特殊功能寄存器定义
```

```
PORTD     EQU       08H               ;特殊功能寄存器定义
          ORG       0000H             ;复位地址
          NOP                         ;MPLAB 专用语句
ST        BSF       STATUS,5          ;选择体 1
          CLRF      TRISD             ;PORTD 设置为输出
          BCF       STATUS,5          ;选择体 0
LOOP      MOVLW     B'10101010'
          MOVWF     PORTD             ;设置 PORTD 的值,双位显示
          CALL      DELAY1S
          MOVLW     B'01010101'
          MOVWF     PORTD             ;再次设置 PORTD 的值,单位显示
          GOTO      LOOP              ;循环操作
;------------------------------------------------------------------
;1 s 延时子程序
;------------------------------------------------------------------
DELAY1S   MOVLW     06H               ;外循环常数
          MOVWF     20H               ;外循环寄存器
L0        MOVLW     0EBH              ;中循环常数
          MOVWF     21H               ;中循环寄存器
L1        MOVLW     0ECH              ;内循环常数
          MOVWF     22H               ;内循环寄存器
L2        DECFSZ    22H,F             ;内循环寄存器递减
          GOTO      L2                ;继续内循环
          DECFSZ    21H,F             ;中循环寄存器递减
          GOTO      L1                ;继续中循环
          DECFSZ    20H,F             ;外循环寄存器递减
          GOTO      L0                ;继续外循环
          RETURN                      ;返回
;------------------------------------------------------------------
          END                         ;汇编结束语句
;------------------------------------------------------------------
```

6.3 基本输入/输出应用实例

基本输入/输出应用的方面很广，几乎每一个实时监控类和应用类的实例都涉及数据的输入/输出。下面举例说明。

【例题 6-3】 将 RC 端口的高 4 位和低 4 位分别设置为输入和输出端后，高 4 位引脚分别与 4 个输入按钮(SW1、SW2、SW3 和 SW4)相连，低 4 位引脚分别与 4 个 LED 发光管相连，如图 6-3 所示。编程要求：当 SW1 按下时，LED1 亮 1 s；当 SW2

按下时，LED2 亮 2 s；当 SW3 按下时，LED3 亮 3 s；当 SW4 按下时，LED4 亮 4 s。

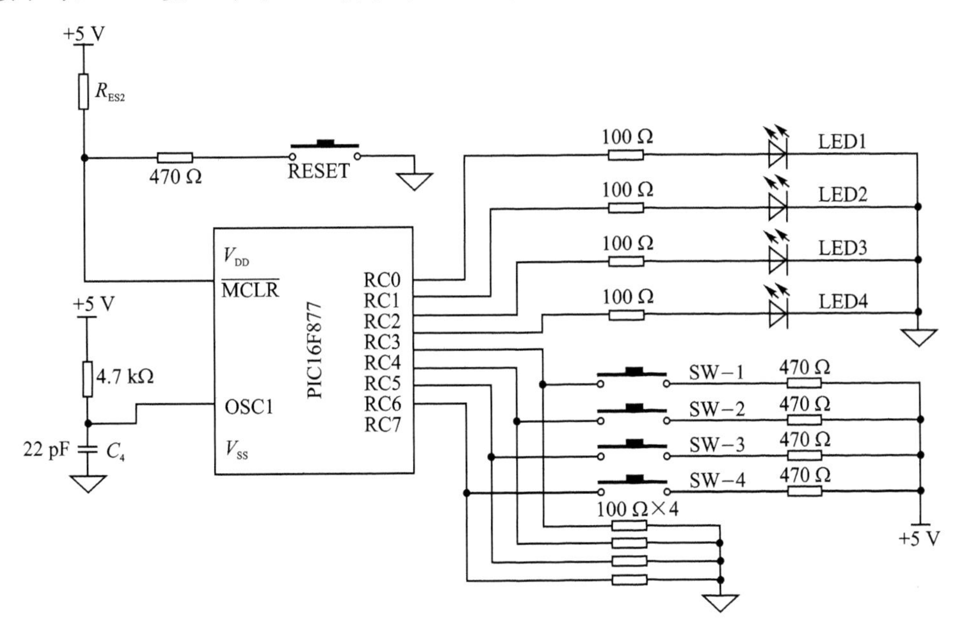

图 6-3 键控显示电路

解题分析 软件程序需要实时监控 4 个按键，根据键位不同去触发相应二极管发光，采用固定的 1 s 软件延时。根据连接方式，无键按下为低电平；有键按下为高电平。

程序如下：

```
;-------------------------------------------------------------------
LIST    P=16F877
INCLUDE "P16F877.INC"
;-------------------------------------------------------------------
;主程序
;-------------------------------------------------------------------
        ORG         0000H
        NOP
        BANKSEL     TRISC           ;选择体 1
        MOVLW       B'11110000'     ;定义 RC 口的高 4 位为输入，低 4 位为输出
        MOVWF       TRISC
        BANKSEL     PORTC           ;返回体 0
TEST1   MOVLW       0F0H
        ANDWF       PORTC,W         ;屏蔽 PORTC 的低 4 位
        BTFSC       STATUS,Z        ;测试高 4 位是否有键输入
        GOTO        TEST1           ;无键输入，继续测试
        CALL        DEL10MS         ;有键输入，延时 10 ms
```

```
        MOVLW     0F0H        ;延时后再次判断是否仍有键输入
        ANDWF     PORTC,W
        BTFSC     STATUS,Z
        GOTO      TEST1       ;原有键输入为虚假信息,继续测试
        MOVF      PORTC,W     ;将原键盘输入信息保存至 25H 单元
        MOVWF     25H
TEST2   MOVLW     0F0H        ;测试键释放
        ANDWF     PORTC,W
        BTFSS     STATUS,Z    ;测试高 4 位是否键释放
        GOTO      TEST2       ;键没有释放
        CALL      DEL10MS     ;键释放延时 10 ms
        MOVLW     0F0H
        ANDWF     PORTC,W
        BTFSS     STATUS,Z    ;延时后再次判断键是否仍为释放
        GOTO      TEST2       ;键没有释放,继续测试键释放
FX      BTFSC     25H,4       ;键已完全释放,进入显示程序测试 SW1 键是否按下
        GOTO      XSH1        ;键 SW1 按下,转入 LED1 显示
        BTFSC     25H,5       ;测试 SW2 键是否按下
        GOTO      XSH2        ;键 SW2 按下,转入 LED2 显示
        BTFSC     25H,6       ;测试 SW3 键是否按下
        GOTO      XSH3        ;键 SW3 按下,转入 LED3 显示
        GOTO      XSH4        ;键 SW4 按下,转入 LED4 显示
;----------------------------------------------------------------
;点亮 LED1
;----------------------------------------------------------------
XSH1    MOVLW     01H
        MOVWF     PORTC
        CALL      DELAY1S     ;延时 1 s
        GOTO      EEP
;----------------------------------------------------------------
;点亮 LED2
;----------------------------------------------------------------
XSH2    MOVLW     02H
        MOVWF     PORTC
        CALL      DELAY1S     ;延时 2 s
        CALL      DELAY1S
        GOTO      EEP
;----------------------------------------------------------------
;点亮 LED3
```

```
;------------------------------------------------------------
XSH3      MOVLW     04H
          MOVWF     PORTC
          CALL      DELAY1S       ;延时 3 s
          CALL      DELAY1S
          CALL      DELAY1S
          GOTO      EEP
;------------------------------------------------------------
;点亮 LED4
;------------------------------------------------------------
XSH4      MOVLW     08H
          MOVWF     PORTC
          CALL      DELAY1S       ;延时 4 s
          CALL      DELAY1S
          CALL      DELAY1S
          CALL      DELAY1S
EEP       MOVLW     00H           ;LED 显示全灭
          MOVWF     PORTC
          GOTO      TEST1         ;返回,继续测试是否有键输入
;------------------------------------------------------------
;1 s 延时子程序
;------------------------------------------------------------
DELAY1S   MOVLW     06H
          MOVWF     20H
LOOP1     MOVLW     0EBH
          MOVWF     21H
LOOP2     MOVLW     0ECH
          MOVWF     22H
LOOP3     DECFSZ    22H
          GOTO      LOOP3
          DECFSZ    21H
          GOTO      LOOP2
          DECFSZ    20H
          GOTO      LOOP1
          RETURN                  ;子程序返回
;------------------------------------------------------------
DEL10MS                           ;10 ms 延时子程序(略)
;------------------------------------------------------------
          END
;------------------------------------------------------------
```

【例题 6-4】 已知 RC 端口连接 8 个 LED 显示器，以作为自动加 1 计数器的显示窗口，间隔时间为 1 s。试编写相应的控制程序。

```
;-----------------------------------------------------------------
;主程序
;-----------------------------------------------------------------
INCLUDE  "P16F877.INC"
;-----------------------------------------------------------------
          ORG       0000H
          NOP
          BSF       STATUS,RP0          ;选择数据存储器体 1
          MOVLW     00H
          MOVWF     TRISC               ;定义 RC 端口为输出
          BCF       STATUS,RP0          ;选择数据存储器体 0
          MOVLW     00H                 ;RC 端口初始化为 0
          MOVWF     PORTC               ;从 RC 端口输出 0
LOOP      INCF      PORTC               ;PORTC 增 1
          CALL      DELAY1S             ;调用 1 s 延时程序
          GOTO      LOOP                ;继续加 1 循环
;-----------------------------------------------------------------
;调用 1 s 延时子程序
;-----------------------------------------------------------------
DELAY1S   MOVLW     06H                 ;外循环常数
          MOVWF     20H                 ;外循环寄存器
LOOP1     MOVLW     0EBH                ;中循环常数
          MOVWF     21H                 ;中循环寄存器
LOOP2     MOVLW     0ECH                ;内循环常数
          MOVWF     22H                 ;内循环寄存器
LOOP3     DECFSZ    22H                 ;内循环寄存器递减
          GOTO      LOOP3               ;继续内循环
          DECFSZ    21H                 ;中循环寄存器递减
          GOTO      LOOP2               ;继续中循环
          DECFSZ    20H                 ;外循环寄存器递减
          GOTO      LOOP1               ;继续外循环
          RETURN                        ;子程序返回
;-----------------------------------------------------------------
          END
;-----------------------------------------------------------------
```

【例题 6-5】 已知 RC 端口连接 8 个 LED 显示器，RB0 接入一个按键 K。键控多状态显示电路图如图 6－4 所示。当 K 按下时，RB0 为高电平；而 K 为常态时，RB0 为低电平。共有以下 4 种显示模式：当第一次按下 K 键时，进入第(1)种显示方式；当第二次按下 K 键时，进入第(2)种显示方式；当第三次按下 K 键时，进入第(3)种显示方式；而当第四次按下 K 键时，将进入第(4)种显示方式，依次循环。试编写程序。

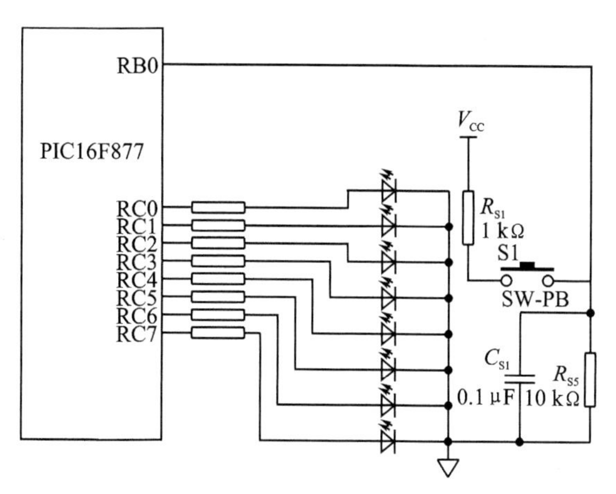

图 6－4　键控多状态显示电路图

4 种显示方式如下：

(1) 高 4 位和低 4 位交替点亮；

(2) 自动计数；

(3) 单双星闪；

(4) 双跳灯。

解题分析　本例是一个综合性的应用实例，关键是处理好正常显示和键盘监控扫描程序之间的协调关系，应在 1 s 延时子程序中穿插调用键盘监控扫描程序。在一般的应用程序中，监控和显示程序要能够独立依次循环扫描，它们是主程序的一部分。本题通过监控键入次数 COUNTER，决定调用哪一种显示方式。程序框图如图 6－5(a)、(b)、(c)所示，主要包括以下几个程序块：主程序及初始化、键盘监控扫描子程序和 4 个独立的显示子程序。

```
;--------------------------------------------------------------------------------
;主程序
;--------------------------------------------------------------------------------
INCLUDE  "P16F877.INC"
COUNTER     EQU         25H             ;键入次数符号变量
            ORG         0000H
            NOP
MAIN        BSF         STATUS,RP0      ;选择数据存储器体 1
            MOVLW       01H             ;RB0 为输入、其他为输出
```

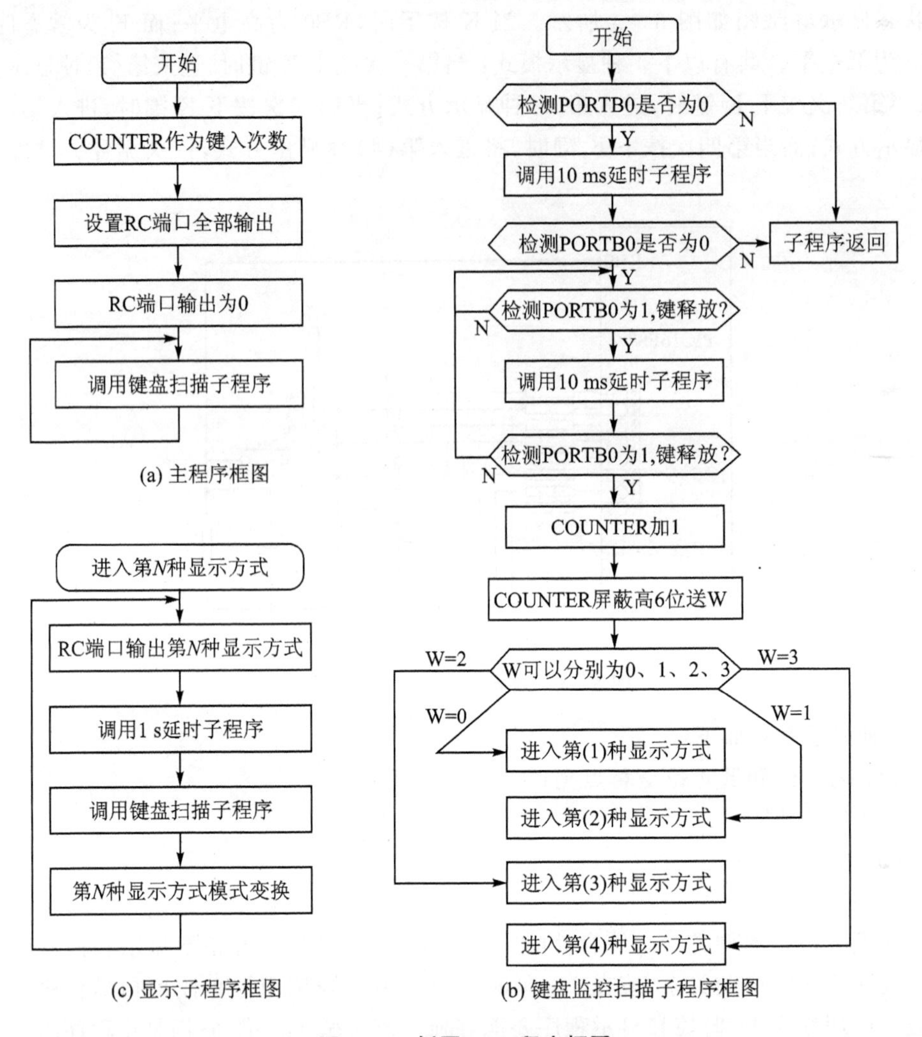

图 6-5　例题 6-5 程序框图

```
            MOVWF       TRISB
            MOVLW       00H             ;RC 口全为输出
            MOVWF       TRISC
            BCF         STATUS,RP0      ;恢复数据存储器体 0
            MOVLW       00H             ;设置 RC 口初始化输出为 0
            MOVWF       PORTC
            CLRF        COUNTER
ST          CALL        KSM             ;调用键盘扫描子程序
            GOTO        ST              ;继续循环
;----------------------------------------------------------------
;键盘扫描子程序
```

```
;-------------------------------------------------------------------
KSM         BTFSS       PORTB,0         ;RB0键是否按下
            GOTO        BACK            ;K键没有按下
            PAGESEL     DEL10MS         ;转入DEL10MS子程序页面
            CALL        DEL10MS         ;RB0键按下,调用10 ms延时子程序
            PAGESEL     KSM             ;返回原程序页面
            BTFSS       PORTB,0         ;再次判断RB0键是否按下
            GOTO        BACK            ;原按下是干扰信号,继续监控扫描
PPA         BTFSS       PORTB,0         ;判断RB0键是否释放
            GOTO        PPA             ;没有释放,继续判断释放
            PAGESEL     DEL10MS         ;转入DEL10MS子程序页面
            CALL        DEL10MS         ;RB0键释放,调用10 ms延时子程序
            PAGESEL     KSM             ;返回原程序页面
            BTFSC       PORTB,0         ;再次判断RB0键是否释放
            GOTO        PPA             ;原释放是干扰信号,继续判断释放
            INCF        COUNTER         ;记录按键的次数
            MOVLW       03H             ;屏蔽高6位
            ANDWF       COUNTER,W
            ADDWF       PCL,F           ;确定进入哪一种显示方式
            GOTO        XSH1            ;转入第(1)种显示方式
            GOTO        XSH2            ;转入第(2)种显示方式
            GOTO        XSH3            ;转入第(3)种显示方式
            GOTO        XSH4            ;转入第(4)种显示方式
BACK        NOP
            RETURN                      ;子程序返回
;-------------------------------------------------------------------
;第(1)种显示方式
;-------------------------------------------------------------------
XSH1        MOVLW       0FH             ;RC口低4位点亮
            MOVWF       PORTC
            CALL        DELAY1S         ;调用1 s延时子程序
            MOVLW       0F0H            ;RC口高4位点亮
            MOVWF       PORTC
            CALL        DELAY1S         ;调用1 s延时子程序
            CALL        KSM             ;调用键盘扫描子程序
            GOTO        XSH1            ;继续循环
;-------------------------------------------------------------------
;第(2)种显示方式
;-------------------------------------------------------------------
XSH2        INCF        PORTC           ;PORTC增1
```

```
          CALL      DELAY1S       ;调用 1 s 延时子程序
          CALL      KSM           ;调用键盘扫描子程序
          GOTO      XSH2          ;继续加 1 循环
;---------------------------------------------------------------
;第(3)种显示方式
;---------------------------------------------------------------
XSH3      MOVLW     55H           ;RC 口单数灯点亮
          MOVWF     PORTC
          CALL      DELAY1S       ;调用 1 s 延时子程序
          MOVLW     0AAH          ;RC 口双数灯点亮
          MOVWF     PORTC
          CALL      DELAY1S       ;调用 1 s 延时子程序
          CALL      KSM           ;调用键盘扫描子程序
          GOTO      XSH3          ;继续循环
;---------------------------------------------------------------
;第(4)种显示方式
;---------------------------------------------------------------
XSH4      MOVLW     03H           ;RC0、RC1 点亮
          MOVWF     PORTC
          CALL      DELAY1S       ;调用 1 s 延时子程序
          MOVLW     0CH           ;RC2、RC3 点亮
          MOVWF     PORTC
          CALL      DELAY1S       ;调用 1 s 延时子程序
          MOVLW     30H           ;RC4、RC5 点亮
          MOVWF     PORTC
          CALL      DELAY1S       ;调用 1 s 延时子程序
          MOVLW     0C0H          ;RC6、RC7 点亮
          MOVWF     PORTC;
          CALL      DELAY1S       ;调用 1 s 延时子程序
          CALL      KSM           ;调用键盘扫描子程序
          GOTO      XSH4          ;继续循环
;---------------------------------------------------------------
;1 s 延时子程序,用于显示延时
;---------------------------------------------------------------
DELAY1S   MOVLW     06H
          MOVWF     20H
LOOP1     MOVLW     0EBH
          MOVWF     21H
LOOP2     MOVLW     0ECH
          MOVWF     22H
```

```
LOOP3     DECFSZ    22H
          GOTO      LOOP3
          CALL      KSM             ;在延时子程序中穿插调用键盘扫描程序
          DECFSZ    21H
          GOTO      LOOP2
          DECFSZ    20H
          GOTO      LOOP1
          RETURN
;-----------------------------------------------------------------------
;10 ms 延时子程序,用于键盘扫描延时
;-----------------------------------------------------------------------
DEL10MS   MOVLW     0DH             ;外循环常数
          MOVWF     23H             ;外循环寄存器
L1        MOVLW     0FFH            ;内循环常数
          MOVWF     24H             ;内循环寄存器
L2        DECFSZ    24H             ;内循环寄存器递减
          GOTO      L2              ;继续内循环
          DECFSZ    23H             ;外循环寄存器递减
          GOTO      L1              ;继续内循环
          RETURN                    ;子程序返回
;-----------------------------------------------------------------------
          END
;-----------------------------------------------------------------------
```

【例题 6-6】 采用如图 6-6 所示硬件连接电路,定义液晶显示 16 个字符,实现两个独立按键加减计数显示功能。输出 LCD 显示的内容为:"THE KEY IS '000'"。

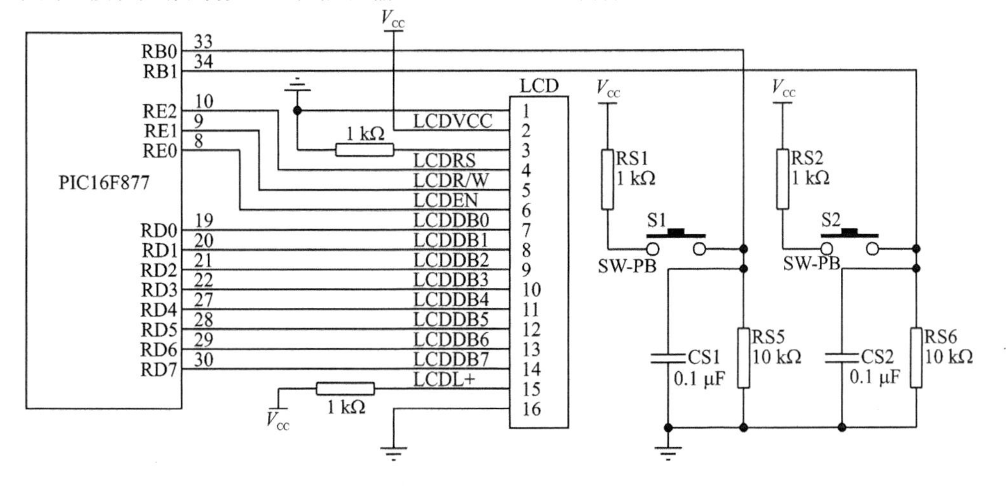

图 6-6 LCD 液晶显示屏连接线路

解题分析 目前 LCD 显示较为流行。与 LED 相比，LCD 显示有功耗小及显示字符多的特点。本例采用 JHD161A 系列 1×16 字符产品，字符点阵 5×8，带 LED 背光。对 LCD 使用应尽量注意写入命令和字符的时序问题，采用指令模拟脉冲波形来驱动 LCD 工作，但对于采用不同型号、不同厂家的产品则略有不同。本例是对 PIC 单片机 I/O 口的进一步操作，采用 RD 端口与 LCD 进行数据传送，通过 RE 输出的时序来实现读/写命令的控制。

```
;------------------------------------------------------------------------
INCLUDE "P16F877.INC"
;------------------------------------------------------------------------
EN          EQU         00H         ;LCD 使能端
RW          EQU         01H         ;LCD 读/写选择端
RS          EQU         02H         ;LCD 数据/命令选择端
R0          EQU         40H         ;中间参数
R1          EQU         41H         ;中间参数
M1          EQU         42H         ;作为子程序参数传递
GEW         EQU         43H         ;用于存储个位数据
SHW         EQU         44H         ;用于存储十位数据
BAW         EQU         45H         ;用于存储百位数据
;------------------------------------------------------------------------
            ORG         0000H       ;系统复位地址
            NOP                     ;MPLAB 需要
;------------------------------------------------------------------------
;查表子程序(放在前面是为了防止程序飞溢)
;------------------------------------------------------------------------
TABLE       ADDWF       PCL,F       ;将 PCL 中数据与 W 中数据相加,得出所查字
                                    ;符并返回
            RETLW       '0'         ;数字 0 的 ASCII 码
            RETLW       '1'         ;数字 1 的 ASCII 码
            RETLW       '2'         ;数字 2 的 ASCII 码
            RETLW       '3'         ;数字 3 的 ASCII 码
            RETLW       '4'         ;数字 4 的 ASCII 码
            RETLW       '5'         ;数字 5 的 ASCII 码
            RETLW       '6'         ;数字 6 的 ASCII 码
            RETLW       '7'         ;数字 7 的 ASCII 码
            RETLW       '8'         ;数字 8 的 ASCII 码
            RETLW       '9'         ;数字 9 的 ASCII 码
;------------------------------------------------------------------------
;初始化定义端口与寄存器
;------------------------------------------------------------------------
```

```
ST      BSF     STATUS,5    ;选择体1
        MOVLW   0FFH        ;设置RE为I/O端口
        MOVWF   ADCON1
        CLRF    TRISE       ;将PORTE口设为全输出
        CLRF    TRISD;      ;将PORTD口设为全输出
        BCF     STATUS,5    ;回到体0
        MOVLW   'T'
        MOVWF   6FH         ;将字符“T”写入6FH中
        MOVLW   'H'
        MOVWF   6EH         ;将字符“H”写入6EH中
        MOVLW   'E'
        MOVWF   6DH         ;将字符“E”写入6DH中
        MOVLW   ' '
        MOVWF   6CH         ;将字符空格写入6CH中
        MOVLW   'K'
        MOVWF   6BH         ;将字符“K”写入6BH中
        MOVLW   'E'
        MOVWF   6AH         ;将字符“E”写入6AH中
        MOVLW   'K'
        MOVWF   69H         ;将字符“K”写入69H中
        MOVLW   ' '
        MOVWF   68H         ;将字符空格写入68H中
        MOVLW   'I'
        MOVWF   67H         ;将字符“I”写入67H中
        MOVLW   'S'
        MOVWF   66H         ;将字符“S”写入66H中
        MOVLW   ' '
        MOVWF   65H         ;将字符空格写入65H中
        MOVLW   '''
        MOVWF   64H         ;将字符“'”写入64H中
        MOVLW   '0'
        MOVWF   63H         ;将字符“0”写入63H中
        MOVLW   '0'
        MOVWF   62H         ;将字符“0”写入62H中
        MOVLW   '0'
        MOVWF   61H         ;将字符“0”写入61H中
        MOVLW   '''
        MOVWF   60H         ;将字符“'”写入60H中
        CALL    XSHI        ;调用显示子程序
```

```
        CLRF     GEW          ;个位清零
        CLRF     SHW          ;十位清零
        CLRF     BAW          ;百位清零
;------------------------------------------------------------
;加 1 键扫描程序
;------------------------------------------------------------
RB0     BTFSS    PORTB,0      ;RB0 按键扫描,判断该键是否按下
        GOTO     RB1          ;结果不为 1,说明未按下,跳转至 RB1
        CALL     DEL10MS      ;结果为 1,调用 10 ms 延时子程序
        BTFSS    PORTB,0      ;继续判断该键是否确实按下而非干扰信号
        GOTO     RB1          ;结果不为 1,说明是干扰信号,跳转至 RB1
PP0     BTFSC    PORTB,0      ;结果为 1,说明确实按下,并判断该键是否释放
        GOTO     PP0          ;未释放,则跳转回 PP0 继续判断
        CALL     DEL10MS      ;释放,则延时 10 ms
        BTFSC    PORTB,0      ;继续判断该键是否确实释放而非干扰信号
        GOTO     PP0          ;结果不为 0,说明是干扰信号,跳转回 PP0
                              ;继续判断
LGEW    MOVF     GEW,W        ;RB0 按键按下释放一次,加 1,个位计数处理
        SUBLW    09H          ;W 中数据与 09H 相减（影响标志位）
        BTFSC    STATUS,Z     ;判断全零标志位是否为 0
        GOTO     LSHW         ;为 1 则说明 W 中数据为 9,跳转至十位进行
                              ;判断
        INCF     GEW,F        ;为 0 则说明 W 中数据小于 9,个位可加 1
        GOTO     TAB          ;加完后进入总查表程序
LSHW    MOVF     SHW,W        ;加 1,十位计数处理
        SUBLW    09H          ;W 中数据与 09H 相减（影响标志位）
        BTFSC    STATUS,Z     ;判断全零标志位是否为 0
        GOTO     LBAW         ;为 1 则说明 W 中数据为 9,跳转至百位进行
                              ;判断
        CLRF     GEW          ;为 0 则说明 W 中数据小于 9,十位加 1 前将个
                              ;位清零
        INCF     SHW,F        ;十位加 1
        GOTO     TAB          ;进入总查表程序
LBAW    MOVF     BAW,W        ;加 1,百位计数处理
        SUBLW    09H          ;W 中数据与 09H 相减（影响标志位）
        BTFSC    STATUS,Z     ;判断全零标志位是否为 0
        GOTO     LQIW;        ;为 1 则说明 W 中数据为 9,跳转至千位
        CLRF     GEW          ;为 0 则说明 W 中数据小于 9,将个位清零
        CLRF     SHW          ;将十位清零
```

```
         INCF     BAW,F        ;百位加 1
         GOTO     TAB          ;进入总查表程序
LQIW     MOVLW    09H
         MOVWF    GEW          ;给个位赋值 9
         MOVWF    SHW          ;给十位赋值 9
         MOVWF    BAW          ;给百位赋值 9
         GOTO     TAB          ;进入总查表程序
;------------------------------------------------------------------
;减 1 键扫描程序
;------------------------------------------------------------------
RB1      BTFSS    PORTB,1      ;RB1 按键扫描
         GOTO     RB0          ;结果不为 1,说明未按下,跳转至 RB0
         CALL     DEL10MS      ;结果为 1,调用 10 ms 延时子程序
         BTFSS    PORTB,1      ;继续判断该键是否确实按下而非干扰信号
         GOTO     RB0          ;结果不为 1,说明是干扰信号,跳转至 RB0
PP1      BTFSC    PORTB,1      ;结果为 1,说明确实按下,并判断该键是否释放
         GOTO     PP1          ;未释放,则跳转回 PP1 继续判断
         CALL     DEL10MS      ;释放,则延时 10 ms
         BTFSC    PORTB,1      ;继续判断该键是否确实释放而非干扰信号
         GOTO     PP1          ;结果不为 0,说明是干扰信号,跳转回 PP1
                               ;继续判断
         DECF     PORTD,F      ;PORTD 口自减 1
PGEW     MOVF     GEW,W        ;RB1 按键按下释放一次,减 1,个位计数处理
         SUBLW    00H          ;W 中数据与 00H 相减(影响标志位)
         BTFSC    STATUS,Z     ;判断全零标志位是否为 0
         GOTO     PSHW         ;为 1 则说明个位为 0,跳转至十位进行判断
         DECF     GEW,F        ;为 0 则说明个位非 0,个位可加 1
         GOTO     TAB          ;进入总查表程序
PSHW     MOVF     SHW,W        ;减 1,十位计数处理
         SUBLW    00H          ;W 中数据与 00H 相减(影响标志位)
         BTFSC    STATUS,Z     ;判断全零标志位是否为 0
         GOTO     PBAW         ;为 1 则说明十位为 0,跳转至百位进行判断
         MOVLW    09H          ;为 0 则说明十位非 0,个位从 0 减到 9
         MOVWF    GEW          ;个位从 0 减到 9
         DECF     SHW,F        ;十位减 1
         GOTO     TAB          ;进入总查表程序
PBAW     MOVF     BAW,W        ;减 1,百位计数处理
         SUBLW    00H          ;W 中数据与 00H 相减(影响标志位)
         BTFSC    STATUS,Z     ;判断全零标志位是否为 0
```

```
            GOTO      PQIW       ;为1则说明百位为0,跳转至十位进行判断
            MOVLW     09H        ;为0则说明百位非0,个位可加1
            MOVWF     SHW        ;十位从0减到9
            MOVWF     GEW        ;个位从0减到9
            DECF      BAW,F      ;百位自减1
            GOTO      TAB        ;进入总查表程序
PQIW        CLRF      GEW        ;个位清零
            CLRF      SHW        ;十位清零
            CLRF      BAW        ;百位清零
;--------------------------------------------------------------------
;查表程序
;--------------------------------------------------------------------
TAB         NOP
            MOVF      GEW,W      ;将个位放入W中暂存,W作为查表子程序参数
            CALL      TABLE      ;调用查表子程序
            MOVWF     61H        ;查表子程序返回值放入61H中
            MOVF      SHW,W      ;将十位放入W中暂存,W作为查表子程序参数
            CALL      TABLE      ;调用查表子程序
            MOVWF     62H        ;查表子程序返回值放入61H中
            MOVF      BAW,W      ;将百位放入W中暂存,W作为查表子程序参数
            CALL      TABLE      ;调用查表子程序
            MOVWF     63H        ;查表子程序返回值放入61H中
            CALL      XSHI       ;调用显示子程序
            GOTO      RB0        ;显示完后继续键盘扫描
;--------------------------------------------------------------------
;显示子程序
;--------------------------------------------------------------------
XSHI        MOVLW     0FFH
            MOVWF     PORTE      ;将0FFH放入PORTE中
            CALL      INTI       ;调用LCD初始化子程序
            CALL      INTI       ;调用LCD初始化子程序
            MOVF      6FH,0      ;将6FH中数据写入W中
            MOVWF     M1         ;将W中数据写入M1中
            MOVLW     80H        ;将80H写入W中
            CALL      CS         ;调用传输子程序
            CALL      DEL100US   ;调用延时100 μs子程序
            MOVF      6EH,0      ;将6EH写入W中
            MOVWF     M1         ;将W中数据写入M1中
            MOVLW     81H        ;将81H写入W中
```

```
CALL    CS          ;调用传输子程序
CALL    DEL100US    ;调用延时 100 μs 子程序
MOVF    6DH,0       ;将 6DH 中数据写入 W 中
MOVWF   M1          ;将 W 中数据写入 M1 中
MOVLW   82H         ;将 82H 写入 W 中
CALL    CS          ;调用传输子程序
CALL    DEL100US    ;调用 100 μs 延时子程序
MOVF    6CH,0       ;将 6CH 写入 W 中
MOVWF   M1          ;将 W 中数据写入 M1 中
MOVLW   83H         ;将 83H 写入 W 中
CALL    CS          ;调用传输子程序
CALL    DEL100US    ;调用 100 μs 延时子程序
MOVF    6BH,0       ;将 6BH 写入 W 中
MOVWF   M1          ;将 W 中数据写入 M1 中
MOVLW   84H         ;将 84H 写入 W 中
CALL    CS          ;调用传输子程序
CALL    DEL100US    ;调用 100 μs 延时子程序
MOVF    6AH,0       ;将 6AH 写入 W 中
MOVWF   M1          ;将 W 中数据写入 M1 中
MOVLW   85H         ;将 85H 写入 W 中
CALL    CS          ;调用传输子程序
CALL    DEL100US    ;调用 100 μs 延时子程序
MOVF    69H,0       ;将 69H 写入 W 中
MOVWF   M1          ;将 W 中数据写入 M1 中
MOVLW   86H         ;将 86H 写入 W 中
CALL    CS          ;调用传输子程序
CALL    DEL100US    ;调用 100 μs 延时子程序
MOVF    68H,0       ;将 68H 写入 W 中
MOVWF   M1          ;将 W 中数据写入 M1 中
MOVLW   87H         ;将 87H 写入 W 中
CALL    CS          ;调用传输子程序
CALL    DEL100US    ;调用 100 μs 延时子程序
MOVF    67H,0       ;将 67H 写入 W 中
MOVWF   M1          ;将 W 中数据写入 M1 中
MOVLW   0C0H        ;将 0C0H 写入 W 中
CALL    CS          ;调用传输子程序
CALL    DEL100US    ;调用 100 μs 延时子程序
MOVF    66H,0       ;将 66H 写入 W 中
MOVWF   M1          ;将 W 中数据写入 M1 中
```

```
            MOVLW     0C1H          ;将 0C1H 写入 W 中
            CALL      CS            ;调用传输子程序
            CALL      DEL100US      ;调用 100 μs 延时子程序
            MOVF      65H,0         ;将 65H 写入 W 中
            MOVWF     M1            ;将 W 中数据写入 M1 中
            MOVLW     0C2H          ;将 0C2H 写入 W 中
            CALL      CS            ;调用传输子程序
            CALL      DEL100US      ;调用 100 μs 延时子程序
            MOVF      64H,0         ;将 64H 写入 W 中
            MOVWF     M1            ;将 W 中数据写入 M1 中
            MOVLW     0C3H          ;将 0C3H 写入 W 中
            CALL      CS            ;调用传输子程序
            CALL      DEL100US      ;调用 100 μs 延时子程序
            MOVF      63H,0         ;将 63H 写入 W 中
            MOVWF     M1            ;将 W 中数据写入 M1 中
            MOVLW     0C4H          ;将 0C4H 写入 W 中
            CALL      CS            ;调用传输子程序
            CALL      DEL100US      ;调用 100 μs 延时子程序
            MOVF      62H,0         ;将 62H 写入 W 中
            MOVWF     M1            ;将 W 中数据写入 M1 中
            MOVLW     0C5H          ;将 0C5H 写入 W 中
            CALL      CS            ;调用传输子程序
            CALL      DEL100US      ;调用 100 μs 延时子程序
            MOVF      61H,0         ;将 61H 写入 W 中
            MOVWF     M1            ;将 W 中数据写入 M1 中
            MOVLW     0C6H          ;将 0C6H 写入 W 中
            CALL      CS            ;调用传输子程序
            CALL      DEL100US      ;调用 100 μs 延时子程序
            MOVF      60H,0         ;将 60H 写入 W 中
            MOVWF     M1            ;将 W 中数据写入 M1 中
            MOVLW     0C7H          ;将 0C7H 写入 W 中
            CALL      CS            ;调用传输子程序
            CALL      DEL100US      ;调用 100 μs 延时子程序
            RETURN                  ;子程序返回
;-----------------------------------------------------------------------
;LCD 与单片机间传输子程序
;-----------------------------------------------------------------------
CS          CALL      WRITECOM      ;调用写指令子程序
            MOVLW     .30           ;将十进制数 30 写入 W 中
```

```
        MOVWF   R0          ;将 W 中数据写入 R0 中
        MOVF    M1,W        ;将 M1 中数据写入 W 中
CS1     CALL    WRITEDAT    ;调用写数据子程序
        MOVWF   R1          ;将返回值写入 R1 中
        INCF    R1,W        ;R1 加 1 并写入 W 中
        DECFSZ  R0          ;R0 自减 1
        GOTO    CS1         ;回到 CS1
        RETURN              ;子程序返回
;-----------------------------------------------------------------
;LCD 初始化子程序
;-----------------------------------------------------------------
INTI    CALL    DEL10MS     ;调用延时 10 ms 子程序
        MOVLW   38H
        CALL    WRITECOM    ;写指令 38H,显示模式设置
        MOVLW   01H
        CALL    WRITECOM    ;写指令 01H,显示清屏
        CALL    DEL10MS     ;调用延时 10 ms 子程序
        MOVLW   0CH
        CALL    WRITECOM    ;写指令 0CH,显示开及光标设置
        MOVLW   06H
        CALL    WRITECOM    ;写指令 06H,显示光标移动设置
        RETURN              ;子程序返回
;-----------------------------------------------------------------
;LCD 写指令子程序
;-----------------------------------------------------------------
WRITECOM BCF    PORTE,RS    ;将数据/命令选择端设为低电平
        BCF     PORTE,RW    ;将读/写选择端设为低电平,即进入写指令状态
        BCF     PORTE,EN    ;将 LCD 使能端设为低电平,为写指令做准备
        MOVWF   PORTD       ;将有效数据送入 PORTD 中
        NOP                 ;时序要求(上升沿过程)
        BSF     PORTE,EN    ;将 LCD 使能端拉高,开始将有效数据写入
LCD 中
        NOP                 ;时序要求(下降沿过程)
        BCF     PORTE,EN    ;将 LCD 使能端拉低,写指令完毕
        CALL    DEL100US    ;调用延时 100 μs 子程序(时序要求)
        BSF     PORTE,RS    ;将数据/命令选择端拉高,回到初始状态
        RETURN              ;子程序返回
;-----------------------------------------------------------------
;LCD 写数据子程序
;-----------------------------------------------------------------
```

```
WRITEDAT  BSF      PORTE,RS     ;将数据/命令选择端设为高电平
          BCF      PORTE,RW     ;将读/写选择端设为低电平,即进入写数据
                                ;状态
          BCF      PORTE,EN     ;将 LCD 使能端设为低电平,为写数据做准备
          MOVWF    PORTD        ;将有效数据送入 PORTD 中
          NOP                   ;时序要求(上升沿过程)
          BSF      PORTE,EN     ;将 LCD 使能端拉高,开始将有效数据写入
                                ;LCD 中
          NOP                   ;时序要求(下降沿过程)
          BCF      PORTE,EN     ;将 LCD 使能端拉低,写数据完毕
          CALL     DEL100US     ;调用延时 100 μs 子程序(时序要求)
          BCF      PORTE,RS     ;将数据/命令选择端拉低,回到初始状态
          RETURN                ;子程序返回
;-------------------------------------------------------------------
;延时 100 μs 子程序
;-------------------------------------------------------------------
DEL100US  MOVLW    02H          ;外循环常数
          MOVWF    20H          ;外循环寄存器
L21       MOVLW    0FH          ;内循环常数
          MOVWF    21H          ;内循环寄存器
L11       DECFSZ   21H          ;内循环寄存器递减
          GOTO     L11          ;继续内循环
          DECFSZ   20H          ;外循环寄存器递减
          GOTO     L21          ;继续外循环
          RETURN                ;子程序返回
;-------------------------------------------------------------------
;延时 10 ms 子程序
;-------------------------------------------------------------------
DEL10MS   MOVLW    0DH          ;外循环常数
          MOVWF    20H          ;外循环寄存器
L24       MOVLW    0FFH         ;内循环常数
          MOVWF    21H          ;内循环寄存器
L14       DECFSZ   21H          ;内循环寄存器递减
          GOTO     L14          ;继续内循环
          DECFSZ   20H          ;外循环寄存器递减
          GOTO     L24          ;继续外循环
          RETURN                ;子程序返回
;-------------------------------------------------------------------
          END
;-------------------------------------------------------------------
```

【例题 6-7】 在 8×8 点阵模块上实现增/减计数显示功能，增加一个初始化逐行和逐列显示扫描功能，设置初始显示内容为 0。

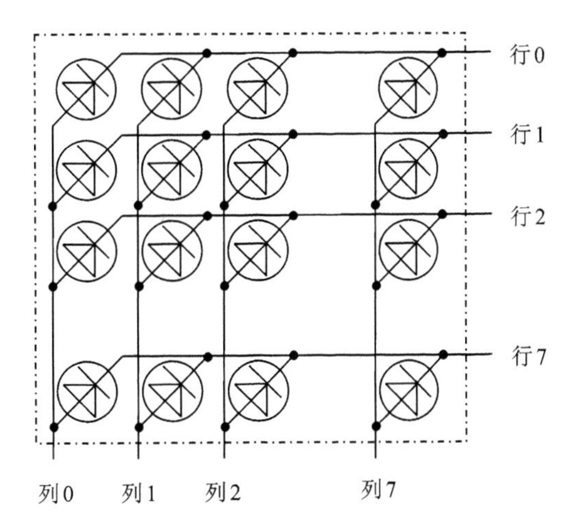

图 6-7 点阵模块(8×8)内部结构

解题分析 8×8 点阵模块采用矩阵方式进行扫描显示，从其工作原理来说，这是一个动态显示过程，必须循环刷新。8×8 点阵模块内部结构如图 6-7 所示，驱动的方式有两种：一是采用列位控制和行送数据方式进行扫描显示，有效位控置"0"，低电平；二是采用行位控制和列送数据方式进行扫描显示，有效位控置"1"，高电平。这两种数据构造方式都有各自的特色，与以后进行流水动态设计的形式彼此关联，例如采用第一种方式，比较适用于水平字符的流水动态显示。本例使用第一种方式，所构成的 0～9 数字的数据表是一组具有 80 个数据的查表子程序。外围电路的设计方法：RC 端口用作列位控制；而 RD 端口用作行数据输出。本例的要点在于如何调用查表数据，即如何确定数字的查表指针。这里涉及两个数据指针：一个是某个数字对应数据起始指针（以 8 为间隔，例如 0 对应 0，1 对应 8，2 对应 16 等），称为相对查表指针（设置为变量 POINT_XD）；另一个是某个数字对应的 8 个数据区域指针（在相对查表指针的基础上加上 0～7 的数据偏移量），称为绝对查表指针（设置为变量 POINT_JD）。

其基本程序如下：

```
;----------------------------------------------------------------
LIST P=16F877
INCLUDE  "P16F877.INC"
;----------------------------------------------------------------
POINT_XD  EQU      30H            ;定义相对查表指针
POINT_JD  EQU      31H            ;定义绝对查表指针
          ORG      0000H
          NOP
ST        BSF      STATUS,RP0     ;选择数据存储器体 1
          CLRF     TRISC          ;定义 RC 端口为输出
          CLRF     TRISD          ;定义 RD 端口为输出
          MOVLW    03H            ;定义 RB 端口低两位为输入
          MOVWF    TRISB
          BCF      STATUS,RP0     ;选择数据存储器体 0
```

```
;--------------------------------------------------------------------------
;初始化逐行和逐列显示扫描
;--------------------------------------------------------------------------
KS      MOVLW   0FEH          ;确定列位控制扫描初值(列 0 输出 0)
        MOVWF   PORTC         ;列位控制输出
        MOVLW   0FFH          ;确定行位数据(全 1 表示选定列都亮)
        MOVWF   PORTD         ;行位数据输出
PPX     CALL    DELAY         ;延时
        BSF     STATUS,C      ;进位标志置位
        RLF     PORTC         ;列位控制扫描移位(下一列输出 0)
        BTFSC   STATUS,C      ;判断进位标志是否为 0(列位控制扫描结束)
        GOTO    PPX           ;列位扫描没有结束
        CALL    DELAY         ;延时,准备进入行位扫描
        MOVLW   00H           ;确定列位数据(全 0 表示选定行都亮)
        MOVWF   PORTC         ;列位数据输出
        MOVLW   01H           ;确定行位控制扫描初值(行 0 输出 1)
        MOVWF   PORTD         ;行位控制输出
        CALL    DELAY         ;延时
PPY     BCF     STATUS,C      ;进位标志清零
        RLF     PORTD         ;行位控制扫描移位(下一行输出 1)
        CALL    DELAY         ;延时
        BTFSS   STATUS,C      ;判断进位标志是否为 1(行位控制扫描结束)
        GOTO    PPY           ;行位扫描没有结束
MAIN    MOVLW   00H           ;进入主程序
        MOVWF   POINT_XD      ;设置初始显示内容为 0(即相对查表指针)
;--------------------------------------------------------------------------
;数字点阵输出
;--------------------------------------------------------------------------
LOOP    MOVLW   00H
        MOVWF   POINT_JD      ;设置绝对查表指针初始为 0
        MOVF    POINT_XD,W    ;提取相对查表指针
        ADDWF   POINT_JD,F    ;绝对查表指针加相对查表指针作为字符起始
                              ;指针
        MOVLW   0FEH          ;确定列位控制扫描初值(列 0 输出 0)
        MOVWF   PORTC         ;列位控制输出
XS      MOVF    POINT_JD,W
        CALL    CHABIAO       ;查寻数据表
        MOVWF   PORTD         ;行位数据输出
        CALL    DELAY1MS      ;暂缓延时
```

```
            INCF      POINT_JD,F
            BSF       STATUS,C       ;进位标志置位
            RLF       PORTC          ;列位控制扫描移位(下一列输出 0)
            BTFSC     STATUS,C       ;判断进位标志是否为 0(列位控制扫描结束)
            GOTO      XS             ;列位扫描没有结束,返回
;-------------------------------------------------------------------------
;键盘扫描子程序
;-------------------------------------------------------------------------
RB0         BTFSS     PORTB,0        ;判断 RB0 是否按下
            GOTO      RB1            ;没有按下转判断 RB1
            CALL      DELAY10MS      ;RB0 按下,调用 10 ms 延时子程序
            BTFSS     PORTB,0        ;再判断 RB0 是否按下
            GOTO      RB1            ;没有按下转判断 RB1
PP0         BTFSC     PORTB,0        ;RB0 按下,转判断 RB0 是否释放
            GOTO      PP0            ;没有释放,等待
            CALL      DELAY10MS      ;RB0 释放,调用 10 ms 延时子程序
            BTFSC     PORTB,0        ;再判断 RB0 是否释放
            GOTO      PP0            ;没有释放,等待
            MOVLW     08H            ;基准值加 8
            ADDWF     POINT_XD,F
            GOTO      LOOP           ;继续
RB1         BTFSS     PORTB,1        ;判断 RB1 是否按下
            GOTO      RB0            ;没有按下转判断 RB0
            CALL      DELAY10MS      ;RB1 按下,调用 10 ms 延时子程序
            BTFSS     PORTB,1        ;再判断 RB1 是否按下
            GOTO      RB0            ;没有按下转判断 RB0
PP1         BTFSC     PORTB,1        ;RB1 按下,转判断 RB1 是否释放
            GOTO      PP1            ;没有释放,等待
            CALL      DELAY10MS      ;RB1 释放,调用 10 ms 延时子程序
            BTFSC     PORTB,1        ;再判断 RB1 是否释放
            GOTO      PP1            ;没有释放,等待
            MOVLW     08H            ;基准值减 8
            SUBWF     POINT_XD,F
            GOTO      LOOP           ;继续
;-------------------------------------------------------------------------
;数字 0~9 查表数据子程序
;-------------------------------------------------------------------------
CHABIAO     ADDWF     PCL,F
            RETLW     00H            ;数字"0"对应 8 字节数据
```

```
        RETLW   0FFH
        RETLW   81H
        RETLW   81H
        RETLW   81H
        RETLW   81H
        RETLW   0FFH
        RETLW   00H
        RETLW   00H              ;数字“1”对应8字节数据
        RETLW   00H
        RETLW   00H
        RETLW   0FFH
        RETLW   0FFH
        RETLW   00H
        RETLW   00H
        RETLW   00H
        RETLW   00H              ;数字“2”对应8字节数据
        RETLW   0F9H
        RETLW   89H
        RETLW   89H
        RETLW   89H
        RETLW   89H
        RETLW   8FH
        RETLW   00H
        RETLW   00H              ;数字“3”对应8字节数据
        RETLW   89H
        RETLW   89H
        RETLW   89H
        RETLW   89H
        RETLW   89H
        RETLW   0FFH
        RETLW   00H
        RETLW   00H              ;数字“4”对应8字节数据
        RETLW   10H
        RETLW   18H
        RETLW   14H
        RETLW   0FFH
        RETLW   10H
        RETLW   10H
        RETLW   00H
```

```
        RETLW   00H             ;数字“5”对应 8 字节数据
        RETLW   8FH
        RETLW   89H
        RETLW   89H
        RETLW   89H
        RETLW   89H
        RETLW   0F9H
        RETLW   00H
        RETLW   00H             ;数字“6”对应 8 字节数据
        RETLW   0FFH
        RETLW   89H
        RETLW   89H
        RETLW   89H
        RETLW   89H
        RETLW   0F9H
        RETLW   00H
        RETLW   00H             ;数字“7”对应 8 字节数据
        RETLW   01H
        RETLW   01H
        RETLW   01H
        RETLW   0FDH
        RETLW   03H
        RETLW   01H
        RETLW   00H
        RETLW   00H             ;数字“8”对应 8 字节数据
        RETLW   0FFH
        RETLW   89H
        RETLW   89H
        RETLW   89H
        RETLW   89H
        RETLW   0FFH
        RETLW   00H
        RETLW   00H             ;数字“9”对应 8 字节数据
        RETLW   8FH
        RETLW   89H
        RETLW   89H
        RETLW   89H
        RETLW   89H
        RETLW   0FFH
        RETLW   00H
```

```
;--------------------------------------------------------------------
;显示延时子程序
;--------------------------------------------------------------------
DELAY     MOVLW     05H            ;外循环常数
          MOVWF     20H            ;外循环寄存器
L1        MOVLW     0FFH           ;中循环常数
          MOVWF     21H            ;中循环寄存器
L2        MOVLW     0FFH           ;内循环常数
          MOVWF     22H            ;内循环寄存器
L3        DECFSZ    22H            ;内循环寄存器递减
          GOTO      L3             ;继续内循环
          DECFSZ    21H            ;中循环寄存器递减
          GOTO      L2             ;继续中循环
          DECFSZ    20H            ;外循环寄存器递减
          GOTO      L1             ;继续外循环
          RETURN                   ;子程序返回
;--------------------------------------------------------------------
;10 ms 延时子程序
;--------------------------------------------------------------------
DELAY10MS
          MOVLW     0DH            ;外循环常数
          MOVWF     20H            ;外循环寄存器
LP2       MOVLW     0FFH           ;内循环常数
          MOVWF     21H            ;内循环寄存器
LP1       DECFSZ    21H,F          ;内循环寄存器递减
          GOTO      LP1            ;继续内循环
          DECFSZ    20H,F          ;外循环寄存器递减
          GOTO      LP2            ;继续外循环
          RETURN                   ;子程序返回
;--------------------------------------------------------------------
;1 ms 延时子程序
;--------------------------------------------------------------------
DELAY1MS  MOVLW     0FFH           ;循环常数
          MOVWF     21H            ;循环寄存器
LOOP3     DECFSZ    21H,F          ;内循环寄存器递减
          GOTO      LOOP3          ;继续循环
          RETURN                   ;子程序返回
;--------------------------------------------------------------------
          END
;--------------------------------------------------------------------
```

测试题

一、思考题

1. 请分析图 6-1 中两个场效应管的作用。
2. 请分析 I/O 端口数据输入和输出的工作过程。
3. PIC16F877 单片机共有几个 I/O 端口？对应的引脚是多少？
4. 何为引脚的灌电流和拉电流？最大驱动电流为多少？
5. 如何理解 I/O 端口驱动电流的限制？
6. 请解释 RB 端口弱上拉功能。
7. 引脚最大驱动电流与端口引脚最大驱动电流之间有什么关系？
8. 如何定义引脚的输入和输出？
9. 数据的输入和输出是通过哪个器件实现的？
10. 数码显示和键盘扫描为什么需要不断刷新？

二、选择题

1. PIC 单片机与其他单片机相比，有较大的输入和输出的驱动能力，一般情况下，单个引脚可达到________ mA 以上。

   A. 2　B. 10　C. 15　D. 20

2. 如果将 RE 端口用作一般 I/O 引脚，除了必须对 TRISE 进行设置外，还应该对________进行初始化。

   A. ADCON1　B. OPTION_REG　C. INTCON　D. PIE1

3. PIC16F877 单片机 I/O 引脚具有较大的驱动能力(参考数据手册)，所有 5 个端口驱动能力之和可以达到约________ mA。

   A. 70　B. 200　C. 700　D. 2 000

4. PIC16F877 单片机具有较多与外界数据传送的通道，可以分成 5 个端口，共有________个 I/O 引脚。

   A. 23　B. 33　C. 38　D. 40

5. 当 RC 端口的某个引脚设置为输入方式时，其他 7 个引脚________。

   A. 必须都作为输入引脚
   B. 必须都作为输出引脚
   C. 既可作为输入引脚，也可作为输出引脚
   D. 既可作为输入引脚，也可作为输出引脚，但不能改变

6. 在 RB 端口中，________引脚都具有逻辑电平变化的中断功能。

   A. RB0～7　B. RB0～3　C. RB2～5　D. RB4～7

7. 如果所选单元当前必须位于数据存储器高体，即体 2 和体 3，那么只能对________端口进行设置，并进行数据输入/输出。

   A. RA　B. RB　C. RC　D. RD

8. 在 RB 端口中，有________ 3 个引脚用于 MPLAB-ICD 的在线开发调试专用引脚。

   A. RB3、RB4 和 RB5　B. RB5、RB6 和 RB7
   C. RB3、RB6 和 RB7　D. RB1、RB3 和 RB7

9. 与一般单片机相比，PIC16F877 输入/输出引脚的驱动能力要大得多，但某个端口(如 RC)

驱动电流总和大约是________ mA。

A. 200　B. 160　C. 70　D. 40

10. 在PIC16F877单片机I/O结构中,当输出高电平信号时,两个PMOS和NMOS场效应管将处于________状态。

A. 一个截止、一个导通　B. 两个都截止　C. 两个都导通　D. 任意不确定

11. PIC16F877单片机RC端口综合多种串行通信方式,但________方式中的数据或控制引脚超出RC0～7的范围,而出现在其他端口中。

A. SPI　B. I^2C　C. SCI　D. USART

12. 在PIC16F877单片机I/O基本内部结构模型中,主要包括________器件。

A. 1个D触发器,1个三态门,反向器、“与”门和“或”门各1个,PMOS和NMOS各1个

B. 2个D触发器,3个三态门,反向器、“与”门和“或”门各1个,PMOS和NMOS各1个

C. 3个D触发器,2个三态门,反向器、“与”门和“或”门各1个,PMOS和NMOS各1个

D. 1个D触发器,2个三态门,反向器、“与”门和“或”门各2个,PMOS和NMOS各1个

13. PIC单片机在复位状态后,所有端口的I/O引脚都将被设置在________方式下。

A. 输出　B. 输入　C. 不确定　D. 内部弱上拉使能

14. 对于PIC所有输出写I/O端口的操作,实际上是一个特殊________的操作过程。

A. 修改—读取—写入　B. 写入—修改—读取

C. 读取—写入—修改　D. 读取—修改—写入

15. 在PIC16F877单片机I/O端口中,________端口比较方便构成键盘矩阵输入,可以设置PIC在睡眠状态,通过键盘的按动来唤醒CPU工作,使其进入正常工作状态。

A. RA　B. RB　C. RC　D. RD

16. 如果希望屏蔽输入数据的高4位,则可以采用________方法。

A. 与数据F0H相“与”　B. 与数据F0H相“或”

C. 与数据0FH相“与”　D. 与数据0FH相“或”

17. PIC16F877单片机I/O输出电路为CMOS互补推挽电路,具有很强的驱动负载能力。当低电平输出时,允许________ mA的灌电流。

A. 2　B. 10　C. 20　D. 25

18. 关于PIC16F877单片机I/O端口,下列叙述是正确的,但________除外。

A. RC4既可作为一般的I/O引脚,又可作为SPI和I^2C数据引脚

B. 每个端口对应至少有两个在数据存储器中统一编址的寄存器

C. RB端口具有一项可编程选择的内部上拉功能

D. AD控制寄存器设置与RA、RB和RC的输入/输出方式有关

19. 在RA和RE端口中,只有________引脚不可以用作模拟量输入通道。

A. RA0　B. RA4　C. RA7　D. RE0

20. 在PIC16F877单片机5个I/O端口中,PORTB具有可编程内部弱上拉电路。实际上,弱上拉电路就是I/O引脚通过一个________接至高电平。

A. 导线　B. 较小电阻　C. 一般电阻　D. 较大电阻

第7章　定时器/计数器

定时器/计数器模块是大部分单片机都内置的一种重要模块。定时器/计数器的正常工作一般表现为计数累计功能,通常是由时钟脉冲来驱动的。该时钟可以是单片机本身的工作时钟,即使用内部时钟,称之为定时器;也可以是由外部引脚输入的时钟,即使用外部的时钟输入来累计,称之为计数器。不论使用哪一种时钟,定时器的累计都是靠时序脉冲来触发的。触发的方式有:下降沿触发、上升沿触发或是两个边沿都触发,这取决于定时器的设计结构。而累计的方式可以是递增方式、递减方式或两者混和方式。不过,在 PIC 单片机中仅有递增的累计方式。定时器/计数器还有位数的区别,累计的次数范围有一个上限值。当累计达到上限值时,就会发生溢出。定时器/计数器的位数越多,在溢出前所能累计的次数就越多,也就是基本的定时/计数越长。除此之外,有的单片机会配有一个预(后)分频器来增加每一次累计的时间间隔,使得可以在相同的累计次数中得到较长的累计时间。这是在没有增加定时器位数的情况下,延长计时时间一种非常有效的方法。

PIC16F877 单片机配置了 3 个定时器/计数器模块,分别为 TMR0、TMR1 和 TMR2。这些定时器的结构与特性并不完全相同,在使用上也有所不同。各定时器/计数器模块的位宽、分频器、定时/计数等功能及配置情况如表 7-1 所列。

表 7-1　各定时器/计数器模块功能及配置情况

定时器/计数器模块	位　宽	分频器	普通功能	特别功能	备　注
TMR0	8	预分频器	定时/计数	通用目的	
TMR1	16	预分频器	定时/计数	捕捉或输出比较	低频时基振荡器
TMR2	8	预/后分频器	定时	脉宽调制	

7.1　定时器/计数器 TMR0

定时器/计数器 TMR0 是 3 个同类模块中最常用的器件,可以作为一般功能的定时使用;同时由于它有一个专用的外部触发信号输入端(T0CKI),所以也可用于一般功能的计数方式。

7.1.1 TMR0 模块的功能和特性

TMR0 是一个最常用的定时/计数的工具，由 8 位累加定时/计数寄存器 TMR0 构成一个独立的计数模块，并带有一个可编程预分频器。在条件允许的情况下，可实现定时或计数溢出中断。

1. 定时器/计数器 TMR0 的功能

作为通用的定时器/计数器 TMR0，若考虑预分频器的效果，其固有定时为 65 ms，可实现常规的定时功能。如果用作通用计数器，则可采用外部 T0CKI 作为计数触发信号。

2. 定时器/计数器 TMR0 的特性

TMR0 定时/计数功能主要是基于一个 8 位累加定时/计数寄存器 TMR0，采用时钟信号上升沿、下降沿触发计数方式。TMR0 在 RAM 数据存储器中具有特定的地址 001H 和 101H，可通过软件指令进行读/写操作。另外，TMR0 带有一个可编程预分频器，可达到定时/计数的扩展效果。在 TMR0 计数溢出时，相应的溢出中断标志自动置位，可通过设置 TMR0 中断使能状态而产生溢出中断。

7.1.2 与定时器/计数器 TMR0 模块相关的寄存器

定时器/计数器 TMR0 主要涉及 4 个寄存器，表 7－2 列出了与 TMR0 相关的寄存器。

- 定时器/计数器 TMR0：8 位定时/计数的核心部件，当赋于初始时间常数时，便自动进入计数状态；
- 选项寄存器 OPTION_REG：选择 TMR0 时钟源、边缘触发状态、预分频器的分配情况；
- 中断控制寄存器 INTCON：各类中断使能状况；
- 方向寄存器 TRISA：外部触发信号输入端的激活定义(RA4/T0CKI)。

表 7－2 与 TMR0 模块相关的寄存器

寄存器名称	寄存器地址	寄存器各位定义							
		Bit7	Bit6	Bit5	Bit4	Bit3	Bit2	Bit1	Bit0
TMR0	01H/101H	8 位累加计数寄存器							
OPTION_REG	81H/181H	$\overline{RBPU}$	INTEDG	T0CS	T0SE	PSA	PS2	PS1	PS0
INTCON	0BH/8BH/10BH/18BH	GIE	PEIE	T0IE	INTE	RBIE	T0IF	INTF	RBIF
TRISA	85H	—	—	TRISA5	TRISA4	TRISA3	TRISA2	TRISA1	TRISA0

1. 定时器/计数器(TMR0)

定时器/计数器 TMR0 是一个专用 8 位特殊功能寄存器，一般用于存放定时/计数的初始数值，即时间常数。当向 TMR0 送入时间常数后，TMR0 便在该时间常数的基础上开始或重新启动累加计数。时间常数取值越大，则定时越短；反之则定时越长。TMR0 在 FFH 后再输入一个触发脉冲就将产生溢出，此时中断标志位 T0IF 将无条件置位。如果将单由 TMR0 计数产生的定时长短（不计分频器的影响）称为固有定时时间，假定系统的时钟振荡频率为 4 MHz 时，TMR0 计数触发信号就是指令周期，那么理论上可设置的最短定时为 1 μs（时间常数设置为 0FFH）、最长定时为 256 μs（时间常数设置为 00H）。

2. 选项寄存器(OPTION_REG)

选项寄存器 OPTION_REG 各位分布如表 7-2 所列。它是一个可读/写的寄存器。与 TMR0 有关各位的含义如下。

Bit2～Bit0/PS2～PS0：分频器分频比选择位，主动参数，如表 7-3 所列。TMR0 所带的分频器，既可以自己使用，也能够分配给 WDT 电路（看门狗定时器），对应构成 8 种分频比的区间略有差异。

Bit3/PSA：分频器分配位，主动参数。

0：分频器分配给 TMR0（具有较大的分频比）；

1：分频器分配给 WDT（具有较小的分频比）。

Bit4/T0SE：TMR0 的时钟源触发边沿选择位，主动参数。如果 TMR0 工作于定时模式，则与该位设置无关。

0：计数方式，外部时钟 T0CKI 上升沿触发有效；

1：计数方式，外部时钟 T0CKI 下降沿触发有效。

表 7-3 PS2～PS0 对应的分频比

PS2～PS0	TMR0 比率	WDT 比率
000	1∶2	1∶1
001	1∶4	1∶2
010	1∶8	1∶4
011	1∶16	1∶8
100	1∶32	1∶16
101	1∶64	1∶32
110	1∶128	1∶64
111	1∶256	1∶128

Bit5/T0CS：TMR0 的时钟源选择位，主动参数。尽管此位用于决定 TMR0 工作的内外时钟源的选择，但实际上可以认为是确定 TMR0 工作于定时方式还是计数方式。

0：由系统频率 f_{OSC} 的 4 分频作为定时器 TMR0 的触发信号；

1：外部引脚的脉冲信号 T0CKI 作为计数器 TMR0 的触发信号。

3. 中断控制寄存器(INTCON)

中断控制寄存器是一个可读/写的寄存器，涉及各类中断使能状况和内部中断标志位，各位的分布如表 7-2 所列。

Bit2/T0IF：TMR0 溢出中断标志位，被动参数。只要发生 TMR0 计数溢出，就将使 T0IF 置位，而与是否处于中断使能无关。

0：TMR0 未发生计数溢出申请；

1：TMR0 已发生计数溢出申请，系统置位(必须用软件清零)。

Bit5/T0IE：TMR0 溢出中断使能位，主动参数。

0：禁止 TMR0 计数溢出中断；

1：使能 TMR0 计数溢出中断。

Bit7/GIE：总中断使能位，主动参数。

0：禁止所有中断源模块(14 个中断源)的中断请求；

1：使能所有中断源模块(14 个中断源)的中断请求。

4. 端口 RA 方向控制寄存器(TRISA)

端口 RA 方向控制寄存器 TRISA 各位分布如表 7-2 所列。

Bit4/TRISA4：当 TMR0 工作于计数器模式时，要求外部信号 T0CKI 担任 TMR0 的触发计数功能，此时该引脚必须设定为输入方式。

0：端口中 RA4 作为一般的输出引脚；

1：端口中 RA4 设定为输入引脚，为 T0CKI 提供一个输入通道。

7.1.3 定时器/计数器 TMR0 模块的电路结构和工作原理

定时器/计数器 TMR0 模块由 8 位计数寄存器 TMR0、分频器和看门狗定时器 WDT 三部分组成。其结构方框图如图 7-1 所示。下面主要对 8 位计数寄存器和分频器两部分进行分析，而看门狗定时器 WDT 将在后续章节中作介绍。

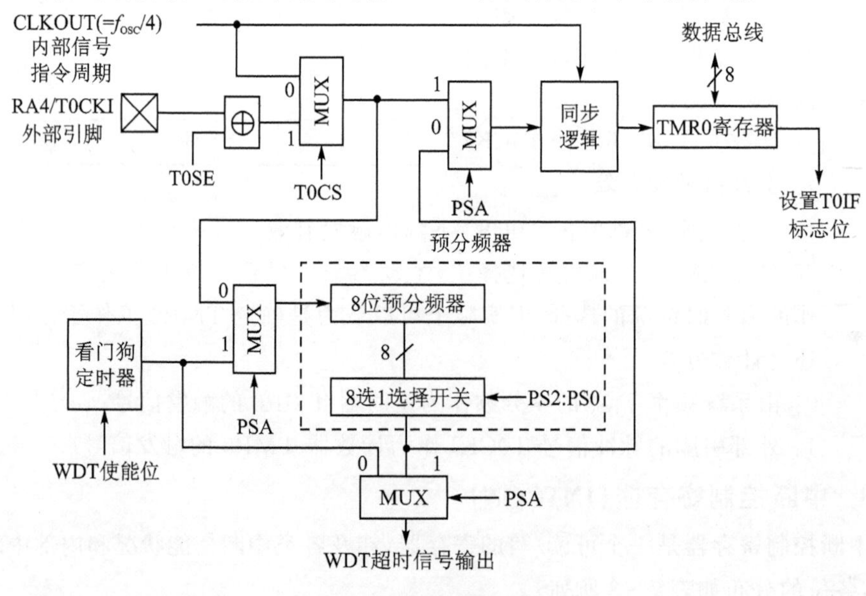

图 7-1 TMR0 结构图

1. 8 位计数寄存器 TMR0

定时器/计数器从其内部工作方式分析一般均表现为计数累计功能，通常是由特定的时钟脉冲来触发驱动。若这个时钟采用单片机本身的工作时钟，即使用内部时钟，则称之为承担定时器功能；也可以由外部引脚输入的时钟，即使用外部的时钟输入进行触发计数，则称之为承担计数器功能。

PIC16F877 单片机的定时器/计数器 TMR0 也有类似这两种工作模式，主要通过选项寄存器 OPTION_REG 中的 T0CS 位进行设置。不论采用哪一种工作方式，TMR0 模块的累加工作总是在送入初始值（一般称为时间常数）以后，并在初始值的基础上对有效脉冲进行累加计数，直到计数寄存器 TMR0 溢出（FFH 再加 1）。T0CS 定义如下。

Bit5/T0CS：TMR0 的时钟源选择位，主动参数。

0：由内部提供的指令周期信号作为定时器 TMR0 时钟源；

1：由 T0CKI 外部引脚输入的脉冲信号作为计数器 TMR0 时钟源。

1）设置定时模式

当 T0CS=0 时，TMR0 模块被设置为定时模式，计数触发信号来源于系统时钟 $f_{OSC}/4$，即为内部的指令周期信号。定时的长短主要取决于 3 种因素。一是初始时间常数，其数值设置越小，定时越长，最大定时为 256 个触发脉冲周期。二是系统振荡频率，PIC 单片机时钟振荡频率的范围为 0～20 MHz，频率越高，指令周期越短，相同条件下的定时就越短。假定时钟振荡频率为 4 MHz，指令周期为 1 μs，那么如果不考虑其他因素，理论上 TMR0 固有定时时间最短为 1 μs，而最长为 256 μs。三是预分频器，是对指令周期信号进行按比例分频，可在一定范围内大幅调整定时的长短。

2）设置计数模式

当 T0CS=1 时，TMR0 模块被设置为计数模式，计数触发信号来源于 I/O 端口 RA4 引脚 T0CKI 信号。只有处于计数模式下，T0SE 位才有效，将用来进一步确定 T0CKI 信号触发 TMR0 模块计数的边沿效能：T0SE=0，上升沿触发计数；T0SE=1，下降沿触发计数。一般对 T0CKI 信号并没有什么特别的限制，既可以是标准的脉冲信号（周期脉冲信号），也可以是无规则的时序脉冲信号。因此，计数和定时不同，TMR0 模块计数的长短一般并不能确定定时的长短。

这两种工作模式都设有 TMR0 溢出中断功能，只要满足一定的中断条件（GIE 和 T0IE 使能），就可以轻松进入对应的中断服务程序。

2. 分频器

分频器就是数字电路中对脉冲信号进行分频处理的器件，其内部电路主要由多个 T 触发器级联构成。Q 与相应 T 触发器 Q1、Q2、Q3 和 Q4 组成的分频比例分别为 1∶2、1∶4、1∶8、1∶16…。如果 T 触发器位数增加，则相应的分频比例也将成倍增加。

TMR0 模块内部分频器共有 8 种分频比例，既可以归 TMR0 使用，也可用于看门狗定时器 WDT 电路。需要注意的是：对于相同的设置，两者拥有的分频比是不一样的。表 7-3 给出了 PS2～PS0 对应的分频比。选项寄存器 OPTION_REG 的 PSA 位，决定分频器使用主体。当 PSA 设置为 0 时，计数/定时寄存器 TMR0 前置一个分频器，触发信号经过分频后才能进入累加计数器 TMR0；而当 PSA 为 1 时，看门狗定时器将携带分频器。WDT 基本定时时间为 18 ms，按相应的分频比关系将可以延长看门狗定时器的有效定时时间。

7.1.4　定时器/计数器 TMR0 模块的应用实例

定时器/计数器 TMR0 模块的应用主要有两种途径。一是采用查询方式，对 TMR0 溢出中断标志位 T0IF 的进行实时检测，当 T0IF＝1 时，标志着定时已到，可转去执行相应的功能子程序。这种方案仅适用于孤立的模拟应用实例，在实时控制系统中很少使用。二是采用中断方式，当 TMR0 溢出时，中断标志位 T0IF 自动置位，而 PIC 单片机在每个指令周期尾部都会及时检测所有的中断标志位。如果 T0IF 为 1，只要中断条件使能，就将进入 TMR0 中断服务程序。以下计数灯程序设计，分别用这两种方法进行分析和编程。

【例题 7-1】　计数灯程序设计。RC 口接 8 只发光二极管，从 RC0～RC7 灯按照二进制计数方式有序点亮，点亮间隔时间为 0.5 s。这里假定时钟振荡频率为 4 MHz。

解题分析 1　TRM0 采用最大分频比时，其固有定时约为 65 ms，若要产生 0.5 s 的延时，必须进行特殊处理。首先设置 TRM0 定时为 50 ms，如果分频比取 1∶256，那么时间常数 TRM0 应为 195（C3H），可以进行 10 次 TRM0 定时器溢出中断，即可满足延时 0.5 s 的要求。本解题采用中断标志位查询方式，程序框图如图 7-2 所示。

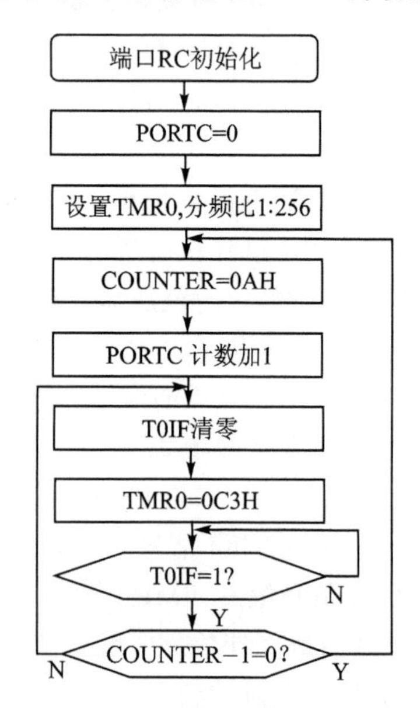

图 7-2　计数灯程序一主框图

程序如下：

```
;-------------------------------------------------------------------
;定义所用到的各寄存器地址或数据
;-------------------------------------------------------------------
LIST P=16F877
INCLUDE   "P16F877.INC"
TMR0B          EQU 0C3H                          ;TMR0 的初值为 C3H
COUNTER        EQU 20H                           ;表指针
```

```
;----------------------------------------------------------------------
;主程序
;----------------------------------------------------------------------
        ORG         0000H
MAIN    NOP                             ;ICD 必需的
        BSF         STATUS,RP0          ;选择数据存储器体 1
        MOVLW       00H
        MOVWF       TRISC               ;RC 口全部设为输出
        MOVLW       07H
        MOVWF       OPTION_REG          ;分频比为 1:256
        BCF         STATUS,RP0          ;返回选择数据存储器体 0
        CLRF        PORTC               ;灯全暗
LOOP    MOVLW       0AH                 ;循环倍数为 10
        MOVWF       COUNTER
        INCF        PORTC               ;灯计数加 1 点亮
JX      CALL        DELAY50MS           ;调用 50 ms 延时
        DECFSZ      COUNTER             ;循环 10 次
        GOTO        JX                  ;未到 10 次,继续
        GOTO        LOOP                ;已到 10 次,赋循环倍数 10,灯计数加 1
                                        ;点亮
;----------------------------------------------------------------------
;TMR0 延时 50 ms
;----------------------------------------------------------------------
DELAY50MS
        BCF         INTCON,T0IF         ;清 TMR0 溢出标志位
        MOVLW       TMR0B               ;送 50 ms 时间常数初值
        MOVWF       TMR0
LP1     BTFSS       INTCON,T0IF         ;判断 TMR0 溢出标志位 T0IF 是否为 1
        GOTO        LP1                 ;T0IF 不为 1,继续判断
        RETURN                          ;T0IF 为 1,50 ms 时间已到,返回
;----------------------------------------------------------------------
        END
;----------------------------------------------------------------------
```

解题分析 2　TMR0 作定时器使用,其初始化设置如“解题分析 1”,但这里采用溢出中断响应方式,在进行 10 次判断满足延时 0.5 s 的要求后,完成点亮状态的变化。本解题采用中断方式,程序框图如图 7-3 和图 7-4 所示。

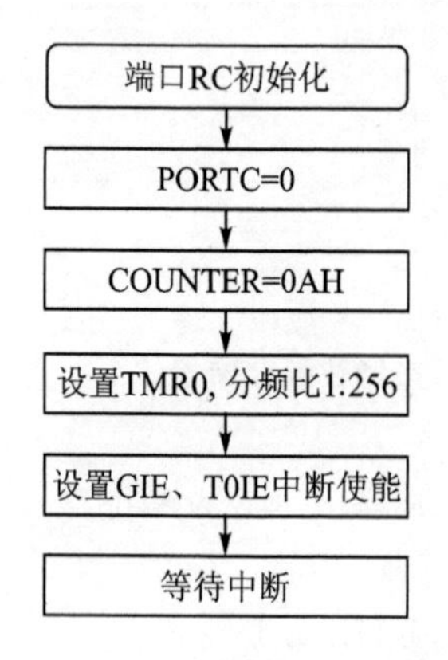

图 7-3　计数灯程序二主框图

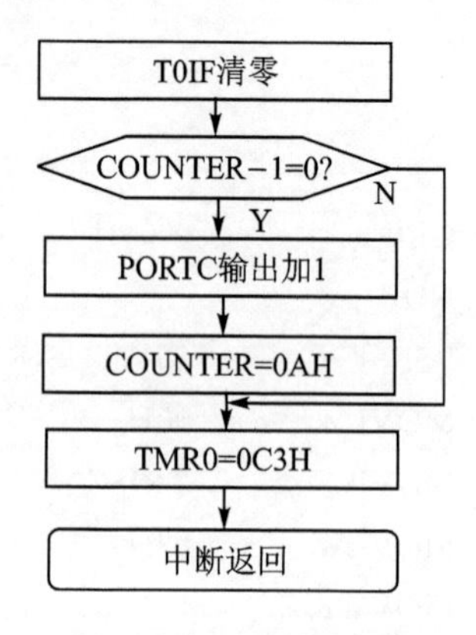

图 7-4　中断服务程序

程序如下：

```
;--------------------------------------------------------------------------------
;定义所用到的各寄存器地址或数据
;--------------------------------------------------------------------------------
LIST P=16F877
INCLUDE   "P16F877.INC"
TMR0B      EQU        0C3H              ;TMR0 的初值为 C3H
COUNTER    EQU        20H               ;表指针
           ORG        0000H
           NOP                          ;ICD 必需的
           GOTO       MAIN
;--------------------------------------------------------------------------------
;中断服务程序
;--------------------------------------------------------------------------------
           ORG        0004H
           BCF        INTCON,T0IF       ;清 TMR0 溢出标志位
           DECFSZ     COUNTER           ;循环 10 次
           GOTO       RT                ;未到 10 次,中断返回
           INCF       PORTC             ;已到 10 次,灯计数加 1 点亮
           MOVLW      0AH               ;循环倍数为 10
           MOVWF      COUNTER
RT         MOVLW      TMR0B             ;送 50 ms 时间常数初值
           MOVWF      TMR0
           RETFIE
;--------------------------------------------------------------------------------
;主程序
;--------------------------------------------------------------------------------
```

```
MAIN    BSF      STATUS,RP0        ;选择数据存储器体 1
        MOVLW    00H
        MOVWF    TRISC             ;RC 口全部设为输出
        MOVLW    07H
        MOVWF    OPTION_REG        ;分频比为 1∶256
        BCF      STATUS,RP0        ;返回选择数据存储器体 0
        MOVLW    B'10100000'
        MOVWF    INTCON
        MOVLW    0AH               ;循环倍数为 10
        MOVWF    COUNTER
        CLRF     PORTC             ;灯全暗
        MOVLW    TMR0B             ;送 50 ms 时间常数初值
        MOVWF    TMR0
LOOP    GOTO     LOOP              ;等待 TMR0 50 ms 定时中断
;------------------------------------------------------------------
        END
;------------------------------------------------------------------
```

【例题 7-2】 单键连续计数程序设计。RD 端口接 8 只发光二极管,RB0 接 1 个按键。当单次按下 RB0 时,8 个 LED 显示器能正确显示计数数值的大小,并能进行单次计数。而当按下 RB0 并且延续一定的时间(约 1.5 s)后,计数过程将连续进行,直到 RB0 键释放。

解题分析　首先必须进行 RB 和 RD 端口的初始化定义,将 RD 设置为输出,而将 RB0 设置为输入;在进行键盘键入判断时,为了有效防止接触点的弹跳,必须加入 10～20 ms 软件延时程序。并且在进行两次判键盘按下和两次判键盘释放后,才能真正执行一次键盘的功能子程序。在初始化程序中,增加 TMR0 定时的设置,将预分频器定义给 TMR0 使用,取 1∶256 的比例。TMR0 的初步定时设计在 65 ms 左右。为了确保按下键盘一定时间后能够连续计数,采用中断查询方式,只有当 TMR0 中断 65 ms 若干次后,才考虑连续计数。一旦发现键盘释放,将及时停止计数,而连续计数的快慢主要由调用子程序的长短决定。本例取独立中断 20 次,连续按键约为 20×65 ms=1.3 s。程序框图如图 7-5 和图 7-6 所示。

程序如下:

```
;------------------------------------------------------------------
;单键连续计数程序
;------------------------------------------------------------------
INCLUDE "P16F877.INC"           ;包含配置文件
COUNTER      EQU      30H           ;定义计数器变量
             ORG      0000H         ;复位矢量地址
```

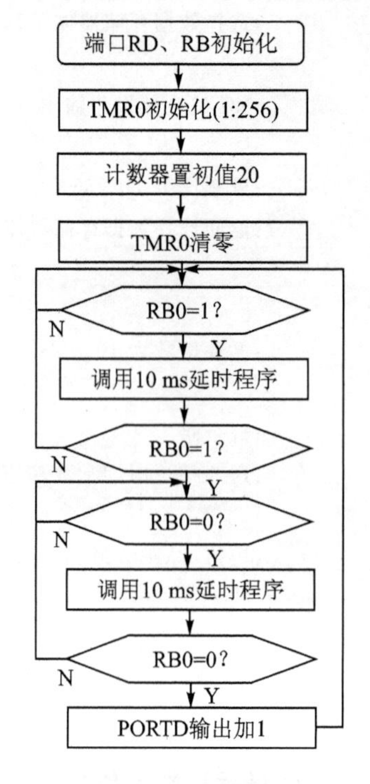

图 7－5　主程序

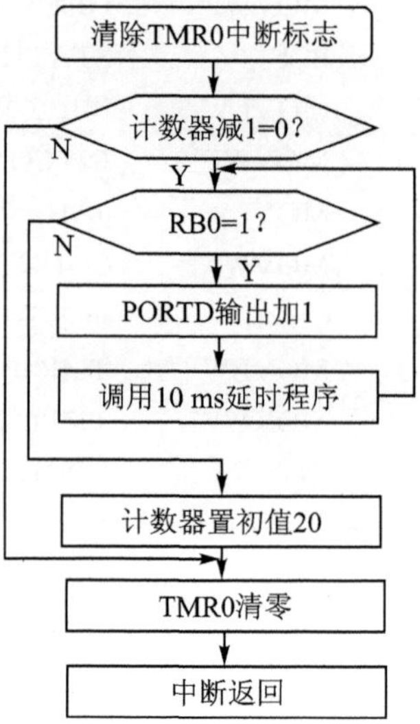

清除TMR0中断标志
计数器减1=0？
N
Y
RB0=1？
N
Y
PORTD输出加1
调用10 ms延时程序
计数器置初值20
TMR0清零
中断返回

图 7－6　中断服务程序

```
        NOP                         ;MPLAB 专用
        GOTO    ST                  ;转到主程序,跳过中断地址
        ORG     0004H               ;中断矢量地址
        BCF     INTCON,T0IF         ;清除 TMR0 中断标志
        DECFSZ  COUNTER,F           ;计数器减 1 是否为 0
        GOTO    POP                 ;不为 0,跳转,RD 输出不加 1
TP      BTFSC   PORTB,0             ;判断 RB0 键是否按下
        GOTO    XYZ                 ;RB0 按下,RD 输出加 1
        GOTO    POP1
XYZ     INCF    PORTD
        CALL    DELAY10MS           ;有键输入,延时 10 ms
        GOTO    TP                  ;再判断 RB0 键是否按下
POP     CLRF    TMR0                ;TMR0 时间常数清零
        RETFIE                      ;中断返回
POP1    CLRF    TMR0                ;TMR0 时间常数清零
        MOVLW   .20                 ;键盘连续按下的持续时间长度
        MOVWF   COUNTER             ;送入专用计数器
        RETFIE                      ;中断返回
ST      MOVLW   .20                 ;键盘连续按下的持续时间长度
```

```
            MOVWF    COUNTER      ;送入专用计数器(初值)
            BSF      STATUS,RP0   ;转到数据存储器体 1
            MOVLW    B'00000111'  ;设置预分频器 1:256,并归 TMR0 使用
            MOVWF    OPTION_REG
            CLRF     TRISD        ;定义 RD 端口为输出
            MOVLW    B'00000001'  ;定义 RB0 端口为输入
            MOVWF    TRISB
            BCF      STATUS,RP0   ;转到数据存储器体 0
            MOVLW    10100000     ;使能总中断、T0 中断
            MOVWF    INTCON
            CLRF     TMR0         ;TMR0 时间常数清零
            CLRF     PORTD        ;RD 端口清零
LOOP        BTFSS    PORTB,0      ;判断 RB0 键是否按下
            GOTO     LOOP         ;返回判断 RB0 键
            CALL     DELAY10MS    ;RB0 键按下,延时 10 ms
            BTFSS    PORTB,0      ;再判断 RB0 键是否按下
            GOTO     LOOP         ;虚假按下,返回再判断 RB0 键按下
LOOP1       BTFSC    PORTB,0      ;判断 RB0 键是否释放
            GOTO     LOOP1        ;没有释放,继续判断 RB0 键是否释放
            CALL     DELAY10MS    ;键释放,延时 10 ms
            BTFSC    PORTB,0      ;再判 RB1 键是否释放
            GOTO     LOOP1        ;虚假释放,再判断 RB1 键释放
            INCF     PORTD,1      ;一次 RB1 键按下判断结束,执行增数(加 1)功能
            GOTO     LOOP         ;继续键入判断
;--------------------------------------------------------------------
;10 ms 延时子程序
;--------------------------------------------------------------------
DELAY10MS   MOVLW    0DH          ;外循环常数
            MOVWF    20H          ;外循环寄存器
LP1         MOVLW    0FFH         ;内循环常数
            MOVWF    21H          ;内循环寄存器
LP2         DECFSZ   21H          ;内循环寄存器递减
            GOTO     LP2          ;继续内循环
            DECFSZ   20H          ;外循环寄存器递减
            GOTO     LP1          ;继续外循环
            RETURN
;--------------------------------------------------------------------
            END
;--------------------------------------------------------------------
```

7.2　看门狗定时器 WDT

看门狗定时器 WDT 是 PIC 单片机最具特色的内容之一。它能够有效防止因环境干扰而引起系统程序“飞溢”。WDT 的定时/计数脉冲由芯片内专用的 RC 振荡器产生。其定时长短由定时器/计数器 TMR0 的预分频决定。它的工作既不需要任何外部器件，也与单片机的时钟电路无关。这样，即使单片机的时钟停止，WDT 仍能继续工作。表 7-4 为看门狗定时器 WDT 参数配置一览表。

表 7-4　看门狗定时器 WDT 参数配置一览表

名　称	地　址	Bit7	Bit6	Bit5	Bit4	Bit3	Bit2	Bit1	Bit0
CONFIG. BITS	2007H	LVP	BODEN	CPI	CP0	PERTE	WDTE	FOSC1	FOSC0
STATUS	03H,83H, 103H,183H	IRP	RP1	RP0	T0	PD	Z	DC	C
OPTION_REG	81H,181H	RBPU	INTEDG	T0CS	T0SE	PSA	PS2	PS1	PS0

看门狗定时器的基本定时为 18 ms，根据需要可以在该定时基础上引入时钟分频器，取值范围是 1∶1～1∶128。因此，看门狗定时器可产生的定时区间是 18～2 304 ms。引入看门狗定时器的目的是为了提高系统程序运行的可靠性。

众所周知，在实际应用系统中，引起系统运行混乱、失步或程序“飞溢”的原因是多方面的，但最主要的因素有两个：一个是原程序设计有缺陷，这种损害是致命的，一般看门狗定时器也对它无能为力；另一个是间发性或突发性某种干扰（电源、辐射和电磁等），而引起程序运行混乱或程序“飞溢”，这种情况通常可以通过看门狗定时器进行系统复位，以便及时纠正和防范。

下面通过一个实例进行说明。

【例题 7-3】　已知 RD 端口连接 8 个 LED 显示器，以作为自动加 1 计数器的显示窗口，间隔时间为 1 s。试分析看门狗定时器的设置及对程序的影响。

解题分析　看门狗定时器的设置主要取决于分频器所设定的分频比，根据系统程序的设计结构，确保例行程序的正常运行。看门狗定时器的实施就是将 CLRWDT 插入源程序中，但必须满足两个原则：一是正常状态下，对源程序的运行没有任何影响；二是必须将 CLRWDT 插入到程序的循环体内，且保证程序循环的周期时间要小于看门狗定时器的设定时间。若发生程序循环的周期时间大于看门狗定时时间，可以调高看门狗定时器的分频比；若还不能满足要求，可以在程序的循环体内设置多个 CLRWDT 指令，但一定要确保两个 CLRWDT 之间的程序运行时间小于看门狗定时器的定时时间。本例程序循环一次执行的时间约为 1 s，故看门狗定时器的分频比可取 1∶64 或 1∶128，且必须安插在“LOOP”至“GOTO　LOOP”的循环程序内。在程序下载以前需要进行一些设置，以保证看门狗定时器正常工作。可以在

MPLAB-ICD 的工作窗口选择 Configure→Select Device，打开 Configuration Bits 对话框，将 Watchdog Timer 设置于使能状态，如图 7-7 所示。

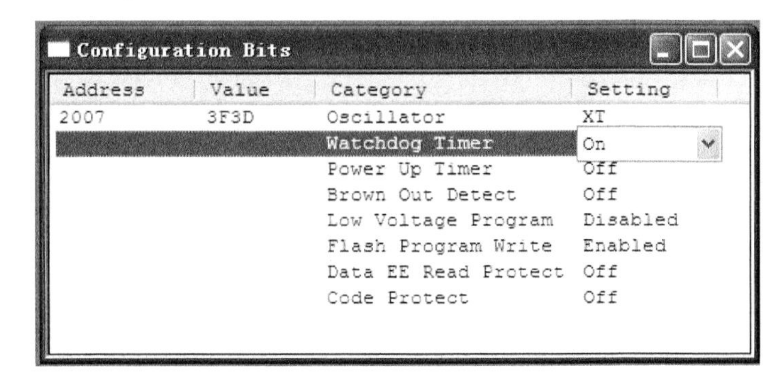

图 7-7 Watchdog Timer 使能状态

程序如下：

```
;------------------------------------------------------------------
INCLUDE  "P16F877.INC"
;------------------------------------------------------------------
;主程序首先分析设定原则：
;------------------------------------------------------------------
         ORG       0000H
         NOP
         BANKSEL   TRISD          ;选择数据存储器体 1
         MOVLW     00H
         MOVWF     TRISD          ;定义 RD 端口为输出
         BANKSEL   PORTC          ;选择数据存储器体 0
         MOVLW     00H            ;RD 口初始化为 0
         MOVWF     PORTD          ;从 RD 口输出 0
;------------------------------------------------------------------
;循环体
;------------------------------------------------------------------
LOOP     INCF      PORTD          ;PORTD 增 1
         CLRWDT
         CALL      DELAY1S        ;调用 1 s 延时子程序
         GOTO      LOOP           ;继续加 1 循环
;------------------------------------------------------------------
;1 s 延时子程序
;------------------------------------------------------------------
DELAY1S  MOVLW     06H            ;外循环常数
         MOVWF     20H            ;外循环寄存器
LOOP1    MOVLW     0EBH           ;中循环常数
         MOVWF     21H            ;中循环寄存器
```

```
LOOP2   MOVLW    0ECH          ;内循环常数
        MOVWF    22H           ;内循环寄存器
LOOP3   DECFSZ   22H           ;内循环寄存器递减
        GOTO     LOOP3         ;继续内循环
        DECFSZ   21H           ;中循环寄存器递减
        GOTO     LOOP2         ;继续中循环
        DECFSZ   20H           ;外循环寄存器递减
        GOTO     LOOP1         ;继续外循环
        RETURN
;-----------------------------------------------------------------
        END
;-----------------------------------------------------------------
```

7.3 定时器/计数器 TMR1

PIC 单片机的突出优点在于它有一个系列产品，不同的功能配置、良好的性能价格比能够满足不同用户应用层面的需要。在中、高档 PIC 系列单片机中，除配置有类同 TMR0 的器件外，还专门设计了一个具有较高性能的 16 位定时器/计数器 TMR1 模块。它在性能上有效突破了 TMR0 的局限，成功地应用在宽广的控制领域。通过 TMR1 模块，可以很容易构成实时时钟、变频输出，以及实现信号捕捉、比较和频率检测等功能。

7.3.1 TMR1 模块的功能和特性

定时器/计数器 TMR1 功能较强，由 16 位累加定时/计数寄存器对 TMR1H：TMR1L 构成一个独立的计数模块，并带有一个可编程预分频器和一个内置的低功耗、低频时基振荡器。在条件允许的情况下，可实现定时或计数溢出中断。

1. 定时器/计数器 TMR1 的功能

作为通用的定时器/计数器 TMR1，如果不考虑预分频器的效果，则其固有定时时间与 TMR0 合成定时时间一样，也是 65 ms。如果用作通用计数器，则可采用外部 T1CKI 作为计数触发信号。另外，利用内置的低频时基振荡器，可实现实时时钟 RTC 输出等功能，并可在系统睡眠模式下照常实现计数工作。TMR1 还设计了一个非常重要的功能，就是能够与 CCP 模块配合使用，实现输入信号边沿的捕捉和输出信号的比较功能，在频率检测和脉冲宽度测量中得到广泛应用。

2. 定时器/计数器 TMR1 的特性

TMR1 定时/计数功能的实现，主要基于一个 16 位累加定时/计数寄存器对 TMR1H：TMR1L，采用时钟信号上升沿触发计数方式。特殊功能寄存器 TMR1H 和 TMR1L 在 RAM 数据存储器中具有特定的地址 00EH 和 00FH，可通过软件指令对计数内容进行读/写操作。TMR1 定时/计数寄存器带有一个可编程预分频器，可形成 4 种分频比(1∶1、1∶2、1∶4、1∶8)，可达到定时/计数的扩展效果，例如最大定时时间可达到 520 ms。累加计数的触发信号，既可以选择内部系统时钟(设置为定时方式)、外部触发信号(设置为计数方式)，也可以启用自带时基振荡器信号计数方式。在 TMR1 计数溢出时，相应的溢出中断标志自动置位，可通过设置 TMR1 中断使能状态来产生溢出中断。

7.3.2　与定时器/计数器 TMR1 模块相关的寄存器

定时器/计数器 TMR1 主要涉及 6 个寄存器，表 7－5 列出了与 TMR1 模块相关的寄存器。

- 中断控制寄存器 INTCON：TMR1 的中断状况受控于总中断使能位和外围中断使能位；
- 第一外围中断使能寄存器：涉及 TMR1 中断使能位；
- 第一外围中断标志寄存器：涉及 TMR1 中断标志位；
- 寄存器对 TMR1H∶TMR1L：16 位定时/计数的核心部件，当赋于初始时间常数后，便进入计数准备状态，可通过指令启动 TMR1 工作；
- TMR1 控制寄存器：设置 TMR1 工作方式。

表 7－5　与 TMR1 模块相关的寄存器

寄存器名称	寄存器地址	寄存器各位定义							
		Bit7	Bit6	Bit5	Bit4	Bit3	Bit2	Bit1	Bit0
INTCON	0BH/8BH/10BH/18BH	GIE	PEIE	T0IE	INTE	RBIE	T0IF	INTF	RBIF
PIE1	8CH	PSPIE	ADIE	RCIE	TXIE	SSPIE	CCP1IE	TMR2IE	TMR1IE
PIR1	0CH	PSPIF	ADIF	RCIF	TXIF	SSPIF	CCP1IF	TMR2IF	TMR1IF
TMR1L	0EH	16 位 TMR1 计数寄存器低字节寄存器							
TMR1H	0FH	16 位 TMR1 计数寄存器高字节寄存器							
T1CON	10H	—	—	T1CKPS1	T1CKPS0	T1OSCEN	$\overline{\text{T1SYNC}}$	TMR1CS	TMR1ON

TMR1 控制寄存器 T1CON 各位分布如表 7－5 所列，低 6 位有效，各位的含义如下。

Bit0/TMR1ON：TMR1 计数启/停控制位(TMR0 不能被关闭)，主动参数。

0：TMR1 停止计数；

1：TMR1 启用计数。

Bit1/TMR1CS：时钟源选择位，主动参数。

0：选择内部时钟源，可设置定时模式，采用指令周期信号触发；

1：选择外部时钟源，可设置计数模式，时钟信号来源于外部引脚或者自带振荡器。

Bit2/$\overline{\text{T1SYNC}}$：TMR1 外部输入时钟与系统时钟同步控制位，主动参数。在 TMR1 内部设置一个同步控制逻辑，只有 TMR1 工作于计数方式时，才能进行同步设置。

0：TMR1 外部引脚时钟信号或者自带振荡器信号与系统时钟保持同步；

1：TMR1 外部引脚时钟信号或者自带振荡器信号与系统时钟异步工作。

Bit3/T1OSCEN：TMR1 自带振荡器使能位，主动参数。

0：禁止 TMR1 低频振荡器工作；

1：使能 TMR1 低频振荡器工作。

Bit5～Bit4/T1CKPS1～T1CKPS0：预分频器的分频比选择位，主动参数，如表 7－6 所列。

表 7－6　预分频器分频比

T1CKPS1～T1CKPS0	分频比
00	1∶1
01	1∶2
10	1∶4
11	1∶8

7.3.3　TMR1 模块的电路结构和工作原理

TMR1 是由两个 8 位寄存器 TMR1H 和 TMR1L 组成的 16 位定时器/计数器，可由软件读/写，这两个寄存器均在 RAM 中统一编址。在实际的累加计数过程中，这两个寄存器是串起来使用，并且能够自动进位。TMR1 寄存器对 TMR1H∶TMR1L 从 0001H 递增到 FFFFH 之后再返回到 0000H 时，最高位产生溢出，且同时溢出中断标志位 TMR1IF 置位。如果此前相应中断条件使能，则 CPU 将在下个指令周期响应中断。通过对 TMR1IE 的置位或清零，可以使能或禁止 CPU 响应 TMR1 的溢出中断。定时器/计数器 TMR1 模块的内部结构如图 7－8 所示。寄存器对 TMR1H∶TMR1L 构成的 16 位长的累加计数器，其初值是在 0000H～FFFFH 范围内由用户设定。

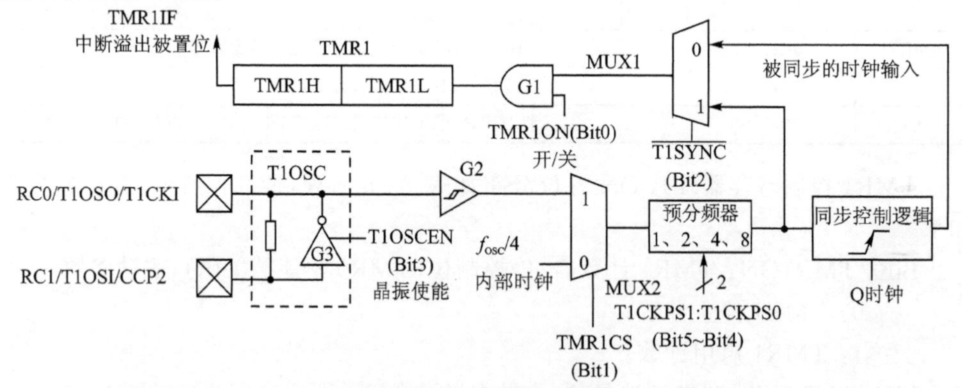

注：当位被清零时，反向器和反馈电阻被关闭，从而排除了漏电。

图 7－8　TMR1 电路结构

1. 启/停控制和同步逻辑

TMR1计数的启/停工作,是通过“与”门G1对于输入的时钟脉冲或触发信号的通行控制来实现其功能。信号复用器MUX1,允许输入时钟经过两个不同的路径:一个是基于同步控制逻辑,将经过外部引脚输入的触发信号,与单片机内部的系统时钟进行同步;另一个是直接旁路外部引脚输入的触发信号,即TMR1计数采用异步方式。TMR1的计数方式采用同步还是异步方式,一般情况下给用户带来的影响较小,只有在单片机处于睡眠方式下,这两个不同的路径将产生截然不同的结果。在进入睡眠情况下,系统振荡时钟停振,以至于同步控制逻辑不能正常工作,TMR1的计数工作也将停止。而在后者情况下,外部引脚输入的触发信号照常可以抵达TMR1计数器,并且在TMR1计数器发生溢出时,产生中断请求并唤醒CPU。PIC单片机的特色和优势之一就在于此——真正实现在线低功耗。PIC16F877单片机其他外围模块也具有睡眠工作功能,例如A/D转换器等。在计数方式下,即使处于睡眠状态,异步和同步控制方式都不影响预分频器的正常工作。定时器/计数器TMR1与系统时钟的协调关系如表7-7所列。

注意: TMR1最大的应用是能够与CCP模块实现输入信号捕捉或输出比较,但其时基工作方式必须采用同步计数。

表7-7 定时器/计数器TMR1与系统时钟的协调关系

<table>
<tr><th rowspan="2">工作方式</th><th rowspan="2">协调关系</th><th rowspan="2">触发信号</th><th colspan="2">SLEEP状态</th><th rowspan="2">捕捉、比较功能</th></tr>
<tr><th>TMR1</th><th>分频器</th></tr>
<tr><td>定时</td><td>同步</td><td>指令周期信号</td><td>不工作</td><td>不工作</td><td>适用</td></tr>
<tr><td rowspan="6">计数</td><td rowspan="3">同步</td><td>T1CKI</td><td>不工作</td><td>工作</td><td>适用</td></tr>
<tr><td>T1OSI</td><td>不工作</td><td>工作</td><td>适用</td></tr>
<tr><td>T1OSO～T1OSI</td><td>不工作</td><td>工作</td><td>适用</td></tr>
<tr><td rowspan="3">异步</td><td>T1CKI</td><td>工作</td><td>工作</td><td>不适用</td></tr>
<tr><td>T1OSI</td><td>工作</td><td>工作</td><td>不适用</td></tr>
<tr><td>T1OSO～T1OSI</td><td>工作</td><td>工作</td><td>不适用</td></tr>
</table>

2. 可编程预分频器

TMR1带有一个可编程预分频器,允许用户选择4种不同的分频比。需要注意的是,在对寄存器对TMR1H∶TMR1L进行写操作时,将同时使预分频器清零。与TMR0中分频器不同的是,TMR1分频器总是置于其触发计数信号的前向通道。如果想禁止预分频器发挥作用,则可以将它的分频比设定为1∶1。

3. TMR1定时/计数方式

在图7-8中,还有一个信号复用器MUX2,可以选择两个不同的输入时钟信号:一个来自内部系统时钟的指令周期,设置TMR1工作于定时方式,计数信号比较单一；另一个取自外部引脚的触发信号或自带低频振荡器，设置 TMR1 工作于计数方式，TMR1 计数信号的来源比较复杂。基于 T1OSCEN 设置情况，通过受控三态门 G3 构成以下 3 种触发信号：

- 当 T1OSCEN＝1 时，受控三态门 G3 导通，外部的低频振荡器工作；
- 当 T1OSCEN＝1 时，受控三态门 G3 导通，RC1 引脚外加一个触发信号；
- 当 T1OSCEN＝0 时，受控三态门 G3 截止，TMR1 工作于计数方式，触发信号来自 T1CKI。

4. 低频振荡器

TMR1 可以外接一个低频晶体振荡器，由两个引脚 T1OSO 和 T1OSI 跨接石英晶体和电容，构成常用的振荡电路，如图 7－9 所示。其工作频率主要取决于外接晶体，不同频率需要外接的电容 C_1 和 C_2 略有差异，有时需要根据产品的使用指南或通过自己的测试得到。使用外接振荡器的最大好处在于，即使单片机进入睡眠模式，相应的器件仍然能够处于工作状态，例如 TMR1 可以独立于单片机而继续进行累加计数。在外接低频晶体振荡器中，最为典型且最为常用的频率是 32.768 kHz。这个典型的频率对于一般的读者也许颇为陌生，但对电子爱好者来说却很亲切，它实际上是实现实时时钟 RTC 功能的基石。

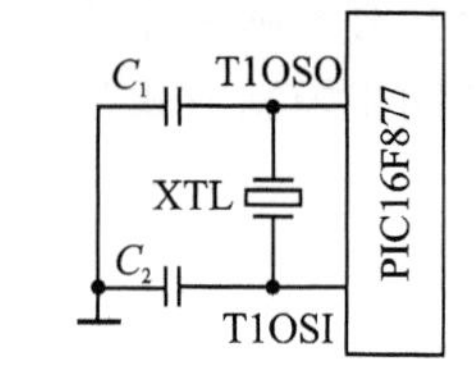

图 7－9　TMR1 外接振荡器

5. 定时分析

当 TMR1 用作定时时，其触发时钟采用单片机内部指令周期，累加计数时间为 1 μs（系统时钟为 4 MHz）。考虑预分频器的因素，构成时间常数与固有定时之间的关系如表 7－8 所列。

表 7－8　时间常数与固有定时时间的关系

TMR1H：TMR1L 初值	0000H	FF9CH				D8F0H				3CB0H			
预分频比	1∶1	1∶1	1∶2	1∶4	1∶8	1∶1	1∶2	1∶4	1∶8	1∶1	1∶2	1∶4	1∶8
定时时间/ms	65.536	0.1	0.2	0.4	0.8	10	20	40	80	50	100	200	400

因为 TMR1 带有 16 位定时器/计数器，当时间常数设置为 0000H 时，其溢出脉冲个数为 65 536；而当时间常数设置为 8000H 时，其溢出脉冲个数为 32 768。如果采用外接 32 768 Hz 的低频晶体振荡器，则对应 TMR1 溢出的时间恰好是 2 s 和 1 s。考虑到 TMR1 可带有四比例的预分频器，构成时间常数与定时之间的关系如表 7－9 所列。

【例题 7－4】　利用外接低频振荡器 32 768 Hz 实现 1 s 定时。

解题分析　要准确实现 1 s 定时，最合适的方案是采用 TMR1 外接 32 768 Hz 的低频振荡器。TMR1 是一个 16 位的定时器，可以允许计数 65 536 个脉冲。而

32 768 Hz 的晶振，在匹配的振荡电路下 1 s 可产生 32 768 个时序脉冲。假定 TMR1 的时间常数设置为 0000H，那么 TMR1 的溢出时间刚好是 2 s。若需产生 1 s 定时，只要将 TMR1 的时间常数设置为 8000H 即可。在中断服务程序中，对 TMR1 时间常数不进行清零，为什么产生的 1 s 精度却较高？请读者考虑。为了对外表现出 1 s 定时的效果，采用在 RD 端口进行 1 s 计数的方式。

表 7－9　低频晶体振荡器(32 768 Hz)与定时时间的关系

TMR1H：TMR1L 初值	8000H				0000H			
预分频比	1：1	1：2	1：4	1：8	1：1	1：2	1：4	1：8
定时时间/s	1	2	4	8	2	4	8	16

其应用程序如下：

```
;------------------------------------------------------------------------
LIST P=16F877
INCLUDE "P16F877.INC"
;------------------------------------------------------------------------
        ORG         0000H
        NOP
        GOTO        ST
;------------------------------------------------------------------------
;中断服务程序
;------------------------------------------------------------------------
        ORG         0004H
        BCF         PIR1,TMR1IF         ;清除 TMR1 中断标志
        INCF        PORTD               ;实现 RD 端口 1 s 计数功能
        RETFIE                          ;中断服务程序返回
;------------------------------------------------------------------------
;主程序
;------------------------------------------------------------------------
ST      BSF         STATUS,RP0          ;选择数据存储器体 1
        CLRF        TRISD               ;定义 RD 端口输出
        BSF         PIE1,TMR1IE         ;TMR1 中断使能
        BCF         STATUS,RP0          ;选择数据存储器体 0
        MOVLW       B'00001010'         ;使能低频振荡器
        MOVWF       T1CON
        CLRF        PORTD               ;RD 端口清零
        MOVLW       B'11000000'         ;总中断和外围中断使能
        MOVWF       INTCON
        BSF         T1CON,TMR1ON        ;启动 TMR1 定时器
        GOTO        $                   ;等待中断
```

```
;-------------------------------------------------------------------
END
;-------------------------------------------------------------------
```

【例题7-5】 利用TMR1定时器在RD0输出变频信号，并通过初调和细调方法进行频率调制。

解题分析　把TMR1的预分频器设置于直通状态。采用RB0、RB1、RB2和RB4这4个键盘，通过TMR1时间常数高/低8位的调整实现输出频率的初调和细调的控制。具体定义：RB0、RB1负责TMR1时间常数低位TMR1L数值的增/减细调，0～255连续可变，RB0为递增键，RB1为递减键；RB2、RB4负责TMR1时间常数高位TMR1H数值的增/减初调，0～255连续可变，RB2为递增键，RB4为递减键。从TMR1时间常数16位数据分析，细调一次，相当于时间常数加1；而初调一次，相当于时间常数加256。理论上，在初调和细调改变过程中，TMR1的定时范围是1～65 536 μs。注意，在定时较短时，很难分辩其频率的高低，一般可借助示波器等仪器进行分析或接上一个小电机看一下转速。以上在键盘调整过程中，均设置有高/低限值，分别为255和0，当已经调整至高/低限值时，相应的键盘已不起作用。通过8位8段显示器，显示TMR1时间常数高/低8位初调和细调的数值变化，8位8段显示器采用74LS164通过SPI通信串转并的静态驱动方式。在数据存储器中设置一个显示数据缓冲区：60H、61H、…、67H，只有当其内容更新后才采用及时刷新显示的方式。8位8段显示器的线路说明和SPI工作原理，将在后续章节详细分析。

程序如下：

```
;-------------------------------------------------------------------
LIST P=16F877
INCLUDE "P16F877.INC"
;-------------------------------------------------------------------
S1H          EQU     50H          ;BCD码转换入口变量
S1L          EQU     51H          ;BCD码转换入口变量
R1H          EQU     52H          ;BCD码转换出口变量
R1Z          EQU     53H          ;BCD码转换出口变量
R1L          EQU     54H          ;BCD码转换出口变量
TMR1H_TEP    EQU     57H          ;TMR1时间常数高位临时变量
TMR1L_TEP    EQU     58H          ;TMR1时间常数低位临时变量
COUNTER      EQU     68H          ;计数器
FSR_TEP      EQU     69H          ;FSR保护缓冲器
INF_TEP      EQU     6AH          ;INDF保护缓冲器
             ORG     0000H
             NOP
```

```
        GOTO    ST
;------------------------------------------------------------------
;中断服务程序
;------------------------------------------------------------------
        ORG     0004H
        BCF     PIR1,TMR1IF         ;清除 TMR1 中断标志
        BCF     T1CON,TMR1ON        ;禁止 TMR1 计数
        INCF    PORTD               ;PORTD 计数加 1
        MOVF    TMR1H_TEP,W         ;时间常数高位变量加载
        MOVWF   TMR1H
        MOVF    TMR1L_TEP,W         ;时间常数低位变量加载
        MOVWF   TMR1L
        BSF     T1CON,TMR1ON        ;启动 TMR1 计数
        RETFIE                      ;中断服务程序返回
;------------------------------------------------------------------
;主程序
;------------------------------------------------------------------
ST      BSF     STATUS,RP0          ;选择数据存储器体 1
        CLRF    TRISD               ;定义 RD 端口输出
        BSF     PIE1,TMR1IE         ;TMR1 中断使能
        MOVLW   1FH                 ;定义 RB0、RB1、RB2 和 RB4 输入
        MOVWF   TRISB
        MOVLW   B'11010101'         ;定义 RC3、RC5 输出、RC4 输入
        MOVWF   TRISC
        CLRF    SSPSTAT             ;清除 SMP、CKE 位(SPI 专用)
        BCF     STATUS,RP0          ;选择数据存储器体 0
        MOVLW   0EH
        MOVWF   T1CON
        CLRF    PORTD               ;RD 端口清零
        MOVLW   B'00110010'         ;设置 SSP 控制方式：取 fosc/64、SPI
                                    ;主控、CKP=1
        MOVWF   SSPCON              ;(SPI 专用)
        CALL    CHUSHIHUA           ;调用初始化子程序
MAIN    MOVLW   80H
        MOVWF   TMR1H_TEP           ;TMR1 时间常数高位变量赋初值
        MOVWF   TMR1H               ;TMR1 时间常数高位临时变量赋初值
        CLRF    TMR1L               ;TMR1 时间常数低位变量赋初值
        CLRF    TMR1L_TEP           ;TMR1 时间常数低位临时变量赋初值
        CALL    XSCHULI             ;调用显示数据处理子程序
```

```
        BSF     INTCON,GIE      ;总中断使能
        BSF     INTCON,PEIE     ;外围中断使能
        BSF     T1CON,TMR1ON    ;启动 TMR1 定时器
;-----------------------------------------------------------------
;键盘扫描程序
;-----------------------------------------------------------------
RB0     BTFSS   PORTB,0         ;判断 RB0 是否按下
        GOTO    RB1             ;没有按下转判断 RB1
        CALL    DELAY10MS       ;RB0 按下,调用 10 ms 延时子程序
        BTFSS   PORTB,0         ;再判断 RB0 是否按下
        GOTO    RB1             ;没有按下转判断 RB1
PP0     BTFSC   PORTB,0         ;RB0 按下,转判断 RB0 是否释放
        GOTO    PP0             ;没有释放,等待
        CALL    DELAY10MS       ;RB0 释放,调用 10 ms 延时子程序
        BTFSC   PORTB,0         ;再判断 RB0 是否释放
        GOTO    PP0             ;没有释放,等待
        MOVF    TMR1L_TEP,W     ;判断 RB0 结束,取出初调临时变量
        SUBLW   .255            ;与 255 比较
        BTFSC   STATUS,Z        ;判 TMR1L_TEP 是否为 255
        GOTO    RB1             ;达到 255,不再递增
        INCF    TMR1L_TEP,F     ;未到 255,递增 1
        CALL    XSCHULI         ;调用显示数据处理子程序
RB1     BTFSS   PORTB,1         ;判断 RB1 是否按下
        GOTO    RB2             ;没有按下转判断 RB2
        CALL    DELAY10MS       ;RB1 按下,调用 10 ms 延时子程序
        BTFSS   PORTB,1         ;再判断 RB1 是否按下
        GOTO    RB2             ;没有按下转判断 RB2
PP1     BTFSC   PORTB,1         ;RB1 按下,转判断 RB1 是否释放
        GOTO    PP1             ;没有释放,等待
        CALL    DELAY10MS       ;RB1 释放,调用 10 ms 延时子程序
        BTFSC   PORTB,1         ;再判断 RB1 是否释放
        GOTO    PP1             ;没有释放,等待
        MOVF    TMR1L_TEP,W     ;判 RB1 结束,取出初调临时变量
        SUBLW   00H             ;与 00H 比较
        BTFSC   STATUS,Z        ;判断 TMR1L_TEP 是否为 0
        GOTO    RB2             ;达到 0, 不再递减
        DECF    TMR1L_TEP,F     ;未到 0,递减 1
        CALL    XSCHULI         ;调用显示数据处理子程序
RB2     BTFSS   PORTB,2         ;判断 RB2 是否按下
```

```
            GOTO     RB4              ;没有按下转判断 RB4
            CALL     DELAY10MS        ;RB2 按下,调用 10 ms 延时子程序
            BTFSS    PORTB,2          ;再判断断 RB2 是否按下
            GOTO     RB4              ;没有按下转判断 RB4
PP2         BTFSC    PORTB,2          ;RB2 按下,转判断 RB2 是否释放
            GOTO     PP2              ;没有释放,等待
            CALL     DELAY10MS        ;RB2 释放,调用 10 ms 延时子程序
            BTFSC    PORTB,2          ;再判断 RB2 是否释放
            GOTO     PP2              ;没有释放,等待
            MOVF     TMR1H_TEP,W      ;判断 RB2 结束,取出初调临时变量
            SUBLW    .255             ;与 255 比较
            BTFSC    STATUS,Z         ;判断 TMR1H_TEP 是否为 255
            GOTO     RB4              ;达到 255,不再递增
            INCF     TMR1H_TEP,F      ;未到 255,递增 1
            CALL     XSCHULI          ;调用显示数据处理子程序
RB4         BTFSS    PORTB,4          ;判断 RB4 是否按下
            GOTO     RB0              ;没有按下转判断 RB0
            CALL     DELAY10MS        ;RB4 按下,调用 10 ms 延时子程序
            BTFSS    PORTB,4          ;再判断 RB4 是否按下
            GOTO     RB0              ;没有按下转判断 RB0
PP4         BTFSC    PORTB,4          ;RB4 按下,转判断 RB4 是否释放
            GOTO     PP4              ;没有释放,等待
            CALL     DELAY10MS        ;RB4 释放,调用 10 ms 延时子程序
            BTFSC    PORTB,4          ;再判断 RB4 是否释放
            GOTO     PP4              ;没有释放,等待
            MOVF     TMR1H _TEP,W     ;判断 RB4 结束,取出初调临时变量
            SUBLW    00H              ;与 00H 比较
            BTFSC    STATUS,Z         ;判断 TMR1H _TEP 是否为 0
            GOTO     RB0              ;达到 0,不再递减
            DECF     TMR1H _TEP,F     ;未到 0,递减 1
            CALL     XSCHULI          ;调用显示数据处理子程序
            GOTO     RB0              ;转判断 RB0
;------------------------------------------------------------------------
;10 ms 软件延时子程序 DELAY10MS
;------------------------------------------------------------------------
DELAY10MS
            MOVLW    0DH              ;外循环常数
            MOVWF    20H              ;外循环寄存器
LOOP1       MOVLW    0FFH             ;内循环常数
```

```
            MOVWF    21H              ;内循环寄存器
LOOP2       DECFSZ   21H              ;内循环寄存器递减
            GOTO     LOOP2            ;继续内循环
            DECFSZ   20H              ;外循环寄存器递减
            GOTO     LOOP1            ;继续外循环
            RETURN                    ;子程序返回
;------------------------------------------------------------
;显示数据处理
;------------------------------------------------------------
XSCHULI     MOVF     TMR1H_TEP,W      ;时间常数高位变量加载
            MOVWF    TMR1H
            MOVWF    S1H              ;送 BCD 码调用高位入口参数
            MOVF     TMR1L_TEP,W      ;时间常数低位变量加载
            MOVWF    TMR1L
            MOVWF    S1L              ;送 BCD 码调用低位入口参数
            CALL     BINTOBCD         ;调用二进制转成 BCD 码子程序
            MOVF     R1H,W            ;万位 BCD 码直接送入显示缓冲区 64H
            MOVWF    64H
            MOVF     R1Z,W            ;千位和百位依次分离
            ANDLW    0FH              ;屏蔽千位,百位送入显示缓冲区 62H
            MOVWF    62H
            SWAPF    R1Z,W            ;千位和百位交换
            ANDLW    0FH              ;屏蔽百位,千位送入显示缓冲区 63H
            MOVWF    63H
            MOVF     R1L,W            ;十位和个位依次分离
            ANDLW    0FH              ;屏蔽十位,个位送入显示缓冲区 60H
            MOVWF    60H
            SWAPF    R1L,W            ;十位和个位交换
            ANDLW    0FH              ;屏蔽个位,十位送入显示缓冲区 61H
            MOVWF    61H
            CALL     XSHI             ;8 位 8 段显示器刷新
            RETURN                    ;子程序返回
;------------------------------------------------------------
;二进制转成 BCD 码子程序
;------------------------------------------------------------
BINTOBCD    MOVLW    10H              ;循环向左移位 16 次
            MOVWF    COUNT
            CLRF     R1H
            CLRF     R1Z
```

```
        CLRF    R1L
LOOP    RLF     S1L           ;二进制数据单元逐位移入 BCD 码单元
        RLF     S1H
        RLF     R1L
        RLF     R1Z
        RLF     R1H
        DECFSZ  COUNT
        GOTO    ADJDET
        RETLW   00H
ADJDET  MOVLW   R1L
        MOVWF   FSR
        CALL    ADJBCD        ;调整低 8 位 R1L
        MOVLW   R1Z
        MOVWF   FSR
        CALL    ADJBCD        ;调整中 8 位 R1Z
        MOVLW   R1H
        MOVWF   FSR
        CALL    ADJBCD        ;调整高 8 位 R1H
        GOTO    LOOP
;------------------------------------------------------------------
;逐位调整
;------------------------------------------------------------------
ADJBCD  MOVLW   03H
        ADDWF   INDF,W        ;是否 LSD 加 3
        MOVWF   TEMP
        BTFSC   TEMP,3        ;是否大于 4
        MOVWF   INDF          ;确定 LSD 加 3
        MOVLW   30H
        ADDWF   INDF,W        ;是否 MSD 加 3
        MOVWF   TEMP
        BTFSC   TEMP,7        ;是否大于 4
        MOVWF   INDF          ;确定 MSD 加 3
        RETLW   00H
;------------------------------------------------------------------
;显示驱动子程序
;------------------------------------------------------------------
XSHI    MOVLW   67H           ;设置显示缓冲器的初始数据地址
        MOVWF   FSR
```

```
LOOP        MOVF     INDF,W          ;取出数据
            CALL     BMA             ;查询对应编码
            CALL     SPIOUT          ;利用 SPI 方式输出编码数据
            DECF     FSR             ;地址减 1
            BTFSS    FSR,4           ;直到 8 位数码全部输出
            GOTO     LOOP            ;否则,继续
            RETURN                   ;子程序返回
;-----------------------------------------------------------------
;SPI 方式输出编码数据子程序
;-----------------------------------------------------------------
SPIOUT      MOVWF    SSPBUF          ;送至 SSPBUF 后开始逐位发送
LOOP1       BSF      STATUS,RP0      ;选择数据存储器体 1
            BTFSS    SSPSTAT,BF      ;是否发送完毕
            GOTO     LOOP1           ;否,则继续查询
            BCF      STATUS,RP0      ;发送完毕,选择体 0
            MOVF     SSPBUF,W        ;移空 SSPBUF
            RETURN                   ;子程序返回
;-----------------------------------------------------------------
;8 位数码全暗,仅最高位给出"—"键控提示符
;-----------------------------------------------------------------
JKZT        MOVLW    60H             ;除最高位外,均设置为全暗
            MOVWF    FSR
TUN         MOVLW    0AH             ;0A 为对应全暗编码
            MOVWF    INDF            ;间接寻址
            INCF     FSR             ;地址加 1
            BTFSS    FSR,3           ;是否完成 7 个地址赋值
            GOTO     TUN             ;没有,继续
            MOVLW    0BH             ;最高位 67H 单元送"—"编码
            MOVWF    67H
            RETURN                   ;子程序返回
;-----------------------------------------------------------------
;初始化子程序(67H～60H 缓冲存储器分别赋值 00～07),从数码最高位 67H 开始点亮,延
时 196 ms
;-----------------------------------------------------------------
CHUSHIHUA
            CALL     JKZT            ;首先调用数码全暗设置
            CALL     XSHI            ;输出显示
            CALL     DELAY           ;调用延时子程序
```

```
            MOVLW    67H
            MOVWF    FSR              ;从最高位赋值,采用间接寻址
            MOVLW    00H
            MOVWF    COUNTER          ;给出赋值数据,从 0 开始
QT          MOVF     COUNTER,W        ;取出动态数
            MOVWF    INDF             ;间接寻址,送入动态数字
            MOVF     FSR,W            ;保护 FSR
            MOVWF    FSR_TEP          ;FSR 送入临时 FSR
            CALL     XSHI             ;数码刷新
            CALL     DELAY            ;调用延时子程序
            MOVF     FSR_TEP,W        ;反馈临时 FSR
            MOVWF    FSR              ;恢复 FSR
            DECF     FSR              ;地址减 1
            INCF     COUNTER          ;赋值数据加 1
            BTFSS    COUNTER,3        ;8 位赋值是否结束
            GOTO     QT               ;否,继续
            CALL     JKZT             ;进入监控状态
            CALL     XSHI             ;数码显示刷新
            RETURN                    ;子程序返回
;-----------------------------------------------------------------
;编码查询
;-----------------------------------------------------------------
BMA          ADDWF    PCL,F
             RETLW    3FH              ;"0"编码
             RETLW    06H              ;"1"编码
             RETLW    5BH              ;"2"编码
             RETLW    4FH              ;"3"编码
             RETLW    66H              ;"4"编码
             RETLW    6DH              ;"5"编码
             RETLW    7DH              ;"6"编码
             RETLW    07H              ;"7"编码
             RETLW    7FH              ;"8"编码
             RETLW    6FH              ;"9"编码
             RETLW    00H              ;"暗"编码
             RETLW    40H              ;"—"编码
;-----------------------------------------------------------------
             END
;-----------------------------------------------------------------
```

7.4 定时器 TMR2

TMR2具有一定的特色，只在较高档的单片机中配置。TMR2与TMR0和TMR1相比，最大的区别是带有一个特别用途的8位可编程周期寄存器。另外，其外围没有T2CKI输入引脚，因而只能工作于定时器模式。

7.4.1 TMR2模块的功能和特性

TMR2是一个8位专用定时器，不能承担外部信号的计数功能。TMR2模块主要由1个可编程预分频器、1个可编程后分频器和1个可编程8位周期寄存器PR2等部件构成。在条件允许的情况下，可实现定时溢出中断。

1. 定时器TMR2的功能

TMR2采用内部系统时钟的指令周期作为计数信号，只能工作于定时器模式，但可以通过可编程预分频器和后分频器实现定时功能的扩展。TMR2有一个非常强大的功能，就是利用周期寄存器PR2与CCP模块配合，提供脉宽调制PWM功能的时基信号，可承担各类电机的变频调速功能。在主同步串行SPI模式通信中，TMR2模块还可提供波特率时钟信号。

2. 定时器TMR2的特性

TMR2是一个8位的累加计数寄存器，在数据存储器RAM空间内统一编址为011H。其内部配置一个可编程预分频器和一个可编程后分频器，分频比分别有3种和16种。TMR2与TMR0和TMR1最大的不同是带有一个8位周期寄存器PR2，其数值由用户输入，而TMR2的计数溢出与该设置值有关，因而可以产生浮动溢出效果。触发定时器的增量来自于内部系统时钟，因此TMR2只能工作于定时器模式。与TMR1操作方式一样，可以对TMR2的内部计数实行启/停控制。TMR2的计数溢出并不表示中断标志TMR2IF置位，而对溢出次数经过后分频处理后才有可能达到溢出中断的效果，使TMR2IF置位。不管单片机系统出现哪种复位，都会将TMR2寄存器清零（TMR0和TMR1内容与系统复位无关）。

7.4.2 与定时器TMR2模块相关的寄存器

定时器TMR2主要涉及6个寄存器，表7-10列出了与TMR2模块相关的寄存器。

- 中断控制寄存器INTCON：TMR2的中断状况受控于总中断使能位和外围中断使能位。
- 第一外围中断使能寄存器PIE1：涉及TMR2中断使能位TMR2IE。
- 第一外围中断标志寄存器PIR1：涉及TMR1中断标志位TMR2IF。
- 定时器TMR2：8位定时的核心部件，可以赋予初始时间常数。任何情况的复位都使 TMR2 清零，从而进入定时准备状态。可通过指令启动 TMR2 工作。

● TMR2 控制寄存器 T2CON：设置 TMR2 的前/后分频器以及启动 TMR2 计数。
● TMR2 周期寄存器 PR2：是 TMR2 模块溢出的参考标志，即 PR2 和 TMR2 计数值相等时发生溢出。如果其他条件相同，那么一般周期寄存器的数值越大，定时溢出的时间就越长。

表 7-10　与 TMR2 模块相关的寄存器

寄存器名称	寄存器地址	寄存器各位定义							
		Bit7	Bit6	Bit5	Bit4	Bit3	Bit2	Bit1	Bit0
INTCON	0BH/8BH/10BH/18BH	GIE	PEIE	T0IE	INTE	RBIE	T0IF	INTF	RBIF
PIE1	8CH	PSPIE	ADIE	RCIE	TXIE	SSPIE	CCP1IE	TMR2IE	TMR1IE
PIR1	0CH	PSPIF	ADIF	RCIF	TXIF	SSPIF	CCP1IF	TMR2IF	TMR1IF
TMR2	11H	8 位 TMR2 定时寄存器							
T2CON	12H	—	TOUTPS3	TOUTPS2	TOUTPS1	TOUTPS0	TMR2ON	T2CKPS1	T2CKPS0
PR2	92H	TMR2 定时周期寄存器							

TMR2 控制寄存器 T2CON 各位分布如表 7-10 所列，低 7 位有效，各位的含义如下。

Bit1～Bit0/T2CKPS1～T2CKPS0：预分频器分频比选择位，主动参数，如表 7-11 所列。

Bit2/TMR2ON：TMR2 定时启/停控制位(TMR0 不能被关闭)，主动参数。

0：TMR2 停止计数；

1：TMR2 启用计数。

Bit6～Bit3/TOUTPS3～TOUTPS0：TMR2 后分频器分频比选择位，主动参数，如表 7-12 所列。该分频比是 PIC 单片机中唯一可以连续设置的分频比，TMR2 的溢出信号经过该分频器后才能产生中断请求。

表 7-11　预分频器分频比

T2CKPS1～T2CKPS0	预分频器分频比
00	1∶1
01	1∶4
10	1∶16
11	1∶16

表 7-12　TMR2 后分频器分频比

TOUTPS3～TOUTPS0	后分频器分频比
0000	1∶1
0001	1∶2
0010	1∶3
0011	1∶4
⋮	⋮
1111	1∶16

7.4.3　TMR2 模块的电路结构和工作原理

定时器 TMR2 模块的电路结构主要包括 5 个组成部分：TMR2 核心累加器、周期寄存器、8 位比较器、预分频器和后分频器，如图 7－10 所示。

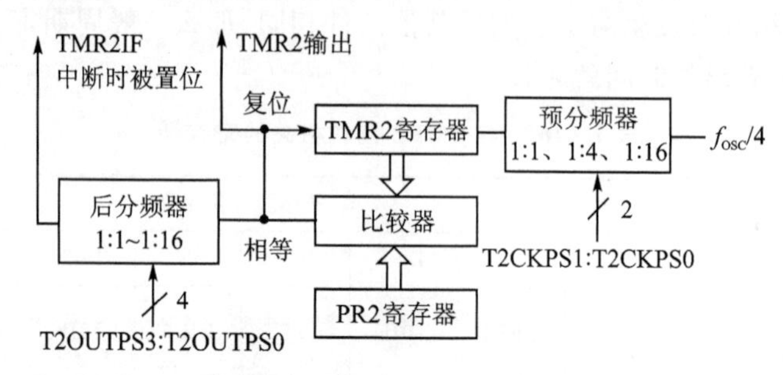

注：TMR2寄存器输出可以由作为波特时钟的SSP部件用软件选择。

图 7－10　TMR2 的内部结构

1. TMR2 溢出方式

TMR2 计数溢出与其他模块有很大的差异，它并不是采用全 1 后自然溢出，而是取决于 TMR2 和周期寄存器 PR2 比较的结果。利用一个在线 8 位宽的按位比较逻辑电路，实时对比 TMR2 和 PR2，一旦两者内容匹配，即刻发出“溢出”信息。周期寄存器 PR2 的大小决定“溢出”时间的长短，这种浮动“溢出”带有一定的依赖性。在变频调速中，正是采用浮动“溢出”的效果来达到调节输出频率的目的。从图 7－10 可以看到，比较溢出并没有直接产生溢出中断，而仅仅作为后分频器的计数脉冲，只有当后分频器再产生溢出时，才会将溢出中断标志位 TMR2IF 置位。如果 TMR2 相关的中断条件使能，则从下个指令周期，开始 CPU 将响应 TMR2 产生的中断请求。

注意：单片机系统复位对定时器 TMR2 和周期寄存器 PR2 产生的结果完全不一样。系统复位和比较匹配定时器 TMR2 都自动清零，表明 TMR2 默认数值为 00H；而系统复位周期寄存器 PR2 自动设置为全 1，表明 PR2 默认数值为 FFH。同时，这两个参数都可以通过软件进行在线刷新。

2. 分频器

在 TMR2 结构中，信号流程的前向通道和后向通道分别设置有预分频器和后分频器，可以对不同的时序信号进行有效分频。首先，预分频器对于进入 TMR2 的时钟信号进行分频，可以选择 3 种不同的分频比。而后分频器主要是对比较匹配输出的时序信号进行分频，可以连续选择 16 种不同的分频比。这两个分频器对于 TMR2 的时序结构和延时长短都有很大影响。

3. TMR2 定时方式

TMR2 的应用范围较广，既能承担一般的定时功能，又能与 CCP 模块配合形成独特的脉宽调制 PWM 方式。因为 TMR2 触发信号来源于内部系统时钟，所以当单片机处于睡眠状态时，TMR2 就将停止累加计数。

1) 作为通用定时器

TMR2 模块也可作为一般定时器使用，周期寄存器 PR2 的值固定设置为 FFH。TMR2 所携带的预分频器可设置成 3 种分频比(1∶1、1∶4、1∶16)，而后分频器可设置成连续 16 种分频比(1∶1～1∶16)。TMR2 定时溢出中断功能与 TMR0 类似。假定系统时钟频率为 4 MHz，指令周期为 1 μs，此时溢出周期的计算式为

$$T= P_1 \times P_2 \times (256-K)$$

式中：K 为 TMR2 的初始值即时间常数；P_1 为预分频器的分频比($P_1=1、4、16$)；P_2 为后分频器的分频比($P_2=1、2、\cdots、16$)。T 的单位为 μs。

通过调整 P_1、P_2 和 K 参数，溢出周期具有较广的选择范围，但最大的固有定时时间恰好与 TMR0 定时一致。

2) 浮动"溢出"周期

浮动"溢出"周期具有很重要的用途，特别是在变频控制中得到了广泛应用。其意义就是利用 TMR2 浮动"溢出"功能获得周期可调的时基发生器时，可以与 CCP 模块配合实现 PWM 脉宽调制。信号周期的大小决定于周期寄存器 PR2 和两个分频器所设定的分频比。TMR2"溢出"周期的计算式为

$$T=P_1 \times P_2 \times (P_{R2}+1)$$

式中：P_{R2} 为周期寄存器预置初值；P_1 为预分频器的分频比($P_1= 1、4、16$)；P_2 为后分频器的分频比($P_2=1、2、\cdots、16$)。T 的单位为 μs。

【例题 7-6】 利用 TMR2 定时器在 PORTD 所接 LED 上显示变频方波信号，采用初调和细调相结合的方法调整输出方波信号的频率。

解题分析 使用 TMR2 的预分频器和后分频器，预分频比固定设置为 1∶16，将周期寄存器 PR2 值设为 250。采用 RB0、RB1、RB2 和 RB4 四个键盘初调和细调相结合来调整输出方波信号的周期。具体定义：RB0、RB1 负责参数的细调，主要是调整后分频器的分频比，1～16 连续可变，RB0 为递增键，RB1 为递减键，因为后分频器的分频比由 $T2CON_{3\sim6}$ 决定，故采用加/减 08H 的方法进行变换；RB2、RB4 负责参数的初调，主要是调整 TMR2 中断次数，RB2 为递增键，RB4 为递减键。一般 TMR2 发生中断后并不直接改变 RD0 的输出电平，而是中断相应次后才变换一次(PORTD 加 1 操作)。中断次数设置范围是 10～250，步进数为 10。请读者注意：为什么没有采用 RB3 作为按键输入？以上在键盘调整过程中，均设置有高/低限值，当已经调整至高/低限值时，相应的键盘处于无效状态。极限最小周期 $T_{min}=250\times 1\times 10=$

2 500 μs;极限最大周期 T_{max} = 250×16×250 = 1 000 000 μs = 1 s。

程序如下：

```
;----------------------------------------------------------------------------
LIST P=16F877
INCLUDE "P16F877.INC"
;----------------------------------------------------------------------------
COUNTER         EQU     30H                 ;初调变量
COUNTER_TEP
                EQU     31H                 ;初调临时变量
                ORG     0000H
                NOP
                GOTO    ST
;----------------------------------------------------------------------------
;中断服务程序
;----------------------------------------------------------------------------
                ORG     0004H
                BCF     PIR1,TMR2IF         ;清除 TMR2 中断标志位
                DECF    COUNTER             ;初调变量减 1
                BTFSS   STATUS,Z            ;初调变量是否减至 0
                GOTO    RE                  ;没有直接返回
                MOVF    COUNTER_TEP,W       ;初调变量已减至 0,启用初调临时变量
                MOVWF   COUNTER             ;送入初调变量
                INCF    PORTD,F             ;输出变化
RE              RETURN                      ;中断返回
;----------------------------------------------------------------------------
;主程序
;----------------------------------------------------------------------------
ST              BSF     STATUS,RP0          ;选择数据存储器体 1
                CLRF    TRISD               ;RD 端口为输出
                MOVLW   B'00010111'         ;将 RB0、RB1、RB2 和 RB4 定义为输入
                MOVLW   .250                ;周期寄存器 PR2 赋值 250
                MOVWF   PR2
                BSF     PIE1,TMR2IE         ;TMR2 使能中断
                BCF     STATUS,RP0          ;选择数据存储器体 0
                BSF     INTCON,PEIE         ;外围中断使能
                BSF     INTCON,GIE          ;总中断使能
                MOVLW   .10
                MOVWF   COUNTER             ;初调变量初值为 10
                MOVWF   COUNTER_TEP         ;初调临时变量初值为 10
```

```
        MOVLW   03H
        MOVWF   T2CON           ;设置预分频比1:16、后分频比1:1
        BSF     T2CON,TMR2ON    ;启动TMR2定时
;------------------------------------------------------------
;键盘扫描程序
;------------------------------------------------------------
RB0     BTFSS   PORTB,0         ;判断RB0是否按下
        GOTO    RB1             ;没有按下转判断RB1
        CALL    DELAY10MS       ;RB0按下,调用10 ms延时子程序
        BTFSS   PORTB,0         ;再判断RB0是否按下
        GOTO    RB1             ;没有按下转判断RB1
PP0     BTFSC   PORTB,0         ;RB0按下,转判断RB0是否释放
        GOTO    PP0             ;没有释放,等待
        CALL    DELAY10MS       ;RB0释放,调用10 ms延时子程序
        BTFSC   PORTB,0         ;再判断RB0是否释放
        GOTO    PP0             ;没有释放,等待
        MOVF    T2CON,W         ;判断RB0结束,取出T2CON
        SUBLW   B'01111011'     ;与B'01111011'比较
        BTFSC   STATUS,Z        ;判断后分频比是否为1:16
        GOTO    RB1             ;是最大分频比,不再递增
        MOVLW   08H             ;不是最大分频比,递增分频比
        ADDWF   T2CON,F
RB1     BTFSS   PORTB,1         ;判断RB1是否按下
        GOTO    RB2             ;没有按下转判断RB2
        CALL    DELAY10MS       ;RB1按下,调用10 ms延时子程序
        BTFSS   PORTB,1         ;再判断RB1是否按下
        GOTO    RB2             ;没有按下转判断RB2
PP1     BTFSC   PORTB,1         ;RB1按下,转判断RB1是否释放
        GOTO    PP1             ;没有释放,等待
        CALL    DELAY10MS       ;RB1释放,调用10 ms延时子程序
        BTFSC   PORTB,1         ;再判断RB1是否释放
        GOTO    PP1             ;没有释放,等待
        MOVF    T2CON,W         ;判断RB1结束,取出T2CON
        SUBLW   B'00000011'     ;与B'01111011'比较
        BTFSC   STATUS,Z        ;判断后分频比是否为1:1
        GOTO    RB2             ;是最小分频比,不再递减
        MOVLW   08H             ;不是最小分频比,递减分频比
        SUBWF   T2CON,F
RB2     BTFSS   PORTB,2         ;判断RB2是否按下
```

```
        GOTO    RB4             ;没有按下转判断 RB4
        CALL    DELAY10MS       ;RB2 按下,调用 10 ms 延时子程序
        BTFSS   PORTB,2         ;再判断 RB2 是否按下
        GOTO    RB4             ;没有按下转判断 RB4
PP2     BTFSC   PORTB,2         ;RB2 按下,转判断 RB2 是否释放
        GOTO    PP2             ;没有释放,等待
        CALL    DELAY10MS       ;RB2 释放,调用 10 ms 延时子程序
        BTFSC   PORTB,2         ;再判断 RB2 是否释放
        GOTO    PP2             ;没有释放,等待
        MOVF    COUNTER_TEP,W   ;判断 RB2 结束,取出初调临时变量
        SUBLW   .250            ;与 250 比较
        BTFSC   STATUS,Z        ;判断 COUNTER_TEP 是否为 250
        GOTO    RB4             ;达到 250,不再递增
        MOVLW   0AH             ;未到 250,递增 10
        ADDWF   COUNTER_TEP,F
RB4     BTFSS   PORTB,4         ;判断 RB4 是否按下
        GOTO    RB0             ;没有按下转判断 RB0
        CALL    DELAY10MS       ;RB4 按下,调用 10 ms 延时子程序
        BTFSS   PORTB,4         ;再判断 RB4 是否按下
        GOTO    RB0             ;没有按下转判断 RB0
PP4     BTFSC   PORTB,4         ;RB4 按下,转判断 RB4 是否释放
        GOTO    PP4             ;没有释放,等待
        CALL    DELAY10MS       ;RB4 释放,调用 10 ms 延时子程序
        BTFSC   PORTB,4         ;再判断 RB4 是否释放
        GOTO    PP4             ;没有释放,等待
        MOVF    COUNTER_TEP,W   ;判断 RB4 结束,取出初调临时变量
        SUBLW   .10             ;与 10 比较
        BTFSC   STATUS,Z        ;判断 COUNTER_TEP 是否为 10
        GOTO    RB0             ;达到 10,不再递减
        MOVLW   0AH             ;未到 10,递减 10
        SUBWF   COUNTER_TEP,F
        GOTO    RB0             ;转判断 RB0
;-----------------------------------------------------------------------
;10 ms 软件延时子程序
;-----------------------------------------------------------------------
DELAY10MS
        MOVLW   0DH             ;外循环常数
        MOVWF   20H             ;外循环寄存器
LOOP1   MOVLW   0FFH            ;内循环常数
```

```
            MOVWF   21H             ;内循环寄存器
LOOP2       DECFSZ  21H             ;内循环寄存器递减
            GOTO    LOOP2           ;继续内循环
            DECFSZ  20H             ;外循环寄存器递减
            GOTO    LOOP1           ;继续外循环
            RETURN
;-----------------------------------------------------------
            END
;-----------------------------------------------------------
```

测试题

一、思考题

1. 定时器/计数器适用于哪些场合？
2. 试叙述 TRM0、TRM1 和 TRM2 三者的共同点和不同点。
3. TRM0、TRM1 和 TRM2 的结构分别由哪儿部分组成？
4. 怎样设置 TRM0 和 TRM1 的定时器/计数器工作方式？TRM2 能否用于计数器工作方式？
5. TRM0、TRM1 和 TRM2 能否由软件关闭？触发时钟来源有几种？
6. 当工作于 PWM 方式时，试说明 TMR1H 和 TMR1L 的功能。
7. 为什么 TRM1 自带振荡器的工作频率最常用的是 32768 Hz？
8. 是否任何复位时 TRM2 均被清零？TRM0 和 TRM1 也是这样吗？
9. 预分频器和后分频器有什么作用？需要启用 TRM2 的预分频器或后分频器应如何编程？
10. 需要启用 TRM2 的周期寄存器 PR2 应如何编程？

二、选择题

1. 看门狗配置的预分频器为以下多种比例，但________以外。

   A. 1∶1　　B. 1∶2　　C. 1∶128　　D. 1∶256

2. T0SE＝1，表示外部脉冲________触发有效。

   A. INT 上升沿　　B. INT 下降沿　　C. T0CKI 上升沿　　D. T0CKI 下降沿

3. 如果包括前分频器，那么当时钟频率为 4 MHz 时，TMR0 所能产生的最大定时时间约为________μs。

   A. 256　　B. 2560　　C. 6500　　D. 65000

4. 在 PIC16F877 单片机中，TMR2 模块工作时钟信号取决于________。

   A. 内部系统时钟 4 分频信号　　B. 内部系统时钟 32 分频信号

   C. 内部系统时钟 64 分频信号　　D. 外部时钟信号

5. 对于 PIC16F877 单片机定时器/计数器，不管设定在定时方式还是计数方式，按递增方式分析都可以归纳为________方式。

   A. 定时　　B. 计数　　C. 循环　　D. 复合

6. 在 TMR0 定时设置中，如果系统时钟频率为 16 MHz，要求定时 1 ms（假定累加计数器取值为 7DH），那么预分频比例应取________。

   A. 1∶4　　B. 1∶8　　C. 1∶16　　D. 1∶32

7. 关于 PIC16F877 TMR1 自带时基振荡器功能，以下叙述中________是错误的。
   A. 在 TMR1 自带时基振荡器的状态下，计数既可以工作在同步方式，也可以工作在异步方式
   B. 自带时基振荡器的频率一般小于 200 kHz
   C. 只有当 TRISC 定义完成后，RC0/T1OSO 和 RC1/T1OSI 引脚方能工作在 TMR1 自带时基振荡器工作方式下
   D. 可以很方便地实现实时时钟 RTC 功能
8. PIC 单片机复位后，TMR2 周期寄存器 PR2 的数值为________。
   A. 00H　B. 给定值　C. FFH　D. 不确定
9. 工作于计数器方式下，TMR1 触发信号有以下方式，但________除外。
   A. 当 T1OSCEN=1 时，在振荡器外部引脚接有石英晶体情况下，通过外部 T1OSI 上升沿触发
   B. 当 T1OSCEN=1 时，在振荡器外部引脚不接石英晶体情况下，通过外部 T1OSI 上升沿触发
   C. 当 T1OSCEN=0 时，通过外部引脚 T1OSI 上升沿触发
   D. 当 T1OSCEN=0 时，通过外部时钟 T1OSO/T1CKI 上升沿触发
10. TMR1 定时器的预分频比例除了有 1∶1 和 1∶2 以外，还有________。
   A. 1∶4　B. 1∶16　C. 1∶32　D. 1∶64
11. 对于定时器/计数器的溢出中断，可以通过以下方式进行判断，但________除外。
   A. 是否有中断响应　B. 看门狗电路使能　C. 查询中断标志位　D. 查询计数寄存器
12. 以下仅有________属于定时器/计数器 TMR1 的特性之一。
   A. 核心是 8 位宽的由时钟信号下降沿触发的循环累加计数寄存器 TMR1
   B. TMR1 在 RAM 空间内有统一的编址，地址为 0EH
   C. 具有一个可选用的 4 位可编程预分频器
   D. 既可以工作于定时器模式，又可工作于计数器模式
13. 当 TMR1CS=0 时，时钟源取决于________。
   A. 外部引脚信号　B. 指令周期信号　C. 自带振荡器信号　D. 系统时钟振荡器信号
14. TMR0 定时器/计数器产生中断的必要条件是以下几点，但________除外。
   A. GIE=1　B. PEIE=1　C. T0 溢出　D. T0IE=1
15. 当 TMR1 自带 32.768 kHz 的振荡器时，定时溢出时间为 2 s，所对应的 TMR1H 装载初始值为________。（对应预分频比例为 1∶1，TMR1L 设定为 00H。）
   A. 00H　B. 40H　C. 80H　D. C0H
16. 关于 PIC16F877 定时器/计数器，以下叙述中________是错误的。
   A. 3 个模块核心部分都是一个按递增方式工作的循环计数器，都能够从 0(或预置初值)开始累加计数
   B. 3 个模块所对应的累加计数器在全 1 后都将产生中断
   C. 3 个模块都带有可编程的预分频器
   D. 3 个模块中断服务程序入口地址均为 0004H
17. 对于控制寄存器 T1CON，可以有以下多种清零方式，但________除外。
   A. 上电复位　B. 看门狗复位　C. 掉电复位　D. CLRF　T1CON

18. 如果不希望TMR1预分频器工作，则可以采用________方式。

A. 设置预分频器比例为1∶1　　B. 设置 $\overline{\text{T1SYNC}}$=1

C. 设置T1OSCEN=1　　D. 自带时基振荡器

19. 在输出脉宽调制方式，当TMR2累加计数器与PR2周期寄存器比较匹配后，TMR2寄存器将复位并自动开始重新计数，但其复位触发脉冲主要来源于以下________方式。

A. 系统复位

B. 通过循环检测，及时利用软件将其动态复位

C. 匹配比较器输出

D. TMR2自身循环复位

20. 关于PIC16F877 TMR1定时器/计数器，以下叙述中________是错误的。

A. 当TMR1工作于计数方式时，其累加计数寄存器在每个外部时钟输入下降沿到来时递增

B. 当TMR1工作于定时方式时，其累加计数寄存器在每个指令周期到来时递增

C. 可以用软件方式直接读/写TMR1累加计数寄存器的内容

D. TMR1累加计数寄存器递增到FFFFH时，下一个触发脉冲将可能因溢出而发生中断

第8章 中断系统

计算机主程序是按照实际需要并可预见的执行流程，通过适时插入不可预见的临时处理程序，及时满足特定模块的请求需要。中断服务程序的插入，通常发生在时间上比较急迫或是不知道事件究竟会在什么时候发生的情况下，其功能强弱直接标志着系统结构的好坏。这样一种程序设计思路，可有效避免计算机忙于对接口模块的循环查询。这种只有在需要的时候才进行及时处理的方法，是一种例行程序中断处理的概念，是提高计算机工作效率的一项重要功能。PIC 单片机也引入了中断功能，它采用中断矢量地址统一归口处理的方式，中断结构较为简单。

8.1 中断的概念和机理

当单片机系统正常的程序执行发生暂时的停止时，称之为中断。某些特殊的系统功能模块正是借助于这样一种中断方式，临时暂停例行程序的执行，跳转去处理特殊事件所对应的中断服务程序；待应急事务处理完毕后，单片机返回原主程序断点继续执行，从而完成一次特殊的中断过程。一般在处理中断服务程序之前，必须无条件地保留当前单片机系统的工作状态和主程序的断点地址，才能确保特殊事件处理完毕后当前主程序得以继续执行。在这个过程中，涉及多类信息交流和响应、中断现场保护、中断源识别和现场恢复等功能。对于单片机来说，一次中断过程的概念和机理可以描述如下。

1. 中断识别

中断事件的条件一旦满足，该中断源便通过设置中断源的标志位置位，以便向 CPU 提出中断申请；而单片机查询到中断标志位后，如果该中断使能，CPU 将暂停当前程序而转向该中断服务程序。中断源发出请求并不代表单片机会马上响应中断，而会在每条指令的后期查询所有的中断标志位。只有当相应的中断使能位为 1 时，单片机才会响应中断。如果中断使能位为 0，单片机将禁止中断。单片机响应中断后，将程序的断点自动送入堆栈保护区域；然后清除总中断使能位，跳转到中断矢量入口处，执行中断服务程序。如果每个中断源都有一个中断入口地址，则中断识别是依靠单片机自动进行的。但当多中断源合用一个中断入口地址时，就需要依次检查中断标志位状态，判别出中断源，以便执行相应的中断服务程序。一般在识别出中断源后，应及时清除该中断源标志位，以避免返回主程序后出现重复响应。

2. 中断处理

中断的实质在于处理特殊事件所对应的中断服务程序。在这个过程中，一定要注意保护单片机系统的现场工作状态，即那些主程序的过程参数或在中断服务程序中需要使用的各类变量。如果发生数据的冲突，就需要对相应工作寄存器和工作环境进行保护。针对中断源的特殊需要，执行对应的中断服务或功能，这是中断的核心内容。必须做到指令简洁，功能到位，防止程序出现死循环。在返回主程序之前，必须将临时保存的数据或状态进行还原处理，恢复所保护起来的工作现场，以确保特殊事件处理完毕后当前主程序可以继续执行。

3. 中断返回

当单片机执行中断返回指令时，程序指针自动加载出栈的断点地址；同时将总中断使能位恢复到使能状态，转向执行原被强行中断的主程序，并处于应急事务准备阶段。

8.2　PIC16F877 单片机的中断

PIC16F877 单片机有 14 个中断源。在这 14 种特殊事件发生时，可以插入主程序流程中作优先中断处理，每一个中断源都配置有一个中断使能位(IE)和一个中断标志位(IF)。原则上，这 14 种中断源没有优先级之分，只能依靠软件的前后处理来满足轻重缓急要求。中断标志位表示中断源是否已发出中断请求，PIC 单片机在每个指令周期的稍后部分都将对所有中断标志位进行检测，判别究竟哪个中断源已发出中断请求信号；中断使能位则决定是否开放或允许使用某个中断，只有当已经检测到某个中断标志位置位且对应中断使能的情况下，才能进入相应的中断服务程序。

1. 中断源的分类

PIC16F877 单片机 14 个中断源按照控制原理和使能方式分成两类：一类是基本中断源，或称为内部中断源，共有 3 个，主要包括外部触发中断 INT、TMR0 溢出中断和 RB 端口电平变化中断；另一类是特殊中断源，或称为外部中断源，共有 11 个，主要涉及外围模块的中断，包括 TMR1 溢出中断、TMR2 中断、A/D 转换中断、掉电保护存储器 E^2PRON 中断、并行端口 PSP 中断、SCI 同步发送中断、SCI 同步接收中断、SSP I^2C 总线冲突中断、主同步串行 SSP 中断，以及捕捉/比较/脉宽调制 CCP1、CCP2 中断。许多计算机都有一个中断服务程序入口地址矢量表，但 PIC16F877 单片机所有 14 个中断源合用一个中断服务程序入口地址，并且采用相同的中断优先级。

2. 中断的使能方式

中断源的使能方式就是允许中断的条件。PIC16F877 单片机 14 个中断源的使能方式是按照两种中断源的分类略有不同。对于 3 个内部中断源，中断使能条件有两个：一个是中断源本身使能位；另一个是总中断使能位 GIE。而对于 11 个外部中断源，中断使能条件有 3 个，即中断源本身使能位、总中断使能位 GIE 和外围中断使能位 PEIE。如图 8－1 所示为 PIC16F877 单片机的中断逻辑，中断使能位就像一个开关一样，打开（使能）所设定的中断使能位才能向 CPU 发出中断申请。因此，PEIE 位就像所有外围中断源的总开关，而 GIE 位则是所有 14 个中断源的总开关。不论这两个使能位的设定值如何，或是所有中断的使能位是否设置，当中断发生时，相对应的中断标志位都会被置位，只是无法发出最后的中断信号来执行相应的中断程序。当开放多个中断源时，必须逐个判别中断源的标志位才能唯一确定真正的中断源。

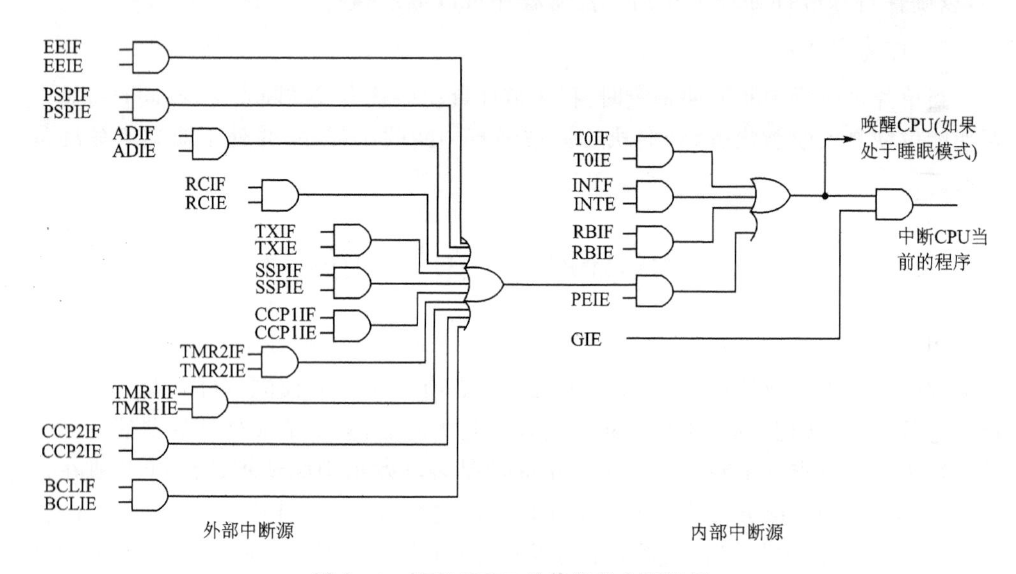

图 8－1　PIC16F877 单片机的中断逻辑

8.3　中断服务程序的设计

中断功能的合理使用必须建立在主程序预先设置和初始化定义的基础上，设置好所有的中断使能位，决定开放哪些中断源。一般在初始化程序中，将对应中断源的标志位全部清零，一旦中断条件满足，相关中断标志位将无条件置位，而与该中断源是否使能中断无关。但只有当该中断源所有的使能条件成立时，才会引起中断，主程序的执行才会被中断。在发生中断时，程序计数器 PC 值立即存入堆栈并自动加载中断矢量地址，然后 PC 会自动指向程序存储器中断矢量地址 0004H。在中断发生后，一般应首先判断和识别中断源，并将该中断标志位清零。只有当程序执行到 RETFIE 指令时，才会返回到主程序断点处的下一条指令继续执行。为了从硬件机制上有效避免重复发生同类中断，在进入中断服务程序时总中断使能位 GIE 会自动清零，而在返回主程序时又会自动使能置位。

1. 专用存储器备份

在进入中断服务程序后，还必须对有些专用存储器进行备份，确保主程序和中断服务程序各自的运算彼此互不交叉影响，以保证主程序和中断服务程序顺利进行，不至于互相干扰而造成信息丢失或错误。一般优先考虑备份一些重要的寄存器内容和交叉互用的变量参数，如 W 文件寄存器、STATUS 状态寄存器、PCLATH 寄存器以及 FSR 寄存器等。必须说明，中断往往是不可预知的，在主程序循环体中的任何一条指令处都可能发生中断请求，所以专用存储器的备份就应该涵盖所有的可能。

2. 中断源识别

中断源的识别是中断服务程序中一个重要环节，必须进行准确判别，才能执行相应的中断服务程序。在有些单片机中，中断矢量表的每一个入口地址都唯一对应确定的中断源，这个判别过程显得不可思议。而 PIC 单片机却进入同一个中断矢量 0004H，并不知道是哪一个中断源产生的，所以必须依次检测所有开放中断的标志位，即哪一个中断标志位被置位，哪一个中断源产生了中断。从检查中断标志位的顺序，可以人为设定中断源的优先级。在多个中断源同时产生时，可以按优先级来逐项处理，或是清除其他优先权较低的中断标志位。

3. 中断应急服务程序

程序中断的目的是为了执行突发过程的应急事务，中断服务程序就是体现应急事务的具体处理方案和对策。PIC 单片机在执行中断响应时不允许出现中断嵌套，所以在进入中断程序时，总中断使能位 GIE 自动清零；而在遇到 RETFIE 返回指令时，GIE 将自动返回使能状态。一般中断服务程序中还需要及时将发出应急事务的中断标志位清零，以避免当返回主程序后再次出现无故中断申请。

8.4 与中断相关的寄存器

中断主要涉及 6 个特殊功能寄存器，表 8－1 列出了与中断功能相关的寄存器。

表 8－1　与中断功能相关的寄存器

寄存器名称	寄存器地址	寄存器各位定义							
		Bit7	Bit6	Bit5	Bit4	Bit3	Bit2	Bit1	Bit0
OPTION_REG	81H/181H	$\overline{\text{RBPU}}$	INTEDG	T0CS	T0SE	PAS	PS2	PS1	PS0
INTCON	0BH/8BH/10H/18H	GIE	PEIE	T0IE	INTE	RBIE	T0IF	INTF	RBIF
PIE1	8CH	PSPIE	ADIE	RCIE	TXIE	SSPIE	CCP1IE	TMR2IE	TMR1IE
PIR1	0CH	PSPIF	ADIF	RCIF	TXIF	SSPIF	CCP1IF	TMR2IF	TMR1IF
PIE2	8DH	—	—	—	EEIE	BCLIE	—	—	CCP2IE
PIR2	0DH	—	—	—	EEIF	BCLIF	—	—	CCP2IF

- 选项寄存器 OPTION_REG：涉及外部触发中断 INT 的边沿选择；
- 中断控制寄存器 INTCON：各类中断使能状况和内部中断标志位；
- 第一外围中断使能寄存器 PIE1：涉及 8 个中断使能位的设置；
- 第一外围中断标志寄存器 PIR1：涉及 8 个中断标志位；
- 第二外围中断使能寄存器 PIE2：涉及 3 个中断使能位的设置；
- 第二外围中断标志寄存器 PIR2：涉及 3 个中断标志位。

1. 选项寄存器(OPTION_REG)

OPTION_REG 选项寄存器是一个可读/写的寄存器。其各位的分布如表 8－1 所列，但只有其中一位与中断功能有关，说明如下。

Bit6/INTEDG：INT 中断信号触发边沿选择位，主动参数。

　　0：RB0/INT 引脚上的上升沿触发；

　　1：RB0/INT 引脚上的下降沿触发。

2. 中断控制寄存器(INTCON)

中断控制寄存器是一个可读/写的寄存器，涉及各类中断使能状况和内部中断标志位。其各位的分布如表 8－1 所列，分别说明如下。

Bit0/RBIF：RB 端口高 4 位引脚 RB4～RB7 电平变化中断标志位，被动参数。

　　0：RB4～RB7 未发生电平变化；

　　1：RB4～RB7 已发生电平变化，系统置位(必须用软件清零)。

Bit1/INTF：外部触发 INT 中断标志位，被动参数。

　　0：未发生外部触发 INT 中断申请；

　　1：已发生外部触发 INT 中断申请，系统置位(必须用软件清零)。

Bit2/T0IF：TMR0 溢出中断标志位，被动参数。只要发生 TMR0 计数溢出，就将使 T0IF 置位，而与是否处于中断使能无关。

　　0：TMR0 未发生计数溢出；

　　1：TMR0 已发生计数溢出，系统置位(必须用软件清零)。

Bit3/RBIE：端口 RB 的引脚 RB4～RB7 电平变化中断使能位，主动参数。

　　0：禁止 RB 端口高 4 位产生电平变化中断；

　　1：使能 RB 端口高 4 位产生电平变化中断。

Bit4/INTE：外部触发 INT 中断使能位，主动参数。

　　0：禁止外部触发 INT 中断；

　　1：使能外部触发 INT 中断。

Bit5/T0IE：TMR0 溢出中断使能位，主动参数。

　　0：禁止 TMR0 计数溢出中断；

　　1：使能 TMR0 计数溢出中断。

Bit6/PEIE：外围中断使能位，主动参数。

0：禁止所有外围中断源模块(11 个中断源)的中断请求；

1：使能所有外围中断源模块(11 个中断源)的中断请求。

Bit7/GIE：总中断使能位，主动参数。

0：禁止所有中断源模块(14 个中断源)的中断请求；

1：使能所有中断源模块(14 个中断源)的中断请求。

3. 第一外围中断使能寄存器(PIE1)

第一外围中断使能寄存器 PIE1 是一个可读/写的寄存器，主要涉及 8 个中断源的中断使能位。其各位的分布如表 8－1 所列，分别说明如下。

Bit0/TMR1IE：TMR1 溢出中断使能位，主动参数。

0：禁止 TMR1 计数溢出中断；

1：使能 TMR1 计数溢出中断。

Bit1/TMR2IE：TMR2 溢出中断使能位，主动参数。

0：禁止 TMR2 计数溢出中断；

1：使能 TMR2 计数溢出中断。

Bit2/CCP1IE：捕捉比较和脉宽调制 CCP1 模块中断使能位，主动参数。

0：禁止 CCP1 模块中断；

1：使能 CCP1 模块中断。

Bit3/SSPIE：同步串行 SSP 通信中断使能位，主动参数。

0：禁止 SSP 模块中断；

1：使能 SSP 模块中断。

Bit4/TXIE：SCI 串行通信发送中断使能位，主动参数。

0：禁止 SCI 串行通信发送中断；

1：使能 SCI 串行通信发送中断。

Bit5/RCIE：SCI 串行通信接收中断使能位，主动参数。

0：禁止 SCI 串行通信接收中断；

1：使能 SCI 串行通信接收中断。

Bit6/ADIE：A/D 转换器中断使能位，主动参数。

0：禁止 A/D 转换器的中断；

1：使能 A/D 转换器的中断。

Bit7/PSPIE：RD 并行端口中断使能位，主动参数。

0：禁止 RD 并行端口的中断；

1：使能 RD 并行端口的中断。

4. 第一外围中断标志寄存器(PIR1)

第一外围中断标志寄存器 PIR1 是一个可读/写的寄存器，主要涉及 8 个中断源的中断标志位。其各位的分布如表 8－1 所列，分别说明如下。

Bit0/TMR1IF：TMR1 溢出中断标志位，被动参数。

0：TMR1 未发生计数溢出；

1：TMR1 已发生计数溢出，系统置位（必须用软件清零）。

Bit1/TMR2IF：TMR2 溢出中断标志位，被动参数。

0：TMR2 未发生计数溢出；

1：TMR2 已发生计数溢出，系统置位（必须用软件清零）。

Bit2/CCP1IF：捕捉比较和脉宽调制 CCP1 模块中断标志位，被动参数。

0：未发生 CCP1 模块中断申请；

1：已发生 CCP1 模块中断申请，系统置位（必须用软件清零）。

Bit3/SSPIF：同步串行 SSP 通信中断标志位，被动参数。

0：未发生 SSP 模块中断申请，等待下次发送或接收；

1：已发生 SSP 模块中断申请，完成本次发送或接收，系统置位（必须用软件清零）。

Bit4/TXIF：SCI 串行通信发送中断标志位，被动参数。

0：未发生 SCI 模块中断申请，当前正在发送数据；

1：已发生 SCI 模块中断申请，完成本次数据发送，系统置位（必须用软件清零）。

Bit5/RCIF：SCI 串行通信接收中断标志位，被动参数。

0：未发生 SCI 模块中断申请，当前正在准备接收；

1：已发生 SCI 模块中断申请，完成本次数据接收，系统置位（必须用软件清零）。

Bit6/ADIF：A/D 转换器中断标志位，被动参数。

0：未发生 A/D 转换器中断申请；

1：已发生 A/D 转换器中断申请，完成本次 A/D 转换工作，系统置位（必须用软件清零）。

Bit7/PSPIF：RD 并行端口中断标志位，被动参数。

0：未发生 RD 并行端口中断申请；

1：已发生 RD 并行端口中断申请，系统置位（必须用软件清零）。

5. 第二外围中断使能寄存器（PIE2）

第二外围中断使能寄存器 PIE2 是一个可读/写的寄存器，主要涉及 3 个中断源的中断使能位。其各位的分布如表 8-1 所列，分别说明如下。

Bit0/CCP2IE：捕捉比较和脉宽调制 CCP2 模块中断使能位，主动参数。

0：禁止 CCP2 模块中断；

1：使能 CCP2 模块中断。

Bit3/BCLIE：I^2C 总线冲突中断使能位，主动参数。

0：禁止 I^2C 总线冲突中断；

1：使能 I^2C 总线冲突中断。

Bit4/EEIE：E^2PROM 中断使能位，主动参数。

0：禁止 E^2PROM 中断；

1：使能 E^2PROM 中断。

6. 第二外围中断标志寄存器(PIR2)

第二外围中断标志寄存器 PIR2 是一个可读/写的寄存器，主要涉及 3 个中断源的中断标志位。其各位的分布如表 8-1 所列，分别说明如下。

Bit0/CCP2IF：捕捉比较和脉宽调制 CCP2 模块中断标志位，被动参数。

0：未发生 CCP2 模块中断申请；

1：已发生 CCP2 模块中断申请，系统置位(必须用软件清零)。

Bit3/BCLIF：I^2C 总线冲突中断标志位，被动参数。

0：未发生 I^2C 总线冲突中断申请；

1：已发生 I^2C 总线冲突中断申请，系统置位(必须用软件清零)。

Bit4/EEIF：E^2PROM 中断标志位，被动参数。

0：未发生 E^2PROM 中断申请，本次写操作正在进行；

1：已发生 E^2PROM 中断申请，本次写操作已经完成，系统置位(必须用软件清零)。

8.5 中断响应和处理

单片机复位或响应中断后，硬件自动将总中断使能位 GIE 清零，以禁止 PIC16F877 单片机所有 14 个模块的中断。而中断服务程序返回后，硬件又自动将总中断使能位 GIE 置位，重新使能所有 14 个模块的总中断。当某个中断源发生中断条件满足时，都会使对应中断标志位置位，向 CPU 发出中断请求。这个过程是由单片机的硬件保证，与各中断使能位、总中断使能位 GIE 和外围中断使能位 PEIE 所处的状态无关。在 CPU 获得中断请求信号后，是否进入相应的中断服务程序，将根据该中断源的使能位、总中断使能位 GIE 和外围中断使能位 PEIE 所处的状态决定。

8.5.1 中断信号的实时检测和延时响应

在 PIC16F877 单片机中，每个指令周期内都将实时检测中断标志位状态，基本做到实时检测即刻响应，满足各类中断应急要求。

PIC16F877 单片机的工作时序依赖于外接的系统时钟振荡频率，每 4 个时钟周期组成一个指令周期。当某个中断源满足特定的中断条件后，硬件电路就将触发该中断标志位置位。在每个指令周期内的第 2 个时钟脉冲上升沿，CPU 将依次检测所有中断源的标志位。若检测到某个中断标志位置位，则单片机会在下一个指令周期内将总中断使能位 GIE 清零。而在总中断使能位 GIE 信号清零后的下一个指令周期内，程序计数器 PC 被加载中断矢量地址 0004H。在接下来的一个指令周期内，

CPU 才开始真正执行中断服务程序的第一条指令。从中断标志位置位有效到执行中断服务程序的第一条指令，大约需要 3～4 个指令周期的延时才能真正响应中断并执行相应的功能服务程序。因此，单片机的实时检测和及时响应是相对的，必须认识到有一个固有的响应延时时间。

除了这个中断响应的固有延时外，并不能保证立即执行中断服务的功能程序，因为当系统开放多个中断源时，必须首先进行中断源的识别，然后才能对该中断源作出相应的中断服务。这个响应延时与系统开放中断源的数量有关，同时也与中断标志位的判别次序有关。一般通过单独开放中断或优先判别中断标志位的方法，来减少重要中断源中断的响应时间。

8.5.2 中断现场处理

当程序计数器 PC 加载中断矢量地址，而程序转入中断服务功能程序期间，必须根据随机的现场工作情况对重要的参数进行保护。PIC16F877 单片机在中断保护上与其他单片机略有不同，它不采用堆栈方式进行压栈保护，也没有现成的压栈保护指令，只能通过专用程序将有关寄存器内容保护在数据存储器中。一般需要保护的内容主要是 W 文件寄存器、STATUS 状态寄存器和 PCLATH 程序计数器指针虚拟高 8 位，以及用户认为有必要保护的特定寄存器或变量。在 PIC16F877 单片机中，由于存储器访问方式和精简指令的限制，要实现对 W、STATUS 和 PCLATH 的保护必须采用特定的程序，不然将可能无意中变更原有参数的数值。下面给出一段实现中断现场保护的范例程序段。

```
;------------------------------------------------------------------
;实现 W、STATUS 和 PCLATH 特殊功能寄存器的内容保存和恢复
;------------------------------------------------------------------
    MOVWF   W_TEMP           ;首先将 W 文件寄存器送入 W_TEMP 备份
    SWAPF   STATUS,W         ;STATUS 状态寄存器高/低 4 位交换后送入 W
    MOVWF   STATUS_TEMP      ;高/低 4 位交换后,STATUS 送 STATUS_TEMP
                             ;备份
    MOVF    PCLATH,W         ;虚拟高 8 位 PCLATH 内容送入 W
    MOVWF   PCLATH_TEMP      ;将虚拟高 8 位 PCLATH 送入 PCLATH_TEMP
                             ;备份
;------------------------------------------------------------------
;中断服务程序核心功能处理部分(省略)
;------------------------------------------------------------------
    ⋮
;------------------------------------------------------------------
;实现 W、STATUS 和 PCLATH 特殊功能寄存器的内容恢复
;------------------------------------------------------------------
```

```
MOVF     PCLATH_TEMP,W        ;PCLATH_TEMP 备份回送 W
MOVWF    PCLATH               ;首先恢复 PCLATH 内容
SWAPF    STATUS_TEMP,W        ;STATUS_TEMP 备份高/低 4 位交换后回送 W
MOVWF    STATUS               ;恢复 PCLATH 内容
SWAPF    W_TEMP,F             ;W_TEMP 备份高/低 4 位交换
SWAPF    W_TEMP,W             ;W_TEMP 备份再次高/低 4 位交换后回送 W
```

这是一段典型中断保护程序的范例，程序设计的思路和保护的次序都很有讲究，重点分析如下：

(1) 寄存器的保护顺序有规定的模式，必须做到先保护 W 文件寄存器，再保护 STATUS 状态寄存器，最后保护 PCLATH 虚拟高 8 位寄存器。而数据恢复时的顺序正好相反。

(2) STATUS 状态寄存器在入栈保护时采用高/低 4 位交换方式，而不是一般的传送指令。这主要是考虑到，如果利用传送指令将会引起原有状态标志位的变化，只有高/低 4 位数据交换传送对状态标志位没有影响。STATUS 数据恢复时再次使用高/低 4 位交换，刚好能够保证 STATUS 数据恢复并保持原有数值。

(3) W 文件寄存器在保护时很直截了当，但在恢复时采用一种迂回的方式，主要是因为此时 STATUS 状态寄存器和 PCLATH 虚拟高 8 位寄存器都已经恢复，W 文件寄存器的恢复过程就必须保证不能对这些参数产生影响。

【例题 8-1】 采用 RB 端口高 4 位电平变化中断功能，实现从 PORTD(LED) 输出手动计数显示，要求点亮发光二极管且具有不断闪烁功能。

解题分析　一般在实时系统中，键盘的实时监控通过不断扫描来完成不是很科学，并且是完全没有必要的，是对 CPU 资源的极大浪费。本例采用 RB 端口高 4 位电平变化中断功能，实现对键盘的实时监控。把计数相关的增数键和减数键分别定义到 RB4、RB5，根据其键入引起的电平变化而响应中断，并在中断服务程序中去检测哪个键盘按下。实现发光二极管的闪烁功能，只须在 LED 正常显示中插入一定的全暗时间。

程序如下：

```
;-------------------------------------------------------------------------------
LIST P=16F877
INCLUDE "P16F877.INC"
;-------------------------------------------------------------------------------
COUNTER       EQU        30H
PORTD_TEP     EQU        31H
              ORG        0000H
              NOP
              GOTO       ST
```

```
;-------------------------------------------------------------------------
;中断服务程序
;-------------------------------------------------------------------------
        ORG       0004H
        BCF       INTCON,RBIF      ;清除 RB 中断标志
RB4     BTFSS     PORTB,4          ;判断 RB4 是否按下
        GOTO      RB5              ;没有按下转判断 RB5
        CALL      DELAY10MS        ;RB4 按下,调用 10 ms 延时子程序
        BTFSS     PORTB,4          ;再判断 RB4 是否按下
        GOTO      RB5              ;没有按下转判 RB5
PP4     BTFSC     PORTB,4          ;RB4 按下,转判断 RB4 是否释放
        GOTO      PP4              ;没有释放,等待
        CALL      DELAY10MS        ;RB4 释放,调用 10 ms 延时子程序
        BTFSC     PORTB,4          ;再判断 RB4 是否释放
        GOTO      PP4              ;没有释放,等待
        INCF      PORTD_TEP,F      ;临时 PORTD 加 1
        GOTO      RE               ;中断返回
RB5     BTFSS     PORTB,5          ;判断 RB5 是否按下
        GOTO      RE               ;中断返回
        CALL      DELAY10MS        ;RB5 按下,调用 10 ms 延时子程序
        BTFSS     PORTB,5          ;再判断 RB5 是否按下
        GOTO      RE               ;中断返回
PP5     BTFSC     PORTB,5          ;RB5 按下,转判断 RB5 是否释放
        GOTO      PP5              ;没有释放,等待
        CALL      DELAY10MS        ;RB5 释放,调用 10 ms 延时子程序
        BTFSC     PORTB,5          ;再判断 RB5 是否释放
        GOTO      PP5              ;没有释放,等待
        DECF      PORTD_TEP,F      ;临时 PORTD 减 1
RE      RETFIE                     ;中断返回
;-------------------------------------------------------------------------
;主程序
;-------------------------------------------------------------------------
ST      BSF       STATUS,RP0       ;选择数据存储器体 1
        MOVLW     00H              ;RD 端口为输出
        MOVWF     TRISD
        MOVLW     30H              ;RB4、RB5 为输入
        MOVWF     TRISB
        BCF       STATUS,RP0       ;选择数据存储器体 0
        MOVLW     B'10001000'      ;总中断和 RB 中断使能
```

```
        MOVWF   INTCON
        CLRF    PORTD           ;PORTD 输出清零
        CLRF    PORTD_TEP       ;临时 PORTD 清零
LOOP    MOVLW   00H
        MOVWF   PORTD           ;PORTD 输出清零
        CALL    DELAY           ;延时
        MOVF    PORTD_TEP,W     ;取出临时 PORTD
        MOVWF   PORTD           ;临时 PORTD 加载
        CALL    DELAY           ;延时
        GOTO    LOOP            ;返回
;------------------------------------------------------------------
;10 ms 软件延时子程序
;------------------------------------------------------------------
DELAY10MS
        MOVLW   0DH             ;外循环常数
        MOVWF   20H             ;外循环寄存器
LOOP1   MOVLW   0FFH            ;内循环常数
        MOVWF   21H             ;内循环寄存器
LOOP2   DECFSZ  21H             ;内循环寄存器递减
        GOTO    LOOP2           ;继续内循环
        DECFSZ  20H             ;外循环寄存器递减
        GOTO    LOOP1           ;继续外循环
        RETURN                  ;返回
;------------------------------------------------------------------
;延时子程序
;------------------------------------------------------------------
DELAY   MOVLW   80H             ;外循环常数
        MOVWF   20H             ;外循环寄存器
LP2     MOVLW   0FFH            ;内循环常数
        MOVWF   21H             ;内循环寄存器
LP1     DECFSZ  21H             ;内循环寄存器递减
        GOTO    LP1             ;继续内循环
        DECFSZ  20H             ;外循环寄存器递减
        GOTO    LP2             ;继续外循环
        RETURN                  ;返回
;------------------------------------------------------------------
        END
;------------------------------------------------------------------
```

【例题 8-2】 用 TMR0 模块的定时功能实现 65 ms 延时，通过独立按键 RB0、RB1 实时改变延时时间（TMR0 定时中断的次数）的长短，调整 8 个 LED 发光二极管亮暗显示的闪动频率。如果采用示波器进行观察，则显示效果将更为理想。

解题分析 本例题的基本延时为 TMR0 构成的 65 ms，为了增加定时长度，这里设置变量 TIMES 来控制 TMR0 延时中断的次数，当键盘输入时，则对 TIMES 内容进行加减 10 的操作。TIMES 初值设置为 1，数值变化范围是 1～251，若其值位于 1，则减 10 键盘将处于无效状态；同样，若其值位于 251，则加 10 键盘也处于无效状态。所以亮暗之间的时间间隔最小为 65 ms，而最大为 65 ms×251=16.5 s，在 TIME 数值较小的时候看得比较清楚，但超出一定的范围时亮暗变化就不太明显，建议采用示波器进行观察。

```
;------------------------------------------------------------------------
LIST P=16F877
INCLUDE"P16F877.INC"
;------------------------------------------------------------------------
;COUNTER     EQU      30H
;TIMES       EQU      31H
;------------------------------------------------------------------------
             ORG      0000H
             NOP
             GOTO     MAIN
             ORG      0004H              ;中断入口地址
             BCF      INTCON,T0IF        ;清 TRM0 中断标志位
             DECFSZ   COUNTER,F          ;定时到,COUNTER 计数器减 1
             GOTO     RE
             COMF     PORTD              ;PORTD 取反
             MOVF     TIMES,W            ;取出 TIMES 内容
             MOVWF    COUNTER            ;放入 COUNTER
RE           CLRF     TMR0               ;设 TMR0 初值为 0
             RETFIE                      ;中断返回
;------------------------------------------------------------------------
;主程序
;------------------------------------------------------------------------
MAIN         BSF      STATUS,5           ;选体 1
             MOVLW    B'10000111'
             MOVWF    OPTION_REG         ;分频比设置为 1:256,取消 RB 口
                                         ;弱上拉功能
             BSF      TRISB,0            ;PORTB 第 0 位设置为输入
             BSF      TRISB,1            ;PORTB 第 1 位设置为输入
```

```
          MOVLW   00H
          MOVWF   TRISD          ;PORTD 设置为输出
          BCF     STATUS,5       ;选体 0
          MOVLW   B'10100000'
          MOVWF   INTCON         ;开总中断,TMR0 中断
          CLRF    TMR0           ;设 TMR0 初值为 0
          CLRF    PORTD          ;清 PORTD 端口
          MOVLW   .10
          MOVWF   TIMES          ;送循环控制变量
          MOVWF   COUNTER        ;送循环控制常数
          CLRF    TMR0           ;设 TMR0 初值为 0
RB0       BTFSS   PORTB,0        ;检测 RB0 是否按下
          GOTO    RB1            ;没按下,转入跳转程序
          CALL    DELAY10MS      ;调用 10 ms 软件延时子程序
          BTFSS   PORTB,0        ;再次检测 RB0 是否按下
          GOTO    RB1            ;没按下,转入跳转程序
PB0       BTFSC   PORTB,0        ;RB0 按下,转判 RB0 是否释放
          GOTO    PB0            ;没有释放,等待
          CALL    DELAY10MS      ;调用 10 ms 软件延时子程序
          BTFSC   PORTB,0        ;再次检测 RB0 是否释放
          GOTO    PB0            ;没有释放,等待
          BCF     STATUS,C       ;进位/借位位清零
          MOVLW   .10
          ADDWF   TIMES,F        ;循环变量加 10
          BTFSS   STATUS,C       ;检测是否有进位
          GOTO    B0             ;没进位,转入跳转程序
          MOVLW   0FFH
          MOVWF   TIMES          ;循环变量置为最大
B0        MOVF    TIMES,W        ;送循环控制变量
          MOVWF   COUNTER        ;送循环控制常数
RB1       BTFSS   PORTB,1        ;检测 RB1 是否按下
          GOTO    RB0            ;没按下,转入跳转程序
          CALL    DELAY10MS      ;调用 10 ms 软件延时子程序
          BTFSS   PORTB,1        ;再次检测 RB1 是否按下
          GOTO    RB0            ;没按下,转入跳转程序
PB1       BTFSC   PORTB,1        ;RB1 按下,转判 RB1 是否释放
          GOTO    PB1            ;没有释放,等待
          CALL    DELAY10MS      ;调用 10 ms 软件延时子程序
          BTFSC   PORTB,1        ;再次检测 RB1 是否释放
```

```
            GOTO    PB1                 ;没有释放,等待
            BCF     STATUS,C            ;进位/借位位清零
            MOVLW   .10
            SUBWF   TIMES,F             ;循环变量减 10
            BTFSS   STATUS,Z
            GOTO    STC
            GOTO    TIM
STC         BTFSC   STATUS,C            ;检测是否有借位
            GOTO    B1                  ;没借位,转入跳转程序
TIM         MOVLW   01H
            MOVWF   TIMES               ;循环变量置为最小
B1          MOVF    TIMES,W             ;送循环控制变量
            MOVWF   COUNTER             ;送循环控制常数
            GOTO    RB0
;------------------------------------------------------------------
;10 ms 软件延时子程序
;------------------------------------------------------------------
DELAY10MS
            MOVLW   0DH                 ;外循环常数
            MOVWF   22H                 ;外循环寄存器
LOP2        MOVLW   0FFH                ;内循环常数
            MOVWF   23H                 ;内循环寄存器
LOP1        DECFSZ  23H,F               ;内循环寄存器递减
            GOTO    LOP1                ;继续内循环
            DECFSZ  22H,F               ;外循环寄存器递减
            GOTO    LOP2                ;继续外循环
            RETURN                      ;子程序返回
;------------------------------------------------------------------
            END
;------------------------------------------------------------------
```

测试题

一、思考题

1. 请叙述中断的概念，并说明一次中断过程可以分为几步？
2. 什么叫中断源？PIC16F877 单片机有几个中断源？分别是什么？其优先级由什么决定？
3. 中断程序的开始和结束与一般程序有何不同？
4. 在 PIC16F877 单片机中，中断的处理应注意哪些问题？
5. 什么叫中断标志位？如何使用？

6. 与中断有关的寄存器有哪些？
7. 中断的优先级主要由什么因素决定？如何处理？
8. 中断的现场保护和中断现场恢复应放在主程序还是中断子程序中完成？为什么？
9. 在 PIC16F877 单片机中，总中断使能位和外围中断使能位分别起什么作用？
10. 请说明中断程序应如何调试？

二、选择题

1. 对于 PIC16F877 单片机，中断服务程序的入口地址统一设置在________H。
   A. 0000　B. 0002　C. 0004　D. 0006
2. 一般 PIC 单片机在执行中断服务程序中，需要对以下特殊功能寄存器和其他重要数据进行保护，但________除外。
   A. STATUS　B. PCLATH　C. W 文件寄存器　D. 中断程序地址
3. PIC16F877 单片机共有________个中断源。
   A. 12　B. 13　C. 14　D. 15
4. 关于 PIC16F877 中断概念，在下列叙述中错误的是________。
   A. 在单片机初次上电或其他复位情况下，总中断使能位 GIE 和其他中断使能位都清零
   B. 中断标志位的状态与该中断源是否被屏蔽无关
   C. 在中断被禁止的情况下，中断标志位置位，一旦解除禁止，仍不一定立即产生中断
   D. PIC16F877 单片机的中断源之间不存在优先级关系
5. 对于 PIC16F877 单片机，在所有中断源中，以下选项中的中断级别是________。
   A. INT 最高　B. TMR0 最高　C. RB 电平变化最高　D. 都相同
6. 对于一次中断申请，中断服务程序内容的执行顺序比较合理的是________。
   A. 保护现场，查询中断源，清除标志，处理中断
   B. 查询中断源，保护现场，处理中断，清除标志
   C. 处理中断，查询中断源，保护现场，清除标志
   D. 清除标志，保护现场，处理中断，查询中断源
7. 在 PIC16F877 中断源模块中，可以分为中断源第一梯队和中断源第二梯队。但设置中断总使能位 GIE=1 以及开放 14 个中断源模块，还不能确保模块________在条件满足的情况下发生中断响应。
   A. INT　B. A/D 转换器　C. TMR0　D. RB
8. 当单片机进入中断服务程序后，为了保证下一次中断响应的正确性，必须完成的功能操作是________。
   A. 中断禁止　B. 中断处理程序　C. 保护中断现场　D. 清除中断标志
9. 当执行中断服务程序时，一旦完成指令________后，即可以返回到原主程序断点处继续执行。
   A. RETURN　B. RETLW　C. RET　D. RETFIE
10. 关于 PIC16F877 单片机的中断概念，在下列叙述中错误的是________。
    A. 中断服务功能必须安排在中断响应服务程序内
    B. 从外部中断信号 INT 输入有效到正式执行对应的外部服务程序，会出现 3～4 个指令周期的延时
    C. 在进入中断服务子程序期间，只有返回地址（程序计数器指针 PC）的值会被自动压入堆栈
    D. 各模块中断使能位，在满足中断条件而被置位后，一般要用软件方式清零

11. 设置每一个中断模块对应的使能位，可通过以下特殊功能寄存器来实现，但________除外。

A. OPTION_REG　B. INTCON　C. PIE1　D. PIE2

12. 关于 RB 端口中断响应的条件，正确的是________。

A. RB0～7 各引脚输入电平变化　B. RB4～7 各引脚输入电平变化

C. RB0～7 各引脚输入为高电平　D. RB4～7 各引脚输入为高电平

13. 为了产生外部中断 INT，必须对以下位功能进行设置，但________除外。

A. GIE　B. INTE　C. INTF　D. INTEDG

14. 对于中断使能位选项________，当单片机复位和执行中断返回指令 RETFIE 时，将分别会对该位清零和置位。

A. GIE　B. PEIE　C. INTE　D. GIE 和 PEIE

15. 总中断使能位 GIE 除了利用程序指令可以设置为 1 外，在________情况下也将自动置位。

A. 进入中断服务程序　B. 从中断服务程序返回　C. 系统复位　D. 从睡眠状态返回

16. 在中断服务程序中，如果需要保存标志寄存器的内容，那么必须要经过特殊的处理，如执行程序“SWAPF STATUS，W”、“MOVWF STATUS_TEMP”。其目的是为了防止________标志位失真。

A. C　B. DC　C. Z　D. IRP

17. 如果把常数变量设置在位于________单元的数据存储器中，那么在执行中断服务程序时，可以不必考虑中断点位于数据存储器的体位。

A. 65H　B. A8H　C. 171H　D. 1EEH

18. 关于 PIC16F877 单片机中断，可以有以下正确叙述，但________除外。

A. 每一种中断源使能的次数(即约束中断的条件)不完全相同，有些两次使能(如 INT 中断，约束中断的条件是 GIE、INTE)，而有些 3 次使能(如 CCP1 中断，约束中断的条件是 GIE、CCP1IE 以及 PEIE)

B. 响应中断所产生的延时时间会随着中断源被使能次数的不同而不同

C. 总中断使能位 GIE 的状态与 CPU 被唤醒后是否转中断矢量无关

D. 中断标志位的状态与中断源是否被使能无关

19. 在 PIC 单片机中，同步串行通信 SPI 模式的中断响应________中断标志位的状态情况。若被置位，将可能引起相应模块的中断响应。

A. PSPIF　B. SSPIF　C. SPIIF　D. CCP1IF

20. PIC 单片机在执行返回指令且退出中断服务程序时，返回地址来自________。

A. ROM 区　B. 程序计数器　C. 堆栈区　D. CPU 的暂存寄存器

第9章　串行通信方式

串行扩展通信接口是单片机与外围器件或其他计算机之间进行数据交换的平台和重要渠道。PIC16F877单片机主要配置有两类形式的串行通信模块，即主控同步串行通信MSSP(Master Synchronous Serial Port)和串行方式通用同步/异步收发器USART(Universal Synchronous/Asynchronous Receiver Transmitter)。MSSP模块主要应用于系统内部近距离的串行通信，如SPI和I^2C模式。USART模块主要应用于系统之间的远距离串行通信，在外围接口电路及计算机通信中应用非常广泛。

9.1　SPI串行通信模块

SPI(Serial Peripheral Interface)是一种单片机外设芯片同步串行扩展接口，由Motorola公司推出。采用SPI接口外围器件的特点是具有引脚性价比高等优点，因而在市场上得到了广泛的应用。目前有许多外围器件都采用SPI接口，例如存储器、A/D转换器和RTC时钟电路等。PIC16C6X、PIC16C7X和PIC16F87X等系列单片机都拥有SPI功能模块。

主控同步串行SPI通信接口定义4条信号线：一对数据输入SDI和输出SDO线、一条同步串行时钟线SCK以及从动方式握手信号线$\overline{SS}$。它们可以用主/从双方全双工方式同时发送和接收8位数据。以下将双方通信的主体称为主控器件，而通信的客体称为从动器件。这4条信号线具体定义如下。

(1) SDO(Serial Data Output——主控器件输出)：在主控器件中作为输出线，在从动器件中作为输入线。数据传送的方向是恒定的，这和一般的串行通信有所区别。数据总是以字节为发送单位，每次数据传送1字节或多字节。在单个数据字节发送中，总是从高位(MSB)开始到低位(LSB)结束。

(2) SDI(Serial Data Intput——主控器件输入)：SDI在主控器件中作为输入线，在从动器件中作为输出线。数据传送的方向和方式与SDO类似，不过数据传送的方向正好相反。一般情况下，此线可以不用，例如通过SPI通信完成八段显示的数据驱动以及构成外扩展数据存储器的地址选择线等。只有当需要从动器件返回数据信息时，才启用这条反向数据线。

(3) SCK(Serial Clock——同步串行时钟)：在从动器件中作为输入线，在主控器件中作为输出线。主控器件产生和输出的SCK时序信号主要用于主、从器件之间数据传送的同步时序信号，有时称为波特率。该时序信号可通过软件调整，将有效控制主、从器件之间数据传送的节奏。主、从器件之间完成 1 字节数据交换一般需要占用 8 个时序周期。

注意：对于主控同步串行 SPI 通信，数据的发送和数据的接收总是同步完成。不要以为主控器件发送的数据总是有效数据，而接收的数据也总是有效数据，这种双向数据有效的概率在 SPI 通信中并不很高。有时主控器件为了接收从动器件的数据，任意发送一个无效数据而达到接收一个有效数据的目的。由于发送和接收双方同时采用同一个时序信号，发送和接收工作必须分时作业才可达到同步。发送移位寄存器前半个周期发送数据，而接收移位寄存器利用时序信号中心跳变沿进行采样并完成数据的锁存。

(4) $\overline{SS}$(Slave Select——从动方式选择)：主、从器件之间除了以上数据通道和同步时序信号外，还有一个很重要的握手信号，就是主控器件向从动器件发出数据传送命令的通知方式。主控器件 $\overline{SS}$ 输入线一般不用(也可常接高电平)。而从动器件 $\overline{SS}$ 输入线平时必须接高电平；当转变为低电平时，表示主控器件告知从动器件准备接收发送出来的数据。

主控器件和从动器件进行全双工通信的连接方式如图 9-1 所示。

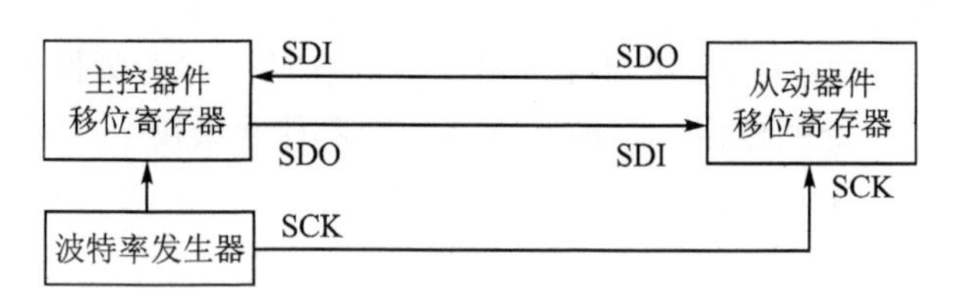

图 9-1　全双工主控—从动器件的连接方法

9.1.1　与 SPI 模式相关的寄存器

与 SPI 同步通信模式相关的寄存器共有 10 个，如表 9-1 所列，其中无编址的只有一个 SSPSR。

- 中断控制寄存器 INTCON：SSP 的中断状况受控于总中断使能位 GIE 和外围中断使能位 PEIE；
- 第一外围中断使能寄存器 PIE1：涉及 SSP 中断使能位；
- 第一外围中断标志寄存器 PIR1：涉及 SSP 中断标志位；
- AD 控制寄存器 ADCON1：定义 RA5 为输入/输出数字通道；
- RA 方向寄存器 TRISA：设置 RA5 为输入方式；
- RC 方向寄存器 TRISC：SPI 通信专用数据输入/输出通道和时序同步信号；
- 收/发数据缓冲器 SSPBUF：SPI 通信收/发数据专用寄存器；
- 同步串行控制寄存器 SSPCON：定义 SPI 通信的工作模式，发送冲突和接收溢出反馈方式、主同步功能使能及时序信号的选择；

- 同步串行状态寄存器 SSPSTAT：定义 SPI 通信的工作状态，涉及 SPI 数据通信的发送方式及收/发数据缓冲器的数据状态。

下面将简单介绍其中与 SPI 模式相关的 4 个寄存器对应位的功能。

表 9-1　与 SPI 模式相关的寄存器

寄存器名称	寄存器地址	寄存器各位定义							
		Bit7	Bit6	Bit5	Bit4	Bit3	Bit2	Bit1	Bit0
INTCON	0BH/8BH/10BH/18BH	GIE	PEIE	T0IE	INTE	RBIE	T0IF	INTF	RBIF
PIE1	8CH	PSPIE	ADIE	RCIE	TXIE	SSPIE	CCP1IE	TMR2IE	TMR1IE
PIR1	0CH	PSPIF	ADIF	RCIF	TXIF	SSPIF	CCP1IF	TMR2IF	TMR1IF
ADCON1	9FH	ADFM	—	—	—	PCFG3	PCFG2	PCFG1	PCFG0
TRISA	85H	—	—	TRISA5	TRISA4	TRISA3	TRISA2	TRISA1	TRISA0
TRISC	87H	TRISC7	TRISC6	TRISC5	TRISC4	TRISC3	TRISC2	TRISC1	TRISC0
SSPBUF	13H	MSSP 接收/发送数据缓冲空间							
SSPCON	14H	WCOL	SSPOV	SSPEN	CKP	SSPM3	SSPM2	SSPM1	SSPM0
SSPSTAT	94H	SMP	CKE	$D/\overline{A}$	P	S	$R/\overline{W}$	UA	BF
SSPSR	无地址	MSSP 接收/发送数据移位寄存器							

1. 收/发数据缓冲器(SSPBUF)

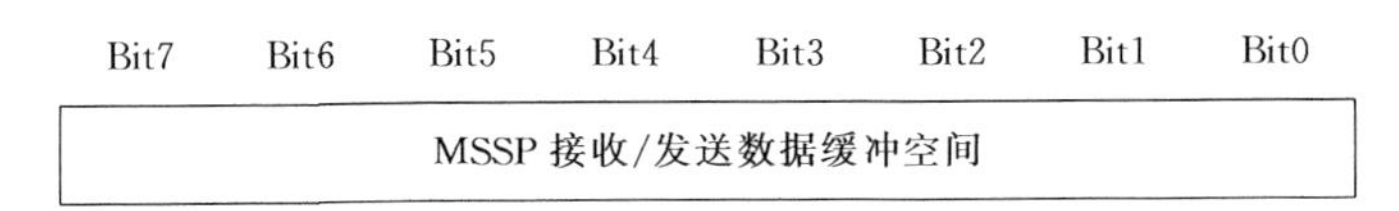

Bit7	Bit6	Bit5	Bit4	Bit3	Bit2	Bit1	Bit0
MSSP 接收/发送数据缓冲空间							

SSPBUF 是一个可读/写的寄存器。作为 SPI 通信模块的桥梁，SSPBUF 承担着数据输入/输出缓冲器的功能。在数据发送过程中，只需将欲发送的 1 字节的数据写入其中，之后 SPI 通信模块会自动将数据传递给移位寄存器，按照时序信号逐位传送。在接收数据的过程中，移位寄存器逐位接收数据，当 1 字节的数据接收完毕，也会自动传递给 SSPBUF。

2. 同步串行状态寄存器(SSPSTAT)

Bit7	Bit6	Bit5	Bit4	Bit3	Bit2	Bit1	Bit0
SMP	CKE	$D/\overline{A}$	P	S	$R/\overline{W}$	UA	BF

SSPSTAT 状态寄存器真实记录 MSSP 模块的各种工作状态，高 2 位可读/写，低 6 位只能读。与 SPI 通信有关的只有 3 个位参数，具体位定义和功能如下。

Bit0/BF：接收缓冲器SSPBUF为满标志位，仅仅用于SPI接收状态，被动参数。

0：表示接收缓冲器为空；

1：表示接收缓冲器为满。

Bit6/CKE：在SPI通信中，决定时钟沿选择和发送数据的关系，并且与空闲时的高/低电平有关，主动参数。

在CKP＝0、静态电平为低时：

0：时序信号SCK下降沿发送数据；

1：时序信号SCK上升沿发送数据。

在CKP＝1、静态电平为高时：

0：时序信号SCK上升沿发送数据；

1：时序信号SCK下降沿发送数据。

Bit7/SMP：在SPI主控方式下，SPI通信可以选择不同的采样控制方式；而对于SPI从动方式，该位必须固定置位，主动参数。

0：在时序信号中间采样输入数据；

1：在时序信号的末尾采样输入数据。

3. 同步串行控制寄存器(SSPCON)

Bit7	Bit6	Bit5	Bit4	Bit3	Bit2	Bit1	Bit0
WCOL	SSPOV	SSPEN	CKP	SSPM3	SSPM2	SSPM1	SSPM0

SSPCON是一个涉及信息较多的可读/写寄存器，通过这些内容的设置可实现对SPI模块的功能和通信方式进行调整，相关的位和功能定义如下。

Bit3～Bit0/SSPM3～SSPM0：同步串口SPI方式选择位，主动参数。其配置如表9-2所列。具体涉及主控方式下时序信号频率的选择，以及从动方式下$\overline{SS}$引脚功能的激活定义。

表9-2　同步串口SPI方式选择位

SSPM3～SSPM0	SPI工作方式	时　钟
0000	主控方式	$f_{OSC}/4$
0001	主控方式	$f_{OSC}/16$
0010	主控方式	$f_{OSC}/64$
0011	主控方式	TMR2输出/2
0100	从动方式	SCK脚输入，使能$\overline{SS}$引脚功能
0101	从动方式	SCK脚输入，关闭$\overline{SS}$引脚功能，$\overline{SS}$用作普通数字I/O引脚

Bit4/CKP：空闲时钟电平选择位，主动参数。

0：表示空闲时钟位于低电平；

1：表示空闲时钟位于高电平。

Bit5/SSPEN：同步串行 MSSP 使能位，对于 SPI 模式，必须确保 SCK、SDO 设定为输出状态，而 SDI、$\overline{SS}$ 设定为输入状态，主动参数。

0：禁止同步串行功能，SCK、SDO、SDI 和 $\overline{SS}$ 可作为一般通用数字通道；

1：使能同步串行功能，SCK、SDO、SDI 和 $\overline{SS}$ 应作为 SPI 通信的专用通道。

注意：在 SPI 模式下，SCK、SDO、SDI 和 $\overline{SS}$ 并非都要使用。例如，面向一般的应用器件，其数据是单向传送，实际只用到 SCK、SDO 两条引脚线。

Bit6/SSPOV：接收缓冲器 SSPBUF 溢出标志位，被动参数。

0：没有发生接收溢出；

1：已经发生接收溢出。

注意：发生接收溢出，是指接收缓冲器 SSPBUF 中上次获得的数据还未被取出，移位寄存器 SSPSR 中又收到新的数据。这种接收溢出现象，对于 SPI 数据通信的主、从双方都可能会发生，其结果将导致移位寄存器 SSPSR 新接收的数据丢失。在实际系统中，必须杜绝这种现象发生。一般可采用及时对 SSPBUF 执行读取操作指令的方式来解决。

Bit7/WCOL：发送缓冲器 SSPBUF 冲突检测位，被动参数。

0：没有发生写操作冲突；

1：已经发生写操作冲突。

注意：发生写操作冲突，是指移位寄存器 SSPSR 正在发送前一个数据字节时，又出现新数据写入发送缓冲器 SSPBUF。这种写操作冲突，将严重影响 SPI 正常的数据通信，必须彻底杜绝这种现象发生。

4. 移位寄存器(SSPSR)

Bit7	Bit6	Bit5	Bit4	Bit3	Bit2	Bit1	Bit0
MSSP 接收/发送数据串行移位空间							

在 SPI 模式下，移位寄存器 SSPSR 是主、从双方进行数据发送和接收的主要器件，会自动与发送/接收缓冲器 SSPBUF 进行数据传递。发送/接收缓冲器 SSPBUF 是真正面向用户可进行读/写操作的寄存器。

9.1.2 SPI 模式工作原理

如图 9－2 所示，SPI 模式电路的基本结构包含 3 个主要部分：发送缓冲器、接收缓冲器和移位寄存器。对于数据发送端：首先将要发送 1 字节的数据通过数据总线送入发送缓冲器 SSPBUF；然后系统自动传送到移位寄存器 SSPSR 中，根据移位时序信号率先将数据字节的高位（MSB）发送出去。对于数据接收端：移位寄存器依据时序信号逐位接收发送端传来的数据；待 8 个周期信号后完整收到 1 字节数据，再自动传送到接收缓冲器 SSPBUF；并且将相应接收缓冲器 SSPBUF 满标志位置位，然后可由程序读取数据。SPI 模块内部带有双向传送和接收功能，数据发送的过程同时也是数据接收的过程，同步进行，互不影响。正因为这个因素，有时为了接收一个有效字节数据，而恰恰采用发送一个无效字节数据的方式间接获得；同样，有时发送一个有效字节数据，而往往接收到一个无效字节数据。因此，在进行数据双向传送过程中，不必理会是全双工的操作过程，还是半双工的操作过程。SPI 通信方式结构框图如图 9－3 所示。在主动工作方式下，假定 SPI 通信方式处于 CKP＝1、SMP＝0 的初始条件下，各信号的时序关系如图 9－4 所示。

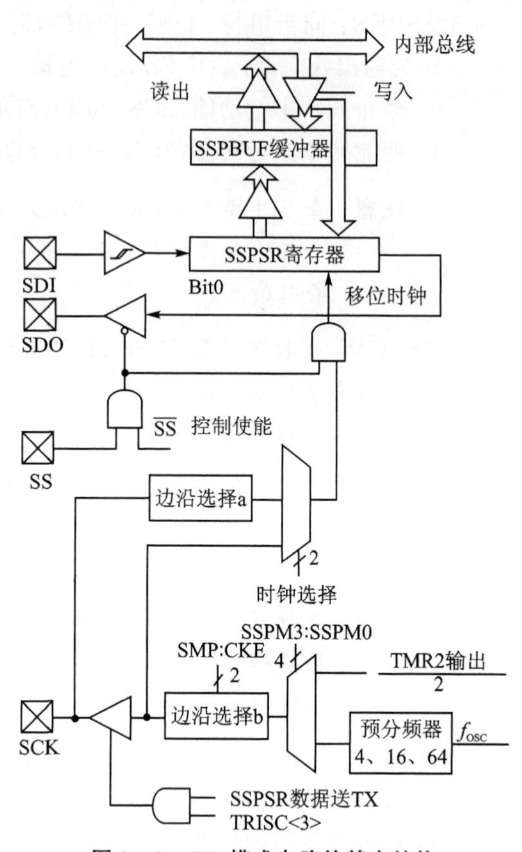

图 9－2 SPI 模式电路的基本结构

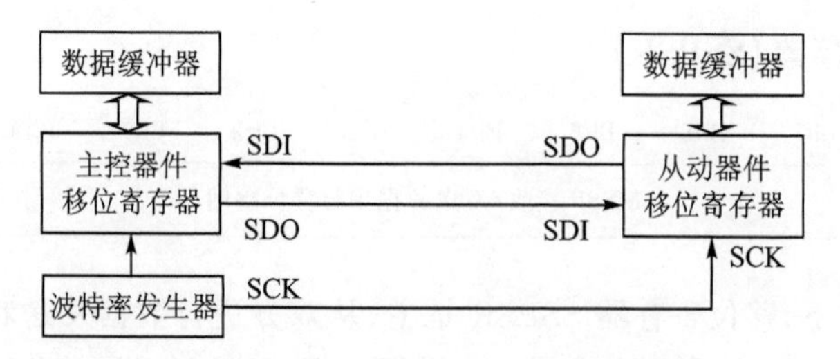

图 9－3 SPI 通信方式结构框图

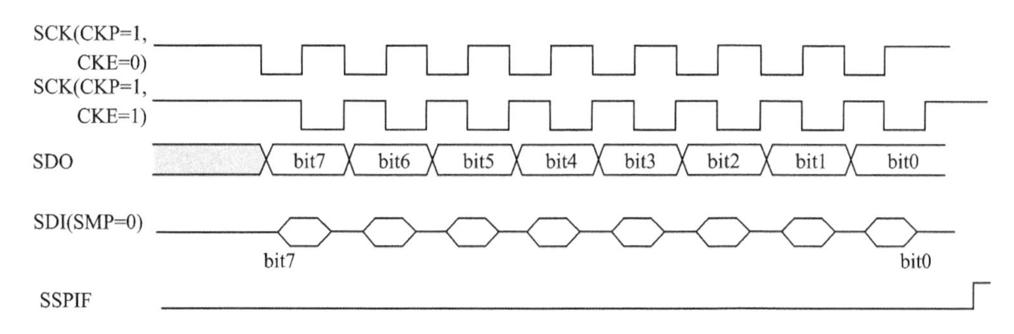

图9-4　主控方式下的SPI工作时序图

9.1.3　SPI串行通信应用

在单片机外围扩展功能中,SPI通信得到了广泛的应用。其中一个重要应用就是采用少量串行数据线转换成为数量可观的并行输出。这种串/并转换通过74LS164移位寄存器实现,能应用于多位8段数码显示器的静态驱动和外围扩展大容量存储器的地址选择。

【例题9-1】　利用SPI同步串行功能实现数码管数据串行传送,并通过8个74LS164组成的移位电路并行输出,达到数码数据的静态驱动显示。要求:在系统复位后,8位数码管全暗,接着数码管0~7分别从最高位到最低位依次点亮,最后直接进入系统的监控状态,以在最高位出现"—"为标志。

解题分析　通过8个74LS164组成的数码驱动电路,其本质是静态驱动显示。只要数码管显示的信息不发生变化,就无须循环驱动电路。这一点与动态数码驱动是有本质区别。单片机数据存储器60H~67H定义8个数码管的数据显示缓冲器,要改变数码管的显示内容,只需及时变更对应数据显示缓冲器的数据,再进行刷新显示。其基本电路连接方式可参见图9-5。

注意: 8段数码显示器数字编码、暗和监控标志"—"的特定编码。

下面是一个通用显示程序,许多实际应用都是在此基础上展开的。

```
;------------------------------------------------------------------
LIST P=16F877
INCLUDE "P16F877.INC"
;------------------------------------------------------------------
COUNTER     EQU     30H         ;计数器
FSR_TEP     EQU     31H         ;FSR保护缓冲器
            ORG     0000H
            NOP
ST          BSF     STATUS,RP0  ;选择数据存储器体1
            MOVLW   B'11010111' ;定义RC3/SCK、RC5/SDO输出、RC4/SDI输入
```

```
            MOVWF   TRISC
            CLRF    SSPSTAT       ;清除 SMP、CKE 位(SPI 专用指令)
            BCF     STATUS,RP0    ;选择数据存储器体 0
            MOVLW   B'00110010'   ;设置 SSP 控制方式：取 fosc/64、SPI 主控、
                                  ;CKP=1
            MOVWF   SSPCON        ;(SPI 专用指令)
            CALL    CHUSHIHUA     ;调用初始化子程序
            GOTO    $             ;等待,进入监控状态
;------------------------------------------------------------------------
;显示驱动子程序
;------------------------------------------------------------------------
XSHI        MOVLW   67H           ;设置显示缓冲器的初始数据地址
            MOVWF   FSR
LOOP        MOVF    INDF,W        ;取出数据
            CALL    BMA           ;查询对应编码
            CALL    OUTXSH        ;利用 SPI 方式输出编码数据
            DECF    FSR
            BTFSS   FSR,4         ;直到 8 位数码全部输出
            GOTO    LOOP          ;没有到
            RETURN                ;子程序返回
;------------------------------------------------------------------------
;SPI 方式输出编码数据子程序
;------------------------------------------------------------------------
OUTXSH      MOVWF   SSPBUF        ;送至 SSPBUF 后开始逐位发送
LOOP1       BSF     STATUS,RP0    ;选择体 1
            BTFSS   SSPSTAT,BF    ;是否发送完毕
            GOTO    LOOP1         ;否,继续查询
            BCF     STATUS,RP0    ;发送完毕,选择体 0
            MOVF    SSPBUF,W      ;移空 SSPBUF
            RETURN                ;返回
;------------------------------------------------------------------------
;编码查询
;------------------------------------------------------------------------
BMA         ADDWF   PCL,F
            RETLW   3FH           ;"0"编码
            RETLW   06H           ;"1"编码
            RETLW   5BH           ;"2"编码
            RETLW   4FH           ;"3"编码
            RETLW   66H           ;"4"编码
            RETLW   6DH           ;"5"编码
```

```
            RETLW    7DH          ;"6"编码
            RETLW    07H          ;"7"编码
            RETLW    7FH          ;"8"编码
            RETLW    6FH          ;"9"编码
            RETLW    00H          ;"暗"编码
            RETLW    40H          ;"—"编码
;-----------------------------------------------------------------
;8 位数码全暗,仅最高位给出"—"键控提示符
;-----------------------------------------------------------------
JKZT        MOVLW    60H          ;除最高位外,均设置为全暗
            MOVWF    FSR
TUN         MOVLW    0AH          ;0AH 代表"暗"编码
            MOVWF    INDF         ;间接寻址
            INCF     FSR          ;地址加 1
            BTFSS    FSR,3        ;是否 7 个单元结束
            GOTO     TUN          ;没有,进行
            MOVLW    0BH          ;最高位 67H 单元送"—"编码
            MOVWF    67H
            RETURN                ;子程序返回
;-----------------------------------------------------------------
;初始化子程序(67H～60H 缓冲存储器分别赋值 00～07),从数码最高位 67H 开始点亮,
;延时 196 ms
;-----------------------------------------------------------------
CHUSHIHUA   CALL     JKZT         ;首先调用监控子程序
            CALL     XSHI         ;输出显示
            MOVLW    67H
            MOVWF    FSR          ;从最高位赋值,采用间接寻址
            MOVLW    00H
            MOVWF    COUNTER      ;给出赋值数据,从 0 开始
QT          MOVF     COUNTER,W
            MOVWF    INDF
            MOVF     FSR,W
            MOVWF    FSR_TEP      ;保护 FSR
            CALL     XSHI         ;数码刷新
            CALL     DELAY        ;调用 196 ms 延时
            MOVF     FSR_TEP,W    ;恢复 FSR
            MOVWF    FSR
            DECF     FSR          ;地址减 1
            INCF     COUNTER      ;赋值数据加 1
            BTFSS    COUNTER,3    ;8 位赋值是否结束
```

```
            GOTO      QT
            CALL      JKZT          ;首先调用监控子程序
            CALL      XSHI          ;数码显示刷新
            RETURN                  ;子程序返回
;---------------------------------------------------------------------
;缓冲器 60H～67H 移位子程序,方向：(67H)←(66H)←(65H)……←(60H)
;---------------------------------------------------------------------
YIWEI       MOVF      66H,W         ;66H 单元数据移入 67H
            MOVWF     67H
            MOVF      65H,W         ;65H 单元数据移入 66H
            MOVWF     66H
            MOVF      64H,W         ;64H 单元数据移入 65H
            MOVWF     65H
            MOVF      63H,W         ;63H 单元数据移入 64H
            MOVWF     64H
            MOVF      62H,W         ;62H 单元数据移入 63H
            MOVWF     63H
            MOVF      61H,W         ;61H 单元数据移入 62H
            MOVWF     62H
            MOVF      60H,W         ;60H 单元数据移入 61H
            MOVWF     61H
            RETURN                  ;子程序返回
;---------------------------------------------------------------------
;196 ms 软件延时子程序
;---------------------------------------------------------------------
DELAY       MOVLW     01H           ;外循环常数
            MOVWF     20H           ;外循环寄存器
LP1         MOVLW     0FFH          ;中循环常数
            MOVWF     21H           ;中循环寄存器
LP2         MOVLW     0FFH          ;内循环常数
            MOVWF     22H           ;内循环寄存器
LP3         DECFSZ    22H           ;内循环寄存器递减
            GOTO      LP3           ;继续内循环
            DECFSZ    21H           ;中循环寄存器递减
            GOTO      LP2           ;继续中循环
            DECFSZ    20H           ;外循环寄存器递减
            GOTO      LP1           ;继续外循环
            RETURN                  ;子程序返回
;---------------------------------------------------------------------
            END
;---------------------------------------------------------------------
```

【例题 9－2】 在例题 9－1 通用显示程序的基础上，利用 5 位数码显示器进行快速累加自动计数（数值范围 0～65 535），间隔时间约 65 ms，并利用 PORTD 连接 8 个 LED 辅助计数。

解题分析　采用 TMR0 定时 65 ms，时间常数取 00H，预分频比取 1∶256。5 位数码在 0～65 535 的显示范围，可以有以下两种方法进行数值计算和显示。

解题方案一　直接利用数据显示缓冲区的数据进行加 1 操作，对于千、百、十和个位在加 1 操作时，注意识别为 9 时将产生进位。本方案比较简单直观。

程序如下：

```
;--------------------------------------------------------------------------------
LIST P=16F877
INCLUDE "P16F877.INC"
;--------------------------------------------------------------------------------
COUNTER     EQU       30H            ;计数器
FSR_TEP     EQU       31H            ;FSR 保护缓冲器
            ORG       0000H
            NOP
            GOTO      ST
            ORG       0004H
            BCF       INTCON,T0IF
            INCF      PORTD
            CALL      SJCL           ;调用数据处理
            CALL      XSHI
            CLRF      TMR0
            RETFIE
ST          BSF       STATUS,RP0     ;选择数据存储器体 1
            MOVLW     B'11010111'    ;定义 RC3/SCK、RC5/SDO 输出、RC4/SDI 输入
            MOVWF     TRISC
            CLRF      TRISD
            MOVLW     B'00000111'
            MOVWF     OPTION_REG
            CLRF      SSPSTAT        ;清除 SMP、CKE 位(SPI 专用指令)
            BCF       STATUS,RP0     ;选择数据存储器体 0
            MOVLW     B'00110010'    ;设置 SSP 控制方式：取 fOSC/64、SPI 主控、
                                     ;CKP=1
            MOVWF     SSPCON         ;(SPI 专用指令)
            CLRF      PORTD
            CALL      CHUSHIHUA      ;调用初始化子程序
            CLRF      60H
            CLRF      61H
```

```
            CLRF      62H
            CLRF      63H
            CLRF      64H
            MOVLW     B'11100000'
            MOVWF     INTCON
            CLRF      TMR0
            GOTO      $               ;等待,进入监控状态
;-----------------------------------------------------------------------
;显示驱动子程序
;-----------------------------------------------------------------------
XSHI        MOVLW     67H             ;设置显示缓冲器的初始数据地址
            MOVWF     FSR
LOOP        MOVF      INDF,W          ;取出数据
            CALL      BMA             ;查询对应编码
            CALL      OUTXSH          ;利用 SPI 方式输出编码数据
            DECF      FSR
            BTFSS     FSR,4           ;直到 8 位数码全部输出
            GOTO      LOOP            ;没有到
            RETURN                    ;子程序返回
;-----------------------------------------------------------------------
;SPI 方式输出编码数据子程序
;-----------------------------------------------------------------------
OUTXSH      MOVWF     SSPBUF          ;送至 SSPBUF 后开始逐位发送
LOOP1       BSF       STATUS,RP0      ;选择体 1
            BTFSS     SSPSTAT,BF      ;是否发送完毕
            GOTO      LOOP1           ;否,继续查询
            BCF       STATUS,RP0      ;发送完毕,选择体 0
            MOVF      SSPBUF,W        ;移空 SSPBUF
            RETURN                    ;返回
;-----------------------------------------------------------------------
;编码查询,省略
;-----------------------------------------------------------------------
;加 1 数据处理程序
;-----------------------------------------------------------------------
SJCL        MOVF      60H,W           ;取出个位
            SUBLW     09H             ;是否为 9
            BTFSC     STATUS,Z
            GOTO      SWEI            ;个位是 9,转到十位准备加 1
            INCF      60H             ;个位不是 9,个位直接加 1
            GOTO      RE              ;加 1 过程结束
SWEI        CLRF      60H             ;个位清零
```

```
            MOVF      61H,W           ;取出十位
            SUBLW     09H             ;是否为9
            BTFSC     STATUS,Z
            GOTO      BWEI            ;十位是9,转到百位准备加1
            INCF      61H             ;十位不是9,十位直接加1
            GOTO      RE              ;加1过程结束
BWEI        CLRF      61H             ;十位清零
            MOVF      62H,W           ;取出百位
            SUBLW     09H             ;是否为9
            BTFSC     STATUS,Z
            GOTO      QWEI            ;百位是9,转到千位准备加1
            INCF      62H             ;百位不是9,百位直接加1
            GOTO      RE              ;加1过程结束
QWEI        CLRF      62H             ;百位清零
            MOVF      63H,W           ;取出千位
            SUBLW     09H             ;是否为9
            BTFSC     STATUS,Z
            GOTO      WWEI            ;千位是9,转到万位准备加1
            INCF      63H             ;千位不是9,千位直接加1
            GOTO      RE              ;加1过程结束
WWEI        CLRF      63H             ;千位清零
            MOVF      64H,W           ;取出万位
            SUBLW     09H             ;是否为9
            BTFSC     STATUS,Z
            GOTO      PWEI            ;万位是9,转到万位清零
            INCF      64H             ;万位不是9,万位直接加1
            GOTO      RE              ;加1过程结束
PWEI        CLRF      64H             ;万位清零
RE          RETURN                    ;子程序返回
;-----------------------------------------------------------------------
;8位数码全暗,仅最高位给出“—”键控提示符,省略
;-----------------------------------------------------------------------
;初始化子程序(67H～60H缓冲存储器分别赋值00～07),省略
;-----------------------------------------------------------------------
;缓冲器60H～67H移位子程序,方向:(67H)←(66H)←(65H)……←(60H),省略
;-----------------------------------------------------------------------
;196 ms软件延时子程序,省略
;-----------------------------------------------------------------------
            END
;-----------------------------------------------------------------------
```

解题方案二 首先利用一个 16 位变量单元进行加 1 操作，然后进行二进制到 BCD 码的转换，再根据转换出口数据分解到相应的 60H～64H 中。采用和 0FH 相"与"，从而屏蔽无效位。本方案比较复杂，涉及不同进制之间的转换，当计数超过 65 535 时，能够自动复 0。

程序如下：

```
;---------------------------------------------------------------------------
LIST P=16F877
INCLUDE "P16F877.INC"
;---------------------------------------------------------------------------
COUNTER     EQU     30H                     ;计数器
FSR_TEP     EQU     31H                     ;FSR 保护缓冲器
SHUH        EQU     32H                     ;计数变量高 8 位
SHUL        EQU     33H                     ;计数变量低 8 位
S1H         EQU     34H                     ;函数入口变量
S1L         EQU     35H                     ;函数入口变量
R1H         EQU     36H                     ;函数出口变量
R1Z         EQU     37H                     ;函数出口变量
R1L         EQU     38H                     ;函数出口变量
TEMP        EQU     39H
COUNT       EQU     3AH
            ORG     0000H
            NOP
            GOTO    ST
;---------------------------------------------------------------------------
;中断服务程序
;---------------------------------------------------------------------------
            ORG     0004H
            BCF     INTCON,T0IF             ;清除中断标志位
            INCF    PORTD                   ;输出显示加 1
            CALL    SJCL                    ;调用数据处理
            CALL    XSHI                    ;调用显示子程序
            CLRF    TMR0                    ;时间常数清零
            RETFIE                          ;中断返回
ST          BSF     STATUS,RP0              ;选择数据存储器体 1
            MOVLW   B'11010111'             ;定义 RC3/SCK、RC5/SDO 输出、RC4/SDI
                                            ;输入
            MOVWF   TRISC
            CLRF    TRISD                   ;RC 端口为输出
            MOVLW   B'00000111'             ;TMR0 预分频器取 1∶256
```

```
            MOVWF    OPTION_REG
            CLRF     SSPSTAT         ;清除 SMP、CKE 位(SPI 专用指令)
            BCF      STATUS,RP0      ;选择数据存储器体 0
            MOVLW    B'00110010'     ;设置 SSP 控制方式: 取 fOSC/64、SPI
                                     ;主控、CKP=1
            MOVWF    SSPCON          ;(SPI 专用指令)
            CLRF     PORTD           ;RD 端口清零
            CALL     CHUSHIHUA       ;调用初始化子程序
            CLRF     SHUH            ;计数变量清零
            CLRF     SHUL            ;计数变量清零
            MOVLW    B'11100000'     ;开放中断
            MOVWF    INTCON
            CLRF     TMR0            ;TMR0 时间常数初值为 0
            GOTO     $               ;等待,进入监控状态
;-----------------------------------------------------------------------
;显示驱动子程序
;-----------------------------------------------------------------------
XSHI        MOVLW    67H             ;设置显示缓冲器的初始数据地址
            MOVWF    FSR
LOP         MOVF     INDF,W          ;取出数据
            CALL     BMA             ;查询对应编码
            CALL     OUTXSH          ;利用 SPI 方式输出编码数据
            DECF     FSR
            BTFSS    FSR,4           ;直到 8 位数码全部输出
            GOTO     LOP             ;没有到
            RETURN                   ;子程序返回
;-----------------------------------------------------------------------
;SPI 方式输出编码数据子程序
;-----------------------------------------------------------------------
OUTXSH      MOVWF    SSPBUF          ;送至 SSPBUF 后开始逐位发送
LOOP1       BSF      STATUS,RP0      ;选择体 1
            BTFSS    SSPSTAT,BF      ;是否发送完毕
            GOTO     LOOP1           ;否,继续查询
            BCF      STATUS,RP0      ;发送完毕,选择体 0
            MOVF     SSPBUF,W        ;移空 SSPBUF
            RETURN                   ;子程序返回
;-----------------------------------------------------------------------
;编码查询,省略
;-----------------------------------------------------------------------
```

```
;加 1 数据处理程序
;------------------------------------------------------------------------
SJCL      INCF     SHUL           ;低 8 位变量加 1
          MOVF     SHUL,F
          BTFSS    STATUS,Z       ;判断是否有进位
          GOTO     POP            ;没有进位,转去显示
          INCF     SHUH           ;有进位,高 8 位变量加 1,转去显示
POP       MOVF     SHUH,W         ;取出高 8 位变量送 BCD 码转换入口条件
          MOVWF    S1H
          MOVF     SHUL,W         ;取出低 8 位变量送 BCD 码转换入口条件
          MOVWF    S1L
          CALL     BINTOBCD       ;调用二进制到 BCD 码转换子程序
          MOVF     R1H,W          ;出口条件万位送 64H
          MOVWF    64H
          MOVF     R1Z,W          ;千、百位分离送 63H、62H
          ANDLW    0FH            ;屏蔽高 4 位
          MOVWF    62H            ;百位送 62H
          SWAPF    R1Z,W          ;高低 4 位交换
          ANDLW    0FH            ;屏蔽高 4 位
          MOVWF    63H            ;千位送 63H
          MOVF     R1L,W          ;十、个位分离送 61H、60H
          ANDLW    0FH            ;屏蔽高 4 位
          MOVWF    60H            ;个位送 60H
          SWAPF    R1L,W          ;高低 4 位交换
          ANDLW    0FH            ;屏蔽高 4 位
          MOVWF    61H            ;十位送 61H
          RETURN                  ;子程序返回
;------------------------------------------------------------------------
;二进制到 BCD 码转换子程序
;------------------------------------------------------------------------
BINTOBCD  MOVLW    10H            ;循环向左移位 16 次
          MOVWF    COUNT
          CLRF     R1H
          CLRF     R1Z
          CLRF     R1L
LOOP      RLF      S1L            ;二进制数据单元逐位移入 BCD 码单元
          RLF      S1H
          RLF      R1L
          RLF      R1Z
```

```
            RLF       R1H
            DECFSZ    COUNT
            GOTO      ADJDET
            RETLW     00H
ADJDET      MOVLW     R1L
            MOVWF     FSR
            CALL      ADJBCD         ;调整低 8 位 R1L
            MOVLW     R1Z
            MOVWF     FSR
            CALL      ADJBCD         ;调整中 8 位 R1Z
            MOVLW     R1H
            MOVWF     FSR
            CALL      ADJBCD         ;调整高 8 位 R1H
            GOTO      LOOP
;------------------------------------------------------------------
;逐位调整
;------------------------------------------------------------------
ADJBCD      MOVLW     03H
            ADDWF     INDF,W         ;是否 LSD 加 3
            MOVWF     TEMP
            BTFSC     TEMP,3         ;是否大于 4
            MOVWF     INDF           ;确定 LSD 加 3
            MOVLW     30H
            ADDWF     INDF,W         ;是否 MSD 加 3
            MOVWF     TEMP
            BTFSC     TEMP,7         ;是否大于 4
            MOVWF     INDF           ;确定 MSD 加 3
            RETLW     00H
;------------------------------------------------------------------
;8 位数码全暗,仅最高位给出"—"键控提示符,省略
;------------------------------------------------------------------
;初始化子程序(67H～60H 缓冲存储器分别赋值 00～07),省略
;------------------------------------------------------------------
;缓冲器 60H～67H 移位子程序,方向:(67H)←(66H)←(65H)……←(60H),省略
;------------------------------------------------------------------
;196 ms 软件延时子程序,省略
;------------------------------------------------------------------
            END
;------------------------------------------------------------------
```

【例题 9－3】 如图 9－5 所示为 8 位数码显示和 16 个键盘工作原理图。利用 PIC16F877 单片机的 SPI 同步串行功能，实现数码管数据串行传送，并通过 8 个 74LS164 组成的移位电路，达到数码数据的静态显示。而 16 个键盘组成矩阵电路，采用 RD 口高/低 4 位复合选通。试编写相应的应用程序。要求：在系统复位后，8 位数码管全暗，接着，数码管 0～7 分别从最高位到最低位依次点亮，最后直接进入系统的监控状态，以在最高位出现“—”为标志。

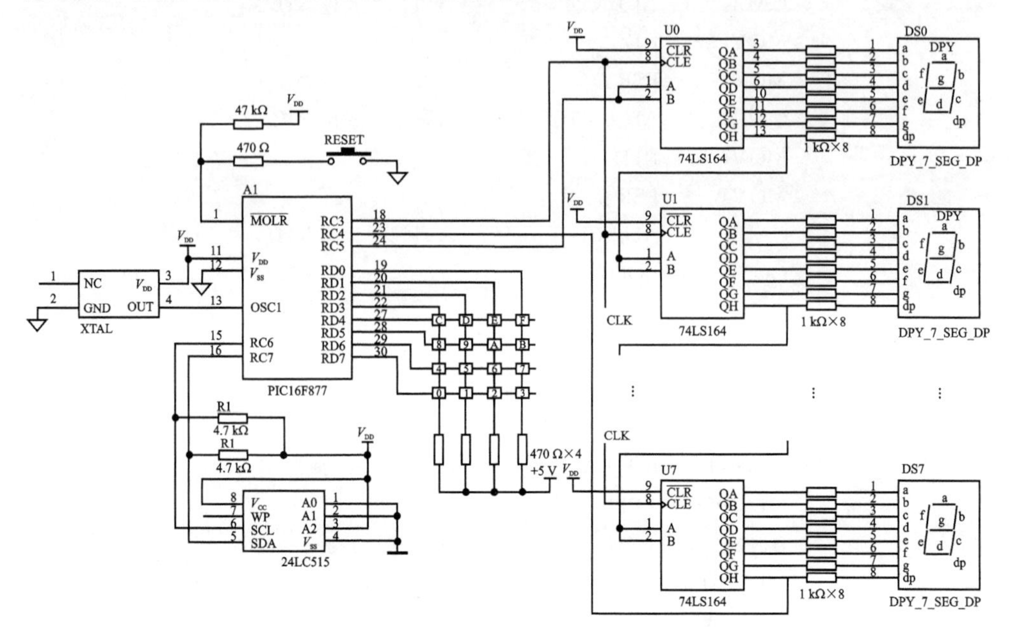

图 9－5　数码显示和键盘工作原理图

解题分析　数据存储器 60H～67H 定义为 8 个数码管的数据缓冲器，要改变数码管的显示内容，只须及时变更对应数据缓冲器的数据即可。键盘动态扫描采用高可靠性判断方式，即：两次判断键闭合，两次判断键释放，期间软件延时约为 20 ms。一般 16 个键可以这样安排：0～9 为数字键，A～F 可以定义为系统功能键。本例 A～F 键定义为进入监控状态。软件流程框图如图 9－6～图 9－13 所示。

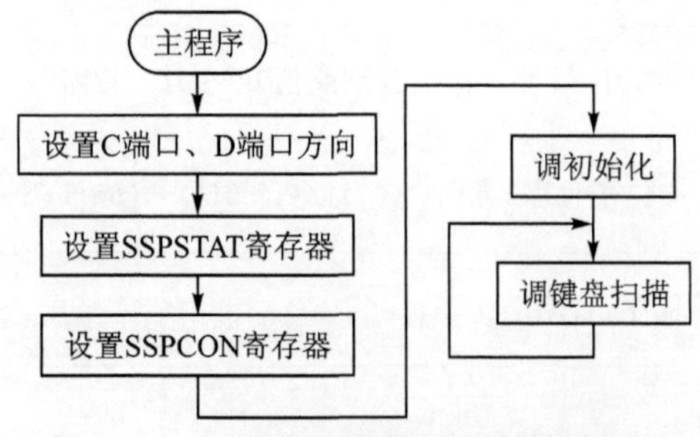

图 9－6　SPI 控制键盘显示主程序流程图

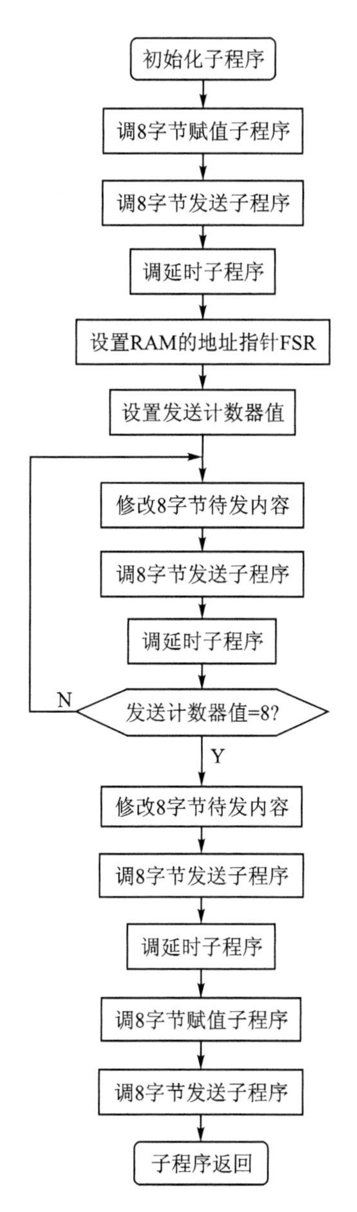

图 9-7　初始化子程序流程图

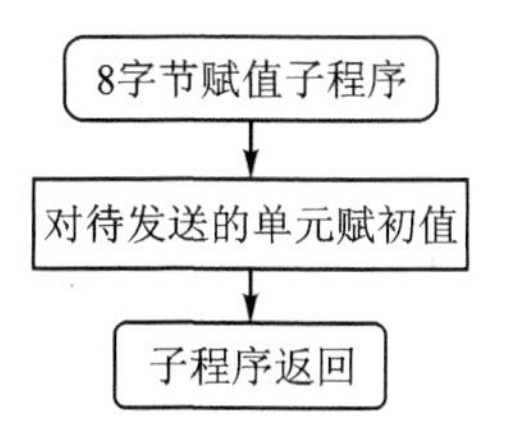

图 9-8　8 字节赋值子程序流程图

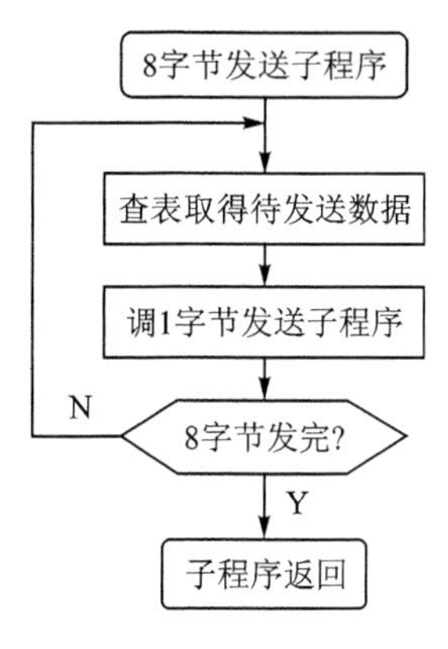

图 9-9　8 字节发送子程序流程图

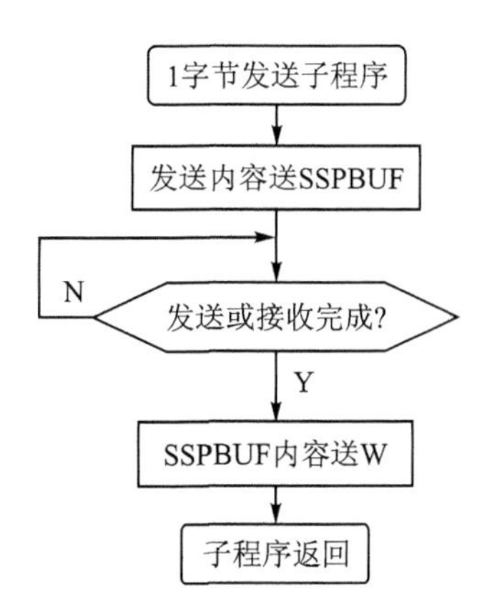

图 9-10　1 字节发送子程序流程图

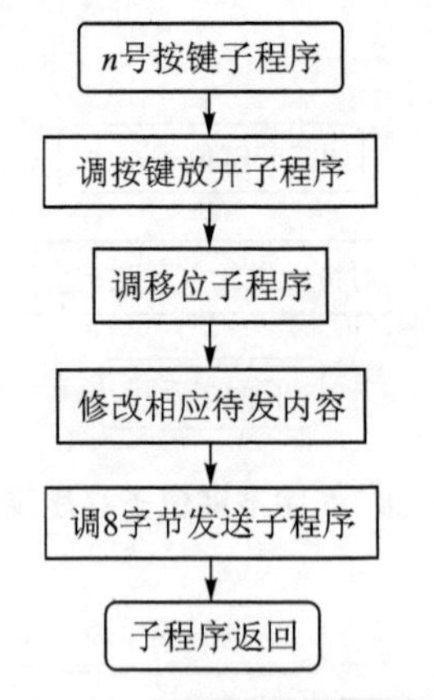

图 9-11　*n* 号按键子程序流程图

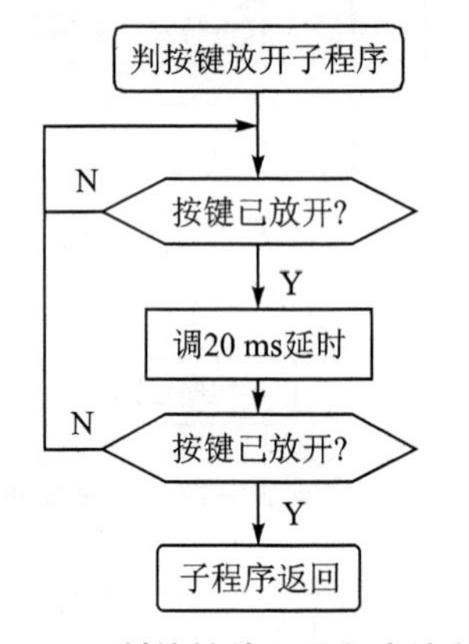

图 9-12　判按键放开子程序流程图

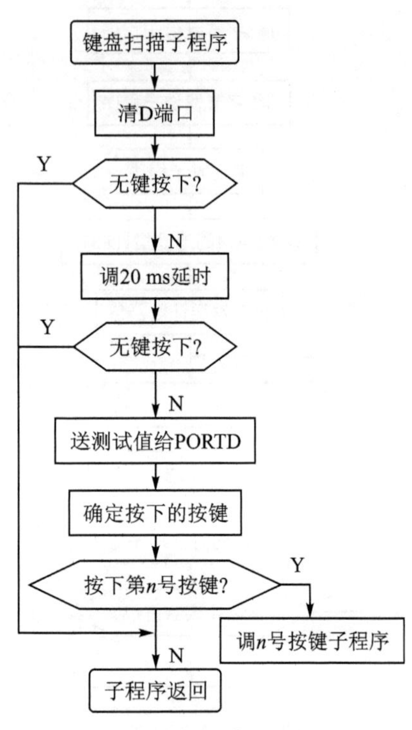

图 9-13　键盘扫描子程序流程图

程序如下：

```
;------------------------------------------------------------------------------------
LIST P=16F877
INCLUDE "P16F877.INC"
;------------------------------------------------------------------------------------
COUNTER     EQU       30H              ;计数器
FSR_TEP     EQU       31H              ;FSR 保护缓冲器
            ORG       0000H
            NOP
ST          BSF       STATUS,RP0       ;选择数据存储器体 1
            MOVLW     B'11010111'  ;定义 RC3/SCK、RC5/SDO 输出、RC4/SDI 输入
            MOVWF     TRISC
            MOVLW     0F0H
```

```
        CLRF      SSPSTAT       ;清除 SMP、CKE 位(SPI 专用指令)
        BCF       STATUS,RP0    ;选择数据存储器体 0
        MOVLW     B'00110010'   ;设置 SSP 控制方式：取 fOSC/64、SPI
                                ;主控、CKP=1
        MOVWF     SSPCON        ;(SPI 专用指令)
        CALL      CHUSHIHUA     ;调用初始化子程序
        CALL      JIANPAN       ;调用键盘扫描子程序
        GOTO      $-1           ;等待,进行键盘扫描
;------------------------------------------------------------------
;显示驱动子程序
;------------------------------------------------------------------
XSHI    MOVLW     67H           ;设置显示缓冲器的初始数据地址
        MOVWF     FSR
LOOP    MOVF      INDF,W        ;取出数据
        CALL      BMA           ;查询对应编码
        CALL      OUTXSH        ;利用 SPI 方式输出编码数据
        DECF      FSR
        BTFSS     FSR,4         ;直到 8 位数码全部输出
        GOTO      LOOP          ;没有到
        RETURN                  ;子程序返回
;------------------------------------------------------------------
;SPI 方式输出编码数据子程序
;------------------------------------------------------------------
OUTXSH  MOVWF     SSPBUF        ;送至 SSPBUF 后开始逐位发送
LOOP1   BSF       STATUS,RP0    ;选择体 1
        BTFSS     SSPSTAT,BF    ;是否发送完毕
        GOTO      LOOP1         ;否,继续查询
        BCF       STATUS,RP0    ;发送完毕,选择体 0
        MOVF      SSPBUF,W      ;移空 SSPBUF
        RETURN                  ;返回
;------------------------------------------------------------------
;编码查询,省略
;------------------------------------------------------------------
;8 位数码全暗,仅最高位给出"—"键控提示符,省略
;------------------------------------------------------------------
;初始化子程序(67H~60H 缓冲存储器分别赋值 00~07),省略
;------------------------------------------------------------------
;缓冲器 60H~67H 移位子程序,方向：(67H)←(66H)←(65H)……←(60H),省略
```

```
;-----------------------------------------------------------------------
;键盘扫描子程序
;-----------------------------------------------------------------------
JIANPAN     MOVLW      00H           ;RD 口低 4 位输出全“0”
            MOVWF      PORTD
            MOVLW      0F0H
            ANDWF      PORTD,W       ;屏蔽低 4 位
            SUBLW      0F0H
            BTFSC      STATUS,Z      ;判断 RD 口高 4 位是否全“1”
            RETURN                   ;是,无键输入,返回
            CALL       DELAY10MS     ;否,有键输入,延时 20 ms
            CALL       DELAY10MS
            MOVLW      00H           ;再判断一次,RD 口低 4 位输出全“0”
            MOVWF      PORTD
            MOVLW      0F0H
            ANDWF      PORTD,W       ;屏蔽低 4 位
            SUBLW      0F0H
            BTFSC      STATUS,Z      ;判断 RD 口高 4 位是否全“1”
            RETURN                   ;是虚假输入,返回
            MOVLW      0FEH          ;确定有键输入,逐行判断,首先 RD0=0
            MOVWF      PORTD
            BTFSS      PORTD,4       ;判断键“0”
            GOTO       JIAN0         ;是,执行键“0”功能子程序
            BTFSS      PORTD,5       ;判断键“1”
            GOTO       JIAN1         ;是,执行键“1”功能子程序
            BTFSS      PORTD,6       ;判断键“2”
            GOTO       JIAN2         ;是,执行键“2”功能子程序
            BTFSS      PORTD,7       ;判断键“3”
            GOTO       JIAN3         ;是,执行键“3”功能子程序
            MOVLW      0FDH          ;RD1=0
            MOVWF      PORTD
            BTFSS      PORTD,4       ;判断键“4”
            GOTO       JIAN4         ;是,执行键“4”功能子程序
            BTFSS      PORTD,5       ;判断键“5”
            GOTO       JIAN5         ;是,执行键“5”功能子程序
            BTFSS      PORTD,6       ;判断键“6”
            GOTO       JIAN6         ;是,执行键“6”功能子程序
            BTFSS      PORTD,7       ;判断键“7”
```

```
        GOTO     JIAN7       ;是,执行键“7”功能子程序
        MOVLW    0FBH        ;RD2=0
        MOVWF    PORTD
        BTFSS    PORTD,4     ;判断键“8”
        GOTO     JIAN8       ;是,执行键“8”功能子程序
        BTFSS    PORTD,5     ;判断键“9”
        GOTO     JIAN9       ;是,执行键“9”功能子程序
        BTFSS    PORTD,6     ;判断键“A”
        GOTO     JIANA       ;是,执行键“A”功能子程序
        BTFSS    PORTD,7     ;判断键“B”
        GOTO     JIANB       ;是,执行键“B”功能子程序
        MOVLW    0F7H        ;RD3=0
        MOVWF    PORTD
        BTFSS    PORTD,4     ;判断键“C”
        GOTO     JIANC       ;是,执行键“C”功能子程序
        BTFSS    PORTD,5     ;判断键“D”
        GOTO     JIAND       ;是,执行键“D”功能子程序
        BTFSS    PORTD,6     ;判断键“E”
        GOTO     JIANE       ;是,执行键“E”功能子程序
        BTFSS    PORTD,7     ;判断键“F”
        GOTO     JIANF       ;是,执行键“F”功能子程序
        RETURN               ;子程序返回
;--------------------------------------------------------------
;键“0” 数字功能子程序
;--------------------------------------------------------------
JIAN0   CALL     SFANG       ;调用键释放子程序
        CALL     YIWEI       ;调用缓冲器 60H~67H 移位子程序
        MOVLW    00H         ;定义该键为“0”
        MOVWF    60H
        CALL     XSHI        ;数码显示刷新
        RETURN               ;子程序返回
;--------------------------------------------------------------
;键“1”数字功能子程序
;--------------------------------------------------------------
JIAN1   CALL     SFANG       ;调用键释放子程序
        CALL     YIWEI       ;调用缓冲器 60H~67H 移位子程序
        MOVLW    01H         ;定义该键为“1”
        MOVWF    60H
```

```
            CALL      XSHI          ;数码显示刷新
            RETURN                  ;子程序返回
;-------------------------------------------------------------
;键“2” 数字功能子程序
;-------------------------------------------------------------
JIAN2       CALL      SFANG         ;调用键释放子程序
            CALL      YIWEI         ;调用缓冲器 60H～67H 移位子程序
            MOVLW     02H           ;定义该键为“2”
            MOVWF     60H
            CALL      XSHI          ;数码显示刷新
            RETURN                  ;子程序返回
;-------------------------------------------------------------
;键“3” 数字功能子程序
;-------------------------------------------------------------
JIAN3       CALL      SFANG         ;调用键释放子程序
            CALL      YIWEI         ;调用缓冲器 60H～67H 移位子程序
            MOVLW     03H           ;定义该键为“3”
            MOVWF     60H
            CALL      XSHI          ;数码显示刷新
            RETURN                  ;子程序返回
;-------------------------------------------------------------
;键“4” 数字功能子程序
;-------------------------------------------------------------
JIAN4       CALL      SFANG         ;调用键释放子程序
            CALL      YIWEI         ;调用缓冲器 60H～67H 移位子程序
            MOVLW     04H           ;定义该键为“4”
            MOVWF     60H
            CALL      XSHI          ;数码显示刷新
            RETURN                  ;子程序返回
;-------------------------------------------------------------
;键“5” 数字功能子程序
;-------------------------------------------------------------
JIAN5       CALL      SFANG         ;调用键释放子程序
            CALL      YIWEI         ;调用缓冲器 60H～67H 移位子程序
            MOVLW     05H           ;定义该键为“5”
            MOVWF     60H
            CALL      XSHI          ;数码显示刷新
            RETURN                  ;子程序返回
```

```
;--------------------------------------------------------------------------
;键“6” 数字功能子程序
;--------------------------------------------------------------------------
JIAN6       CALL        SFANG           ;调用键释放子程序
            CALL        YIWEI           ;调用缓冲器 60H～67H 移位子程序
            MOVLW       06H             ;定义该键为“6”
            MOVWF       60H
            CALL        XSHI            ;数码显示刷新
            RETURN                      ;子程序返回
;--------------------------------------------------------------------------
;键“7” 数字功能子程序
;--------------------------------------------------------------------------
JIAN7       CALL        SFANG           ;调用键释放子程序
            CALL        YIWEI           ;调用缓冲器 60H～67H 移位子程序
            MOVLW       07H             ;定义该键为“7”
            MOVWF       60H
            CALL        XSHI            ;数码显示刷新
            RETURN                      ;子程序返回
;--------------------------------------------------------------------------
;键“8” 数字功能子程序
;--------------------------------------------------------------------------
JIAN8       CALL        SFANG           ;调用键释放子程序
            CALL        YIWEI           ;调用缓冲器 60H～67H 移位子程序
            MOVLW       08H             ;定义该键为“8”
            MOVWF       60H
            CALL        XSHI            ;数码显示刷新
            RETURN                      ;子程序返回
;--------------------------------------------------------------------------
;键“9” 数字功能子程序
;--------------------------------------------------------------------------
JIAN9       CALL        SFANG           ;调用键释放子程序
            CALL        YIWEI           ;调用缓冲器 60H～67H 移位子程序
            MOVLW       09H             ;定义该键为“9”
            MOVWF       60H
            CALL        XSHI            ;数码显示刷新
            RETURN                      ;子程序返回
;--------------------------------------------------------------------------
;键“A” 数字功能子程序，用户可自己定义
```

```
;-----------------------------------------------------------------------
JIANA    CALL    SFANG        ;调用键释放子程序
         CALL    JKZT         ;调用监控子程序
         CALL    XSHI         ;数码显示刷新
         RETURN               ;子程序返回
;-----------------------------------------------------------------------
;键“B” 数字功能子程序，用户可自己定义
;-----------------------------------------------------------------------
JIANB    CALL    SFANG        ;调用键释放子程序
         CALL    JKZT         ;调用监控子程序
         CALL    XSHI         ;数码显示刷新
         RETURN               ;子程序返回
;-----------------------------------------------------------------------
;键“C” 数字功能子程序，用户可自己定义
;-----------------------------------------------------------------------
JIANC    CALL    SFANG        ;调用键释放子程序
         CALL    JKZT         ;调用监控子程序
         CALL    XSHI         ;数码显示刷新
         RETURN               ;子程序返回
;-----------------------------------------------------------------------
;键“D” 数字功能子程序，用户可自己定义
;-----------------------------------------------------------------------
JIAND    CALL    SFANG        ;调用键释放子程序
         CALL    JKZT         ;调用监控子程序
         CALL    XSHI         ;数码显示刷新
         RETURN               ;子程序返回
;-----------------------------------------------------------------------
;键“E” 数字功能子程序，用户可自己定义
;-----------------------------------------------------------------------
JIANE    CALL    SFANG        ;调用键释放子程序
         CALL    JKZT         ;调用监控子程序
         CALL    XSHI         ;数码显示刷新
         RETURN               ;子程序返回
;-----------------------------------------------------------------------
;键“F” 数字功能子程序，进入键控状态
;-----------------------------------------------------------------------
JIANF    CALL    SFANG        ;调用键释放子程序
         CALL    JKZT         ;调用监控子程序
```

```
            CALL        XSHI                ;数码显示刷新
            RETURN                          ;子程序返回
;------------------------------------------------------------------
;键入释放等待子程序
;------------------------------------------------------------------
SFANG       MOVLW       00H                 ;RD 口低 4 位输出全"0"
            MOVWF       PORTD
            MOVLW       0F0H
            ANDWF       PORTD,W             ;屏蔽低 4 位
            SUBLW       0F0H
            BTFSS       STATUS,Z            ;判断 RD 口高 4 位是否非全"1"
            GOTO        SFANG               ;键未释放,等待进行判断
            CALL        DELAY10MS           ;已释放,调用 30 ms 延时
            CALL        DELAY10MS
            CALL        DELAY10MS
            MOVLW       0F0H                ;再判断一次
            ANDWF       PORTD,W             ;屏蔽低 4 位
            SUBLW       0F0H
            BTFSS       STATUS,Z            ;判断 RD 口高 4 位是否非全"1"
            GOTO        SFANG               ;刚才是虚假释放,等待进一步判断
            RETURN                          ;真正键已释放
;------------------------------------------------------------------
;196 ms 软件延时子程序,省略
;------------------------------------------------------------------
;10 ms 软件延时子程序 DELAY10MS
;------------------------------------------------------------------
DELAY10MS
            MOVLW       0DH                 ;外循环常数
            MOVWF       20H                 ;外循环寄存器
LOOP1       MOVLW       0FFH                ;内循环常数
            MOVWF       21H                 ;内循环寄存器
LOOP2       DECFSZ      21H                 ;内循环寄存器递减
            GOTO        LOOP2               ;继续内循环
            DECFSZ      20H                 ;外循环寄存器递减
            GOTO        LOOP1               ;继续外循环
            RETURN                          ;子程序返回
;------------------------------------------------------------------
            END
;------------------------------------------------------------------
```

【例题 9-4】 在电路原理图 9-5 基础上，对其电路结构稍作调整，以便外扩展一个静态 128 KB EPROM 数据存储器。利用 RC3、RC4 和 RC5 引脚组成一个 SPI 同步串行方式，通过 164 移位产生 17 位寻址功能，实现对 HM628128 的并行数据传送（RD 端口）。编程要求：首先将 256 个数据 00H～FFH 存入 EPROM 单元 0000H～00FFH 中，然后再将这些单元中的数据逐个取出，送往数码显示区的最后 3 位显示数据内容，每个数显示停留 1 s。

解题分析　考虑到 PIC16F877 单片机在扩展外围器件时，因没有 RD 和 WR 读/写同步信号，这在很大程度上限制了 PIC 单片机的开发使用。但应用系统设计人员在充分了解扩展外围器件的时序波形后，也可以借助于软件模拟所产生的触发信号进行开发。在程序中可以用到前面例题中的数码显示刷新子程序 XSHI，只需在更新数码管的数据缓冲区 60H～67H 中的内容后，及时调用一次刷新子程序 XSHI 即可。从 EPROM628128 单元 0000H～00FFH 中逐个取出数据，不能直接送入数据缓冲区，而必须进行二进制到 BCD 码的转换并分离出百、十、个位。程序框图如图 9-14～图 9-16 所示。

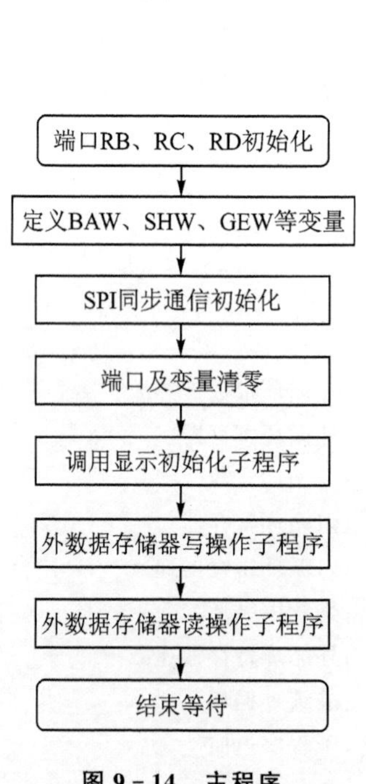

图 9-14　主程序

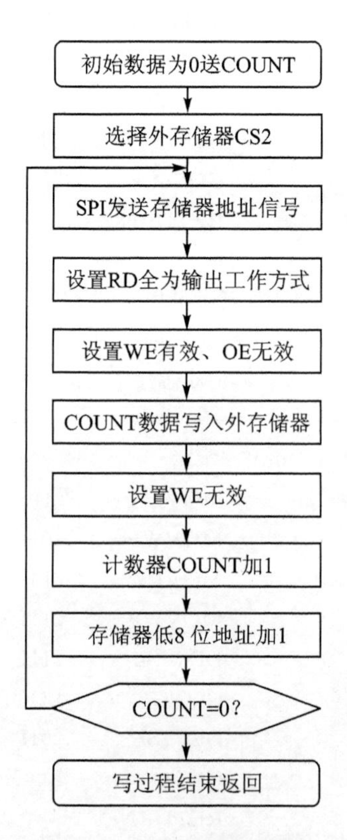

图 9-15　外存储器写数据

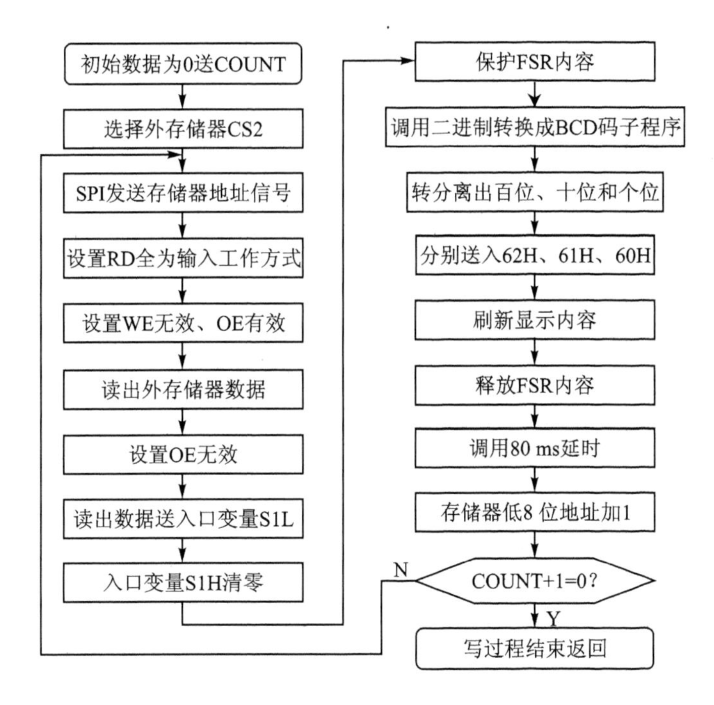

图 9-16　外存储器读数据和显示

程序如下：

```
;-----------------------------------------------------------------------
LIST P=16F877                       ;EPROM628128
INCLUDE "P16F877.INC"
;-----------------------------------------------------------------------
PB0         EQU     00H
PB1         EQU     01H
WRITE       EQU     06H             ;RC6,作为 EPROM28128 的写信号位,负触发
READ        EQU     07H             ;RC7,作为 EPROM28128 的读信号位,正触发
ADDH        EQU     30H             ;作为 EPROM28128 地址寻址高 1 位,即 A16
ADDZ        EQU     31H             ;作为 EPROM28128 地址寻址中 8 位,即 A8～A15
ADDL        EQU     32H             ;作为 EPROM28128 地址寻址低 8 位,即 A0～A7
COUNT       EQU     33H             ;存放 EPROM28128 数据
CS1         EQU     00H
BAW         EQU     6BH
SHW         EQU     6CH
GEW         EQU     6DH
COUNTER     EQU     68H             ;计数器
FSR_TEP     EQU     69H             ;FSR 保护缓冲器
```

```
INF_TEP   EQU      6AH            ;INDF 保护缓冲器
S1H       EQU      34H            ;定义源数据高 8 位
S1L       EQU      35H            ;定义源数据低 8 位
R1H       EQU      36H            ;定义结果数据高 8 位
R1Z       EQU      37H            ;定义结果数据中 8 位
R1L       EQU      38H            ;定义结果数据低 8 位
TEMP      EQU      39H
COUNTS    EQU      3AH
          ORG      0000H
          NOP
          CLRF     BAW
          CLRF     SHW
          CLRF     GEW
ST        BSF      STATUS,RP0     ;选择数据存储器体 1
          MOVLW    0FH
          MOVWF    ADCON1
          MOVLW    B'00010000'    ;定义 RC3/SCK、RC5/SDO 输出、RC4/SDI 输入
          MOVWF    TRISC
          CLRF     TRISB          ;定义 RB 为输出
          CLRF     SSPSTAT        ;清除 SMP、CKE 位
          BCF      STATUS,RP0     ;选择数据存储器体 0
          CLRF     PORTB          ;RB0 端口输出清零
          BSF      PORTC,CS1      ;RC0 输出为高电平
          BSF      PORTC,READ     ;RD6 置高电平
          BSF      PORTC,WRITE    ;RD7 置高电平
          MOVLW    00H            ;初始化 EPROM28128 地址位 00000H
          MOVWF    ADDH           ;高位地址
          MOVLW    00H
          MOVWF    ADDZ           ;中位地址
          MOVLW    00H
          MOVWF    ADDL           ;低位地址
          MOVLW    B'00110010' ;设置 SSP 控制方式：取 fosc/64、SPI 主控、CKP=1
          MOVWF    SSPCON
          CALL     CHUSHIHUA      ;调用显示初始化子程序
          CALL     ADDR           ;调用地址发送子程序
          CALL     SRAM_WRITE     ;外数据存储器写操作
          CALL     SRAM_READ      ;外数据存储器读操作
          GOTO     $              ;等待
```

```
;------------------------------------------------------------------------
;10 ms 延时子程序,省略
;------------------------------------------------------------------------
;利用 SPI 通信发送 EPROM28128 地址信号子程序
;------------------------------------------------------------------------
OUTXSH   MOVWF    SSPBUF          ;送至 SSPBUF 后开始逐位发送
LOOP1    BSF      STATUS,RP0      ;选择体 1
         BTFSS    SSPSTAT,BF      ;是否发送完毕
         GOTO     LOOP1           ;否,继续查询
         BCF      STATUS,RP0      ;发送完毕,选择体 0
         MOVF     SSPBUF,W        ;移空 SSPBUF
         RETURN
;------------------------------------------------------------------------
;写外存储器 EPROM628128 子程序
;------------------------------------------------------------------------
SRAM_WRITE
         MOVLW    00H             ;初始数据为 0,送入计数器
         MOVWF    COUNT
         BSF      PORTB,PB1       ;选择外存储器 CS2
WLOOP    CALL     ADDR            ;调用 SPI 通信发送 EPROM628128 地址信号
         MOVF     COUNT,W
         BSF      STATUS,RP0      ;选择数据存储器体 1
         CLRF     TRISD           ;设置 RD 全为输出工作方式
         BCF      STATUS,RP0      ;选择数据存储器体 0
         BSF      PORTC,READ      ;OE 置高电平
         BCF      PORTC,CS1       ;选中外存储器 CS1
         BCF      PORTC,WRITE     ;WE 置低电平
         MOVWF    PORTD           ;写入外存储器数据
         BSF      PORTC,WRITE     ;WE 置高电平
         NOP                      ;延时
         BSF      PORTC,CS1       ;外存储器 CS1 无效
         INCF     COUNT           ;写入数据计数器 COUNT 加 1
         INCF     ADDL            ;EPROM28128 低 8 位地址加 1
         BTFSS    STATUS,Z        ;是否达到 256 个数据
         GOTO     WLOOP           ;Z=0,不到 256 个数据,继续进行
         BCF      PORTB,PB1       ;Z=1,已到 256 个数据,外存储器 CS2 无效
         RETURN                   ;写过程结束返回
;------------------------------------------------------------------------
;读外存储器 EPROM628128 子程序
```

```
;----------------------------------------------------------------------------------
SRAM_READ
        BSF     PORTB,PB1       ;选择外存储器 CS2
        MOVLW   00H             ;EPROM628128 低 8 位地址复 0
        MOVWF   ADDL
RLOOP   CALL    ADDR            ;调用 SPI 通信发送 EPROM28128 地址信号
        BSF     STATUS,RP0      ;选择数据存储器体 1
        MOVLW   0FFH            ;设置 RD 全为输入工作方式
        MOVWF   TRISD
        BCF     STATUS,RP0      ;选择数据存储器体 0
        BSF     PORTC,WRITE     ;WE 置高电平
        BCF     PORTC,CS1       ;选中外存储器 CS1
        BCF     PORTC,READ      ;OE 置低电平,读有效
        NOP                     ;延时
        BSF     PORTC,READ      ;OE 置高电平,读无效
        MOVF    PORTD,W         ;读出外存储器数据
        BSF     PORTC,CS1       ;外存储器 CS1 无效
        MOVWF   S1L             ;读出数据送 BINTOBCD 子程序入口变量
        CLRF    S1H
        MOVF    FSR,W           ;保护 FSR 内容
        MOVWF   FSR_TEP
        CALL    BINTOBCD        ;调用二进制转换成 BCD 码子程序
        MOVF    R1Z,W           ;百位数据送入显示缓冲器地址 62H 中
        MOVWF   62H
        MOVF    R1L,W           ;分离出个位数据
        ANDLW   0FH
        MOVWF   60H             ;送入显示缓冲器地址 60H 中
        SWAPF   R1L,W           ;分离出十位数据
        ANDLW   0FH
        MOVWF   61H             ;送入显示缓冲器地址 60H 中
        CALL    XSHI            ;及时刷新显示内容
        MOVF    FSR_TEP,W       ;释放 FSR 内容
        MOVWF   FSR
        CALL    DELAY10MS       ;调用 10 ms 延时子程序
        CALL    DELAY10MS       ;调用 10 ms 延时子程序
        CALL    DELAY10MS       ;调用 10 ms 延时子程序
        CALL    DELAY10MS       ;调用 10 ms 延时子程序
        CALL    DELAY10MS       ;调用 10 ms 延时子程序
        INCF    ADDL            ;EPROM28128 低 8 位地址加 1
```

```
          BTFSS     STATUS,Z       ;是否达到 256 个数据
          GOTO      RLOOP          ;Z=0,不到 256 个数据,继续进行
          BCF       PORTB,PB1      ;Z=1,已到 256 个数据,外存储器 CS2 无效
          RETURN                   ;读过程结束返回
ADDR      MOVF      ADDL,W     ;发送 EPROM28128 地址寻址低 8 位,即 A0～A7 位
          CALL      OUTXSH
          MOVF      ADDZ,W    ;发送 EPROM28128 地址寻址中 8 位,即 A8～A15 位
          CALL      OUTXSH
          MOVF      ADDH,W         ;发送 EPROM28128 地址寻址高 1 位,即 A16 位
          CALL      OUTXSH
          RETURN
;-------------------------------------------------------------------
;显示驱动子程序
;-------------------------------------------------------------------
XSHI      BSF       PORTB,PB0      ;选中 8 段显示器驱动引脚 CLK 控制
          MOVLW     67H            ;设置显示缓冲器的初始数据地址
          MOVWF     FSR
LOOP      MOVF      INDF,W         ;取出数据
          CALL      BMA            ;查询对应编码
          CALL      OUTXSH         ;利用 SPI 方式输出编码数据
          DECF      FSR            ;改变显示缓冲器地址
          BTFSS     FSR,4          ;直到 8 位数码全部输出
          GOTO      LOOP           ;继续取数
          BCF       PORTB,PB0      ;8 段显示器驱动引脚 CLK 控制无效
          RETURN
;-------------------------------------------------------------------
;8 位数码全暗,仅最高位给出"—"键控提示符,省略
;-------------------------------------------------------------------
;初始化子程序(67H～60H 缓冲存储器分别赋值 00～07),省略
;-------------------------------------------------------------------
;编码查询,省略
;-------------------------------------------------------------------
;10 ms 软件延时子程序 DELAY10MS,省略
;-------------------------------------------------------------------
;-------------------------------------------------------------------
;二进制数转换成 BCD 码子程序
;-------------------------------------------------------------------
BINTOBCD  MOVLW     10H            ;循环向左移位 16 次
```

```
        MOVWF   COUNTS          ;循环计数器
        CLRF    R1H             ;结果单元高 8 位清零
        CLRF    R1Z             ;结果单元中 8 位清零
        CLRF    R1L             ;结果单元低 8 位清零
LOOP5   RLF     S1L             ;二进制数据单元逐位移入 BCD 码单元
        RLF     S1H
        RLF     R1L
        RLF     R1Z
        RLF     R1H
        DECFSZ  COUNTS          ;循环计数器递减,为 0 则间跳
        GOTO    ADJDET
        RETLW   00H
ADJDET  MOVLW   R1L
        MOVWF   FSR
        CALL    ADJBCD          ;调整低 8 位 R1L
        MOVLW   R1Z
        MOVWF   FSR
        CALL    ADJBCD          ;调整中 8 位 R1Z
        MOVLW   R1H
        MOVWF   FSR
        CALL    ADJBCD          ;调整高 8 位 R1H
        GOTO    LOOP5
;------------------------------------------------------------------------
;逐位调整
;------------------------------------------------------------------------
ADJBCD  MOVLW   03H
        ADDWF   INDF,W          ;是否 LSD 加 3
        MOVWF   TEMP
        BTFSC   TEMP,3          ;是否大于 4
        MOVWF   INDF            ;确定 LSD 加 3
        MOVLW   30H
        ADDWF   INDF,W          ;是否 MSD 加 3
        MOVWF   TEMP
        BTFSC   TEMP,7          ;是否大于 4
        MOVWF   INDF            ;确定 MSD 加 3
        RETLW   00H
;------------------------------------------------------------------------
        END
;------------------------------------------------------------------------
```

9.2　I^2C 串行通信模块

1980 年，Philips 公司率先提出 I^2C(Inter Integrated Circuit Bus)总线规范，在应用中逐渐被用户所接受并已成为一种串行总线的工业标准。I^2C 总线是一种芯片间同步串行传输总线，工作性能比较稳定，目前已被大量地作为系统内部的数据传输总线。I^2C 总线结构非常简单，仅仅依靠两条信号线：即同步串行数据线 SDA 和同步串行时序信号线 SCL。I^2C 数据传送方式是采用主、从器件分时合用一条数据线 SDA，可以包含字节数据信息、地址识别码和双方应答握手信号。I^2C 数据传送的速率取决于时钟脉冲信号 SCL 的频率。目前有许多外围器件都采用 I^2C 接口，例如存储器、A/D 转换器和 RTC 时钟电路等。

就 I^2C 总线传送数据的波特率来说，目前应用最多的速率模式主要有两种：一种是标准 S 模式(100 kb/s)；另一种是快速 F 模式(400 kb/s)。I^2C 总线的功能已不断扩展，特别是在家电控制电路中，也引入了 I^2C 总线数据传输规范。

9.2.1　I^2C 串行通信模式

I^2C 串行通信模式下，在一次通信过程中，若主控器为发送器则称为主控发送器，而被控器为接收器则称为被控接收器；若主控器为接收器则称为主控接收器，而被控器为发送器则称为被控发送器。

1. I^2C 总线信号线

(1) 同步串行时序信号线 SCL：SCL 是与 PORTC 端口(RC3/SCK/SCL)复合。时序信号是由主控器件发生，在主、从通信双方之间起到数据传送节奏的协调作用。一般时序信号和同步串行数据线空闲时为高电平，只有在其低电平期间允许数据线进行电平转换。

(2) 同步串行数据线 SDA：SDA 是与 PORTC 端口(RC4/SDI/SDA)复合。在数据传送过程中的数据流向一般是交变的，数据信号和回送应答信号总是成对出现并方向相反。发送一组有效的数据信息，必须包括一些固定的信号成分，即主、从双方之间的通信以启动信号开始，又以停止信号结束。在时序信号空闲高电平期间，任何一结点的数据线都可以发出低电平信号而转入启动状态；同样在时序信号高电平期间，任何一结点的数据线都可以发出高电平信号而转入数据通信的停止状态。当同步串行时序信号线处于高电平时，不允许同步串行数据线进行电平转换。

2. I^2C 数据格式

I^2C 串行通信仅启用一条数据专线，依据另一条时序脉冲信号进行有序传送。主、从器件对传送数据格式的协议要求比较严密，主要包括启动信号(SCL=1，SDA 从高到低)、从动器件地址(可 7 位或 10 位)、R/$\overline{W}$ 信号、若干个数据字节和停止信号

(SCL=1,SDA 从低到高)5 部分内容。除了启动信号和停止信号以外,主控器件向从动器件发送任何信息都必须得到从动器件的回应;否则主控器件将提前结束数据通信过程。一般 I^2C 串行通信中的数据传送,或者是主控器件向从动器件写数据,或者是主控器件向从动器件读数据。其对应的数据传送时序图分别如图 9-17 和图 9-18 所示。从动器件可以采用 7 位和 10 位地址,其通用地址呼叫时序如图 9-19 所示。

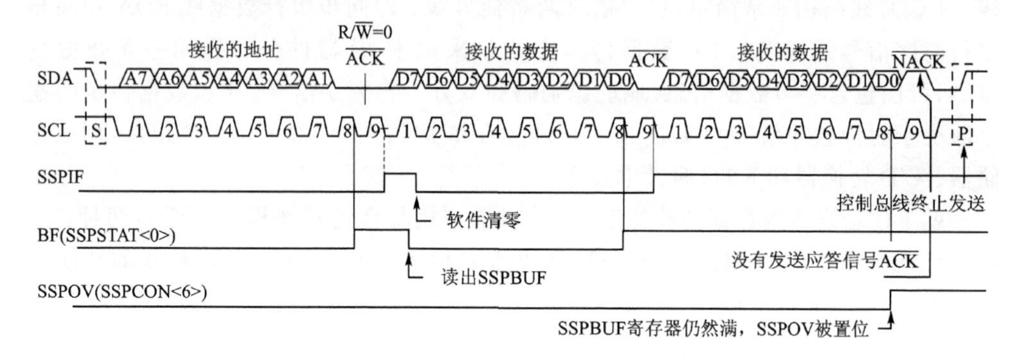

图 9-17　主控器件向从动器件发送数据时序图

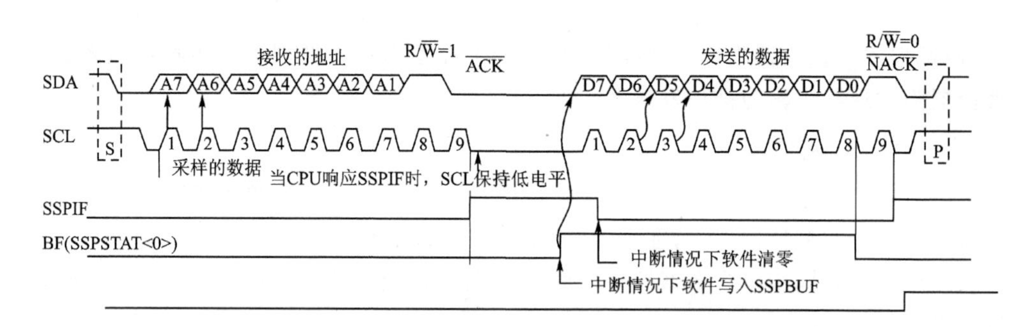

图 9-18　主控器件向从动器件读数据时序图

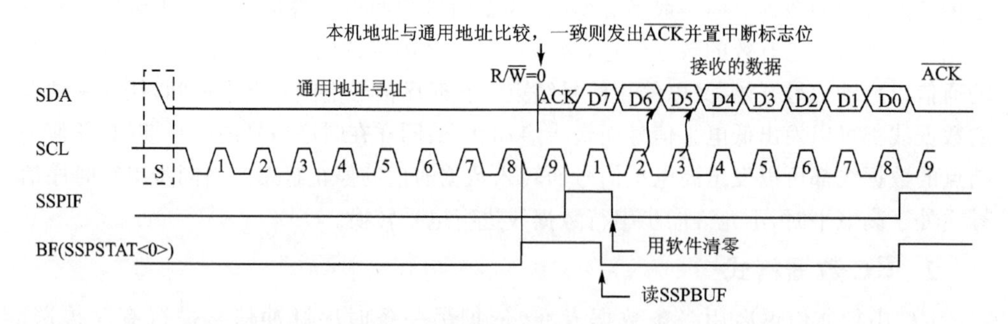

图 9-19　通用地址呼叫时序图(7 位或 10 位方式)

3. I^2C 地址设定

在 I^2C 总线系统中所用到的器件一般都有固定的 7 位从动器件地址码，即国际通用的身份识别代码。外围扩展器件备有常用数据对照表，使用时可查寻有关的手册。器件地址码分为两部分：A_6、A_5、A_4 和 A_3 为器件识别码，可通过相关手册查寻，如 RTC 时钟为 1101，通用译码器为 0011；A_2、A_1 和 A_0 为器件选择码，主要由硬件电路 A_2、A_1 和 A_0 引脚连接的电平状态所决定，允许在共用的 I^2C 总线上同时挂接最多 8 个同类器件。

4. 数据传递

在主、从器件之间建立 I^2C 串行通信，需要在数据专线上进行地址识别和信息交流。主控器件主要是依据从动器件的应答信号，进行数据有序的传送。主控器件拥有通信的控制权，可以随意开始和结束，但从动器件也可以通过返回一个非应答信号，提议通信结束。I^2C 串行通信的建立和数据传递的过程分析如下：

(1) 主控器件只有在总线空闲的情况下方可提议建立 I^2C 串行通信，通过发送一个启动 START 信号，将数据线拉低。

(2) 在接下来 8 个时钟周期内，主控器件向从动器件发送一个地址信息，由 7 位地址识别码和 1 位 $R/\overline{W}$ 信息构成。读/写控制位 $R/\overline{W}$ 规定数据传送的方向，“1”表示本次通信是主控器件“读”取从动器件数据；“0”表示本次通信是由主控器件向从动器件“写”数据。挂在同一 I^2C 专线上的所有从动器件将主动与自身的识别码进行比较，只有与之匹配的从动器件才会回送一个应答信号（$\overline{ACK}=0$）。这时，在主、从器件之间建立了一条专向数据通道。

(3) 主控器件收到一个应答信息后，根据附带地址信息位 $R/\overline{W}$，决定开始发送第一个数据字节还是接收第一个数据字节。

注意： 凡是收到数据字节的器件，在第 9 个时序脉冲期间，将回送一个应答信号（$\overline{ACK}=0$）。

(4) 主控（或从动）器件收到一个应答信息后，开始发送第二个数据字节，同样在第 9 个时序脉冲期间仍然要等待接收对方回送一个应答信号。如果回送一个非应答信号，则表示接收方有意终止数据传送。

(5) 主控器件将所需发送的全部数据发送完毕或收到一个非应答信号后，都会在下个时序的高电平期间发送一个停止 STOP 信号时序，从而结束整个通信过程。主控器件释放总线的控制权，使总线返回空闲状态。

9.2.2 与 I^2C 总线模式相关的寄存器

与 I^2C 总线模式相关的寄存器共有 12 个，如表 9-3 所列，其中无编址的只有一个 SSPSR。

- 中断控制寄存器 INTCON：SSP 的中断状况受控于总中断使能位 GIE 和外围中断使能位 PEIE；
- 第一外围中断使能寄存器 PIE1：涉及 SSP 中断使能位；
- 第一外围中断标志寄存器 PIR1：涉及 SSP 中断标志位；
- 第二外围中断使能寄存器 PIE2：涉及 I^2C 总线冲突中断使能位；
- 第二外围中断标志寄存器 PIR2：涉及 I^2C 总线冲突中断标志位；
- RC 方向寄存器 TRISC：I^2C 通信专用数据通道和时序同步信号；
- 同步串口控制寄存器 SSPCON：定义 I^2C 通信的工作模式，发送冲突和接收溢出反馈方式，主、从方式和 7 位地址、10 位地址选择；
- 收/发数据缓冲器 SSPBUF：I^2C 通信收/发数据专用寄存器；
- 同步串口控制寄存器 2 SSPCON2：I^2C 通信工作模式的功能设置，定义各类信号的使能状况；
- 从动器件地址/波特率寄存器 SSPADD：用于 10 位地址或波特率发生器；
- 同步串口状态寄存器 SSPSTAT：定义 I^2C 通信的工作状态，涉及 I^2C 发送速率、启/停、读/写及收/发状态等信息的选择。

下面简单介绍其中与 I^2C 模式相关的 4 个寄存器，因为同时与 SPI 模式共用，这里仅介绍与 I^2C 模式有关的位和功能，如表 9－3 所列。

表 9－3　与 I^2C 总线模式相关的寄存器

寄存器名称	寄存器地址	寄存器各位定义							
		Bit7	Bit6	Bit5	Bit4	Bit3	Bit2	Bit1	Bit0
INTCON	0BH/8BH/10BH/18BH	GIE	PEIE	T0IE	INTE	RBIE	T0IF	INTF	RBIF
PIE1	8CH	PSPIE	ADIE	RCIE	TXIE	SSPIE	CCP1IE	TMR2IE	TMR1IE
PIR1	0CH	PSPIF	ADIF	RCIF	TXIF	SSPIF	CCP1IF	TMR2IF	TMR1IF
PIE2	8DH	—	—	—	EEIIE	BCLIE	—	—	CCP2IE
PIR2	0DH	—	—	—	EEIIF	BCLIF	—	—	CCP2IF
TRISC	87H	TRISC7	TRISC6	TRISC5	TRISC4	TRISC3	TRISC2	TRISC1	TRISC0
SSPCON	14H	WCOL	SSPOV	SSPEN	CKP	SSPM3	SSPM2	SSPM1	SSPM0
SSPBUF	13H	SSP 接收/发送数据缓冲空间							
SSPCON2	91H	GCEN	ACKSTAT	ACKDT	ACKEN	RCEN	PEN	RSEN	SEN
SSPADD	93H	I^2C 被控方式存放从器件地址/I^2C 主控方式存放波特率值							
SSPSTAT	94H	SMP	CKE	$D/\overline{A}$	P	S	$R/\overline{W}$	UA	BF
SSPSR	无地址	I^2C 接收/发送数据移位寄存器							

1. 同步串口控制寄存器(SSPCON)

Bit7	Bit6	Bit5	Bit4	Bit3	Bit2	Bit1	Bit0
WCOL	SSPOV	SSPEN	CKP	SSPM3	SSPM2	SSPM1	SSPM0

SSPCON 涉及 I^2C 功能模块的设定、发送冲突和接收溢出反馈方式，以及主、从器件通信方式进行选择，是一个可读/写的寄存器。I^2C 总线位定义和功能分析如下。

Bit3～Bit0/SSPM3～SSPM0：同步串行 I^2C 主、从方式和地址定义选择位，主动参数。其配置情况如表 9－4 所列。

表 9－4　同步串行 I^2C 方式选择位

SSPM3～SSPM0	I^2C 工作方式	寻址方式
0110	从动方式	7 位寻址
0111	从动方式	10 位寻址
1000	主控方式	时钟为 $f_{osc}/[4\times(SSPADD+1)]$
1011	主控方式	从动器件空闲
1110	主控方式	启动位、停止位，可使能中断的 7 位寻址
1111	主控方式	启动位、停止位，可使能中断的 10 位寻址

Bit4/CKP：SPI 通信中的时钟极性选择位，而在 I^2C 从动方式下，SCL 仅表示时钟使能位，主动参数。

0：将时钟线 SCL 拉到低电平并适当保持一定的时间，以确保数据有足够建立时间；

1：时钟信号正常工作方式。

Bit5/SSPEN：同步串口 MSSP 使能位，对于 I^2C 模式，必须确保 SCK 设定为输出状态，而 SDA 可随时变换输入/输出状态，主动参数。

0：禁止同步串行功能，SDA 和 SCL 可作为一般通用数字通道；

1：使能同步串行功能，SDA 和 SCL 应作为 I^2C 通信的专用通道。

Bit6/SSPOV：接收缓冲器 SSPBUF 溢出标志位，被动参数。

0：没有发生接收溢出；

1：已经发生接收溢出。

注意： 发生接收溢出，是指接收缓冲器 SSPBUF 中上次获得的数据还未被取出，移位寄存器 SSPSR 中又收到新的数据。这种接收溢出现象，对于 I^2C 数据通信的主、从双方都可能会发生，其结果将导致移位寄存器 SSPSR 新接收的数据丢失。在实际系统中，必须杜绝这种现象发生,可采用及时对 SSPBUF 执行读取操作指令来解决。

Bit7/WCOL:发送缓冲器 SSPBUF 冲突检测位,被动参数。

0:没有发生写操作冲突;

1:已经发生写操作冲突。

注意: 发生写操作冲突,是指移位寄存器 SSPSR 正在发送前一个数据字节时又出现新数据写入发送缓冲器 SSPBUF。这种写操作冲突,将严重影响 I^2C 正常的数据通信,必须彻底杜绝这种现象发生。

2. 同步串口状态寄存器(SSPSTAT)

Bit7	Bit6	Bit5	Bit4	Bit3	Bit2	Bit1	Bit0
SMP	CKE	$D/\overline{A}$	P	S	$R/\overline{W}$	UA	BF

SSPSTAT 状态寄存器真实记录 SSP 模块的各种工作状态,高 2 位可读/写,低 6 位只能读。与 I^2C 通信有关的具体位定义和功能如下。

Bit0/BF:缓冲器 SSPBUF 满标志位,被动参数。

在 I^2C 总线方式下,主、从器件接收时:

0:表示接收缓冲器为空;

1:表示接收缓冲器已满。

在 I^2C 总线方式下,主、从器件发送时:

0:表示完成数据发送,目前发送缓冲器 SSPBUF 为空;

1:表示正在发送数据,目前发送缓冲器 SSPBUF 已满。

Bit1/UA:在 I^2C 总线 10 位地址的寻址方式中,可以作为地址更新标志位,由硬件自动设置,被动参数。

0:无须更新 SSPADD 寄存器中的地址;

1:需要更新 SSPADD 寄存器中的地址。

Bit2/$R/\overline{W}$:在 I^2C 总线方式下,主、从数据传送的方向将由该读/写信息位决定。一般在最近一次地址匹配信息中,可以从第 8 位获取的状态信息。在本次 I^2C 总线传送中,只要没有出现启/停信号,数据的流向必须遵循原有的设置。注意,在主、从方式下该位所表达的含义是不同的,被动参数。

在 I^2C 主控方式下:

0:没有进行发送;

1:正在进行发送。

在 I^2C 从动方式下:

0:写数据操作;

1：读数据操作。

Bit3/S：启动位，用于 I^2C 总线方式下，启动信号的出现情况。若 SSPEN = 0，I^2C 通信被禁止，该位将自动清零，被动参数。

0：当前还没有检测到启动信号；

1：当前已经检测到启动信号。

Bit4/P：停止位，用于 I^2C 总线方式下，停止信号的出现情况。若 SSPEN = 0，I^2C 通信被禁止，该位将自动清零，被动参数。

0：当前还没有检测到停止信号；

1：当前已经检测到停止信号。

Bit5/D/$\overline{A}$：用于 I^2C 总线方式下，本次传送的信息状况，即当前主、从器件接收或发送的字节是数据还是地址，被动参数。

0：当前接收或发送的字节是地址；

1：当前接收或发送的字节是数据。

Bit6/CKE：在 I^2C 主、从方式下，采用何种总线电平标准，主动参数。

0：输入电平满足 I^2C 总线标准；

1：输入电平满足 SMBus 总线标准。

Bit7/SMP：在 I^2C 主、从方式下，I^2C 总线传送率选择位，主动参数。

0：采用快速 F 模式(400 Kb/s)；

1：采用标准 S 模式(100 Kb/s)。

3. 从动器件地址/波特率寄存器(SSPADD)

Bit7	Bit6	Bit5	Bit4	Bit3	Bit2	Bit1	Bit0
I^2C 从动方式存放从器件地址/I^2C 主控方式存放波特率值							

SSPADD 寄存器在 I^2C 主、从方式下具有多功能角色。在 I^2C 主控工作方式下，加载波特率发生器的定时常数。在 I^2C 从动工作方式下，担当地址寄存器，用来存放从动器件的地址。在 10 位寻址方式下，程序需要分别写入高 8 位字节($11110A_9A_8R/\overline{W}$)和低 8 位字节($A_7 \sim A_0$)地址信息。

4. 同步串口控制寄存器 2(SSPCON2)

Bit7	Bit6	Bit5	Bit4	Bit3	Bit2	Bit1	Bit0
GCEN	ACKSTAT	ACKDT	ACKEN	RCEN	PEN	RSEN	SEN

SSPCON2 寄存器的设置是针对 MSSP 模块 I^2C 总线方式各类信号的使能状况，包括启动信号、停止信号以及回送应答信号使能检测响应。

Bit0/SEN：启动信号时序发送使能位，复合参数。

0：在 I^2C 传送线路上未出现启动信号时序；

1：在 I^2C 传送线路上已出现启动信号时序(硬件可自动清零)。

Bit1/RSEN：重启动信号时序发送使能位，复合参数。

0：在 I^2C 传送线路上未出现重启动信号时序；

1：在 I^2C 传送线路上已出现重启动信号时序(硬件可自动清零)。

Bit2/PEN：停止信号时序发送使能位，复合参数。

0：在 I^2C 传送线路上未出现停止信号时序；

1：在 I^2C 传送线路上已出现停止信号时序(硬件可自动清零)。

Bit3/RCEN：接收使能位，主动参数。

0：禁止 I^2C 接收模式；

1：使能 I^2C 接收模式。

Bit4/ACKEN：应答信号时序发送使能位，用于 I^2C 主控接收方式，复合参数。

0：在 I^2C 传送线路上未出现应答信号时序；

1：在 I^2C 传送线路上已出现应答信号时序(硬件可自动清零)。

Bit5/ACKDT：应答信息位。如果处于 I^2C 主控接收方式，在接收一个完整的字节后，主控器件应回送一个应答信号，该位就是用户软件写入的回送值，主动参数。

0：在接收一个完整的字节后，回送有效应答位($\overline{\text{ACK}}$)；

1：在接收一个完整的字节后，回送非应答位($\overline{\text{NACK}}$)。

Bit6/ACKSTAT：应答状态位，被动参数。如果处于 I^2C 主控方式，则硬件将自动接收来自从动器件的应答信号。

0：已收到来自从动器件的有效应答位($\overline{\text{ACK}}$)；

1：未收到来自从动器件的有效应答位($\overline{\text{NACK}}$)。

Bit7/GCEN：通用呼叫地址使能位，主动参数。

0：禁止通用呼叫地址方式；

1：使能通用呼叫地址方式。

9.2.3 I^2C 主控工作方式

当 I^2C 设置在主控工作方式时，串行数据线 SDA 必须设置为输出，而串行时钟线 SCL 取决于数据和回送信号的方向。主控器件在发送数据之前，首先必须发送一个启动信号 S。发送的第一个字节是从动器件的地址(7 位)和读/写(R/$\overline{\text{W}}$)位，此时 R/$\overline{\text{W}}$ 位必须为逻辑“0”。数据每次发送 8 位，每个字节发送完后都必须等待接收一个从动器件回送的应答 $\overline{\text{ACK}}$(或 ACK)信号。如果主控器件在发送一个或几个数据字节后收到一个非应答信号，将立即给出停止信号 P，以表示一次数据传送结束。I^2C 在主控工作方式下的基本结构模块如图 9-20 所示。

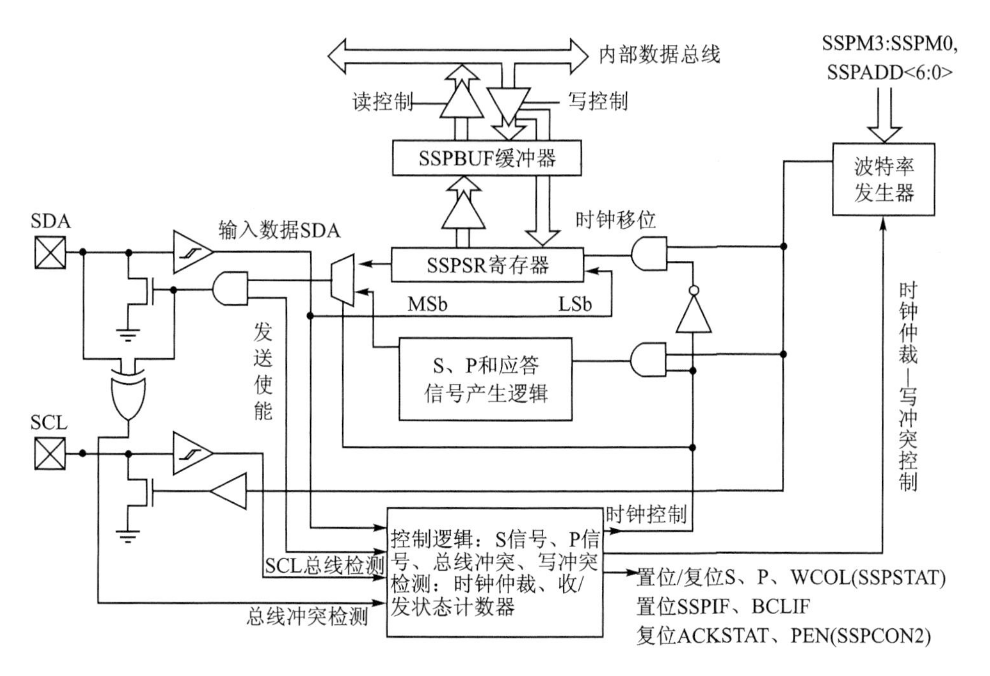

图 9 - 20　I^2C 在主控工作方式下的基本结构模块

9.2.4　I^2C 从动工作方式

当 I^2C 设置在从动工作方式时，串行数据线 SDA 必须设置为输入，而串行时钟线 SCL 取决于数据和回送信号的方向。从动器件在 I^2C 总线上时刻侦听主控器件发出的地址信息，一旦地址匹配便进入准备数据接收阶段。一般在每次收到主控器件传送的数据后，将自动回送一个应答 $\overline{\text{ACK}}$ 信号，但当溢出标志位 SSPOV 已被置位或缓冲器满标志位 BF 已被置位时，将自动回送一个非应答 NACK 信号。在移位寄存器 SSPSR 收到一个完整的数据后，自动将该数据传入 SSPBUF。I^2C 从动工作方式下的电路模块结构如图 9 - 21 所示。

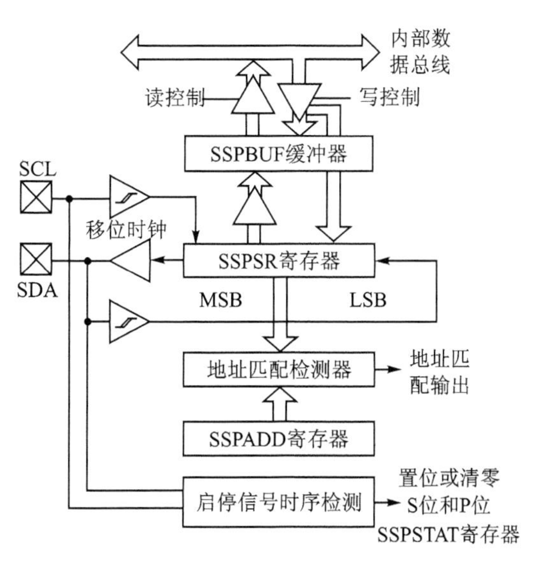

图 9 - 21　I^2C 从动工作方式下的电路模块结构

9.2.5 I^2C 串行通信应用

在单片机外围扩展功能中，I^2C 通信得到广泛的应用。但在实际应用中有两种方式启用 I^2C 通信，一种是严格按照 I^2C 的定义进行主、从器件的通信和数据传送；另一种是采用模拟引脚的方式进行自定义主、从器件的通信和数据传送。相对来说，后者应用更广泛，因为此时完全可以突破 I^2C 特定引脚的限制。

【例题 9-5】 本例题电路原理图如图 9-5 所示，除连接有 8 位数码显示和 16 个键盘电路以外，还利用 RC6 和 RC7 引脚组成一个 I^2C 同步串行功能，实现对 24LC515 E^2PROM 的串行数据传送。编程要求：首先将 64 个数据 00H～3FH 存入 E^2PROM 单元 0000H～003FH 中；然后再将 00010H～0001FH 单元中的数据取出，存入数据存储器单元 40H～4FH 中；最后逐个送往数码显示区的最后 2 位显示，每个数显示停留 1 s。

解题分析　Microchip 公司是世界上主要的存储器产品生产供应商，其存储器产品质量优秀，工作电压范围宽，擦/写次数最高可达 10 兆次，性价比极高。I^2C 同步串行通信方式是一个很重要的功能，它主要是通过 RC3/SCL 和 RC4/SDA 引脚实现。但在一个系统中，如果同时存在 SPI 和 I^2C 同步串行功能的话，其引脚复用会给设计人员带来很大不便。一个行之有效的方法是为 I^2C 同步串行通信另寻路径，即采用一种模拟同步信号驱动，如本例就是用 RC6 和 RC7 引脚组成一个 I^2C 同步串行功能，使用一个存储容量为 64K×8 位的动态存储器 24LC515。在程序中可用到前面例题中的数码显示刷新子程序 XSHI，只需在更新数码管的数据缓冲区 60H～67H 中的内容后，及时调用一次刷新子程序 XSHI 即可。各软件模块程序流程图如图 9-22～图 9-28 所示。

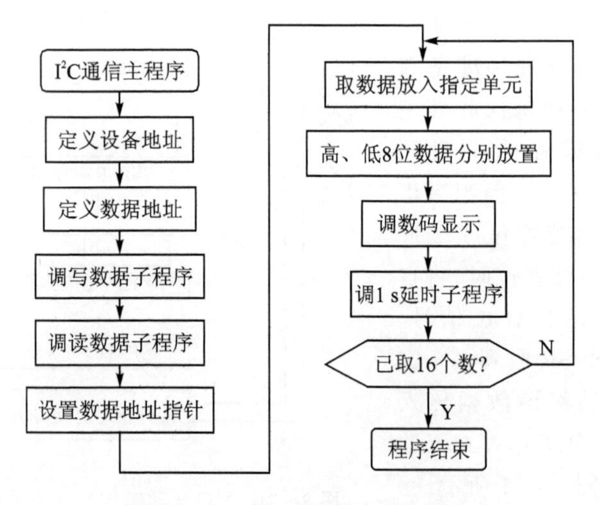

图 9-22　I^2C 通信主程序流程图

24LC515 是一个很有实用价值的外扩展动态存储器，其采用数据页(64 字节)缓冲固化方式，写入耗时为 3～5 ms，一般情况下使用能满足要求。但若用于实时性很高的场合，例如语音实时信息存放就比较困难。此时应考虑使用能快速存取的静态 EPROM，如例题 9-4 介绍的 HM628128。

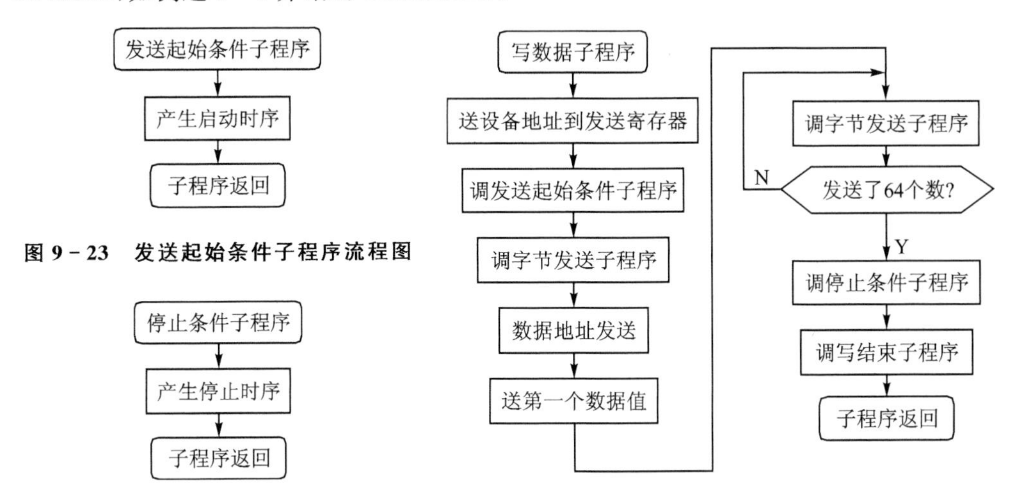

图 9-23　发送起始条件子程序流程图

图 9-24　停止条件子程序流程图

图 9-25　写数据子程序流程图

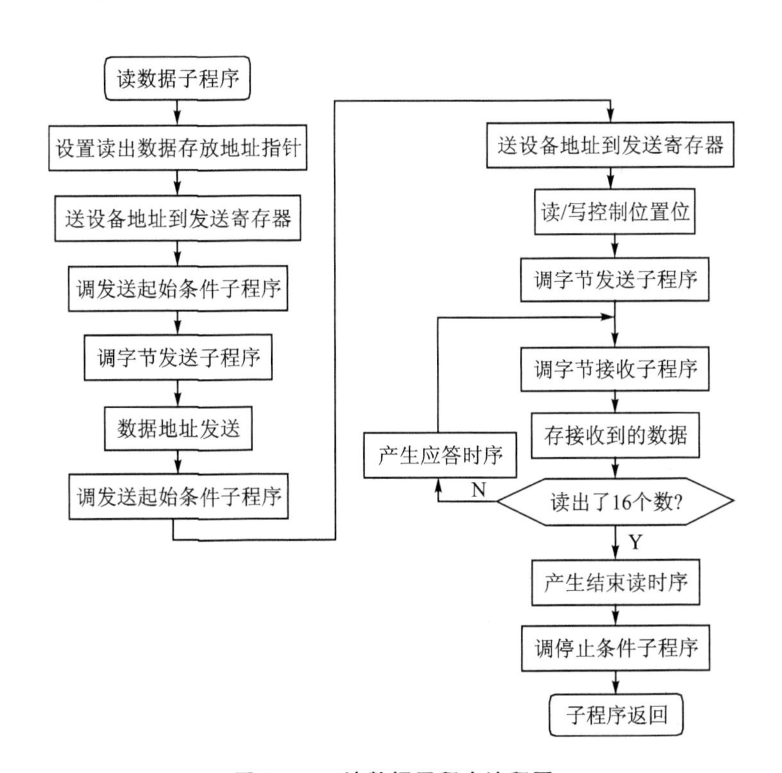

图 9-26　读数据子程序流程图

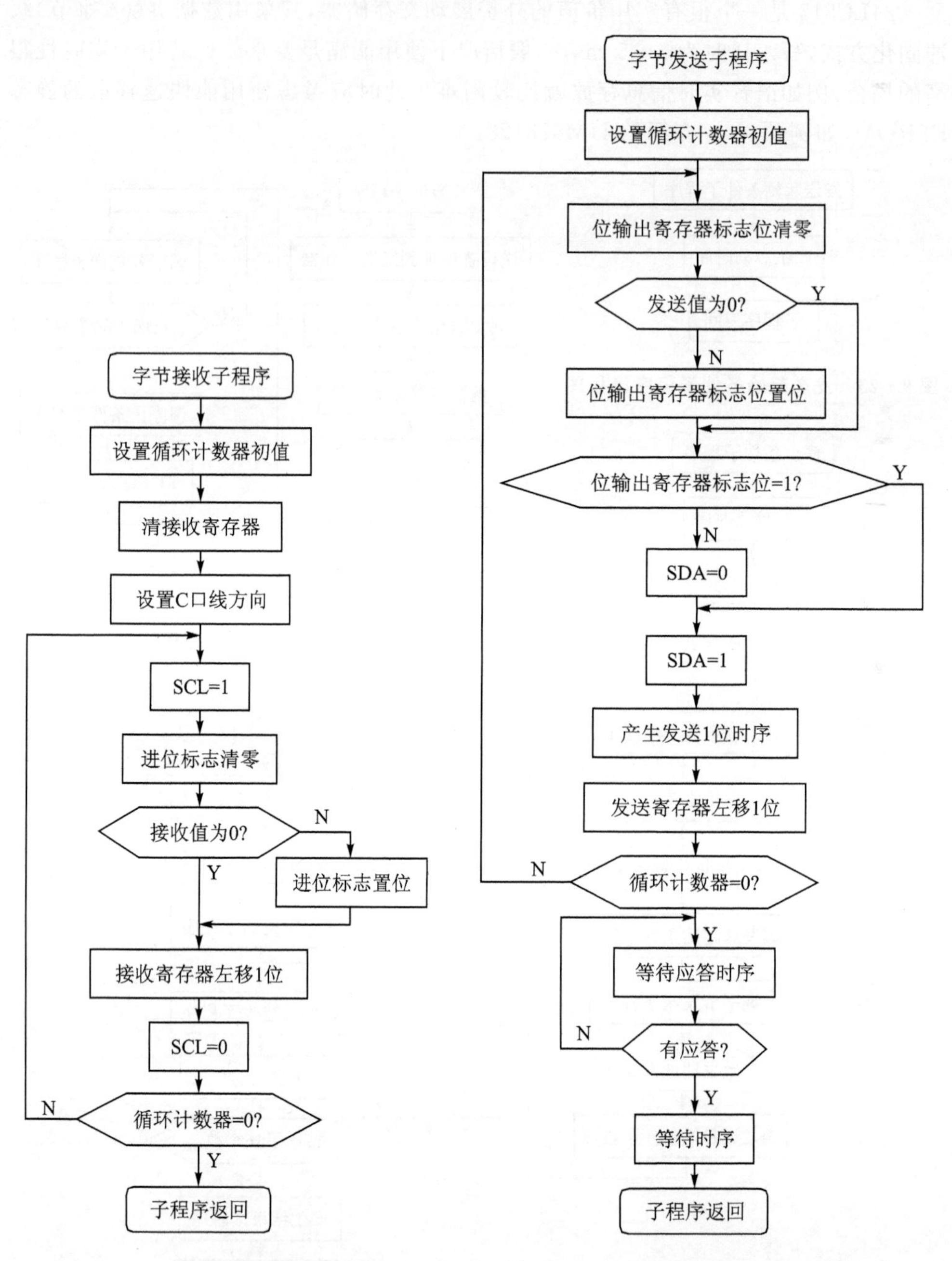

图 9-27　字节接收子程序流程图

图 9-28　字节发送子程序流程图

程序如下：

```
;------------------------------------------------------------------------
LIST P=16F877                                 ;24LC515
INCLUDE "P16F877.INC"
;------------------------------------------------------------------------
EEPROM      EQU        2DH            ;位输出寄存器
DATAI       EQU        2EH            ;数据输入寄存器
DATAO       EQU        2FH            ;数据输出寄存器
ADDRH       EQU        2AH            ;高数据地址寄存器
ADDRL       EQU        2BH            ;低数据地址寄存器
DEVICE      EQU        2CH            ;设备地址 1010xxx0
TXBUF       EQU        28H            ;发送寄存器
RXBUF       EQU        29H            ;接收寄存器
CNT         EQU        27H            ;循环次数寄存器
DI          EQU        07H            ;E2PROM 接收标志位
DO          EQU        06H            ;E2PROM 发送标志位
SCL         EQU        06H            ;串行时钟端为 RC6
SDA         EQU        07H            ;串行数据端为 RC7
S1H         EQU        34H            ;定义源数据高 8 位
S1L         EQU        35H            ;定义源数据低 8 位
R1H         EQU        36H            ;定义结果数据高 8 位
R1Z         EQU        37H            ;定义结果数据中 8 位
R1L         EQU        38H            ;定义结果数据低 8 位
COUNTER     EQU        26H
            ORG        0000H
            NOP
START       MOVLW      0A8H           ;定义设备地址
            MOVWF      DEVICE
            MOVLW      00H            ;定义高数据地址
            MOVWF      ADDRH
            MOVLW      00H            ;定义低数据地址
            MOVWF      ADDRL
            CALL       WRBYTE         ;发送子程序
            CALL       RDBYTE         ;接收子程序
            MOVLW      40H            ;取出数据存放的首址
            MOVWF      FSR
TP          MOVF       INDF,W         ;取出数据
            MOVWF      S1L
            CLRF       S1H
```

```
        CALL    BINTOBCD
        MOVF    R1L,W
        MOVLW   0FH             ;屏蔽高 4 位,放入 60H 单元中
        MOVWF   60H
        SWAPF   R1L,W
        MOVLW   0FH             ;屏蔽高 4 位,放入 61H 单元中
        MOVWF   61H
        INCF    FSR
        BTFSS   FSR,4           ;是否为 16 个数据
        GOTO    TMT             ;否,刷新显示
        GOTO    $               ;是,结束
TMT     CALL    XSHI            ;调用数码显示子程序
        CALL    DELAY1S         ;延时 1 s
        GOTO    TP              ;继续取下一个数据
;--------------------------------------------------------------------------
;向 24LC515 写入数据子程序
;--------------------------------------------------------------------------
WRBYTE  MOVF    DEVICE,W        ;设备地址送 TXBUF
        MOVWF   TXBUF
        CALL    BSTART          ;发送起始位
        CALL    TX              ;发送设备地址
        MOVF    ADDRH,W         ;数据高地址送 TXBUF
        MOVWF   TXBUF
        CALL    TX              ;发送数据地址
        MOVF    ADDRL,W         ;数据低地址送 TXBUF
        MOVWF   TXBUF
        CALL    TX              ;发送数据地址
        MOVLW   00H             ;存入 24LC515 的数从 00H 开始
        MOVWF   COUNTER
WRLOOP  MOVF    COUNTER,W       ;将欲存放的数据发送至缓冲器 TXBUF
        MOVWF   TXBUF
        CALL    TX              ;发送数据
        INCF    COUNTER         ;存数加 1
        BTFSS   COUNTER,6       ;是否已送 64 个数
        GOTO    WRLOOP          ;否,继续
        CALL    BSTOP           ;是,调用发送停止位
        CALL    W_END           ;调用发送结束
        RETLW   00H
;--------------------------------------------------------------------------
```

```
;从 24LC515 读出数据子程序
;-------------------------------------------------------------------------
RDBYTE   MOVLW    40H           ;24LC515 取数存放从 40H 开始的数据
                                ;存储器
         MOVWF    FSR
         MOVF     DEVICE,W      ;设备地址送 TXBUF
         MOVWF    TXBUF
         CALL     BSTART        ;发送起始位
         CALL     TX            ;发送设备地址
         MOVF     ADDRH,W       ;数据高地址送 TXBUF
         MOVWF    TXBUF
         CALL     TX            ;发送数据地址
         MOVF     ADDRL,W       ;数据低地址送 TXBUF
         MOVWF    TXBUF
         CALL     TX            ;发送数据地址
         CALL     BSTART        ;发送起始位
         MOVF     DEVICE,W      ;设备地址送 TXBUF
         MOVWF    TXBUF
         BSF      TXBUF,0       ;设备地址最低位置位(设备数据发送控
                                ;制位)
         CALL     TX            ;发送设备地址并指示数据输出
RDLOOP   CALL     RX            ;接收 8 位数据
         MOVF     RXBUF,W       ;RXBUF 送数据存储器
         MOVWF    INDF
         INCF     FSR           ;加 1
         BTFSS    FSR,4         ;是否已取 16 个数
         GOTO     MACK          ;否,PIC 发出应答信号
         BSF      STATUS,RP0    ;是,准备结束读,选择体 1
         MOVLW    B'00111111'   ;设置 RC6、RC7 全为输出工作方式
         MOVWF    TRISC
         BCF      STATUS,RP0    ;选择体 0
         NOP
         BSF      PORTC,SDA     ;SDA 置高电平
         BCF      PORTC,SCL     ;SCL 置低电平
         NOP
         NOP
         BSF      PORTC,SCL     ;SCL 置高电平
         CALL     BSTOP         ;发送停止位
         RETLW    00H
```

```
MACK        BSF       STATUS,RP0      ;选择体 1
            MOVLW     B'00111111'     ;设置 RC6、RC7 全为输出工作方式
            MOVWF     TRISC
            BCF       STATUS,RP0      ;选择体 0
            NOP
            BCF       PORTC,SDA       ;SDA 置低电平
            NOP
            BSF       PORTC,SCL       ;SCL 置高电平
            NOP
            NOP
            BCF       PORTC,SCL       ;SCL 置低电平
            GOTO      RDLOOP          ;读下一个数据
;------------------------------------------------------------------
;字节发送子程序
;------------------------------------------------------------------
TX          MOVLW     08H
            MOVWF     CNT             ;8 位循环计数
TXLP        BCF       EEPROM,DO       ;发送位清零
            BTFSC     TXBUF,7         ;判别发送 TXBUF 第 7 位(最高位数据
                                      ;最先发送)
            BSF       EEPROM,DO       ;1 位输出寄存器发送标志位置位
BITOUT      BSF       STATUS,RP0      ;选择体 1
            MOVLW     B'00111111'     ;设置 RC6、RC7 全为输出工作方式
            MOVWF     TRISC
            BCF       STATUS,RP0      ;选择体 0
            NOP
            BTFSS     EEPROM,DO       ;发送标志位
            GOTO      BIT0            ;发送 0
            BSF       PORTC,SDA       ;发送 1,SDA 置高电平
            GOTO      CLKOUT
BIT0        BCF       PORTC,SDA       ;SDA 置低电平
CLKOUT      NOP
            BSF       PORTC,SCL       ;SCL 置高电平
            NOP                       ;延时 5 μs
            NOP
            NOP
            NOP
            NOP
            BCF       PORTC,SCL       ;SCL 置低电平
```

```
            RLF         TXBUF,F          ;发送缓冲器 TXBUF 左移 1 位
            DECFSZ      CNT,F            ;是否完成 1 字节 8 次发送
            GOTO        TXLP             ;否,继续
BITIN       BSF         STATUS,RP0       ;选择体 1
            MOVLW       B'10111111'      ;设置 RC6 为输出、RC7 为输出工作方式
            MOVWF       TRISC
            BCF         STATUS,RP0       ;选择体 0
            NOP
ACK         NOP
            BCF         PORTC,SCL        ;SCL 置低电平
            NOP                          ;延时 3 μs
            NOP
            NOP
            BSF         PORTC,SCL        ;SCL 置高电平
            NOP
            NOP
            BTFSC       PORTC,SDA        ;判断 SDL 为 0 或 1
            GOTO        ACK              ;没有收到来自 24LC515 的反馈信号
            BCF         PORTC,SCL        ;SCL 置低电平
            RETLW       00H
;------------------------------------------------------------------------
;字节接收子程序
;------------------------------------------------------------------------
RX          MOVLW       08H
            MOVWF       CNT              ;8 位循环计数
            CLRF        RXBUF            ;清接收寄存器
            BSF         STATUS,RP0       ;选择体 1
            MOVLW       B'10111111'      ;设置 RC 口工作方式
            MOVWF       TRISC
            BCF         STATUS,RP0       ;选择体 0
            NOP
RXLOOP      BSF         PORTC,SCL        ;SCL 置高电平
            BCF         STATUS,C         ;进位位清零
            NOP
            NOP
            NOP
            NOP
            NOP
            BTFSC       PORTC,SDA        ;判断 SDA 是 0 吗
```

```
        BSF      STATUS,C        ;进位位置位
        RLF      RXBUF,F         ;RXBUF 循环左移
        BCF      PORTC,SCL       ;SCL 置低电平
        DECFSZ   CNT             ;一个数据读完了吗
        GOTO     RXLOOP          ;否,继续
        RETLW    00H             ;是,结束
;-----------------------------------------------------------------
;发送开始条件子程序
;-----------------------------------------------------------------
BSTART  BSF      PORTC,SCL       ;SCL 置高电平
        BSF      PORTC,SDA       ;SDA 置高电平
        BSF      STATUS,RP0      ;选择体 1
        MOVLW    B'00111111'     ;设置 RC 口工作方式
        MOVWF    TRISC
        BCF      STATUS,RP0      ;选择体 0
        NOP                      ;延时 5 μs
        NOP
        NOP
        NOP
        NOP
        BCF      PORTC,SDA       ;SDA 置低电平
        NOP                      ;延时 5 μs
        NOP
        NOP
        NOP
        BCF      PORTC,SCL       ;SCL 置低电平
        RETLW    00H
;-----------------------------------------------------------------
;发送停止条件子程序
;-----------------------------------------------------------------
BSTOP   BCF      PORTC,SDA       ;SDA 置低电平
        BSF      STATUS,RP0      ;选择体 1
        MOVLW    B'00111111'     ;设置 RC 口工作方式
        MOVWF    TRISC
        BCF      STATUS,RP0      ;选择体 0
        BCF      PORTC,SCL       ;SCL 置低电平
        NOP                      ;延时 3 μs,等待电平拉低
        NOP
        NOP
```

```
        BSF     PORTC,SCL    ;SCL 置高电平
        NOP                  ;延时 3 μs,等待电平拉高
        NOP
        NOP
        BSF     PORTC,SDA    ;SDA 置高电平
        NOP                  ;延时 5 μs
        NOP
        NOP
        NOP
        NOP
        BCF     PORTC,SCL    ;SCL 置低电平
        NOP
        RETLW   00H
;--------------------------------------------------------------
;写结束子程序
;--------------------------------------------------------------
W_END   NOP
        NOP
        NOP
        CALL    DELAY        ;延时一段时间
        RETLW   00H
DELAY   CLRF    3FH
DLY1    NOP
        NOP
        NOP
        DECFSZ  3FH,F
        GOTO    DLY1
        RETLW   00H
;--------------------------------------------------------------
;1 s 软件延时子程序 DELAY1S
;--------------------------------------------------------------
DELAY1S MOVLW   06H          ;外循环常数
        MOVWF   20H          ;外循环寄存器
LOOP1   MOVLW   0EBH         ;中循环常数
        MOVWF   21H          ;中循环寄存器
LOOP2   MOVLW   0ECH         ;内循环常数
        MOVWF   22H          ;内循环寄存器
LOOP3   DECFSZ  22H          ;内循环寄存器递减
        GOTO    LOOP3        ;继续内循环
```

```
        DECFSZ   21H        ;中循环寄存器递减
        GOTO     LOOP2      ;继续中循环
        DECFSZ   20H        ;外循环寄存器递减
        GOTO     LOOP1      ;继续外循环
        RETURN
;-----------------------------------------------------------------
BINTOBCD                    ;二进制数转换成 BCD 码子程序,省略
;-----------------------------------------------------------------
;有关 8 段显示子程序均省略
;-----------------------------------------------------------------
        END
;-----------------------------------------------------------------
```

9.3　USART 串行通信模块

在 PIC 系列芯片中,片内除了含有同步串行口 SSP(SPI、I^2C)外,还有一个通用的串行通信接口 SCI。这是一个在计算机中普遍使用的通用同步/异步收发器,简称 USART,是实现初级 MODEM 通信的主体结构。USART 有 3 种工作方式:全双工异步方式、半双工同步主控方式和半双工同步从动方式。

9.3.1　与 USART 模块相关的寄存器

与 USART 模块相关的寄存器共有 9 个,如表 9－5 所列。

表 9－5　与 USART 模块相关的寄存器

寄存器名称	寄存器地址	寄存器各位定义							
		Bit 7	Bit6	Bit5	Bit4	Bit3	Bit2	Bit1	Bit0
INTCON	0BH/8BH/10BH/18BH	GIE	PEIE	T0IE	INTE	RBIE	T0IF	INTF	RBIF
PIE1	8CH	PSPIE	ADIE	RCIE	TXIE	SSPIE	CCP1IE	TMR2IE	TMR1IE
PIR1	0CH	PSPIF	ADIF	RCIF	TXIF	SSPIF	CCP1IF	TMR2IF	TMR1IF
TRISC	87H	TRISC7	TRISC6	TRISC5	TRISC4	TRISC3	TRISC2	TRISC1	TRISC0
PORTC	07H	PORTC7	PORTC6	PORTC5	PORTC4	PORTC3	PORTC2	PORTC1	PORTC0
TXSTA	98H	CSRC	TX9	TXEN	SYNC	—	BRGH	TRMT	TX9D
RCSTA	18H	SPEN	RX9	SREN	CREN	ADDEN	FERR	OERR	RX9D
TXREG	19H	USART 发送缓冲寄存器							
RCREG	1AH	USART 接收缓冲寄存器							
SPBRG	99H	波特率发生器的波特率定义值							

- 中断控制寄存器 INTCON：USART 的中断状况受控于总中断使能位和外围中断使能位；
- 第一外围中断使能寄存器 PIE1：涉及 USART 收/发中断使能位；
- 第一外围中断标志寄存器 PIR1：涉及 USART 收/发中断标志位；
- RC 口方向寄存器 TRISC：定义 USART 通信引脚的输入/输出方式；
- 发送状态兼控制寄存器 TXSTA：数据发送方式和同步/异步模式选择；
- 接收状态兼控制寄存器 RCSTA：数据接收方式选择和串行端口使能状态；
- 发送缓冲寄存器 TXREG：数据发送的缓存区域；
- 接收缓冲寄存器 RCREG：数据接收的缓存区域；
- 波特率寄存器 SPBRG：波特率发生器。

下面详细分析 USART 模块的专用寄存器。

1. 发送状态兼控制寄存器(TXSTA)

Bit7	Bit6	Bit5	Bit4	Bit3	Bit2	Bit1	Bit0
CSRC	TX9	TXEN	SYNC	—	BRGH	TRMT	TX9D

TXSTA 除 Bit1 和没有定义的单元 Bit3 以外均为可读/写寄存器，涉及数据发送方式和同步/异步模式选择。其各位的含义如下。

Bit0/TX9D：按 9 位数据帧结构发送数据，对应一个发送数据帧的最后一位校验位或标识位状态，被动参数。

0：当前发送第 9 位数据位为 0；

1：当前发送第 9 位数据位为 1。

Bit1/TRMT：发送移位寄存器(TSR)“空”状态标志位，被动参数。

0：表示发送移位寄存器未空；

1：表示发送移位寄存器已空。

Bit2/BRGH：高/低波特率选择位，只适用异步模式下，主动参数。

0：采用低速波特率；

1：采用高速波特率。

Bit4/SYNC：USART 同步/异步模式选择位，主动参数。

0：选择异步 USAT 模式；

1：选择同步 USRT 模式。

Bit5/TXEN：发送状态使能位，主动参数。

0：禁止 USART 发送功能；

1：使能 USART 发送功能。

Bit6/TX9：发送数据帧结构长度选择位，主动参数。

0：按 8 位数据帧发送数据(不包括校验或标识位)；

1：按 9 位数据帧发送数据(附加 1 位校验或标识位)。

Bit7/CSRC：时钟源选择位，只适用同步模式下，主动参数。

0：选择从动模式(时钟信号来自主控器件)；

1：选择主控模式(时钟信号来自主控器件内部波特率发生器)。

2．接收状态兼控制寄存器(RCSTA)

Bit7	Bit6	Bit5	Bit4	Bit3	Bit2	Bit1	Bit0
SPEN	RX9	SREN	CREN	ADDEN	FERR	OERR	RX9D

RCSTA 除低 3 位只读以外均为可读/写寄存器，涉及数据接收方式选择和串行端口使能状态。其各位的含义如下。

Bit0/RX9D：按 9 位数据帧结构接收数据，对应一个接收数据帧的最后一位校验位或标识位状态，被动参数。

0：当前接收第 9 位数据位为 0；

1：当前接收第 9 位数据位为 1。

Bit1/OERR：数据接收溢出标志位，被动参数。

0：未发生接收溢出错误；

1：已发生接收溢出错误(可通过 CREN 清零)。

Bit2/FERR：数据帧格式错误标志位，被动参数。

0：未发生数据帧格式错误；

1：已发生数据帧格式错误(可通过 RCREG 清零)。

Bit3/ADDEN：地址匹配检测使能位，只适用接收 9 位数据，主动参数。

0：禁止地址匹配检测功能；

1：使能地址匹配检测功能。

Bit4/CREN：连续接收数据使能位，主动参数。

0：禁止连续接收数据功能；

1：使能连续接收数据功能。

Bit5/SREN：单字节接收数据使能位，只适用同步方式下，主动参数。

0：禁止单字节接收数据功能；

1：使能单字节接收数据功能。

Bit6/RX9：接收数据帧结构长度选择位，主动参数。

0：按 8 位数据帧接收数据；

1：按 9 位数据帧接收数据。

Bit7/SPEN：SCI 串行通信使能位，主动参数。一旦使能 SCI 串行通信方式，RC_7 和 RC_6 引脚将用于专用数据输入/输出数据线。

0：禁止 SCI 串行通信方式；

1：使能 SCI 串行通信方式。

3. USART 发送缓冲寄存器(TXREG)

Bit7	Bit6	Bit5	Bit4	Bit3	Bit2	Bit1	Bit0
TX7	TX6	TX5	TX4	TX3	TX2	TX1	TX0

TXREG 是一个可读/写的寄存器。数据发送的缓存区域在每次发送数据前，都必须将所需发送的数据写入该缓存区域；然后再自动送入移位寄存器 TSR，做好数据位发送的准备。

4. USART 接收缓冲寄存器(RCREG)

Bit7	Bit6	Bit5	Bit4	Bit3	Bit2	Bit1	Bit0
RX7	RX6	RX5	RX4	RX3	RX2	RX1	RX0

RCREG 是一个可读/写的寄存器。数据逐位由移位寄存器 TSR 接收到，一旦数据帧接收完毕，都将自动把所接收到的数据送入该缓存区域，并在适当的时候可被读取。

5. 波特率寄存器(SPBRG)

Bit7	Bit6	Bit5	Bit4	Bit3	Bit2	Bit1	Bit0
波特率发生器的波特率定义值							

SPBRG 寄存器的设定值(0～255)与波特率成反比关系。在同步方式下，波特率仅由该寄存器来决定；而在异步方式下，则由 BRGH 位(TXSTA 寄存器的 Bit2)和该寄存器共同确定。

6. 第一外围中断使能寄存器(PIE1)

Bit4/TXIE：SCI 串行通信发送中断使能位，主动参数。

0：禁止 SCI 串行通信发送中断；

1：使能 SCI 串行通信发送中断。

Bit5/RCIE：SCI 串行通信接收中断使能位，主动参数。

0：禁止 SCI 串行通信接收中断；

1：使能 SCI 串行通信接收中断。

7. 第一外围中断标志寄存器(PIR1)

Bit4/TXIF：SCI 串行通信发送中断标志位，被动参数。

0：未发生 SCI 模块中断申请，当前正在发送数据；

1：已发生 SCI 模块中断申请，完成本次数据发送，系统置位(必须用软件清零)。

Bit5/RCIF：SCI 串行通信接收中断标志位，被动参数。

0：未发生 SCI 模块中断申请，当前正在准备接收；

1：已发生 SCI 模块中断申请，完成本次数据接收，系统置位（必须用软件清零）。

8. 输入/输出端口寄存器 C(PORTC)

RC6/TX/CK：RC6/USART 全双工异步发送端/USART 半双工同步传送时钟端。

RC7/RX/DT：RC7/USART 全双工异步接收端/USART 半双工同步传送数据端。

当 USART 串行通信模块采用异步传送方式时，数据发送和接收分别利用 TX 和 RX 的引脚功能。专线独立可以同时进行，可实行主、从双方全双工数据通信；而当 USART 采用同步传送方式时，数据发送和接收均启用 DT 的引脚功能。数据传送用同一根专线，只能分时工作，所以主、从双方为半双工数据通信。另一个引脚 CK 是为主、从双方数据通信提供一个基准时序信号，协调数据发送和接收的节奏。

9.3.2　USART 波特率发生器

在 USART 串行通信模块中，内嵌了一个波特率发生器 BRG(Baud Rate Generator)。波特率信号是一个时序脉冲，决定串行通信数据的传送节奏，它适用于 USART 通信的同步方式和异步方式。

波特率发生器是 USART 串行通信模块的重要部件，其工作原理主要取决于一个 8 位二进制专用计数器的递减过程。该计数器的初始数值决定 USART 串行通信的频率，主要由波特率寄存器 SPBRG 的数值决定。当 SPBRG 初值加载到专用计数器中时，按照给定的时序脉冲触发该计数器以递减方式计数，直到计数器出现借位触发，波特率寄存器 SPBRG 的数值将重新加载。触发计数脉冲的频率与所取的系统时钟分频比有关，具体由参数位 BRGH 和 SYNC 的设置而定，可以获得的分频比是 1∶4、1∶16 或 1∶64。波特率时钟发生器的内部结构如图 9－29 所示。

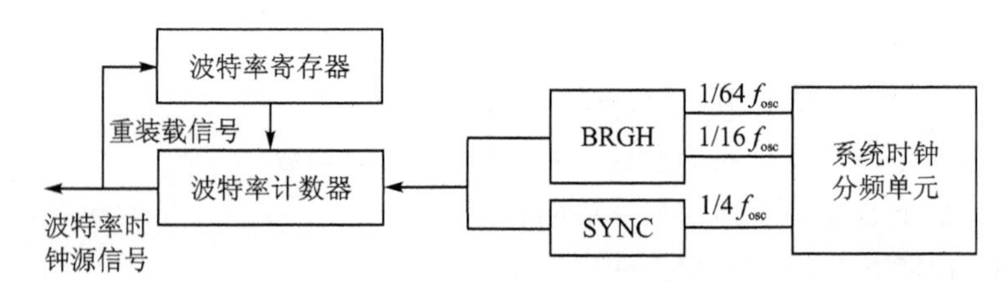

图 9－29　波特率时钟发生器结构图

下面分别讨论 USART 通信在同步和异步方式时，BRGH 高低速选择、波特率取值和 SPBRG 寄存器初始值的计算方式。一般波特率可取数值范围是有规定的，如 1 200、2 400、4 800、9 600、19 200 和 57 600 等。

1. 同步方式

当 USART 通信处于同步方式时，高低速选择位 BRGH 必须定义为低速传送模式，且设置为 0。SPBRG 寄存器初始值的计算可采用以下关系式：

$$波特率=f_{osc}/[4(SPBRG+1)]$$

所以 SPBRG＝f_{osc}/(4×波特率)－1。如果单片机采用时钟频率为 4 MHz,则所需的波特率为 9 600,可以得到 SPBRG 寄存器初始值为 63H。

2. 异步方式

当 USART 通信处于异步方式时,高低速选择位 BRGH 既可工作于低速传送模式(设置为 0),又可工作在高速传送模式(设置为 1)。SPBRG 寄存器初始值的计算可采用以下关系式:

BRGH＝0 时(低速模式),SPBRG＝f_{osc}/(64×波特率)－1

BRGH＝1 时(高速模式),SPBRG＝f_{osc}/(16×波特率)－1

如果单片机时钟频率采用 20 MHz,则所需的波特率为 19 200,可以分别得到 SPBRG 寄存器初始值为 0FH 和 40H。

9.3.3 USART 异步通信模式

在 USART 异步通信模式下,采用的数据约定格式为 1 位起始位、8 位(或 9 位,但 8 位比较常用)数据位和 1 位停止位。此种方式一般无奇偶校验码位。利用系统时钟信号,通过 BRGH 和 SYNC 位的选择,可以产生标准的波特率计数脉冲时序。另外,USART 通信模块带有独立的发送器和接收器,异步通信时采用相同的的数据通信格式和波特率。

1. USART 异步数据发送

USART 异步发送器主要由发送移位寄存器 TSR 和发送数据缓冲器 TXREG 等部件构成,其电路结构如图 9－30 所示。USART 异步发送数据的过程描述如下:首先将要发送的数据送入发送数据缓冲器 TXREG 中,一旦 TXREG 中的数据加载成功,系统会自动把欲发送的数据装入移位寄存器 TSR,并借助于波特率脉冲信号,

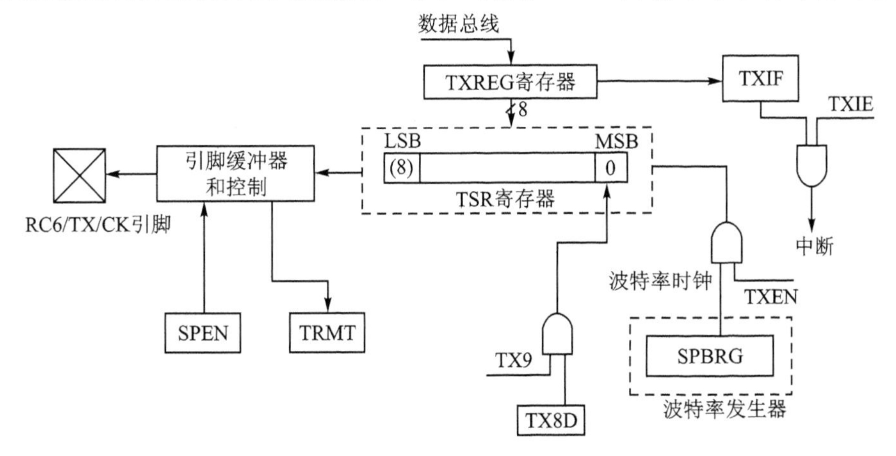

图 9－30　USART 异步发送结构图

通过 RC6/TX 引脚从高位到低位依次发送出去。当 TXREG 中的数据送入移位寄存器 TSR 后，表明数据发送条件已经准备就绪，即可通过中断发送标志位 TXIF 置位向 CPU 提出中断申请。

以上数据的发送过程适用于 8 位数据传输。若采用 9 位数据位进行发送，则必须注意数据写入的次序。首先应将第 9 位数字写入发送状态兼控制寄存器 TXSTA 的最低位 TX9D 位上，然后才允许将 8 位数据写入发送数据缓冲器 TXREG 中；否则会引起发送数据过程的混乱。

2. USART 异步数据接收

USART 异步接收器主要由接收移位寄存器（RSR）和接收数据缓冲器 RCREG 等部件构成，其电路结构如图 9－31 所示。USART 异步接收数据的过程描述如下：串行数据信号来自于 RC7/RX/DT 引脚，借助于波特率脉冲信号，由接收移位寄存器 RSR 从高位到低位逐位接收数据。只有接收到一个停止位时，才表明一个完整的数据帧结束，移位寄存器 RSR 就把收到的 8 位数据自动送入接收数据缓冲器 RCREG 中。在接收数据缓冲器 RCREG 收到一个稳定的数据后，接收中断标志位 RCIF 将自动置位，向 CPU 提出中断申请，告诉 CPU 空闲时来取该新数据。而当接收数据缓冲器 RCREG 的信息被取走后，接收中断标志位 RCIF 自动清零。

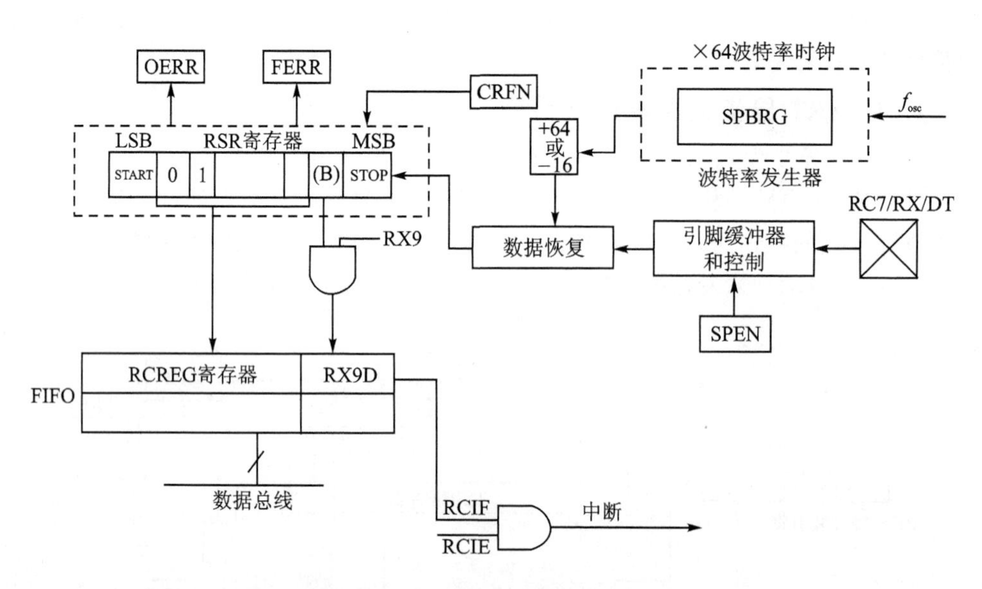

图 9－31　USART 异步接收结构图

3. 带地址检测的 9 位异步数据接收

USART 带地址检测的 9 位异步接收器主要由接收移位寄存器 RSR、接收数据缓冲器 RCREG 和波特率发生器 BRG 组成，其结构如图 9－32 所示。其数据接收过程如下：来自主控器件的通信数据从 RC7/RX/DT 引脚输入，在波特率时序脉冲

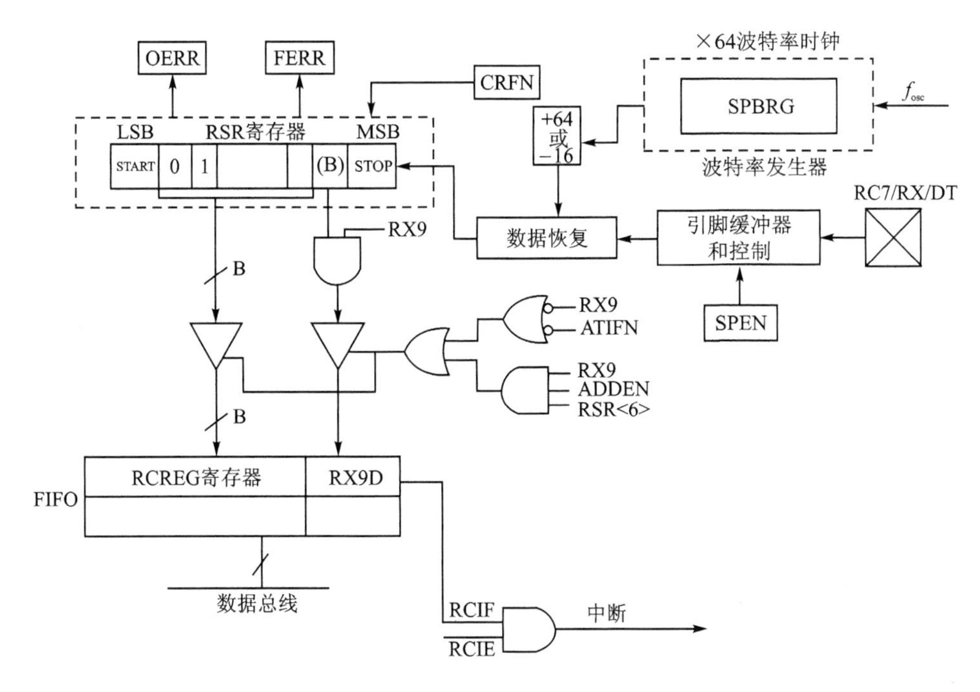

图 9-32 USART 带地址检测的 9 位异步接收器结构图

的触发下，逐位被接收移位寄存器 RSR 接收。一旦收到一个数据侦中的停止位，就将完成两类数据的装载：字节数据(8 位)送入接收数据缓冲器 RCREG；第 9 位检测数据送入 RX9D 中。同样，一旦 RCREG 接收到数据，接收中断标志位 RCIF 置位；一旦 RCREG 数据被读出，接收中断标志位 RCIF 就自动清零。

9.3.4 USART 同步通信模式

USART 同步模式是指进行通信的主控、从动器件之间，除了有一条跨接双方的数据通信线以外，还必须有一条时序信号专用线。这条时序脉冲线，在同步数据传送中显得非常重要，主要协调和控制双方每一位数据传送的节奏。正因为在同步方式下，时序专用线承担数据传送波特率的功能，能够保持主控、从动器件之间很好的同步效果，因而在一个数据帧的内部已无须再插入起始位和停止位，传送数据的效益相对较高。

1. USART 同步主控数据发送

USART 同步主控数据发送与异步数据发送方式基本相同，USART 发送器的部件结构与前面介绍的异步发送器基本类似。USART 发送器的核心部件是串行数据发送移位寄存器 TSR 和发送数据缓冲器 TXREG。用户可以将欲发送的数据装入 TXREG 中，这时若原写入 TSR 中的数据已发送完毕，就会从 TXREG 中自动装载数据到 TSR。一旦 TSR 数据加载，中断发送标志位 TXIF 置位，等候 CPU 发出发送指令。而只有当新的数据送入 TXREG 后，TXIF 才得以清零。如果用户控制数据发送的节奏，则可通过 TRMT 状态的查询了解 TSR 的数据是否已发送结束。

当选择 9 位同步数据接收方式时，也必须优先向 TX9D 送入第 9 位数据，然后才能将实际传送的数据送入 TXREG。而此时，可不必考虑 TSR 的空/满状态。

2. USART 同步主控数据接收

若把 USART 定义在同步主控数据接收模式，可以通过 SREN 位或 CREN 位的设置来选择。如果仅仅接收一个字节数据，则可使 SREN 置位；而如果要连续接收一串数据，则必须使 CREN 置位。数据传送的速度取决于时序信号的频率，一般 DT 数据线上的信号在时序脉冲的下降沿被采样。

USART 同步主控数据接收与异步数据接收过程基本类似，都是在接收移位寄存器 RSR 中接收到一个完整的的数据后自动被送入接收数据缓冲器 RCREG 中，并同时将中断标志位 RCIF 置位。请求 CPU 中断取走刚接收到的数据信息，一旦 CPU 取数成功，RCIF 标志位将自动清零。

3. USART 同步从动数据发送

USART 同步从动数据发送和同步主控数据发送方式基本相似，包括数据发送的工作机理和中断标志位的状态；唯一的区别就是其数据发送时序信号 CK 非自身发生，而是来源于对方的主控器件。

4. USART 同步从动数据接收

USART 同步从动数据接收和同步主控数据接收的操作原理基本一致，仅在 CPU 处于睡眠方式下，同步主控数据接收过程将停止工作，而同步从动数据接收端的时序信号取决于对方发送发生器，所以仍可以正常工作。

9.3.5 USART 串行通信应用

在单片机外围扩展功能中，USART 同步/异步通信得到了广泛的应用。这种通信方式与前面介绍的 SPI 和 I^2C 内部数据通信还有本质不同，主要用于远距离的通信，可采用同步或异步方式进行。

【例题 9-6】 主、从单片机采用如图 9-33 所示硬件电路，基于 USART 同步/异步串行通信，通过电平变化中断实现双机同步 LED 快慢速加减计数显示。

解题分析 本实验将需要 2 台 YB03-1 实验系统，按照一定的连接方法构成双机 USART 同步/异步串行通信。当按下主或从单片机的 RB4、RB5、RB6 和 RB7 所连接的独立按键时，主、从机 RD 端口所连接 8 位 LED 发光二极管将同步显示某键按下所对应的自动快慢速加减计数显示。采用的编程方法主要是在键控状态同步显示的基础上，将主、从机的状态情况及时通过 USART 同步/异步串行通信方式相互传送，双机在 RD 端口将同步输出相同的显示模式。一般在实时系统中，键盘的实时

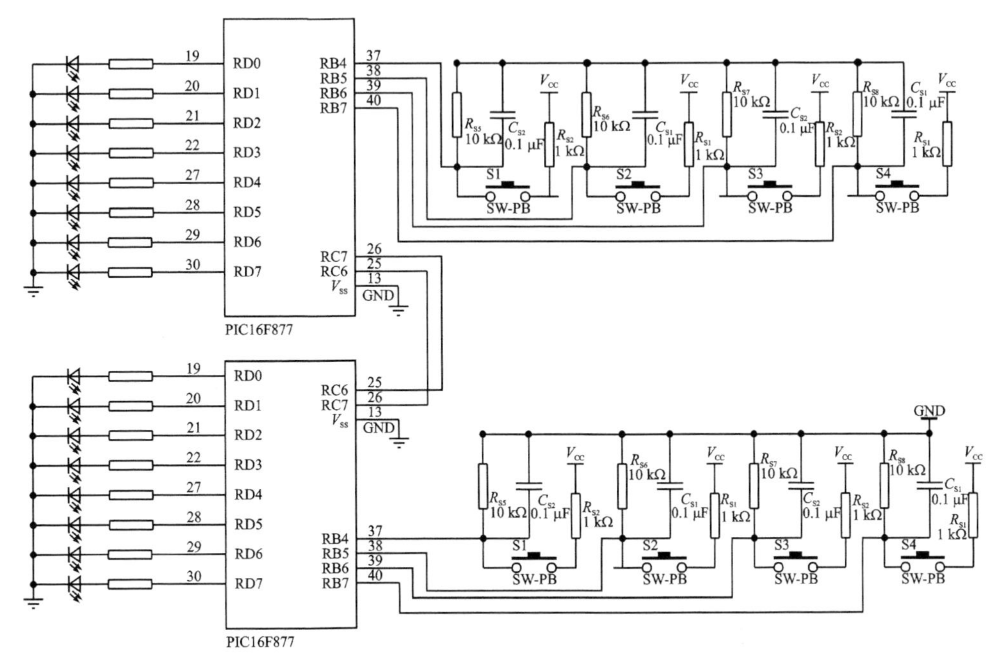

图 9-33 双机通信键控状态同步显示电路

监控通过不断扫描来完成，是对 CPU 资源的极大浪费。为了有效节约资源，提高单片机的工作效率，同时满足在线检测快速响应的要求，将 4 个独立按键与 RB 端口 4 个特有的电平变化中断功能引脚 RB4～7 相连。关于主、从机的信息变化，主机的显示部分是通过散转指令和循环指针的变化来实现显示状态的变化，而从机的显示信息是由主机直接通过 USART 通信把 PORTD 内容实时地送到从机 PORTD 端口来实现的。在中断处理过程中，首先必须识别中断源的身份，可通过 RCIF 和 RBIF 的状态鉴别出中断源。当判断出中断源后，执行相应的中断服务功能程序。如果中断是由 USART 通信引起的，则在返回主程序之前必须将串行通信接收数据满中断标志位 RCIF 清零。在中断服务程序中，依次检测 4 个按键 RB4、RB5、RB6 和 RB7 对应的键盘有无按下，根据不同的按键输入，设置按键变量 COUNTER 分别为 0、1、2 和 3。当结束中断返回主程序前，通过 USART 同步/异步串行通信方式，将目前按键变量 COUNTER 的数值发送给另一台单片机。

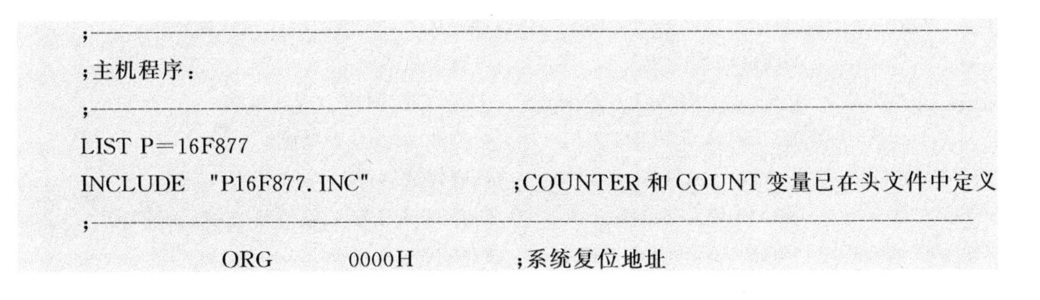
```
;-----------------------------------------------------------------
;主机程序：
;-----------------------------------------------------------------
LIST P=16F877
INCLUDE  "P16F877.INC"            ;COUNTER 和 COUNT 变量已在头文件中定义
;-----------------------------------------------------------------
        ORG      0000H            ;系统复位地址
```

```
            NOP                        ;MPLAB 需要
            GOTO      ST               ;跳转至主程序
;-------------------------------------------------------------------
;中断服务程序
;-------------------------------------------------------------------
            ORG       0004H            ;中断服务程序入口地址
            BTFSC     INTCON,RBIF      ;检测 RBIF 和 RCIF 何为 1
            GOTO      LRBIF            ;RBIF=1,转去识别何键按下
            MOVF      RCREG,W          ;RCIF=1,接收到新的数据,送 W
            MOVWF     COUNTER          ;更新按键变量
            CLRF      PIR1             ;串行通信接收数据,满中断标志位 RCIF 清零
            GOTO      RE               ;中断返回
LRBIF       BCF       INTCON,RBIF      ;清除 RB 中断标志
RB4         BTFSS     PORTB,4          ;判断 RB4 是否按下
            GOTO      RB5              ;没有按下转判断 RB5
            CALL      DELAY10MS        ;RB4 按下,调用 10 ms 延时
            BTFSS     PORTB,4          ;再判断 RB4 是否按下
            GOTO      RB5              ;没有按下转判断 RB5
PP4         BTFSC     PORTB,4          ;RB4 按下,转判断 RB4 是否释放
            GOTO      PP4              ;没有释放等待
            CALL      DELAY10MS        ;RB4 释放,调用 10 ms 延时
            BTFSC     PORTB,4          ;再判断 RB4 是否释放
            GOTO      PP4              ;没有释放等待
            CLRF      COUNTER          ;COUNTER 清零,设置第一种显示模式
            MOVF      COUNTER,W        ;COUNTER 送 W
            CALL      OUTSHU           ;调用 USART 通信传送 COUNTER
            GOTO      RE               ;中断返回
RB5         BTFSS     PORTB,5          ;判断 RB5 是否按下
            GOTO      RB6              ;没有按下转判断 RB6
            CALL      DELAY10MS        ;RB5 按下,调用 10 ms 延时
            BTFSS     PORTB,5          ;再判断 RB5 是否按下
            GOTO      RB5              ;没有按下转判断 RB6
PP5         BTFSC     PORTB,5          ;RB5 按下,转判断 RB5 是否释放
            GOTO      PP5              ;没有释放等待
            CALL      DELAY10MS        ;RB5 释放,调用 10 ms 延时
            BTFSC     PORTB,5          ;再判断 RB5 是否释放
            GOTO      PP5              ;没有释放等待
            MOVLW     01H              ;COUNTER 置 1,设置第二种显示模式
            MOVWF     COUNTER          ;COUNTER 送 W
```

```
        CALL      OUTSHU        ;调用 USART 通信传送 COUNTER
        GOTO      RE            ;中断返回
RB6     BTFSS     PORTB,6       ;判断 RB6 是否按下
        GOTO      RB7           ;没有按下转判断 RB7
        CALL      DELAY10MS     ;RB6 按下,调用 10 ms 延时
        BTFSS     PORTB,6       ;再判断 RB6 是否按下
        GOTO      RB6           ;没有按下转判断 RB7
PP6     BTFSC     PORTB,6       ;RB5 按下,转判断 RB6 是否释放
        GOTO      PP6           ;没有释放等待
        CALL      DELAY10MS     ;RB6 释放,调用 10 ms 延时
        BTFSC     PORTB,6       ;再判断 RB6 是否释放
        GOTO      PP6           ;没有释放等待
        MOVLW     02H           ;COUNTER 置 2,设置第三种显示模式
        MOVWF     COUNTER       ;COUNTER 送 W
        CALL      OUTSHU        ;调用 USART 通信传送 COUNTER
        GOTO      RE            ;中断返回
RB7     BTFSS     PORTB,7       ;判断 RB7 是否按下
        GOTO      RE            ;中断返回
        CALL      DELAY10MS     ;RB7 按下,调用 10 ms 延时
        BTFSS     PORTB,7       ;再判断 RB7 是否按下
        GOTO      RE            ;中断返回
PP7     BTFSC     PORTB,7       ;RB7 按下,转判断 RB7 是否释放
        GOTO      PP7           ;没有释放等待
        CALL      DELAY10MS     ;RB7 释放,调用 10 ms 延时
        BTFSC     PORTB,7       ;再判断 RB7 是否释放
        GOTO      PP7           ;没有释放等待
        MOVLW     03H           ;COUNTER 置 3,设置第四种显示模式
        MOVWF     COUNTER       ;COUNTER 送 W
        CALL      OUTSHU        ;调用 USART 通信传送 COUNTER
RE      BSF       COUNT,0       ;COUNT 置位,表示进入中断
        CLRF      PORTD         ;显示清零
        MOVLW     00H           ;准备将数据 00H 传给对方 PORTD
        CALL      OUTSHU        ;调用 USART 通信传送 PORTD
        RETFIE                  ;中断返回
;------------------------------------------------------------------------
;主程序
;------------------------------------------------------------------------
ST      BSF       STATUS,RP0    ;选择数据存储器体 1
        MOVLW     B'10000000'   ;RC 端口 RC6、RC7 分别为输出和输入
```

```
        MOVWF   TRISC
        MOVLW   19H            ;设置波特率 9 600 bps,系统时钟 4 MHz
        MOVWF   SPBRG
        MOVLW   B'00100100'    ;异步方式、高波特率,发送使能
        MOVWF   TXSTA
        MOVLW   00H            ;RD 端口为输出
        MOVWF   TRISD
        MOVLW   0F0H           ;RB4、RB5、RB6 和 RB7 为输入
        MOVWF   TRISB
        BSF     PIE1,RCIE      ;使能 SCI 接收中断
        BCF     STATUS,RP0     ;选择数据存储器体 0
        MOVLW   B'10010000'    ;设置连续接收数据
        MOVWF   RCSTA
        MOVLW   B'11001000'    ;总中断和 RB 中断使能
        MOVWF   INTCON
        CLRF    PORTD          ;PORTD 输出清零
        CLRF    COUNTER
        CLRF    COUNT
LOOP    BTFSS   COUNT,0        ;根据 COUNT 判断是否进入中断
        GOTO    $+3            ;没进中断,跳转到散转
        CLRF    COUNT          ;中断标志 COUNT 清零
        CLRF    PORTD          ;显示清零
        MOVF    COUNTER,W      ;COUNTER 送 W
        ADDWF   PCL,F          ;决定偏移量
        GOTO    XSH1           ;调用第一种显示模式(COUNTER=0)
        GOTO    XSH2           ;调用第二种显示模式(COUNTER=1)
        GOTO    XSH3           ;调用第三种显示模式(COUNTER=2)
        GOTO    XSH4           ;调用第四种显示模式(COUNTER=3)
;-----------------------------------------------------------------------
;慢速自动加 1(第一种显示方式)
;-----------------------------------------------------------------------
XSH1    INCF    PORTD          ;PORTD 增 1
        MOVF    PORTD,W
        CALL    OUTSHU         ;调用 USART 通信传送 PORTD
        CALL    DELAY1S        ;调用 1 s 延时程序
        GOTO    LOOP           ;返回
;-----------------------------------------------------------------------
;慢速自动减 1(第二种显示方式)
;-----------------------------------------------------------------------
```

```
XSH1      DECF      PORTD        ;PORTD 减 1
          MOVF      PORTD,W
          CALL      OUTSHU       ;调用 USART 通信传送 PORTD
          CALL      DELAY1S      ;调用 1 s 延时程序
          GOTO      LOOP         ;返回
;----------------------------------------------------------------
;快速自动加 1(第三种显示方式)
;----------------------------------------------------------------
XSH1      INCF      PORTD        ;PORTD 增 1
          MOVF      PORTD,W
          CALL      OUTSHU       ;调用 USART 通信传送 PORTD
          CALL      DELAY10MS    ;调用 10 ms 延时程序
          GOTO      LOOP         ;返回
;----------------------------------------------------------------
;快速自动减 1(第四种显示方式)
;----------------------------------------------------------------
XSH1      DECF      PORTD        ;PORTD 减 1
          MOVF      PORTD,W
          CALL      OUTSHU       ;调用 USART 通信传送 PORTD
          CALL      DELAY10MS    ;调用 10 ms 延时程序
          GOTO      LOOP         ;返回
;----------------------------------------------------------------
;数据发送子程序
;----------------------------------------------------------------
OUTSHU    MOVWF     TXREG        ;ASCII 字符码送发送寄存器 TXREG
          BSF       STATUS,RP0   ;选择数据存储器体 1
LPTX      BTFSS     TXSTA,TRMT   ;发送移位寄存器是否空(原数据是否
                                 ;已发送完毕)
          GOTO      LPTX         ;没有,继续等待
          BCF       STATUS,RP0   ;发送完毕,选择数据存储器体 0
          RETURN                 ;子程序返回
;----------------------------------------------------------------
;10 ms 软件延时子程序
;----------------------------------------------------------------
DELAY10MS
          MOVLW     0DH          ;外循环常数
          MOVWF     30H          ;外循环寄存器
LOOP1     MOVLW     0FFH         ;内循环常数
          MOVWF     31H          ;内循环寄存器
```

```
LOOP2     DECFSZ   31H            ;内循环寄存器递减
          GOTO     LOOP2          ;继续内循环
          DECFSZ   30H            ;外循环寄存器递减
          GOTO     LOOP1          ;继续外循环
          RETURN                  ;子程序返回
;------------------------------------------------------------
;1 s 软件延时子程序
;------------------------------------------------------------
DELAY1S   MOVLW    06H            ;外循环常数
          MOVWF    20H            ;外循环寄存器
LP1       MOVLW    0EBH           ;中循环常数
          MOVWF    21H            ;中循环寄存器
LP2       MOVLW    0ECH           ;内循环常数
          MOVWF    22H            ;内循环寄存器
LP3       DECFSZ   22H            ;内循环寄存器递减
          GOTO     LP3            ;继续内循环
          DECFSZ   21H            ;中循环寄存器递减
          GOTO     LP2            ;继续中循环
          DECFSZ   20H            ;外循环寄存器递减
          GOTO     LP1            ;继续外循环
          RETURN                  ;子程序返回
;------------------------------------------------------------
          END
;------------------------------------------------------------

;------------------------------------------------------------
;从机程序
;------------------------------------------------------------
LIST P=16F877
INCLUDE  "P16F877.INC"            ;COUNTER 变量在头文件中已定义
;------------------------------------------------------------
          ORG      0000H          ;系统复位地址
          NOP                     ;MPLAB 需要
          GOTO     ST             ;跳转至主程序
;------------------------------------------------------------
;中断服务程序
;------------------------------------------------------------
          ORG      0004H          ;中断服务程序入口地址
          BTFSC    INTCON,RBIF    ;检测 RBIF 和 RCIF 何为 1
          GOTO     LRBIF          ;RBIF=1,转去识别何键按下
```

```
        MOVF    RCREG,W       ;RCIF=1,接收到新的数据,送 W
        MOVWF   PORTD         ;更新按键变量
        CLRF    PIR1          ;串行通信接收数据满,中断标志位 RCIF 清零
        GOTO    RE            ;中断返回
LRBIF   BCF     INTCON,RBIF   ;清除 RB 中断标志
RB4     BTFSS   PORTB,4       ;判断 RB4 是否按下
        GOTO    RB5           ;没有按下转判断 RB5
        CALL    DELAY10MS     ;RB4 按下,调用 10 ms 延时
        BTFSS   PORTB,4       ;再判断 RB4 是否按下
        GOTO    RB5           ;没有按下转判断 RB5
PP4     BTFSC   PORTB,4       ;RB4 按下,转判断 RB4 是否释放
        GOTO    PP4           ;没有释放等待
        CALL    DELAY10MS     ;RB4 释放,调用 10 ms 延时
        BTFSC   PORTB,4       ;再判断 RB4 是否释放
        GOTO    PP4           ;没有释放等待
        CLRF    COUNTER       ;COUNTER 清零,设置第一种显示模式
        MOVF    COUNTER,W     ;COUNTER 送 W
        CALL    OUTSHU        ;调用 USART 通信传送 COUNTER
        GOTO    RE            ;中断返回
RB5     BTFSS   PORTB,5       ;判断 RB5 是否按下
        GOTO    RB6           ;没有按下转判断 RB6
        CALL    DELAY10MS     ;RB5 按下,调用 10 ms 延时
        BTFSS   PORTB,5       ;再判断 RB5 是否按下
        GOTO    RB5           ;没有按下转判断 RB6
PP5     BTFSC   PORTB,5       ;RB5 按下,转判断 RB5 是否释放
        GOTO    PP5           ;没有释放等待
        CALL    DELAY10MS     ;RB5 释放,调用 10 ms 延时
        BTFSC   PORTB,5       ;再判断 RB5 是否释放
        GOTO    PP5           ;没有释放等待
        MOVLW   01H           ;COUNTER 置 1,设置第二种显示模式
        MOVWF   COUNTER       ;COUNTER 送 W
        CALL    OUTSHU        ;调用 USART 通信传送 COUNTER
        GOTO    RE            ;中断返回
RB6     BTFSS   PORTB,6       ;判断 RB6 是否按下
        GOTO    RB7           ;没有按下转判断 RB7
        CALL    DELAY10MS     ;RB6 按下,调用 10 ms 延时
        BTFSS   PORTB,6       ;再判断 RB6 是否按下
        GOTO    RB6           ;没有按下转判断 RB7
PP6     BTFSC   PORTB,6       ;RB5 按下,转判断 RB6 是否释放
```

```
          GOTO      PP6              ;没有释放等待
          CALL      DELAY10MS        ;RB6 释放,调用 10 ms 延时
          BTFSC     PORTB,6          ;再判断 RB6 是否释放
          GOTO      PP6              ;没有释放等待
          MOVLW     02H              ;COUNTER 置 2,设置第三种显示模式
          MOVWF     COUNTER          ;COUNTER 送 W
          CALL      OUTSHU           ;调用 USART 通信传送 COUNTER
          GOTO      RE               ;中断返回
RB7       BTFSS     PORTB,7          ;判断 RB7 是否按下
          GOTO      RE               ;中断返回
          CALL      DELAY10MS        ;RB7 按下,调用 10 ms 延时
          BTFSS     PORTB,7          ;再判断 RB7 是否按下
          GOTO      RE               ;中断返回
PP7       BTFSC     PORTB,7          ;RB7 按下,转判断 RB7 是否释放
          GOTO      PP7              ;没有释放等待
          CALL      DELAY10MS        ;RB7 释放,调用 10 ms 延时
          BTFSC     PORTB,7          ;再判断 RB7 是否释放
          GOTO      PP7              ;没有释放等待
          MOVLW     03H              ;COUNTER 置 3,设置第四种显示模式
          MOVWF     COUNTER          ;COUNTER 送 W
          CALL      OUTSHU           ;调用 USART 通信传送 COUNTER
RE        RETFIE                     ;中断返回
;------------------------------------------------------------------------
;主程序
;------------------------------------------------------------------------
ST        BSF       STATUS,RP0       ;选择数据存储器体 1
          MOVLW     B'10000000'      ;RC 端口 RC6、RC7 分别为输出和输入
          MOVWF     TRISC
          MOVLW     19H              ;设置波特率 9 600,系统时钟 4 MHz
          MOVWF     SPBRG
          MOVLW     B'00100100'      ;异步方式、高波特率,发送使能
          MOVWF     TXSTA
          MOVLW     00H              ;RD 端口为输出
          MOVWF     TRISD
          MOVLW     0F0H             ;RB4、RB5、RB6 和 RB7 为输入
          MOVWF     TRISB
          BSF       PIE1,RCIE        ;使能 SCI 接收中断
          BCF       STATUS,RP0       ;选择数据存储器体 0
          MOVLW     B'10010000'      ;设置连续接收数据
```

```
        MOVWF   RCSTA
        MOVLW   B'11001000'  ;总中断和 RB 中断使能
        MOVWF   INTCON
        CLRF    PORTD        ;PORTD 输出清零
        CLRF    COUNTER
        GOTO    $-1          ;循环等待
;------------------------------------------------------------------
;数据发送子程序
;------------------------------------------------------------------
OUTSHU  MOVWF   TXREG        ;ASCII 字符码送发送寄存器 TXREG
        BSF     STATUS,RP0   ;选择数据存储器体 1
LPTX    BTFSS   TXSTA,TRMT   ;发送移位寄存器是否空(原数据是否已
                             ;发送完毕)
        GOTO    LPTX         ;没有,继续等待
        BCF     STATUS,RP0   ;发送完毕,选择数据存储器体 0
        RETURN               ;子程序返回
;------------------------------------------------------------------
;10 ms 软件延时子程序
;------------------------------------------------------------------
DELAY10MS
        MOVLW   0DH          ;外循环常数
        MOVWF   30H          ;外循环寄存器
LOOP1   MOVLW   0FFH         ;内循环常数
        MOVWF   31H          ;内循环寄存器
LOOP2   DECFSZ  31H          ;内循环寄存器递减
        GOTO    LOOP2        ;继续内循环
        DECFSZ  30H          ;外循环寄存器递减
        GOTO    LOOP1        ;继续外循环
        RETURN               ;子程序返回
;------------------------------------------------------------------
        END
;------------------------------------------------------------------
```

【例题 9-7】 主、从单片机采用图 9-34 和图 9-35 所示的硬件电路,双机均包括 PIC16F877 单片机模块、三位数码显示模块和无线通信模块。另外主机还带有红外传感器模块,用于在线检测水液面高度,并通过无线方式将数据实时传送给从机。主、从单片机之间的数据传送是基于无线 USART 同步/异步串行通信。

解题分析　本例主要涉及两个内容:一是无线发送/接收器件,该器件是基于美国 Chipcon 公司 CC1100 芯片所整合的无线模块 GW100L,支持 TTL 接口,适应宽

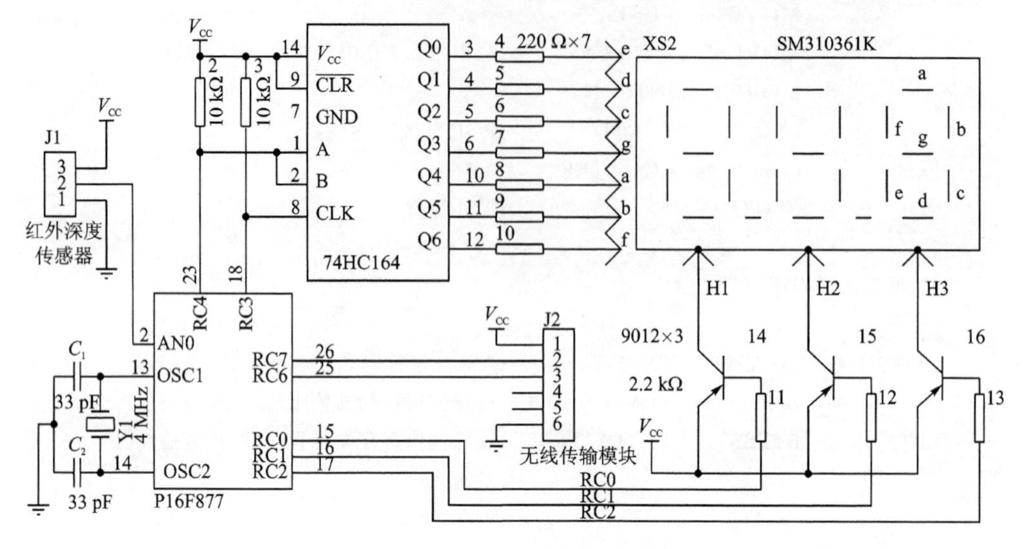

图 9－34　主机(发射机)电路

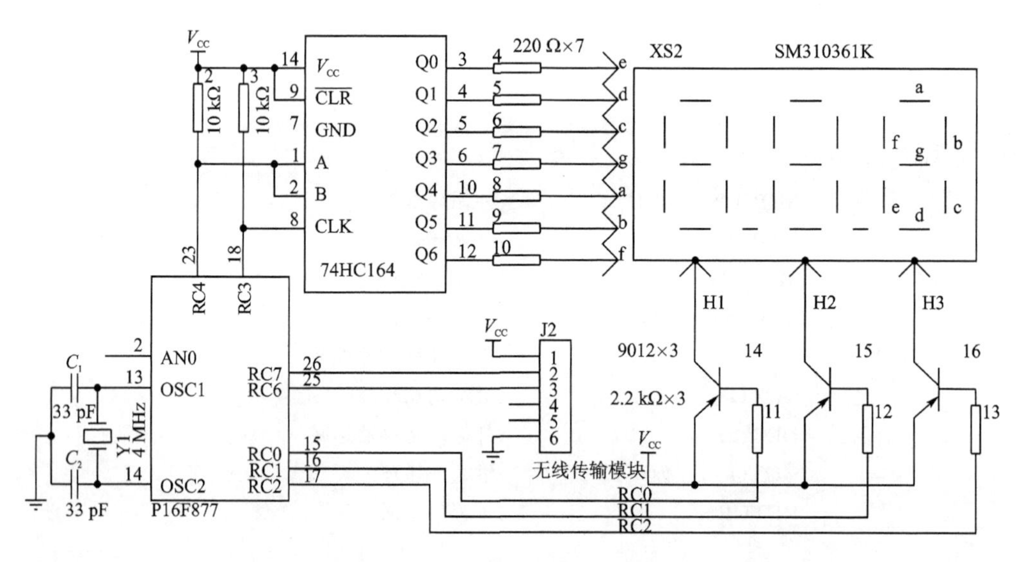

图 9－35　从机(接收机)电路

范的电压(DC 2.8～3.6 V),可支持 64 个频道进行远距离通信,理论传输距离可达到 2 km,并可以通过软件实现对其频道的修改以及波特率的调整。二是红外传感器进行水位检测,本例使用夏普红外测距传感器 GP2D12,其检测距离范围为 100～800 mm,考虑到水液面变化区间为 1 100～1 200 mm,所以把红外传感器检测距离范围设定为 100～200 mm,因为当检测距离在该范围内变化时输出的模拟电压变化率最大(1.4～2.4 V),分辨率也就越高。通信协议使用的是业界广泛采用的 USART 串口通信方式,只需简单的配置就可方便地实现无线收发。

水位检测采用主机(PIC 单片机)内嵌的 10 位 A/D 转换器检测红外传感器输出的模拟信号,然后通过数值查表获得相应的水位数值。除了主机实时显示当前水位数字以外,还通过无线模块传递给从机(PIC 单片机),使从机也实时显示同样的水位内容。

```
;------------------------------------------------------------------------
;主机程序
;------------------------------------------------------------------------
LIST P=16F877
INCLUDE"P16F877.INC"
;------------------------------------------------------------------------
DATA_H1        EQU     31H              ;显示刷新 H1 位数据寄存器
DATA_H2        EQU     32H              ;显示刷新 H2 位数据寄存器
DATA_H3        EQU     33H              ;显示刷新 H3 位数据寄存器
TEMP_164       EQU     34H              ;显示用缓存器
COUNT_164      EQU     35H              ;显示刷新用计数寄存器
COUNT_DISPLAY  EQU     36H              ;显示刷新用计数寄存器
TEMP_DATA      EQU     37H              ;高度值
STATUS_TEMP    EQU     78H              ;STATUS 寄存器保护缓存器
WR_TEMP        EQU     77H              ;W 寄存器保护缓存器
;------------------------------------------------------------------------
               ORG     0000H            ;复位矢量入口地址
               NOP
               GOTO    ST
;------------------------------------------------------------------------
;中断服务程序
;------------------------------------------------------------------------
               ORG     0004H            ;中断矢量入口地址
               MOVWF   WR_TEMP          ;W 寄存器保护
               SWAPF   STATUS,W
               MOVWF   STATUS_TEMP      ;STATUS 寄存器保护
               BCF     INTCON,T0IF      ;重新开始计时
               CALL    DISPLAY          ;调用显示子程序
INT_RET        MOVLW   70H
               MOVWF   TMR0             ;TMR0 置初值
               SWAPF   STATUS_TEMP,W    ;中断保护还原
               MOVWF   STATUS
               SWAPF   WR_TEMP,F
               SWAPF   WR_TEMP,W        ;SWAPF 指令对 W 寄存器内容无
                                        ;影响
```

```
            RETFIE                              ;中断返回
;------------------------------------------------------------------
;显示刷新子程序,中断调用
;------------------------------------------------------------------
DISPLAY     INCF     COUNT_DISPLAY     ;显示刷新计数器加 1
            MOVLW    03H
            SUBWF    COUNT_DISPLAY,0   ;是否完成一次循环(H1→H2→H3)
            BTFSS    STATUS,C
            GOTO     $+2
            CLRF     COUNT_DISPLAY     ;如果完成一次循环,则计数器清
                                       ;零从 H1 再次开始
            MOVF     COUNT_DISPLAY,0
            ADDWF    PCL,1
            GOTO     DISPLAY_H1        ;百位显示刷新
            GOTO     DISPLAY_H2        ;十位显示刷新
            GOTO     DISPLAY_H3        ;个位显示刷新
            RETURN
DISPLAY_H1
            BCF      PORTC,0           ;百位暗
            BCF      PORTC,1           ;十位暗
            BCF      PORTC,2           ;个位暗
            MOVF     DATA_H1,W         ;将百位数据送到 W 寄存器
            CALL     TX164             ;调用串行传输子程序
            BSF      PORTC,0           ;百位亮
            RETURN
DISPLAY_H2
            BCF      PORTC,0           ;百位暗
            BCF      PORTC,1           ;十位暗
            BCF      PORTC,2           ;个位暗
            MOVF     DATA_H2,W         ;将十位数据送到 W 寄存器
            CALL     TX164             ;调用串行传输子程序
            BSF      PORTC,1           ;十位亮
            RETURN
DISPLAY_H3
            BCF      PORTC,0           ;百位暗
            BCF      PORTC,1           ;十位暗
            BCF      PORTC,2           ;个位暗
            MOVF     DATA_H3,W         ;将个位数据送到 W 寄存器
            CALL     TX164             ;调用串行传输子程序
```

```
                BSF      PORTC,2          ;个位亮
                RETURN                    ;子程序返回
;--------------------------------------------------------------------
;74HC164 数据传输子程序
;--------------------------------------------------------------------
TX164           CALL     TABLE            ;显示编码查询
                MOVWF    TEMP_164         ;送编码值到串行传输缓存器
                MOVLW    08H
                MOVWF    COUNT_164        ;传输计数器置初值,8 位传输
RE_TX164        BTFSS    TEMP_164,7       ;判断 TEMP_164 的第 8 位
                GOTO     $+2
                BSF      PORTC,4          ;为 1,DATA 置 1
                NOP
                BSF      PORTC,3          ;CLK 置 1
                NOP
                BCF      PORTC,3          ;CLK 清零,生成一个正脉冲
                BCF      PORTC,4          ;DATA 恢复低电平
                RLF      TEMP_164,F       ;TEMP_164 左移
                DECFSZ   COUNT_164,F      ;计数器减 1
                GOTO     RE_TX164         ;继续循环
                RETURN                    ;子程序返回
;--------------------------------------------------------------------
;八段数码编码查表
;--------------------------------------------------------------------
TABLE           ADDWF    PCL,1            ;显示编码
                RETLW    088H             ;"0"  00H   数字
                RETLW    0DBH             ;"1"  01H
                RETLW    0C4H             ;"2"  02H
                RETLW    0C1H             ;"3"  03H
                RETLW    093H             ;"4"  04H
                RETLW    0A1H             ;"5"  05H
                RETLW    0A0H             ;"6"  06H
                RETLW    0CBH             ;"7"  07H
                RETLW    080H             ;"8"  08H
                RETLW    081H             ;"9"  09H
                RETLW    0A4H             ;"E"  0AH   字母
                RETLW    0F6H             ;"r"  0BH
                RETLW    092H             ;"H"  0CH
                RETLW    0BCH             ;"L"  0DH
```

```
        RETLW   0F7H            ;"—"  0EH   负号
;------------------------------------------------------------
;主程序入口
;------------------------------------------------------------
ST      CALL    INT_PORT        ;端口初始化
LOOP    CALL    DELAY1S
        BSF     ADCON0,GO       ;启动 A/D 转换
        BTFSS   PIR1,ADIF       ;等待 A/D 转换结束
        GOTO    $ -1            ;没结束则返回继续等待
        MOVF    ADRESH,W        ;将 A/D 转换数值的低 8 位存入
                                ;W 存储器
        MOVWF   S2H             ;W 内容放到 S1 高 8 位地址
        BSF     STATUS,5        ;选择数据存储器体 1
        MOVF    ADRESL,W        ;将 A/D 转换数值的高 2 位存入
                                ;数据存储器
        BCF     STATUS,5        ;选择数据存储器体 0
        MOVWF   S2L             ;W 内容放到 S1 低 8 位地址
        BTFSC   S2H,1
        GOTO    ERROR_H         ;数据大于 512,转高位报警
        BTFSS   S2H,0
        GOTO    ERROR_L         ;数据小于 256,转低位告警
        MOVLW   0BH
        SUBWF   S2L,W
        BTFSS   STATUS,C        ;当 S2H=1 时,低 8 位小于 0BH,
                                ;则小于 267
        GOTO    ERROR_L         ;数据小于 267,转低位告警
        MOVF    S2L,W
        SUBLW   0D8H
        BTFSS   STATUS,C        ;当 S2H=1 时,低 8 位大于 D8H
                                ;则大于 472
        GOTO    ERROR_H         ;数据大于 472,转高位报警
        MOVLW   0BH
        SUBWF   S2L,W           ;修正查表量,267—156=11
        BCF     INTCON,7        ;关闭总中断使能
        BSF     PCLATH,1        ;虚拟高 5 位的第 1 位置 1,对应
                                ;TAB1 所在程序存储器
        CALL    TABLE_DATA      ;查表,得到高度值
        BCF     PCLATH,1        ;虚拟高 5 位的第 1 位置 0
        BSF     INTCON,7        ;打开总中断使能
```

```
            MOVWF    TEMP_DATA          ;送实际值到显示缓存存储器
            CALL     FASONG             ;将高度信息通过无线模块发送
            CALL     BIN_TO_BCD         ;将高度值转换为 BCD 码
            GOTO     LOOP               ;返回开始下一次检测
;------------------------------------------------------------------
ERROR_H     MOVLW    0AH                ;将"ErH"编码送入显示寄存器
            MOVWF    DATA_H3
            MOVLW    0BH
            MOVWF    DATA_H2
            MOVLW    0CH
            MOVWF    DATA_H1
            MOVLW    0FFH               ;高度寄存器置 0FFH,表示超过
                                        ;上限
            MOVWF    TEMP_DATA
            CALL     FASONG             ;将高度信息发出
            GOTO     LOOP
ERROR_L     MOVLW    0AH                ;将"ErL"编码送入显示寄存器
            MOVWF    DATA_H3
            MOVLW    0BH
            MOVWF    DATA_H2
            MOVLW    0DH
            MOVWF    DATA_H1
            CLRF     TEMP_DATA          ;高度寄存器清零,表示超过下限
            MOVF     TEMP_DATA,W
            CALL     FASONG
            GOTO     LOOP
;------------------------------------------------------------------
;端口初始化子程序
;------------------------------------------------------------------
INT_PORT                                ;系统端口初始化
            BSF      STATUS,5           ;选择数据存储器体 1
            MOVLW    B'00000111'
            MOVWF    TRISD
            MOVLW    B'10000000'        ;RC7 输入
            MOVWF    TRISC              ;RC0 - RC2:H1\H2\H3
                                        ;RC3:CLK   RC4:A/B
            MOVLW    05H
            MOVWF    OPTION_REG         ;TMR0 分频比为 1:64
            MOVLW    B'10001110'        ;采用右对齐方式,选择第模拟通
```

```
                                                    ;道 1
                MOVWF      ADCON1                   ;以 VDD 和 VSS 为参考电压
                MOVLW      19H
                MOVWF      SPBRG                    ;设置波特率 9 600,系统时钟
                                                    ;4 MHz
                MOVLW      B'00100100'
                MOVWF      TXSTA                    ;异步方式、高波特率,发送使能
                BCF        STATUS,5                 ;选择数据存储器体 0
                MOVLW      B'11000001'              ;选择内部阻容振荡器为时钟
                                                    ;使 ADC 进入准备状态
                MOVWF      ADCON0
                CLRF       PORTD
                MOVLW      B'10010000'              ;设置连续接收数据
                MOVWF      RCSTA
                MOVLW      0EH                      ;LED 初始显示"———"
                MOVWF      DATA_H1
                MOVWF      DATA_H2
                MOVWF      DATA_H3
                MOVLW      B'10100000'
                MOVWF      INTCON                   ;开总中断,开 TMR0 中断
                CLRF       TMR0
                RETURN                              ;子程序返回
;------------------------------------------------------------------------------
;USART 方式发送数据子程序
;------------------------------------------------------------------------------
FASONG          MOVWF      TXREG                    ;ASCII 字符码送发送寄存器 TXREG
                MOVLW      B'00000000'
                MOVWF      INTCON
                BSF        STATUS,RP0               ;选择数据存储器体 1
LTX             BTFSS      TXSTA,TRMT               ;发送移位寄存器是否空(原数据
                                                    ;是否发送完毕)
                GOTO       LTX                      ;没有则继续检测
                BCF        STATUS,RP0               ;发送完毕,选择数据存储器体 1
                MOVLW      B'10100000'
                MOVWF      INTCON
                RETURN                              ;子程序返回
;------------------------------------------------------------------------------
;二进制数转换成 BCD 码子程序      入口 TEMP_DATA,出口 DATA_H1\DATA_H2
```

```
;                         \DATA_H3(个位\十位\百位)
;------------------------------------------------------------------
BIN_TO_BCD
            CLRF        DATA_H1             ;出口寄存器内容清零
            CLRF        DATA_H2             ;出口寄存器内容清零
            CLRF        DATA_H3             ;出口寄存器内容清零
B11         MOVLW       D'100'
            SUBWF       TEMP_DATA,0         ;数据相减
            BTFSS       STATUS,C            ;判断是否有借位
            GOTO        B21                 ;有借位,则进入十位判断
            MOVWF       TEMP_DATA           ;无借位,保存相减结果
            INCF        DATA_H3             ;给百位数据显示缓存器加 1
            GOTO        B11                 ;继续判断百位
B21         MOVLW       D'10'
            SUBWF       TEMP_DATA,0         ;数据相减
            BTFSS       STATUS,C            ;判断是否有借位
            GOTO        B31                 ;有借位,则进入个位判断
            MOVWF       TEMP_DATA           ;无借位,保存相减结果
            INCF        DATA_H2             ;给十位数据显示缓存器加 1
            GOTO        B21                 ;继续判断十位
B31         MOVF        TEMP_DATA,0         ;TEMP 内最后剩余的数字即为个位
            MOVWF       DATA_H1             ;将个位数据送到个位数据显示缓
                                            ;存器
            RETURN                          ;子程序返回
;------------------------------------------------------------------
;10 ms 延时子程序(省略)
;------------------------------------------------------------------
;1 s 延时子程序参考程序(省略)
;------------------------------------------------------------------
;16 位减法子程序
;------------------------------------------------------------------
UBXY        COMF        S2L                 ;S2 低 8 位取反
            INCF        S2L                 ;取反加 1,以获得 S2 的补码
            BTFSC       STATUS,Z
            DECF        S2H
            COMF        S2H                 ;S2 高 8 位取反
            MOVF        S2L,W
            ADDWF       S1L                 ;S1 和 S2 低 8 位相加
            BTFSC       STATUS,C            ;判断是否有进位
```

```
            INCF      S1H                ;进位则高8位加1
            MOVF      S2H,W
            ADDWF     S1H                ;S1和S2高8位相加
            MOVF      S1H,W
            MOVWF     R1H                ;变换输出,将高8位结果送到R1H
            MOVF      S1L,W
            MOVWF     R1L                ;将低8位结果送到R1L
            RETLW     00H
;------------------------------------------------------------------
;红外查表数据,对应高度值100~200 mm,A/D测试值为267~472
;------------------------------------------------------------------
;为了减少页面,数据表采用紧凑表达方式,请读者注意
;------------------------------------------------------------------
            ORG       0200H
TABLE_DATA
            ADDWF     PCL,1
```

RETLW .200	RETLW .185	RETLW .171	RETLW .159	RETLW .148	RETLW .139
RETLW .200	RETLW .184	RETLW .170	RETLW .158	RETLW .147	RETLW .139
RETLW .199	RETLW .184	RETLW .170	RETLW .157	RETLW .147	RETLW .138
RETLW .198	RETLW .183	RETLW .169	RETLW .157	RETLW .146	RETLW .138
RETLW .197	RETLW .183	RETLW .169	RETLW .156	RETLW .146	RETLW .138
RETLW .197	RETLW .182	RETLW .168	RETLW .156	RETLW .146	RETLW .137
RETLW .196	RETLW .181	RETLW .167	RETLW .155	RETLW .146	RETLW .137
RETLW .195	RETLW .180	RETLW .166	RETLW .155	RETLW .145	RETLW .137
RETLW .194	RETLW .180	RETLW .166	RETLW .154	RETLW .144	RETLW .136
RETLW .193	RETLW .179	RETLW .165	RETLW .154	RETLW .144	RETLW .136
RETLW .192	RETLW .178	RETLW .165	RETLW .153	RETLW .143	RETLW .136
RETLW .192	RETLW .177	RETLW .164	RETLW .152	RETLW .143	RETLW .136
RETLW .191	RETLW .177	RETLW .163	RETLW .152	RETLW .143	RETLW .135
RETLW .191	RETLW .176	RETLW .163	RETLW .151	RETLW .142	RETLW .135
RETLW .190	RETLW .175	RETLW .162	RETLW .150	RETLW .142	RETLW .135
RETLW .189	RETLW .175	RETLW .161	RETLW .150	RETLW .142	RETLW .134
RETLW .189	RETLW .174	RETLW .160	RETLW .149	RETLW .141	RETLW .134
RETLW .188	RETLW .173	RETLW .160	RETLW .149	RETLW .141	RETLW .133
RETLW .187	RETLW .172	RETLW .159	RETLW .148	RETLW .140	RETLW .133
RETLW .186	RETLW .171	RETLW .159	RETLW .148	RETLW .140	RETLW .132
RETLW .132	RETLW .127	RETLW .120	RETLW .114	RETLW .108	RETLW .103
RETLW .132	RETLW .127	RETLW .120	RETLW .114	RETLW .108	RETLW .103
RETLW .132	RETLW .127	RETLW .119	RETLW .113	RETLW .108	RETLW .103

RETLW .131	RETLW .126	RETLW .119	RETLW .113	RETLW .107	RETLW .102
RETLW .131	RETLW .126	RETLW .119	RETLW .113	RETLW .107	RETLW .102
RETLW .131	RETLW .125	RETLW .118	RETLW .112	RETLW .107	RETLW .102
RETLW .130	RETLW .125	RETLW .118	RETLW .112	RETLW .107	RETLW .101
RETLW .130	RETLW .124	RETLW .118	RETLW .111	RETLW .106	RETLW .101
RETLW .130	RETLW .124	RETLW .117	RETLW .111	RETLW .106	RETLW .101
RETLW .130	RETLW .123	RETLW .117	RETLW .111	RETLW .106	RETLW .100
RETLW .129	RETLW .123	RETLW .116	RETLW .110	RETLW .105	RETLW .100
RETLW .129	RETLW .122	RETLW .116	RETLW .110	RETLW .105	
RETLW .128	RETLW .122	RETLW .116	RETLW .110	RETLW .105	
RETLW .128	RETLW .121	RETLW .115	RETLW .109	RETLW .104	
RETLW .128	RETLW .121	RETLW .115	RETLW .109	RETLW .104	

```
;------------------------------------------------------------------------
                END
;------------------------------------------------------------------------
;从机程序
;------------------------------------------------------------------------
LIST P=16F877
INCLUDE"P16F877.INC"
;------------------------------------------------------------------------
DATA_H1         EQU      31H              ;显示刷新 H1 位数据寄存器
DATA_H2         EQU      32H              ;显示刷新 H2 位数据寄存器
DATA_H3         EQU      33H              ;显示刷新 H3 位数据寄存器
TEMP_164        EQU      34H              ;显示用缓存器
COUNT_164       EQU      35H              ;显示刷新用计数寄存器
COUNT_DISPLAY   EQU      36H              ;显示刷新用计数寄存器
TEMP_DATA       EQU      37H              ;高度值
STATUS_TEMP     EQU      78H              ;STATUS 寄存器保护缓存器
WR_TEMP         EQU      77H              ;W 寄存器保护缓存器
;------------------------------------------------------------------------
                ORG      0000H            ;复位矢量入口地址
                NOP
                GOTO     ST
;------------------------------------------------------------------------
;中断服务程序
;------------------------------------------------------------------------
                ORG      0004H            ;中断矢量入口地址
                MOVWF    WR_TEMP          ;W 寄存器保护
                SWAPF    STATUS,W
```

```
                MOVWF   STATUS_TEMP       ;STATUS 寄存器保护
                BCF     INTCON,T0IF       ;重新开始计时
                CALL    DISPLAY           ;调用显示子程序
INT_RET         MOVLW   70H
                MOVWF   TMR0              ;TMR0 置初值
                SWAPF   STATUS_TEMP,W     ;中断保护还原
                MOVWF   STATUS
                SWAPF   WR_TEMP,F
                SWAPF   WR_TEMP,W         ;SWAPF 指令对 W 寄存器内容无
                                          ;影响
                RETFIE                    ;子程序返回
;--------------------------------------------------------------------
;显示刷新子程序,中断调用
;--------------------------------------------------------------------
DISPLAY         INCF    COUNT_DISPLAY     ;显示刷新计数器加 1
                MOVLW   03H
                SUBWF   COUNT_DISPLAY,0   ;是否完成一次循环(H1→H2→H3)
                BTFSS   STATUS,C
                GOTO    $+2
                CLRF    COUNT_DISPLAY     ;如果完成一次循环,则计数器清
                                          ;零从 H1 再次开始
                MOVF    COUNT_DISPLAY,0
                ADDWF   PCL,1
                GOTO    DISPLAY_H1        ;百位显示刷新
                GOTO    DISPLAY_H2        ;十位显示刷新
                GOTO    DISPLAY_H3        ;个位显示刷新
                RETURN                    ;子程序返回
DISPLAY_H1
                BCF     PORTC,0           ;百位暗
                BCF     PORTC,1           ;十位暗
                BCF     PORTC,2           ;个位暗
                MOVF    DATA_H1,W         ;将百位数据送到 W 寄存器
                CALL    TX164             ;调用串行传输子程序
                BSF     PORTC,0           ;百位亮
                RETURN                    ;子程序返回
DISPLAY_H2
                BCF     PORTC,0           ;百位暗
                BCF     PORTC,1           ;十位暗
                BCF     PORTC,2           ;个位暗
```

```
            MOVF    DATA_H2,W       ;将十位数据送到 W 寄存器
            CALL    TX164           ;调用串行传输子程序
            BSF     PORTC,1         ;十位亮
            RETURN                  ;子程序返回
DISPLAY_H3
            BCF     PORTC,0         ;百位暗
            BCF     PORTC,1         ;十位暗
            BCF     PORTC,2         ;个位暗
            MOVF    DATA_H3,W       ;将个位数据送到 W 寄存器
            CALL    TX164           ;调用串行传输子程序
            BSF     PORTC,2         ;个位亮
            RETURN                  ;子程序返回
;-----------------------------------------------------------------
;74HC164 数据传输子程序
;-----------------------------------------------------------------
TX164       CALL    TABLE           ;显示编码查询
            MOVWF   TEMP_164        ;送编码值到串行传输缓存器
            MOVLW   08H
            MOVWF   COUNT_164       ;传输计数器置初值,8 位传输
RE_TX164    BTFSS   TEMP_164,7      ;判断 TEMP_164 的第 8 位
            GOTO    $+2
            BSF     PORTC,4         ;为 1,DATA 置 1
            NOP
            BSF     PORTC,3         ;CLK 置 1
            NOP
            BCF     PORTC,3         ;CLK 清零,生成一个正脉冲
            BCF     PORTC,4         ;DATA 恢复低电平
            RLF     TEMP_164,F      ;TEMP_164 左移
            DECFSZ  COUNT_164,F     ;计数器减 1
            GOTO    RE_TX164        ;继续循环
            RETURN                  ;子程序返回
;-----------------------------------------------------------------
;八段数码编码查表
;-----------------------------------------------------------------
TABLE       ADDWF   PCL,1           ;显示编码
            RETLW   088H            ;"0"  00H  数字
            RETLW   0DBH            ;"1"  01H
            RETLW   0C4H            ;"2"  02H
            RETLW   0C1H            ;"3"  03H
```

```
            RETLW   093H            ;“4”  04H
            RETLW   0A1H            ;“5”  05H
            RETLW   0A0H            ;“6”  06H
            RETLW   0CBH            ;“7”  07H
            RETLW   080H            ;“8”  08H
            RETLW   081H            ;“9”  09H
            RETLW   0A4H            ;“E”  0AH  字母
            RETLW   0F6H            ;“r”  0BH
            RETLW   092H            ;“H”  0CH
            RETLW   0BCH            ;“L”  0DH
            RETLW   0F7H            ;“-”  0EH  负号
;-----------------------------------------------------------------
;主程序入口
;-----------------------------------------------------------------
ST          CALL    INT_PORT        ;端口初始化
LOOP        CALL    DELAY1S
            CALL    JIESHOU         ;调用 SPI 接收子程序,接收无线
                                    ;传输信号
            BTFSC   STATUS,Z        ;判断高度值是否超出测量范围
            GOTO    ERROR_L
            MOVLW   0FFH
            SUBWF   TEMP_WATER,W
            BTFSC   STATUS,Z        ;判断高度值是否超出测量范围
            GOTO    ERROR_H
            CALL    BIN_TO_BCD      ;将高度值转换为 BCD 码
            GOTO    LOOP            ;返回开始下一次检测
;-----------------------------------------------------------------
ERROR_H     MOVLW   0AH             ;将“ErH”编码送入显示寄存器
            MOVWF   DATA_H3
            MOVLW   0BH
            MOVWF   DATA_H2
            MOVLW   0CH
            MOVWF   DATA_H1
            GOTO    LOOP
ERROR_L     MOVLW   0AH             ;将“ErL”编码送入显示寄存器
            MOVWF   DATA_H3
            MOVLW   0BH
            MOVWF   DATA_H2
            MOVLW   0DH
```

```
            MOVWF     DATA_H1
            GOTO      LOOP
;-----------------------------------------------------------------
;端口初始化子程序
;-----------------------------------------------------------------
INT_PORT                                  ;系统端口初始化
            BSF       STATUS,5            ;选择数据存储器体 1
            MOVLW     B'00000111'
            MOVWF     TRISD
            MOVLW     B'10000000'         ;RC7 输入
            MOVWF     TRISC               ;RC0 - RC2:H1\H2\H3
                                          ;RC3:CLK   RC4:A/B
            MOVLW     05H
            MOVWF     OPTION_REG          ;TMR0 分频比为 1:64
            MOVLW     B'10001110'         ;采用右对齐方式,选择第模拟通
                                          ;道 1
            MOVWF     ADCON1              ;以 VDD 和 VSS 为参考电压
            MOVLW     19H
            MOVWF     SPBRG               ;设置波特率 9 600,系统时钟
                                          ;4 MHz
            MOVLW     B'00100100'
            MOVWF     TXSTA               ;异步方式、高波特率,发送使能
            BCF       STATUS,5            ;选择数据存储器体 0
            CLRF      PORTD
            MOVLW     B'10010000'         ;设置连续接收数据
            MOVWF     RCSTA
            MOVLW     0EH                 ;LED 初始显示"—"
            MOVWF     DATA_H1
            MOVWF     DATA_H2
            MOVWF     DATA_H3
            MOVLW     B'10100000'
            MOVWF     INTCON              ;开总中断,开 Timer0 中断
            CLRF      TMR0
            RETURN                        ;子程序返回
;-----------------------------------------------------------------
;USART 方式接收数据子程序
;-----------------------------------------------------------------
JIESHOU
LRC         BTFSS     PIR1,RCIF           ;判断是否收到新数据
```

```
                GOTO      LRC
                MOVF      RCREG,W              ;将新数据取出
                MOVWF     TEMP_DATA
                RETURN                         ;子程序返回
;---------------------------------------------------------------------------
;二进制数转换成 BCD 码子程序    入口 TEMP_DATA,出口 DATA_H1\DATA_H2\
                                DATA_H3(个位\十位\百位)
;
;---------------------------------------------------------------------------
BIN_TO_BCD
                CLRF      DATA_H1              ;出口寄存器内容清零
                CLRF      DATA_H2              ;出口寄存器内容清零
                CLRF      DATA_H3              ;出口寄存器内容清零
B11             MOVLW     D'100'
                SUBWF     TEMP_DATA,0          ;数据相减
                BTFSS     STATUS,C             ;判断是否有借位
                GOTO      B21                  ;有借位,则进入十位判断
                MOVWF     TEMP_DATA            ;无借位,保存相减结果
                INCF      DATA_H3              ;给百位数据显示缓存器加 1
                GOTO      B11                  ;继续判断百位
B21             MOVLW     D'10'
                SUBWF     TEMP_DATA,0          ;数据相减
                BTFSS     STATUS,C             ;判断是否有借位
                GOTO      B31                  ;有借位,则进入个位判断
                MOVWF     TEMP_DATA            ;无借位,保存相减结果
                INCF      DATA_H2              ;给十位数据显示缓存器加 1
                GOTO      B21                  ;继续判断十位
B31             MOVF      TEMP_DATA,0          ;TEMP 内最后剩余的数字即为
                                               ;个位
                MOVWF     DATA_H1              ;将个位数据送到个位数据显示缓
                                               ;存器
                RETURN                         ;子程序返回
;---------------------------------------------------------------------------
;10 ms 延时子程序,省略
;---------------------------------------------------------------------------
;1 s 延时子程序参考程序,省略
;---------------------------------------------------------------------------
                END
;---------------------------------------------------------------------------
```

测试题

一、思考题

1. 请分析本章介绍的 3 种串行通信方式以及它们各自的适用场合。
2. 请分析 SPI 接口规范中定义的信号线，它们的功能是什么？
3. 在 SPI 接口串行传输方式下，如何理解主/从双方数据滚动的效果？
4. SPI 串行通信中，为什么需要及时取出缓冲器的无效数据？
5. 简述 I^2C 总线通信的工作原理。
6. 在 I^2C 总线通信方式下，如何寻找到相应的设备？
7. 如何理解 USART 通信的三种工作方式？
8. 在 USART 模块通信中，如何确定传送数据的波特率？
9. USART 模块发送中断标志位 TXIF 和接收中断标志位 RCIF 在置位后能否被软件清零？
10. 请比较 SPI 和 I^2C 总线通信的异同。

二、选择题

1. 在 SPI 通信接口中，串行数据传送通道及控制功能线如下所列，但________除外。
   A. SDO　B. SDI　C. SDA　D. SCK
2. 按照 I^2C 总线信号传送格式规定，在总线上进行一次数据传送称为一帧，主要包括以下基本选项中的________内容。
   A. 启动信号、寻址字节、应答信号、停止信号
   B. 重启动信号、数据字节、应答信号、停止信号
   C. 启动信号、数据字节、停止信号、重启动信号
   D. 启动信号、寻址字节、数据字节、停止信号
3. 如果规定 SPI 通信空闲时时钟停留在低电平，而 SCK 在上升沿发送数据，那么对于功能位 CPK 和 CKE 应定义为________。
   A. CPK＝0、CKE＝0　B. CPK＝0、CKE＝1
   C. CPK＝1、CKE＝0　D. CPK＝1、CKE＝1
4. 在 PIC16F877 单片机中，I^2C 总线控制方式主要是通过端口线________实现串行数据的输入和输出。
   A. RC2　B. RC3　C. RC4　D. RC5
5. 在 SPI 通信过程中，如果从机有数据要向主机传送，则一般可通过________方式。
   A. 向主机发送一个无效数据，请求主机发送一个无效数据
   B. 向主机发送一个请求信号后，直接向主机发送该数据
   C. 通过专线发出请求，再由主机发送一个无效数据
   D. 在每次主机查询时，回送一个请求信号后，再由主机发送一个无效数据
6. 在 SPI 接口功能引脚中，对于任何不使用的引脚，可以作________处理。
   A. 都能够作为一般的 I/O 引脚
   B. 不再允许作为一般的 I/O 引脚
   C. 都可以设置其相应的方向寄存器的控制位为“相反”值
   D. 都可以设置其相应的方向寄存器的控制位为“相同”值

7. 在 PIC 单片机中，USART 模块工作于同步方式时，将以________方式进行通信。

A. 半单工　B. 全单工　C. 半双工　D. 全双工

8. 关于 I^2C 总线的技术性能，主要有以下条款，但________除外。

A. 既可以有主控器工作模式，也支持被控器工作模式

B. 串行数据工作速率可以兼容 100 kb/s 和 400 kb/s 两种标准

C. 在睡眠方式下，I^2C 端口电路照样能够接收地址和数据，但不能唤醒 CPU 工作

D. 硬件上可以自动检测总线冲突、启动信号和停止信号，能够产生中断标志

9. 在 SPI 接口的主控方式下，当满足________条件时，就开始发送数据的操作。

A. 数据写入 SSPBUF　　B. SCK 下降沿出现

C. 数据写入 SSPSR　　D. 中断标志位置位

10. 在 SPI 接口的从动方式下，SPI 采样控制位 SMP 和 TRISC3 的设置必须为________。

A. SMP＝0、TRISC3＝0　　B. SMP＝0、TRISC3＝1

C. SMP＝1、TRISC3＝0　　D. SMP＝1、TRISC3＝1

11. 在串行通信模块中，对于远距离的通信，一般采用________方式进行。

A. SPI　B. I^2C　C. USART　D. SMBus

12. 在 SPI 通信过程中，有时需要发送一个无效的数据信息，目的是为了________。

A. 下一次能够发送有效数据　　B. 不浪费通信资源

C. 能够接收一个有效数据　　D. 回复对方的发送请求

13. 假设在某一瞬间两个 I^2C 主器件模块相继向总线发出启动信号，必然会导致总线冲突，而总线仲裁的结果，即数据线 SDA 发送的时序将取决于________。

A. 超前数据时序的上升沿　　B. 超前数据时序的下降沿

C. 滞后数据时序的上升沿　　D. 滞后数据时序的下降沿

14. 当有多个 I^2C 模块并联时，一般采用以下________方法。

A. 通过公共总线外接上拉电阻 R_P，各个器件之间连接成“线与”的逻辑关系

B. 通过公共总线外接上拉电阻 R_P，各个器件之间连接成“线或”的逻辑关系

C. 通过公共总线外接下拉电阻 R_P，各个器件之间连接成“线与”的逻辑关系

D. 通过公共总线外接下拉电阻 R_P，各个器件之间连接成“线或”的逻辑关系

15. 在同步串口 MSSP 主控工作方式中，SPI 接口的信息传送速率取决于以下几种时钟频率，但________除外。

A. $f_{OSC}/4$　B. $f_{OSC}/16$　C. $f_{OSC}/32$　D. $f_{OSC}/64$

16. 在 I^2C 总线通信方式中，为保证数据的正确传递，主、从器件之间有一系列的握手信号，主要有以下这些，但________除外。

A. 主控器主动使能，以发送启动信号 S 和停止信号 P 分别来接管总线和释放总线

B. 每传送 1 个地址字节或数据字节，共需要 8 个时钟脉冲

C. 每个数据字节在传送时都是高位(MSB)在前

D. 主控器在启动信号后紧接着传送一个地址信息

17. 关于 USART 模块工作于同步主控方式，以下叙述是正确的，但________除外。

A. 由于采用时钟专线的方式与双方进行同步，不再需要起始位和停止位

B. 同步传送数据的信息格式，必须采用 9 位数据的方式通信

C. RC7 引脚被用作数据双向传输通道 DT

D. RC6 引脚被用作时钟发送或者接收专线 CK

18. 在总线协议标准中，与 I^2C 总线通信方式高度兼容的总线标准是________。

A. SPI　B. Profibus　C. MicroWire　D. SMBus

19. 在 I^2C 模式相关寄存器的以下功能寄存器中，只有________是没有对应数据存储器地址的，即不可以直接访问。

A. SSPBUF　B. SSPSR　C. SSPSTAT　D. SSPADD

20. 当 MSSP 总线处于空闲状态（即总线释放）时，I^2C 总线对应 SDA 和 SCL 两条信号线，将处于________状态。

A. SDA 高电平、SCL 高电平　B. SDA 高电平、SCL 低电平

C. SDA 低电平、SCL 高电平　D. SDA 低电平、SCL 低电平

第10章 CCP捕捉/比较/脉宽调制

PIC16F877单片机配置了6个很有特色、功能强大的专用功能模块，其中用于检测和输出周期性或非周期性矩形脉冲信号的就是CCP(Capture/Compare/PWM)捕捉/比较/脉宽调制的功能模块。这些模块有效拓展了单片机的适用性和外围扩展功能。本章在分析CCP功能原理的基础上，重点介绍在实际应用中的典型范例，包括频率脉宽的检测和PWM变频调速。

10.1 CCP模块功能分析

PIC16F877配有两个捕捉/比较/脉宽调制CCP模块：CCP1和CCP2。它们各自都有独立的16位特殊功能寄存器CCPR1和CCPR2。两个模块的结构、功能和操作方法基本一样，它们的区别仅在于各自拥有独立的外部引脚CCP1和CCP2以及各自的特殊事件触发器。CCP具有强大的信号时序处理能力，但其功能的实现往往需要与PIC16F877内嵌的定时器TMR1和TMR2复合使用。

10.1.1 CCP模块基本功能

CCP模块可工作在3种模式：捕捉方式、比较方式和脉宽调制方式。CCP模块的捕捉功能可捕捉外部输入时序脉冲的上升沿或下降沿，产生相应的捕捉中断，适用于测量引脚输入的周期性方波信号的周期、频率和占空比等，也适用于测量引脚输入的非周期性矩形脉冲信号的宽度和到达时刻或消失时刻等与时间有关的参数；比较功能主要是依据标准时序信号的计数比较，从引脚上输出不同宽度的矩形正脉冲、负脉冲和延时启动信号等；脉宽调制(PWM)功能，能够从引脚上输出脉冲宽度随时可调的PWM信号来实现直流电机的变频调速、D/A转换和步进电机的步进控制等。

当CCP模块工作在这3种工作方式时，都需要有一个定时或计数环节，一般与PIC16F877单片机内嵌的定时器TMR1和TMR2配套使用，并且固定搭配。它们之间的关系如表10-1所列。

表10-1 CCP模块与定时器模块的搭配

CCP模块工作方式	时钟源
捕捉	TMR1
比较	TMR1
脉宽调制	TMR2

10.1.2　CCP 模块寄存器介绍

CCP 模块对应的专用寄存器有两个：一个是 CCP 模块 16 位可读/写寄存器 CCPR1H：CCPR1L(或 CCPR2H：CCPR2L)，主要用于存放数据参考信息或计数比较信息；另一个是 CCP 模块控制寄存器，用于设置 CCP 模块的工作方式。

1. CCP 模块寄存器

每个 CCP 模块都带有一个 16 位的可读/写寄存器，这个寄存器在 3 种工作方式下承担的功能有所不同，既可作为 16 位的捕捉寄存器或 16 位的比较寄存器，也能通过主/从寄存器的设置定义占空比可变化的脉宽调制(PWM)信号输出。

CCP1 模块的 16 位寄存器 CCPR1，是由两个 8 位寄存器 CCPR1H(016H)和 CCPR1L(015H)组成的复合寄存器。CCP1 模块可设置一个特殊事件触发功能，主要由比较匹配信号产生并能使 TMR1 自动复位。

CCP2 模块的 16 位寄存器 CCPR2，也是由两个 8 位寄存器 CCPR2H(01CH)和 CCPR2L(01BH)组成的复合寄存器。CCP2 模块也可设置一个特殊事件触发功能，主要由比较匹配信号产生并能使 TMR1 自动复位，同时能够触发启动 A/D 转换。

2. CCP 模块控制寄存器

CCP 模块控制寄存器主要用于设置 CCP 模块的工作方式和 PWM 模式的附加数据。CCP1 和 CCP2 模块的控制寄存器分别为 CCP1CON(017H)和 CCP2CON(01DH)，它们均位于体 1。鉴于两个 CCP 模块具有相同的基本功能，为了便于叙述和分析，以下都将以 CCP1 为例分析各位的功能设置。CCP1CON 各位的功能设置如下：

Bit7	Bit6	Bit5	Bit4	Bit3	Bit2	Bit1	Bit0
—	—	CCP1X	CCP1Y	CCP1M3	CCP1M2	CCP1M1	CCP1M0

Bit3～Bit0/CCP1M3～CCP1M0：CCP1 工作方式选择位，确定设置为捕捉方式、比较方式还是脉宽调制方式，如表 10-2 所列，主动参数。

表 10-2　CCP1 工作方式设置

CCP1M3～CCP1M0	工作方式	设定条件	响应状态
0000	关闭	—	CCP1 复位
0100	捕捉	每个脉冲下降沿	—
0101	捕捉	每个脉冲上升沿	—
0110	捕捉	每 4 个脉冲上升沿	—
0111	捕捉	每 16 个脉冲上升沿	—
1000	比较	输出匹配	使 RC2/CCP1 引脚为高电平
1001	比较	输出匹配	使 RC2/CCP1 引脚为低电平

续表 10－2

CCP1M3～CCP1M0	工作方式	设定条件	响应状态
1010	比较	输出匹配	软件中断
1011	比较	特殊事件触发	TMR1 清零
11xx	脉宽调制	条件匹配	—

Bit5～Bit4/CCP1X～CCP1Y：PWM 功能 10 位比较参数最低 2 位补充位，即作为 PWM 输出信号脉宽的低 2 位，高 8 位通过 CCPR1L 设置。引入低 2 位补充数据，其目的是为了提高 PWM 脉宽调制的精度。该 2 位定义仅适用于 PWM 方式，在捕捉和比较方式中没有使用，数据参数。

10.2　捕捉功能模式

PIC 单片机的输入捕捉功能，就是对外部接口引脚 CCP 上输入的脉冲信号上升沿或下降沿进行实时捕捉检测。借助于这个强大的边沿捕捉功能，可以很容易实现对信号周期和脉冲占空比等的检测。

10.2.1　捕捉方式工作原理

捕捉(Capture)工作方式结构如图 10－1 所示。该结构由两个 16 位的寄存器 CCPR1、TMR1，以及 16 位数值捕捉模块、预分频器和边沿检测电路构成。

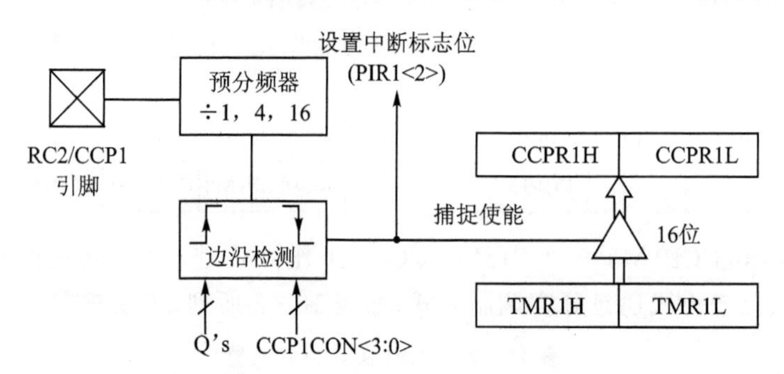

图 10－1　捕捉工作方式结构图

CCP1 模块工作于捕捉模式时，一旦在引脚 RC2/CCP1 上满足任何特定的事件触发条件，CCPR1H：CCPR1L 寄存器即可导入 TMR1H：TMR1L 当前的计数值，CCP1 对应的中断标志位 CCP1IF 将被硬件自动置位，如果条件允许或相应的中断源使能，将在下一个指令周期内产生一次 CCP1 捕捉中断。捕捉方式设置的触发事件包括以下内容：

- 出现一个脉冲下降沿；
- 出现一个脉冲上升沿；

● 连续出现 4 个脉冲上升沿，仅当第 4 个脉冲上升沿之际触发捕捉中断；
● 连续出现 16 个脉冲上升沿，仅当第 16 个脉冲上升沿之际触发捕捉中断。

10.2.2　与捕捉方式相关的寄存器

与 CCP1 捕捉方式相关的寄存器共有 9 个，如表 10－3 所列。

● 中断控制寄存器 INTCON：CCP1 的中断状况受控于总中断使能位 GIE 和外围中断使能位 PEIE；
● 第一外围中断使能寄存器 PIE1：涉及 CCP1 中断使能位；
● 第一外围中断标志寄存器 PIR1：涉及 CCP1 中断标志位；
● RC 方向寄存器 TRISC：CCP1 模式输入脉冲信号；
● 16 位 TMR1 计数寄存器和 16 位 CCP1 寄存器：捕捉单元；
● CCP1 控制寄存器 CCP1CON：主要用于设置 CCP1 模块的工作方式。

表 10－3　与 CCP1 捕捉方式相关的寄存器

寄存器名称	寄存器地址	寄存器各位定义							
		Bit7	Bit6	Bit5	Bit4	Bit3	Bit2	Bit1	Bit0
INTCON	0BH/8BH/10BH/18BH	GIE	PEIE	T0IE	INTE	RBIE	T0IF	INTF	RBIF
PIE1	8CH	PSPIE	ADIE	RCIE	TXIE	SSPIE	CCP1IE	TMR2IE	TMR1IE
PIR1	0CH	PSPIF	ADIF	RCIF	TXIF	SSPIF	CCP1IF	TMR2IF	TMR1IF
TRISC	87H	TRISC7	TRISC6	TRISC5	TRISC4	TRISC3	TRISC2	TRISC1	TRISC0
TMR1L	0EH	16 位 TMR1 计数寄存器低字节							
TMR1H	0FH	16 位 TMR1 计数寄存器高字节							
CCPR1L	15H	16 位 CCP1 寄存器低字节							
CCPR1H	16H	16 位 CCP1 寄存器高字节							
CCP1CON	17H	—	—	CCP1X	CCP1Y	CCP1M3	CCP1M2	CCP1M1	CCP1M0

1. CCP1 控制寄存器(CCP1CON)

在捕捉模式下，CCP1 控制寄存器 CCP1CON 主要是通过其低 4 位 CCP1M3～CCP1M0 进行捕捉方式和边沿触发条件的定义，决策机构由分频器和边沿触发转换部件组成。

Bit7	Bit6	Bit5	Bit4	Bit3	Bit2	Bit1	Bit0
—	—	CCP1X	CCP1Y	CCP1M3	CCP1M2	CCP1M1	CCP1M0

Bit3～Bit0/CCP1M3～CCP1M0：01xx，捕捉模式的设置，主动参数。

0100：捕捉 CCP1 输入引脚，以出现脉冲下降沿为触发条件；

0101：捕捉 CCP1 输入引脚，以出现脉冲上升沿为触发条件；

0110：捕捉 CCP1 输入引脚，以出现连续第 4 个脉冲上升沿为触发条件；

0111：捕捉 CCP1 输入引脚，以出现连续第 16 个脉冲上升沿为触发条件。

2. CCPR1L 和 CCPR1H 寄存器

CCPR1H 和 CCPR1L 构成 CCP1 模块 16 位捕捉寄存器，用于在特殊事件发生时刻捕捉并保存定时器 TMR1 的 16 位计数值。其中 CCPR1H 中为高 8 位，CCPR1L 中为低 8 位，一般可以表达为 CCPR1H：CCPR1L。

3. 第一外围中断使能寄存器(PIE1)

Bit2/CCP1IE：CCP1 模块中断使能位，主动参数。

0：禁止 CCP1 模块中断；

1：使能 CCP1 模块中断。

4. 第一外围中断标志寄存器(PIR1)

Bit2/CCP1IF：CCP1 模块中断标志位，被动参数。

0：未发生 CCP1 模块中断申请；

1：已发生 CCP1 模块中断申请(必须用软件清零)。

10.2.3 CCP1 捕捉方式的应用

CCP1 模块构成输入信号的捕捉功能，需要对相应的控制位进行设置和捕捉方式的初始化。其主要包括以下内容：

- 将 CCP1 对应的引脚 RC2 设置为输入方式；
- 启用 TMR1 定时器/计数器，必须设定为定时器工作方式或者同步计数器方式(初值为 0)；
- 通过 CCP1CON 的 CCP1M3～CCP1M0 的设置，选择一种捕捉方式和边沿触发条件；
- 设定 CCP1 中断方式。

在 CCP1 捕捉方式的应用中，往往需要连续变换捕捉条件，特别是脉冲周期信号的检测更需要捕捉一次边沿状态就将改变 CCP 捕捉方式。在每次改变捕捉方式之前，必须清除中断使能位 CCP1IE，以禁止 CCP1 中断请求，并且在捕捉方式改变之后，将中断标志位 CCP1IF 及时清零，以防止引起中断混乱。

【例题 10-1】 试编写程序，检测不同频率信号的脉宽。

解题分析 本题采用主、从联机工作，进行脉冲宽度检测。从机作为频率信号发生器在 8 位 PORTD 端口输出，对应信号周期范围为 0.5～70 ms。主机承担频率信号周期的检测，连接从机 PORTD 的不同引脚，能够在主机系统低 5 位 8 段显示器上正确显示对应的脉冲宽度(时间为 μs 级)。首先设置 CCP1 为上升沿触发方式，在获得一次 CCP1 上升沿中断后，启动 TMR1 定时，并将 CCP1 设置为下降沿触发方式；第二次下降沿中断应及时捕捉 TMR1 中的计数值，并将其数值转换为 BCD 码显示。

程序如下：

```
;-------------------------------------------------------------------------
;从机频率信号发生器
;-------------------------------------------------------------------------
LIST P=16F877
INCLUDE "P16F877.INC"
;-------------------------------------------------------------------------
            ORG       0000H
            NOP
            GOTO      ST                   ;跳转至主程序
;-------------------------------------------------------------------------
;中断服务程序
;-------------------------------------------------------------------------
            ORG       0004H
            BCF       INTCON,T0IF          ;清除 T0 中断标志位
            INCF      PORTD                ;PORTD 输出加 1
            CLRF      TMR0                 ;TMR0 重新开始计数
            RETFIE                         ;中断返回
;-------------------------------------------------------------------------
;主程序
;-------------------------------------------------------------------------
ST          BSF       STATUS,RP0           ;选择数据存储器体 1
            MOVLW     B'00000011'
            MOVWF     OPTION_REG
            CLRF      TRISD                ;设置 RD 端口为输出
            BCF       STATUS,RP0           ;选择数据存储器体 0
            CLRF      PORTD                ;RD 端口清零
            MOVLW     B'10100000'          ;使能 TMR0 定时中断
            MOVWF     INTCON
            CLRF      TMR0                 ;送 TMR0 时间常数
            GOTO      $                    ;等待中断
;-------------------------------------------------------------------------
            END
;-------------------------------------------------------------------------


;-------------------------------------------------------------------------
;主机脉冲周期检测
;-------------------------------------------------------------------------
LIST P=16F877
INCLUDE "P16F877.INC"
```

```
;------------------------------------------------------------------------
S1H       EQU     50H            ;入口参数
S1L       EQU     51H
R1H       EQU     52H            ;出口参数
R1Z       EQU     53H
R1L       EQU     54H
COUNT     EQU     55H
TEMP      EQU     56H
COUNTER   EQU     68H            ;计数器
FSR_TEP   EQU     69H            ;FSR 保护缓冲器
INF_TEP   EQU     6AH            ;INDF 保护缓冲器
TIMES     EQU     6BH
          ORG     0000H
          NOP
          GOTO    ST             ;转向主程序
;------------------------------------------------------------------------
;中断服务程序
;------------------------------------------------------------------------
          ORG     0004H
          BTFSS   TIMES,0        ;检测到是上升沿(TIMES=0)还是下降沿
                                 ;(TIMES=1)
          GOTO    BEGIN          ;检测到是上升沿
FINISH    MOVF    CCPR1L,W       ;检测到是下降沿
          MOVWF   S1L            ;入口参数赋值
          MOVF    CCPR1H,W
          MOVWF   S1H
          CALL    BINTOBCD       ;调用二进制码到 BCD 转换程序
          MOVF    R1H,W          ;万位直接送入 64H
          MOVWF   64H
          MOVF    R1Z,W          ;分离千位和百位送入 63H、62H
          ANDLW   0FH
          MOVWF   62H
          SWAPF   R1Z,W
          ANDLW   0FH
          MOVWF   63H
          MOVF    R1L,W          ;分离十位和个位送入 61H、60H
          ANDLW   0FH
          MOVWF   60H
          SWAPF   R1L,W
```

```
        ANDLW   0FH
        MOVWF   61H
        CALL    XSHI            ;调用显示程序
        CLRF    TIMES           ;为再次检测脉冲上升沿做好准备
        MOVLW   04H
        MOVWF   CCP1CON         ;设置下次边沿触发为上升沿
        BCF     PIR1,CCP1IF     ;清除 CCP1 中断标志位
        RETFIE                  ;中断服务程序返回
;--------------------------------------------------------------------------
;检测到脉冲上升沿
;--------------------------------------------------------------------------
BEGIN   INCF    TIMES
        MOVLW   05H
        MOVWF   CCP1CON         ;设置下次边沿触发为下降沿
        BCF     PIR1,CCP1IF     ;清除 CCP1 中断标志位
        CLRF    TMR1H           ;清除 TMR1H、TMR1L
        CLRF    TMR1L
        RETFIE                  ;中断服务程序返回
ST      BSF     STATUS,RP0      ;选择体 1
        CLRF    PIE1            ;禁止 PIE1 对应的中断源
        MOVLW   B'00010100'     ;设置 RC2、RC4 为输入,其他为输出
        MOVWF   TRISC
        BSF     PIE1,CCP1IE     ;使能 CCP1 中断
        CLRF    SSPSTAT         ;清除 SMP、CKE 位
        BCF     STATUS,RP0      ;选择体 0
        MOVLW   B'00110010'     ;设置 SSP 控制方式:取 fosc/64、SPI 主控
                                ;CKP=1
        MOVWF   SSPCON
        CLRF    TIMES           ;为检测脉冲上升沿做好准备
        CLRF    PIR1            ;清除 PIR1 所有中断标志位
        MOVLW   00H
        MOVWF   T1CON           ;预分频比 1:1,定时方式
        MOVLW   04H
        MOVWF   CCP1CON         ;设置下次边沿触发为上升沿
        CALL    CHUSHIHUA       ;调用初始化子程序
        BSF     INTCON,PEIE     ;使能外围中断
        BSF     INTCON,GIE      ;使能总中断
        BSF     T1CON,TMR1ON    ;启动 TMR1 定时
        GOTO    $               ;等待中断
```

```
;------------------------------------------------------------------------
;显示驱动子程序
;------------------------------------------------------------------------
XSHI     MOVLW    67H            ;设置显示缓冲器的初始数据地址
         MOVWF    FSR
LOOP     MOVF     INDF,W         ;取出数据
         CALL     BMA            ;查询对应编码
         CALL     OUTXSH         ;利用 SPI 方式输出编码数据
         DECF     FSR
         BTFSS    FSR,4          ;直到 8 位数码全部输出
         GOTO     LOOP
         RETURN                  ;子程序返回
;------------------------------------------------------------------------
;SPI 方式输出编码数据子程序
;------------------------------------------------------------------------
OUTXSH   MOVWF    SSPBUF         ;送至 SSPBUF 后开始逐位发送
LOOP1    BSF      STATUS,RP0     ;选择体 1
         BTFSS    SSPSTAT,BF     ;是否发送完毕
         GOTO     LOOP1          ;否，继续查询
         BCF      STATUS,RP0     ;发送完毕，选择体 0
         MOVF     SSPBUF,W       ;移空 SSPBUF
         RETURN                  ;子程序返回
;------------------------------------------------------------------------
;编码查询
;------------------------------------------------------------------------
BMA      ADDWF    PCL,F          ;PC 指针加偏移量
         RETLW    3FH            ;“0”编码
         RETLW    06H            ;“1”编码
         RETLW    5BH            ;“2”编码
         RETLW    4FH            ;“3”编码
         RETLW    66H            ;“4”编码
         RETLW    6DH            ;“5”编码
         RETLW    7DH            ;“6”编码
         RETLW    07H            ;“7”编码
         RETLW    7FH            ;“8”编码
         RETLW    6FH            ;“9”编码
         RETLW    00H            ;“暗”编码
         RETLW    40H            ;“—”编码
;------------------------------------------------------------------------
```

```
;8 位数码全暗,仅最高位给出“—”键控提示符
;------------------------------------------------------------------------
JKZT        MOVLW    60H            ;除最高位外,均设置为全“暗”
            MOVWF    FSR
TUN         MOVLW    0AH            ;0AH 代表“暗”编码
            MOVWF    INDF           ;间接寻址
            INCF     FSR            ;地址加 1
            BTFSS    FSR,3          ;是否 7 单元结束
            GOTO     TUN            ;没有,进行
            MOVLW    0BH            ;最高位 67H 单元送“—”编码
            MOVWF    67H
            RETURN                  ;子程序返回
;------------------------------------------------------------------------
;初始化子程序(67H～60H 缓冲存储器分别赋值 00～07),从数码最高位 67H 开始点亮,
;延时 196 ms
;------------------------------------------------------------------------
CHUSHIHUA
            CALL     JKZT           ;首先调用监控子程序
            CALL     XSHI           ;输出显示
            MOVLW    67H
            MOVWF    FSR            ;从最高位赋值,采用间接寻址
            MOVLW    00H
            MOVWF    COUNTER        ;给出赋值数据,从 0 开始
QT          MOVF     COUNTER,W
            MOVWF    INDF
            MOVF     FSR,W
            MOVWF    FSR_TEP        ;保护 FSR
            CALL     XSHI           ;数码刷新
            CALL     DELAY          ;调用 196 ms 延时
            MOVF     FSR_TEP,W      ;恢复 FSR
            MOVWF    FSR
            DECF     FSR            ;地址减 1
            INCF     COUNTER        ;赋值数据加 1
            BTFSS    COUNTER,3      ;8 位赋值是否结束
            GOTO     QT
            CALL     JKZT           ;首先调用监控子程序
            CALL     XSHI           ;数码显示刷新
            RETURN                  ;子程序返回
;------------------------------------------------------------------------
```

```
;二进制数转换成 BCD 码子程序
;-------------------------------------------------------------------
BINTOBCD  MOVLW   10H          ;循环向左移位 16 次
          MOVWF   COUNT
          CLRF    R1H
          CLRF    R1Z
          CLRF    R1L
LOP       RLF     S1L          ;二进制数据单元逐位移入 BCD 码单元
          RLF     S1H
          RLF     R1L
          RLF     R1Z
          RLF     R1H
          DECFSZ  COUNT
          GOTO    ADJDET
          RETLW   00H
ADJDET    MOVLW   R1L
          MOVWF   FSR
          CALL    ADJBCD       ;调整低 8 位 R1L
          MOVLW   R1Z
          MOVWF   FSR
          CALL    ADJBCD       ;调整中 8 位 R1Z
          MOVLW   R1H
          MOVWF   FSR
          CALL    ADJBCD       ;调整高 8 位 R1H
          GOTO    LOP
;-------------------------------------------------------------------
;逐位调整
;-------------------------------------------------------------------
ADJBCD    MOVLW   03H
          ADDWF   INDF,W       ;是否 LSD 加 3
          MOVWF   TEMP
          BTFSC   TEMP,3       ;是否大于 4
          MOVWF   INDF         ;确定 LSD 加 3
          MOVLW   30H
          ADDWF   INDF,W       ;是否 MSD 加 3
          MOVWF   TEMP
          BTFSC   TEMP,7       ;是否大于 4
          MOVWF   INDF         ;确定 MSD 加 3
          RETLW   00H
```

```
;------------------------------------------------------------
;196 ms 软件延时子程序
;------------------------------------------------------------
DELAY   MOVLW   01H             ;外循环常数
        MOVWF   20H             ;外循环寄存器
LP1     MOVLW   0FFH            ;中循环常数
        MOVWF   21H             ;中循环寄存器
LP2     MOVLW   0FFH            ;内循环常数
        MOVWF   22H             ;内循环寄存器
LP3     DECFSZ  22H             ;内循环寄存器递减
        GOTO    LP3             ;继续内循环
        DECFSZ  21H             ;中循环寄存器递减
        GOTO    LP2             ;继续中循环
        DECFSZ  20H             ;外循环寄存器递减
        GOTO    LP1             ;继续外循环
        RETURN                  ;子程序返回
;------------------------------------------------------------
        END
;------------------------------------------------------------
```

【例题 10-2】　利用 CCP1 和 CCP2 中的双捕捉功能，实现对两个工频方波（工频电压经过变压和整形）信号相位差的检测；并经如图 9-5 所示的系统电路，输出其十六进制数值的相位差，并保持每秒测量一次。

解题分析　将 PIC 单片机两个外围 CCP 模块都设置在对外引脚 RC2/CCP1、RC1/CCP2 输入信号的边沿检测，在 CCP1 测试到上升沿触发时及时捕捉 TMR1 计数器的数值，同时激活 CCP2 的监控状态。一旦 CCP2 也捕捉到信号的上升沿触发，就及时捕捉此时 TMR1 计数器的数值。两个 CCP 模块捕捉到 TMR1 数值的差值，即可认为是两个信号的相位差。经过 BCD 码转换，送入数码管的数据缓冲区 60H～67H，及时调用一次（如例题 9-1）刷新子程序 XSHI。

程序如下：

```
;------------------------------------------------------------
LIST P=16F877                           ;CCP 捕捉功能
INCLUDE "P16F877.INC"
;------------------------------------------------------------
R1H     EQU     34H                     ;出口参数
R1Z     EQU     35H
R1L     EQU     36H
S1H     EQU     37H                     ;入口参数
S1L     EQU     38H
```

```
S2H      EQU      39H
S2L      EQU      3AH
         ORG      0000H
         NOP
         GOTO     MAIN
;---------------------------------------------------------------
;主程序
;---------------------------------------------------------------
MAIN     CLRF     CCP1H            ;CCP1 捕捉时间寄存器清零
         CLRF     CCP1L
         CLRF     PIR1             ;CCP1IF 清零
         CLRF     PIR2             ;CCP2IF 清零
         BSF      STATUS,RP0       ;选择数据存储器体 1
         CLRF     PIE1             ;屏蔽 CCP1IE
         CLRF     PIE2             ;屏蔽 CCP2IE
         MOVLW    B'00000110'      ;定义 CCP1、CCP2 引脚为输出
         MOVWF    TRISC
         BCF      STATUS,RP0       ;选择数据存储器体 0
         MOVLW    B'00000000'      ;预分频比 1：1,定时方式
         MOVWF    T1CON            ;启用内部时钟,选择分频比 1：8
         CLRF     INTCON           ;禁止 GIE、PEIE 中断
         MOVLW    B'0000101'       ;设置 CCP1 为捕捉(上升沿)模式
         MOVWF    CCP1CON
         MOVLW    B'0000101'       ;设置 CCP2 为捕捉(上升沿)模式
         MOVWF    CCP2CON
;---------------------------------------------------------------
;检测开始
;---------------------------------------------------------------
POP      BSF      T1CON,TMR1ON     ;开启 TMR1
         BCF      PIR1,CCP1IF
LOOP1    BTFSS    PIR1,CCP1IF      ;CCP1 是否捕捉成功
         GOTO     LOOP1            ;没有,继续
         MOVF     CCPR1L,W         ;捕捉成功,保持当前 CCPR1H：CCPR1L
         MOVWF    S2L
         MOVF     CCPR1H,W
         MOVWF    S2H
         BCF      PIR2,CCP2IF
LOOP2    BTFSS    PIR2,CCP2IF      ;CCP2 是否捕捉成功
         GOTO     LOOP2            ;没有,继续
```

```
         BCF      T1CON,TMR1ON    ;关闭 TMR1
         MOVF     CCPR2L,W
         MOVWF    S1L
         MOVF     CCPR2H,W        ;捕捉成功,保持当前 CCPR2H : CCPR2L
         MOVWF    S1H
         CALL     SUBXY           ;调用减法子程序
         MOVF     RIH,W
         MOVWF    S1H
         MOVF     RIL,W
         MOVWF    S1L
         CALL     BINTOBCD        ;调用二进制码到 BCD 转换程序
         MOVF     R1H,W           ;万位直接送入 64H
         MOVWF    64H
         MOVF     R1Z,W           ;分离千位和百位送入 63H、62H
         ANDLW    0FH
         MOVWF    62H
         SWAPF    R1Z,W
         ANDLW    0FH
         MOVWF    63H
         MOVF     R1L,W           ;分离十位和个位送入 61H、60H
         ANDLW    0FH
         MOVWF    60H
         SWAPF    R1L,W
         ANDLW    0FH
         MOVWF    61H
         CALL     XSHI            ;调用显示子程序
         CALL     DELAY1S         ;延时 1 s
         GOTO     POP             ;继续检测
;---------------------------------------------------------------------
;减法程序
;---------------------------------------------------------------------
SUBXY    COMF     CCP2L           ;取“反”
         INCF     CCP2L
         BTFSC    STATUS,Z
         DECF     CCP2H
         COMF     CCP2H           ;取“反”
         MOVF     CCP2L,W
         ADDWF    CCP1L           ;低 8 位相加
         BTFSC    STATUS,C
```

```
        INCF      CCP1H
        MOVF      CCP2H,W
        ADDWF     CCP1H               ;高 8 位相加
        MOVF      CCP1H,W             ;变换输出
        MOVWF     R1H
        MOVF      CCP1L,W
        MOVWF     R1L
        RETLW     00H
;-------------------------------------------------------------------
;XSHI 数码显示子程序（省略）
;-------------------------------------------------------------------
;二进制数转换成 BCD 码子程序（省略）
;-------------------------------------------------------------------
;DELAY1S 延时子程序（省略）
;-------------------------------------------------------------------
      END
;-------------------------------------------------------------------
```

10.3 比较功能模式

CCP 模块的第两个功能是比较方式输出，就是根据预置的特定值与 TMR1 计数器的计数值进行比较，当两者数值一致将给出匹配信号，触发 CCP 中断标志置位。一般在 CCP 中断后可及时调整 CCP 引脚的输出电平。如果实现 CCP 的连续比较，则能从引脚上输出不同宽度的矩形脉冲信号、不同的周期频率脉冲以及非周期信号等。

10.3.1 比较方式工作原理

当把 CCP 设置为比较（Compare）工作方式时，其原理结构如图 10－2 所示。该结构主要由两个 16 位的寄存器 CCPR1、TMR1 和 1 个 16 位匹配比较器以及可进行控制选项的输出逻辑等电路构成。

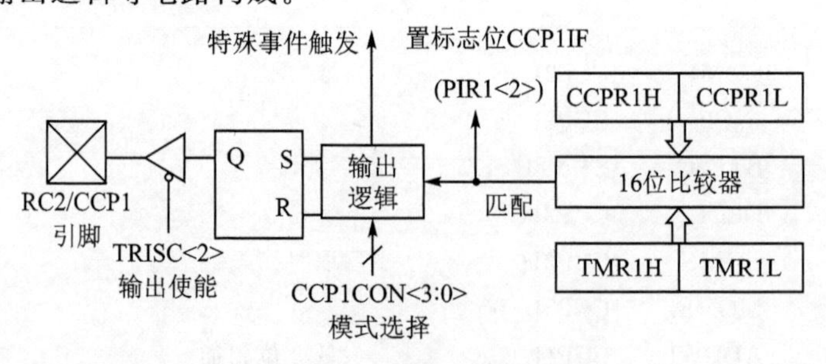

图 10－2　比较工作方式结构图

当 CCP1 模块工作在比较方式时，系统将 CCP1 寄存器中的设定值 CCPR1H：CCPR1L 与 16 位 TMR1 寄存器中的计数值进行实时比较。如果 16 位比较器检测到二者数值相等，则给出匹配信号，并根据模式的选择，决定在 RC2/CCP1 引脚上输出下列 3 种逻辑状态：高电平、低电平或保持原引脚上的电平不变。采用哪种输出状态，主要由 CCP1CON 寄存器的 CCP1M3～CCP1M0 的设置决定。在 CCP1 引脚输出逻辑状态的同时，CCP1 对应的中断标志位 CCP1IF 将被硬件自动置位。如果条件允许或相应的中断源使能，那么在下一个指令周期内将产生一次 CCP1 比较中断。与其他中断情况一样，为了防止中断重复产生，一般在 CPU 响应中断后，必须用指令将 CCP1IF 清零。

10.3.2 与比较方式相关的寄存器

与 CCP1 比较方式相关的寄存器也有 9 个，如表 10-3 所列。

- 中断控制寄存器 INTCON：CCP1 的中断状况受控于总中断使能位 GIE 和外围中断使能位 PEIE；
- 第一外围中断使能寄存器 PIE1：涉及 CCP1 中断使能位；
- 第一外围中断标志寄存器 PIR1：涉及 CCP1 中断标志位；
- RC 方向寄存器 TRISC：CCP1 模块输出电平信号；
- 16 位计数寄存器 TMR1 和 16 位 CCP1 寄存器捕捉单元；
- CCP1 控制寄存器 CCP1CON：主要用于设置 CCP1 模块的工作方式。

CCP1 控制寄存器 CCP1CON 各位的功能设置如下：

Bit7	Bit6	Bit5	Bit4	Bit3	Bit2	Bit1	Bit0
—	—	CCP1X	CCP1Y	CCP1M3	CCP1M2	CCP1M1	CCP1M0

Bit3～Bit0/CCP1M3～CCP1M0：比较方式下的功能定义，主动参数。

1000：比较模式，CCPR1 与 TMR1 相等，CCP1 引脚为高电平并使 CCP1IF 置位；

1001：比较模式，CCPR1 与 TMR1 相等，CCP1 引脚为低电平并使 CCP1IF 置位；

1010：比较模式，CCPR1 与 TMR1 相等，CCP1 电平不变但 CCP1IF 置位，产生软件中断；

1011：比较模式，CCPR1 与 TMR1 相等，CCP1 电平不变但 CCP1IF 置位，且产生特殊事件触发(CCP1 将 TMR1 复位，并可启动 A/D 转换电路)。

10.3.3 CCP1 比较方式的应用

CCP1 模块构成输出信号的比较功能，需要对相应的控制位进行设置，完成比较方式的初始化。其主要包括以下内容：

- 将 CCP1 对应的引脚 RC2 设置为输出状态；
- 启用 TMR1 定时器/计数器，必须设定为定时器工作方式或者同步计数器方式（初值为 0）；
- 通过 CCP1CON 的 CCP1M3～CCP1M0 的设置，选择一种软件中断方式，输出 CCP1 状态不受影响，只使 CCP1IF 置位。
- 设定 CCP1 为特殊事件触发方式，一旦满足数值比较条件，将产生一个内部硬件触发信号，可以用于启动 A/D 转换等特殊操作。

CCP1 比较方式也是一个非常重要的功能，在输出变频非周期信号方面得到广泛的应用，用户可以根据实际情况进行输出脉冲频率的调整。

【例题 10-3】 在 RC2/CCP1 引脚上连接一个 LED 发光管，利用 CCP 的比较功能，在发光管上产生暗/亮交替，工作频率为 1 kHz。试编写相关的应用程序。

解题分析 假定时钟频率为 4 MHz，指令周期即为 1 μs。1 kHz 波形的周期是 1 ms，那么暗/亮交替的持续时间是 500 μs，即 16 位 CCP1R 定义为 500，预分频比例设置为 1∶1。

程序如下：

```
;-------------------------------------------------------------------------
LIST P=16F877
INCLUDE "P16F877.INC"
;-------------------------------------------------------------------------
        ORG     0000H
        NOP
MAIN    BSF     STATUS,RP0          ;选择体 1
        CLRF    TRISC               ;C 口定义为输出
        BCF     STATUS,RP0          ;返回体 0
        MOVLW   01H                 ;CCP1R = 500
        MOVWF   CCPR1H
        MOVLW   0F4H
        MOVWF   CCPR1L
        MOVLW   B'00000000'         ;设置 T1 控制方式，预分频比例 1∶1
        MOVWF   T1CON               ;内部定时方式
        MOVLW   B'00001000'         ;如果匹配，则设置 RC2/CCP1 引脚为高电平
        MOVWF   CCP1CON
        BSF     T1CON,TMR1ON        ;开启 TMR1
LOOP    BTFSS   PIR1,CCP1IF         ;CCP1IF = 1 吗
        GOTO    LOOP                ;等待
        CLRF    TMR1H
        CLRF    TMR1L
        MOVLW   B'00010001'         ;如果匹配，则设置 RC2/CCP1 引脚为低电平
```

```
        XORWF       CCP1CON
        BCF         PIR1,CCP1IF          ;CCP1IF 清零
        GOTO        LOOP
;----------------------------------------------------------------
        END
;----------------------------------------------------------------
```

10.4　脉宽调制功能

在CCP模块中，功能最强大、应用最广泛非PWM脉宽调制莫属。它为各类系统的变频控制揭开了新的一页。该功能可以很方便地从CCP引脚上获得不同占空比宽度的矩形脉冲信号，能够进行输出频率信号的合理调整和有序变化。目前，采用PWM脉宽调制信号的方法已经引入到很多应用领域，如特殊器件的启动触发脉冲、直流电机的变频调速和光强信号的低电流触发等方面。

10.4.1　脉宽调制方式工作原理

当CCP1工作在脉宽调制PWM(Pulse Width Modulation)方式时，借助于CCP1CON低2位的补充位，可以构成分辨率高达10位的比较基数，使得RC2/CCP1引脚上输出随时可调的脉宽调制波形。PWM内部结构主要包括主/从脉宽寄存器、10位比较器和8位比较器、周期寄存器和1个RS触发器等，如图10-3所示。

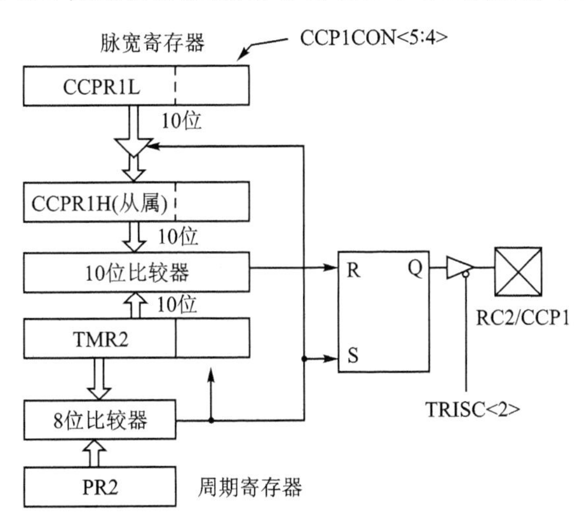

图10-3　PWM工作方式简易示意图

在CCP1脉宽调制PWM中，信号周期和高电平的持续时间(脉宽)是两个非常重要的指标。下面将就这两个参数的关系及构成要素进行分析。

1. PWM 输出信号周期

PWM 输出信号周期的确定相对比较简单，主要取决于专用特殊功能寄存器 PR2，即周期寄存器的数值大小。TMR2 采用定时模式，其基准触发频率就是系统时钟的 4 分频。TMR2 还可以带 1 个可编程的预分频器。PWM 信号周期的关系式如下：

$$\text{PWM 周期}=4T_{osc}\times(\text{TMR2 预分频值})\times\text{PR2}$$

式中：T_{osc} 为系统时钟周期；$4T_{osc}$ 为指令周期；TMR2 预分频值可取 1、4 或 16；PR2 为周期寄存器的初置值(8 位比较器的匹配参数)。

当 TMR2 计数增量与周期寄存器 PR2 的值匹配时，根据如图 10－3 所示的内部电路关系，将同时发生以下 3 个连锁反应：首先将 TMR2 清零，为下次循环做好准备；然后通过 RS 触发器，使得 RC2/CCP1 引脚输出置位；最后完成主、从脉宽寄存器数据从 CCPR1L(10 位)到 CCPR1H(10 位)的加载过程。8 位比较器的匹配时间决定 PWM 信号的周期，而 10 位比较器的匹配时间却主要决定 PWM 信号高电平持续的时间。

2. PWM 输出信号的脉宽

主脉宽寄存器是一个复合的 10 位单元，高 8 位是 CCPR1L，而低 2 位通过 CCP1CON 控制寄存器的 Bit5～Bit4 位进行设定，由此可组成分辨率达 10 位的信号脉宽预置初值。10 位和 8 位信号脉宽分辨率比较如图 10－4 所示。计算 PWM 高电平(脉宽)的公式如下：

$$\text{PWM 高电平(脉宽)}=\text{CCPR1L}:\text{CCP1CON(Bit5～Bit4)}\times T_{osc}\times\text{TMR2 预分频值}$$

式中：CCPR1L：CCP1CON(Bit5～Bit4)为 10 位脉宽寄存器；T_{osc} 为系统时钟周期；TMR2 预分频值可取 1、4 或 16。

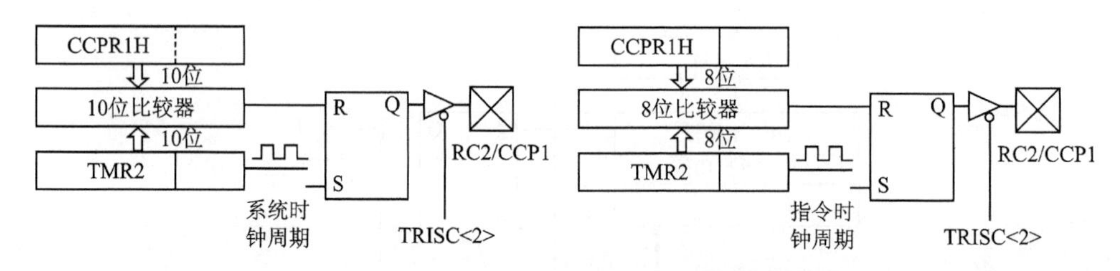

图 10－4　10 位和 8 位信号脉宽分辨率比较

为了解释 10 位信号脉宽分辨率，首先对 TMR2 定时计数脉冲进行说明。当采用 TMR2 定时方式时，TMR2 的计数脉冲来源于指令周期信号，即系统时钟周期的 4 分频。如果假定系统时钟频率为 4 MHz，那么指令周期为 1 μs，对应 TMR2 计数脉冲的周期为 1 μs。在 TMR2 中再添加低 2 位，由此组成一个 10 位的定时器/计数器，总是从复位全 0 开始计数。显而易见，原 8 位 TMR2 定时器/计数器采用指令周期脉冲计数和 10 位 TMR2 复合定时器/计数器利用系统周期脉冲计数的效果是一样的。如果给定的从脉宽寄存器的位数不同，则直接决定比较匹配时间精度的差异。如果脉宽寄存器只采用 8 位，则脉宽时间长度的分辨率是 1 μs，例如，可以设置 CCP1RL 为 64H，即定义脉宽时间为 100 μs。如果需要修正脉宽长度，则只能以 1 μs 为级差进行调整，显然有时精度不能满足要求。为了提高定时精度，在 CCP1RL(CCP1RH)后添加 2 位。如果需要达到脉宽时间为 100.75 μs，则可以在低 2 位 CCP1CON(Bit5～Bit4)取 10 字节。因此，采用 10 位脉宽寄存器提高了定时精度，脉宽时间长度的分辨率可达到 0.25 μs。

10.4.2　与脉宽调制方式相关的寄存器

与 CCP1 脉宽调制方式相关的寄存器共有 10 个，如表 10-4 所列。

- 中断控制寄存器 INTCON：CCP1 的中断状况受控于总中断使能位 GIE 和外围中断使能位 PEIE；
- 第一外围中断使能寄存器 PIE1：涉及 CCP1 和 TMR2 中断使能位；
- 第一外围中断标志寄存器 PIR1：涉及 CCP1 和 TMR2 中断标志位；
- RC 方向寄存器 TRISC：CCP1 模式输出脉宽调制信号；
- 8 位定时寄存器 TMR2：总是从 0 开始计数；
- TMR2 定时周期寄存器 PR2：PWM 信号周期的预置值；
- 定时计数控制寄存器 T2CON：决定 TMR2 定时方式前/后分频比和启/停控制；
- 16 位 CCP1 寄存器：主、从脉宽寄存器；
- CCP1 控制寄存器 CCP1CON：主要用于设置 CCP 模块的工作方式和 PWM 模式的附加数据。

表 10-4　与脉宽调制方式相关的寄存器

寄存器名称	寄存器地址	寄存器各位定义							
		Bit7	Bit6	Bit5	Bit4	Bit3	Bit2	Bit1	Bit0
INTCON	0BH/8BH/10BH/18BH	GIE	PEIE	T0IE	INTE	RBIE	T0IF	INTF	RBIF
PIE1	8CH	PSPIE	ADIE	RCIE	TXIE	SSPIE	CCP1IE	TMR2IE	TMR1IE
PIR1	0CH	PSPIF	ADIF	RCIF	TXIF	SSPIF	CCP1IF	TMR2IF	TMR1IF
TRISC	87H	TRISC7	TRISC6	TRISC5	TRISC4	TRISC3	TRISC2	TRISC1	TRISC0
TMR2	11H	8 位 TMR2 定时寄存器							
PR2	92H	TMR2 定时周期寄存器							
T2CON	12H	—	TOUTPS3	TOUTPS2	TOUTPS1	TOUTPS0	TMR2ON	T2CKPS1	T2CKPS0
CCPR1L	15H	16 位 CCP1 寄存器低字节							
CCPR1H	16H	16 位 CCP1 寄存器高字节							
CCP1CON	17H	—	—	CCP1X	CCP1Y	CCP1M3	CCP1M2	CCP1M1	CCP1M0

在脉宽调制方式下，CCP1 控制寄存器 CCP1CON 主要是通过其低 4 位 CCP1M3～CCP1M0 进行定义，并通过 CCP1CON(Bit5～Bit4)设置脉宽寄存器的低 2 位。

Bit7	Bit6	Bit5	Bit4	Bit3	Bit2	Bit1	Bit0
—	—	CCP1X	CCP1Y	CCP1M3	CCP1M2	CCP1M1	CCP1M0

Bit3～Bit0/CCP1M3～CCP1M0：脉宽调制功能设置，主动参数。

11xx：定义为脉宽调制方式，与低 2 位取值无关。

Bit5～Bit4/CCP1X～CCP1Y：CCP1 脉宽寄存器的低 2 位，可以提高脉宽长度的精度，高 8 位在 CCPR1L 中，主动参数。

10.4.3 CCP1 脉宽调制方式的应用

CCP1 模块构成输出信号的脉宽调制功能，需要对相应的控制位进行设置，进行 PWM 方式的初始化。其主要包括以下内容：

- 通过 CCP1CON 的 CCP1M3～CCP1M0 的设置选择脉宽调制方式，同时设置合适的脉宽寄存器的补充位 CCP1CON(Bit5～Bit4)；
- 将 CCP1 对应的引脚 RC2 设置为输出状态；
- 确定 PWM 周期，送入初始值至 PR2；
- 设置 TMR2 的预分频值，以确定脉冲计数的触发频率。

【例题 10-4】 在某单片机应用中，要在 RC2/CCP1 引脚输出频率为 4 100 Hz 的 PWM 信号。其系统时钟为 4 MHz，TMR2 预分频比是 1∶1，脉宽占空比为 20%。

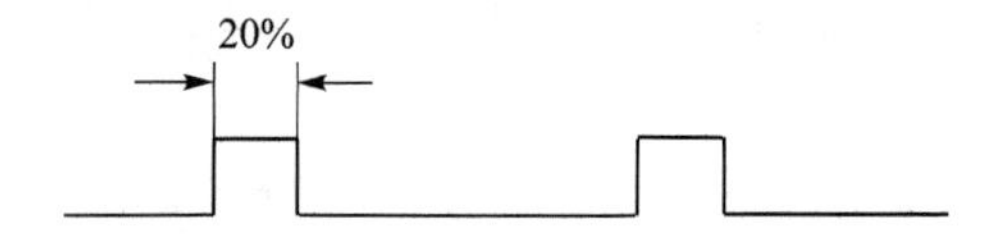

解题分析 周期值及脉宽值的计算如下：

$$\text{PWM 周期}=(PR2+1)\times 4T_{osc}\times \text{TMR2 分频比}$$

代入数据 $1/(4\,100\ \text{Hz})=(PR2+1)\times 4\times 1\ \mu s\times 1$

得 $PR2=244-1=243=0F3H$

$$\text{PWM 脉宽}=\text{PWM 周期}\times 1/5=244\ \mu s/5=48.8\ \mu s$$

脉宽寄存器 CCPR1L 的定义数值应为 48.8 μs，只能取 48 或 49，从某种意义上说后者更加接近 48.8 μs。但如果考虑 CCP1X～CCP1Y 的补充位，情况就不一样了，可以通过这 2 位的微调对 CCPR1L 数值进行修正。因为系统时钟周期为 0.25 μs，可进行调整的数值为 48.25 μs、48.5 μs 和 48.75 μs，所以取 48.75 μs 为脉宽数值(CCP1X∶CCP1Y=11)，显然比 48 或 49 都要接近真正的 PWM 脉宽。

程序如下：

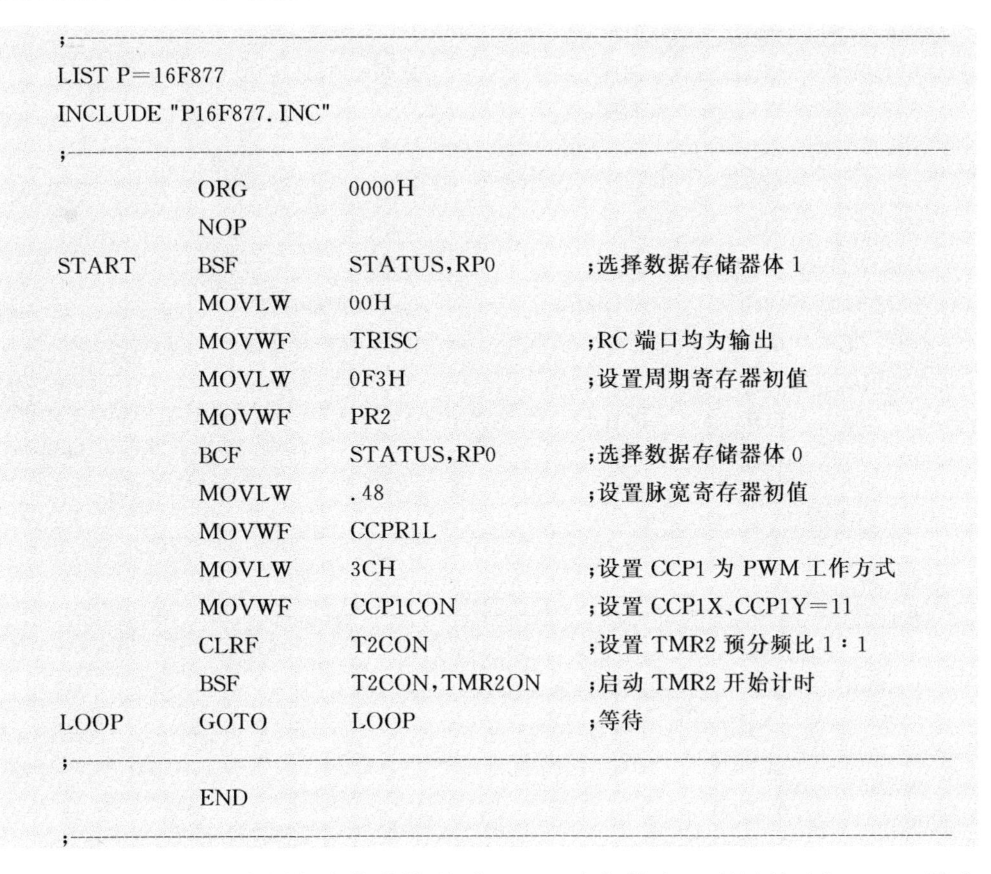

```
;--------------------------------------------------------------------
LIST P=16F877
INCLUDE "P16F877.INC"
;--------------------------------------------------------------------
        ORG     0000H
        NOP
START   BSF     STATUS,RP0      ;选择数据存储器体 1
        MOVLW   00H
        MOVWF   TRISC           ;RC 端口均为输出
        MOVLW   0F3H            ;设置周期寄存器初值
        MOVWF   PR2
        BCF     STATUS,RP0      ;选择数据存储器体 0
        MOVLW   .48             ;设置脉宽寄存器初值
        MOVWF   CCPR1L
        MOVLW   3CH             ;设置 CCP1 为 PWM 工作方式
        MOVWF   CCP1CON         ;设置 CCP1X、CCP1Y=11
        CLRF    T2CON           ;设置 TMR2 预分频比 1:1
        BSF     T2CON,TMR2ON    ;启动 TMR2 开始计时
LOOP    GOTO    LOOP            ;等待
;--------------------------------------------------------------------
        END
;--------------------------------------------------------------------
```

【例题 10－5】 在周期变化的情况下，PWM 变频输出。利用单片机 CCP1 脉宽调制 PWM 功能，通过 4 个普通键盘，分别对在 CCP1 引脚输出的时钟频率方波信号在线进行周期和占空比的调整。

解题分析　将 4 个单线普通键盘分别与 RB0、RB1、RB2 和 RB4 引脚相连，通过 RB0、RB1 键盘控制 PWM 变频输出的周期，而通过 RB2、RB4 键盘控制 PWM 变频输出的脉宽（占空比）。根据脉宽调制特性，就数值而言，变频输出的周期与变频输出的脉宽存在一定的关系，一般周期寄存器的数值总是大于或等于脉宽寄存器的数值。因此，周期参数和脉宽参数在变化时会自动受约于各自的数值，当达到一个临时极限数值后将不能继续变化。本例基于一个具有 8 位 8 段显示的实验平台，高 3 位显示周期寄存器 PR2 的数值，低 3 位显示脉宽寄存器 CCPR1L 的当前数值。

程序如下：

```
;--------------------------------------------------------------------
LIST P=16F877
INCLUDE "P16F877.INC"
;--------------------------------------------------------------------
S1H     EQU     50H             ;数据处理入口参数
```

```
S1L         EQU     51H
R1H         EQU     52H                 ;数据处理出口参数
R1Z         EQU     53H
R1L         EQU     54H
COUNT       EQU     55H
TEMP        EQU     56H
COUNTER     EQU     68H                 ;计数器
FSR_TEP     EQU     69H                 ;FSR 保护缓冲器
INF_TEP     EQU     6AH                 ;INDF 保护缓冲器
CCPR1L_TEP
            EQU     59H
PR2_TEP     EQU     71H
            ORG     0000H
;-------------------------------------------------------------------
;主程序
;-------------------------------------------------------------------
            NOP
ST          BSF     STATUS,RP0          ;选择体 1
            MOVLW   0FFH
            MOVWF   PR2
            MOVWF   PR2_TEP
            MOVLW   1FH
            MOVWF   TRISB
            MOVLW   B'11010000'         ;定义 RC3/SCK、RC5/SDO 输出、RC4/SDI
                                        ;输入
            MOVWF   TRISC
            CLRF    SSPSTAT             ;清除 SMP、CKE 位
            BCF     STATUS,RP0          ;选择体 0
            MOVLW   0CH
            MOVWF   CCP1CON
            MOVLW   B'00000011'
            MOVWF   T2CON
            MOVLW   B'00110010'         ;设置 SSP 控制方式：取 fosc/64、SPI 主控、
                                        ;CKP=1
            MOVWF   SSPCON
            CALL    CHUSHIHUA           ;调用初始化子程序
            MOVLW   80H                 ;1 s 参数送入脉宽参数及后备脉宽参数
            MOVWF   CCPR1L
            MOVWF   CCPR1L_TEP
```

```
        CALL    XSCHULI         ;调用数据处理子程序
        BSF     T2CON,TMR2ON    ;启动 TMR2 定时
RB0     BTFSS   PORTB,0         ;判断 RB0 是否按下
        GOTO    RB1             ;没有按下转判断 RB1
        CALL    DEL10MS         ;RB0 按下,调用 10 ms 延时
        BTFSS   PORTB,0         ;再判断 RB0 是否按下
        GOTO    RB1             ;没有按下转判断 RB1
PP0     BTFSC   PORTB,0         ;RB0 按下,转判断 RB0 是否释放
        GOTO    PP0             ;没有释放等待
        CALL    DEL10MS         ;RB0 释放,调用 10 ms 延时子程序
        BTFSC   PORTB,0         ;再判断 RB0 是否释放
        GOTO    PP0             ;没有释放等待
        MOVF    PR2_TEP,W       ;取出后备周期参数
        SUBLW   0FFH            ;与 0FFH 相减
        BTFSC   STATUS,Z        ;是否相等
        GOTO    ADDRB0
        INCF    PR2_TEP,1       ;未到 0FFH 直接加 1
ADDRB0  CALL    XSCHULI         ;已是 0FFH 不再加 1,直接进入数据处理
RB1     BTFSS   PORTB,1         ;判断 RB1 是否按下
        GOTO    RB2             ;没有按下转判断 RB2
        CALL    DEL10MS         ;RB1 按下,调用 10 ms 延时子程序
        BTFSS   PORTB,1         ;再判断 RB1 是否按下
        GOTO    RB2             ;没有按下转判断 RB2
PP1     BTFSC   PORTB,1         ;RB1 按下,转判断 RB1 是否释放
        GOTO    PP1             ;没有释放,等待
        CALL    DEL10MS         ;RB1 释放,调用 10 ms 延时子程序
        BTFSC   PORTB,1         ;再判断 RB1 是否释放
        GOTO    PP1             ;没有释放,等待
        MOVF    PR2_TEP,W       ;取出后备周期参数
        SUBWF   CCPR1L_TEP,W    ;与后备周期脉宽参数比较
        BTFSC   STATUS,Z        ;是否相等
        GOTO    SUBRB1          ;相等,不再减 1,直接进入数据处理
        DECF    PR2_TEP,1       ;不相等(后备周期>后备周期脉宽),直接
                                ;减 1
SUBRB1  CALL    XSCHULI         ;调用数据处理子程序
RB2     BTFSS   PORTB,2         ;判断 RB2 是否按下
        GOTO    RB3             ;没有按下转判断 RB3
        CALL    DEL10MS         ;RB2 按下,调用 10 ms 延时子程序
        BTFSS   PORTB,2         ;再判断 RB2 是否按下
```

```
        GOTO    RB3             ;没有按下转判断 RB3
PP2     BTFSC   PORTB,2         ;RB2 按下,转判断 RB2 是否释放
        GOTO    PP2             ;没有释放,等待
        CALL    DEL10MS         ;RB2 释放,调用 10ms 延时子程序
        BTFSC   PORTB,2         ;再判断 RB2 是否释放
        GOTO    PP2             ;没有释放,等待
        MOVF    CCPR1L_TEP,W    ;取出后备脉宽参数
        SUBWF   PR2_TEP,W       ;与后备周期参数比较
        BTFSC   STATUS,Z        ;是否相等
        GOTO    ADDRB2          ;相等,不再加 1,直接进入数据处理
        INCF    CCPR1L_TEP,1    ;不相等(后备周期>后备周期脉宽),直接
                                ;加 1
ADDRB2  CALL    XSCHULI         ;调用数据处理子程序
RB3     BTFSS   PORTB,4         ;判断 RB4 是否按下
        GOTO    RB0             ;没有按下转判断 RB0
        CALL    DEL10MS         ;RB4 按下,调用 10 ms 延时子程序
        BTFSS   PORTB,4         ;再判断 RB0 是否按下
        GOTO    RB0             ;没有按下转判断 RB0
PP3     BTFSC   PORTB,4         ;RB4 按下,转判断 RB4 是否释放
        GOTO    PP3             ;没有释放,等待
        CALL    DEL10MS         ;RB4 释放,调用 10 ms 延时子程序
        BTFSC   PORTB,4         ;再判 RB4 是否释放
        GOTO    PP3             ;没有释放,等待
        MOVF    CCPR1L_TEP,W    ;取出后备脉宽参数
        SUBLW   00H             ;与 0 比较
        BTFSC   STATUS,Z        ;是否相等
        GOTO    SUBRB3          ;相等,为 0,不再减 1,直接进入数据处理
        DECF    CCPR1L_TEP,1    ;不为 0,直接减 1
SUBRB3  CALL    XSCHULI         ;调用数据处理子程序
        GOTO    RB0
;------------------------------------------------------------------
;10 ms 软件延时子程序 DEL10MS
;------------------------------------------------------------------
DEL10MS MOVLW   0DH             ;外循环常数
        MOVWF   20H             ;外循环寄存器
LOOP1   MOVLW   0FFH            ;内循环常数
        MOVWF   21H             ;内循环寄存器
LOOP2   DECFSZ  21H             ;内循环寄存器递减
        GOTO    LOOP2           ;继续内循环
```

```
          DECFSZ    20H              ;外循环寄存器递减
          GOTO      LOOP1            ;继续外循环
          RETURN                     ;子程序返回
;--------------------------------------------------------------------------
;数据处理子程序
;--------------------------------------------------------------------------
XSCHULI   MOVF      PR2_TEP,W        ;取出后备周期参数
          BSF       STATUS,RP0       ;选择数据存储器体 1
          MOVWF     PR2              ;后备周期参数送入周期寄存器
          BCF       STATUS,RP0       ;选择数据存储器体 0
          MOVWF     S1L              ;周期参数送入口变量
          CLRF      S1H
          CALL      BINTOBCD         ;调用二进制至 BCD 码转换
          MOVF      R1Z,W            ;百位直接送入 67H
          MOVWF     67H
          MOVF      R1L,W            ;分离十位和个位分别送入 66H、65H
          ANDLW     0FH
          MOVWF     65H
          SWAPF     R1L,W
          ANDLW     0FH
          MOVWF     66H
          MOVF      CCPR1L_TEP,W     ;取出后备脉宽参数
          MOVWF     CCPR1L           ;后备脉宽参数送入脉宽寄存器
          MOVWF     S1L              ;脉宽参数送入口变量
          CLRF      S1H
          CALL      BINTOBCD         ;调用二进制至 BCD 码转换
          MOVF      R1Z,W            ;百位直接送入 62H
          MOVWF     62H
          MOVF      R1L,W            ;分离十位和个位分别送入 61H、60H
          ANDLW     0FH
          MOVWF     60H
          SWAPF     R1L,W
          ANDLW     0FH
          MOVWF     61H
          CALL      XSHI             ;调用显示子程序
          RETURN                     ;子程序返回
;--------------------------------------------------------------------------
;二进制到 BCD 码转换子程序
;--------------------------------------------------------------------------
```

```
BINTOBCD    MOVLW     10H            ;循环向左移位 16 次
            MOVWF     COUNT
            CLRF      R1H
            CLRF      R1Z
            CLRF      R1L
LOOP        RLF       S1L            ;二进制数据单元逐位移入 BCD 码单元
            RLF       S1H
            RLF       R1L
            RLF       R1Z
            RLF       R1H
            DECFSZ    COUNT
            GOTO      ADJDET
            RETLW     00H
ADJDET      MOVLW     R1L
            MOVWF     FSR
            CALL      ADJBCD         ;调整低 8 位 R1L
            MOVLW     R1Z
            MOVWF     FSR
            CALL      ADJBCD         ;调整中 8 位 R1Z
            MOVLW     R1H
            MOVWF     FSR
            CALL      ADJBCD         ;调整高 8 位 R1H
            GOTO      LOOP
;------------------------------------------------------------------
;逐位调整
;------------------------------------------------------------------
ADJBCD      MOVLW     03H
            ADDWF     INDF,W         ;是否 LSD 加 3
            MOVWF     TEMP
            BTFSC     TEMP,3         ;是否大于 4
            MOVWF     INDF           ;确定 LSD 加 3
            MOVLW     30H
            ADDWF     INDF,W         ;是否 MSD 加 3
            MOVWF     TEMP
            BTFSC     TEMP,7         ;是否大于 4
            MOVWF     INDF           ;确定 MSD 加 3
            RETLW     00H
;------------------------------------------------------------------
;显示驱动子程序
```

```
;------------------------------------------------------------------------
XSHI        CLRF        PORTE
            MOVLW       67H                 ;设置显示缓冲器的初始数据地址
            MOVWF       FSR
LOOP        MOVF        INDF,W              ;取出数据
            CALL        BMA                 ;查询对应编码
            CALL        OUTXSH              ;利用 SPI 方式输出编码数据
            DECF        FSR
            BTFSS       FSR,4               ;直到 8 位数码全部输出
            GOTO        LOOP
            RETURN
;------------------------------------------------------------------------
;SPI 方式输出编码数据子程序
;------------------------------------------------------------------------
OUTXSH      MOVWF       SSPBUF              ;送至 SSPBUF 后开始逐位发送
LOOP1       BSF         STATUS,RP0          ;选择体 1
            BTFSS       SSPSTAT,BF          ;是否发送完毕
            GOTO        LOOP1               ;否,继续查询
            BCF         STATUS,RP0          ;发送完毕,选择体 0
            MOVF        SSPBUF,W            ;移空 SSPBUF
            RETURN
;------------------------------------------------------------------------
;8 位数码全暗,仅最高位给出"—"键控提示符
;------------------------------------------------------------------------
JKZT        MOVLW       60H                 ;除最高位外,均设置为全暗
            MOVWF       FSR
TUN         MOVLW       0AH
            MOVWF       INDF
            INCF        FSR
            BTFSS       FSR,3
            GOTO        TUN
            MOVLW       0BH                 ;最高位 67H 单元送"—"编码
            MOVWF       67H
            RETURN
;------------------------------------------------------------------------
;初始化子程序(67H~60H 缓冲存储器分别赋值 00~07),从数码最高位 67H 开始点亮,延
时 196 ms
;------------------------------------------------------------------------
CHUSHIHUA
```

```
        CALL    JKZT            ;首先调用监控子程序
        CALL    XSHI            ;输出显示
        MOVLW   67H
        MOVWF   FSR             ;从最高位赋值，采用间接寻址
        MOVLW   00H
        MOVWF   COUNTER         ;给出赋值数据，从 0 开始
QT      MOVF    COUNTER,W
        MOVWF   INDF
        MOVF    FSR,W
        MOVWF   FSR_TEP         ;保护 FSR
        CALL    XSHI            ;数码刷新
        CALL    DELAY           ;调用 196 ms 延时子程序
        MOVF    FSR_TEP,W       ;恢复 FSR
        MOVWF   FSR
        DECF    FSR             ;地址减 1
        INCF    COUNTER         ;赋值数据加 1
        BTFSS   COUNTER,3       ;8 位赋值是否结束
        GOTO    QT
        CALL    JKZT            ;首先调用监控子程序
        CALL    XSHI            ;数码显示刷新
        RETURN                  ;子程序返回
;-----------------------------------------------------------------
;编码查询
;-----------------------------------------------------------------
BMA     ADDWF   PCL,F
        RETLW   3FH             ;"0"编码
        RETLW   06H             ;"1"编码
        RETLW   5BH             ;"2"编码
        RETLW   4FH             ;"3"编码
        RETLW   66H             ;"4"编码
        RETLW   6DH             ;"5"编码
        RETLW   7DH             ;"6"编码
        RETLW   07H             ;"7"编码
        RETLW   7FH             ;"8"编码
        RETLW   6FH             ;"9"编码
        RETLW   00H             ;"暗"编码
        RETLW   40H             ;"—"编码
;-----------------------------------------------------------------
        END
;-----------------------------------------------------------------
```

测试题

一、思考题

1. CCP 模块各工作方式分别需要哪些定时器支持?
2. 如果输入比较匹配,将可能产生哪一类触发特殊事件?
3. 在 CCP 脉宽调制方式下,10 位比较器和 8 位比较器匹配的次数关系是什么?
4. 当 CCP 模块工作在输入捕捉方式时,在哪些情况下会对预分频器自动清零?
5. 如何确定 CCP 脉宽调制的频率?
6. 当脉宽寄存器增加了 2 位补充位后,为什么可以提高调制的精度?
7. 利用 CCP1 模块的比较方式,与 TMR1 配合,从 RC6 引脚上输出一个占空比为 50%的方波,方波信号的周期为 2 s。试画出程序流程图,并写出程序清单。
8. PWM 工作方式适用于哪些应用场合?
9. 阐述 CCP 模块 PWM 模式的工作原理。
10. PWM 工作方式下,周期寄存器的位数小于脉宽寄存器的位数。若脉宽值大于周期值会怎么样?

二、选择题

1. 工作在________的 TMR1,是唯一作为 CCP 模块的输入捕捉或输出比较的时间基准。
   A. 同步计数方式　B. 同步定时方式　C. 异步计数方式　D. 异步定时方式
2. 在一次 TMR2 寄存器与 PR2 寄存器比较匹配后,匹配比较器将发出有效触发脉冲信号。它的功能有以下这些,但________除外。
   A. 开放 CCPR1L 到 CCPR1H 的数据传送通道
   B. 置位 R-S 触发器
   C. PR2 寄存器复位
   D. TMR2 寄存器复位
3. 在 PIC16F877 单片机中,配备了________个输入捕捉、输出比较和脉宽调制功能模块。
   A. 1　B. 2　C. 3　D. 4
4. 当 CCP 模块设定在脉宽调制模式下时,以下叙述都是错误的,但________除外。
   A. 周期寄存器 PR2 与 TMR2 比较匹配后触发 R-S 触发器清零
   B. 后分频器可以有 4 种比例设置
   C. 10 位比较器匹配后,触发选通 CCPRH 装载到 CCPRL
   D. CCPX～CCPY 是脉宽寄存器低端补充位
5. 在输入捕捉模式中,可以通过设置 CCPM3～CCPM0 参数顺利捕捉 CCP 引脚,送入以下选项的边沿信号,但________除外。
   A. 每一个脉冲下降沿信号　B. 每一个脉冲上升沿信号
   C. 每 4 个脉冲下降沿信号　D. 每 16 个脉冲上升沿信号
6. 在 PIC 单片机输出脉宽调制模式下,8 位比较器匹配后,将产生一个多功能触发信号,主要有以下选项,但________除外。
   A. 选通 10 位并行受控三态门　B. 触发 TMR2 复位
   C. 触发周期寄存器 PR2 复位　D. 触发 R-S 触发器复位
7. 关于输入捕捉模式的内部配置结构,以下叙述是正确的,但________除外。

A. 其核心部分是一个 16 位宽的寄存器对 CCPRH：CCPRL,可以通过内部数据总线进行读/写操作

B. 4 位宽的预分频器,允许选择 4 种不同的分频比(1：1、1：4、1：8、1：16)

C. 只有当捕捉使能信号送入高电平时,16 只三态门才能同时打开,将此时的 TMR1 的累计值抓取到 CCPR 中

D. 正/负边沿检测电路决定送入脉冲的上升沿还是下降沿,对于捕捉触发有效

8. 在 CCP 脉宽调制模式下,如果希望改变输出调制脉冲的频率和占空比,则可以通过改变以下数据参数________来实现。

A. TMR2、CCPRH　B. CCPRH、CCPRL　C. PR2、CCPRL　D. TMR2、CCPRL

9. 假定输入捕捉模式已设置在每 16 个脉冲上升沿方式有效,如果从 CCP 引脚已进入 4 个脉冲,若此时正好发生系统单片机复位,那么再从 CCP 引脚进入________个脉冲,才会引起一次捕捉成功。

A. 4　B. 8　C. 12　D. 16

10. 当 10 位从属脉宽寄存器的值与 10 位时基定时器相匹配时,将产生以下________效果。

A. 触发 TMR2 复位　B. 触发置位 CCPIF

C. 触发周期寄存器 PR2 复位　D. 触发 R-S 触发器复位

11. 假定输入捕捉模式已设置在每 4 个脉冲上升沿方式有效,如果从 CCP 引脚已进入 2 个脉冲信号,若此时迅速改变捕捉模式,设置在每 16 个脉冲上升沿方式有效(可不考虑设置改变的指令时间),那么再从 CCP 引脚进入________个脉冲,才会引起一次捕捉成功。

A. 2　B. 12　C. 14　D. 16

12. 在任意 CCP 脉宽调制模式下进行 PWM 调制过程中,10 位比较器与 8 位比较器匹配的次数一定是________。

A. 两者匹配次数一样多　B. 前者匹配次数一定大于或等于后者

C. 前者匹配次数一定小于或等于后者　D. 不确定

13. 当一次输入捕捉事件发生后,除了开放 16 位 TMR1 到 16 位宽的寄存器对 CCPRH：CCPRL 的数据传递外,还具有以下________功能。

A. 引起 CCP 中断的功能　B. 自动将 CCP 中断标志位 CCPIF 置位

C. 将 16 位宽寄存器对 CCPRH：CCPRL 清零　D. 预分频器归零

14. CCP 工作在 PWM 模式下,以下触发信号中的________将对 TMR2IF 设置中断标志位。

A. 10 位比较器匹配后产生的触发信号　B. 8 位比较器匹配后产生的触发信号

C. TMR2 累加计数器溢出产生的触发信号　D. 4 位后分频器产生的触发信号

15. CCP1 与 CCP2 两个模块的结构、功能以及操作方法基本一致,主要的区别在于 CCP2 模块还可以用于________功能。

A. 脉宽调制　B. 触发启动数/模转换器

C. 引起 CCP2 中断　D. 与 TMR1 配合实现输入比较

16. 在以下模块中,________数据的变化及其存在,并不影响 CCP 脉宽调制输出的频率和周期,同时也对 PWM 信号的占空比没有作用。

A. PR2 寄存器　B. TMR2　C. CCPRL　D. 后分频器

17. 关于 CCP 与 TMR1、TMR2 配合完成的功能,以下选项中的________是错误的。

A. CCP 与 TMR1 配合完成输入比较功能

B. CCP 与 TMR1 配合完成输出捕捉功能

C. CCP 与 TMR1 配合完成脉宽调制功能

D. CCP 与 TMR2 配合完成脉宽调制功能

18. 假定系统时钟的频率是 4 MHz，当 PR2 周期寄存器为 43H、预分频器取 1 : 4 时，所得到的 PWM 脉宽调制频率是________。

A. 25 Hz　　B. 250 Hz　　C. 2500 Hz　　D. 25000 Hz

19. 关于 CCP 比较输出模式结构电路，以下叙述中的________是正确的。

A. 16 位寄存器 CCPR 用作参加比较的自由递增的计时值

B. 16 位累加计数器 TMR1 为 CCP 提供一个参加比较的时间基准值

C. R-S 触发器用于确定比较匹配后的电平状态

D. CCPR 和 TMR1 比较匹配后去触发中断标志位 CCPIF

20. 当 CCP 模块设定在触发特殊事件方式时，如果比较器出现匹配，将会产生一个内部硬件触发信号，可以用来启动________特殊操作。

A. 自动复位 TMR1　　B. 自动复位 CCPR

C. 启动一次 ADC 的数/模转换操作　　D. 触发置位 TMR1IF

第 11 章　A/D 转换器

在单片机进行实时信号控制、在线动态参数测量、物理过程监控、图形图像分析以及声音辨别处理等领域的应用中，会经常接触一些连续变化的模拟量，如：温度、压力、流量、速度和位移等。而单片机本身只可处理和识别数字变量，必须采用模/数转换器将模拟量转化为数字量，才可使单片机与外围器件之间进行数据信息交换。因此，一般单片机在对被控、被测对象进行控制、测量和监控的同时，需设置数据转换接口模块。这个特殊模块的作用，就是将连续不断的模拟量，按照一定的采样周期或速率，依次转换为一系列不连续、离散的数字量。这种接口模块称之为模拟/数字转换器，简称为 A/D 转换器(ADC)。在一个复合的系统中，不可能仅仅带有 A/D 转换器，往往还需要建立一个有效的反馈环节，经单片机对数字信息处理后，传递给被控、被测对象，此时需要将数字信号转换为模拟信号，即数字/模拟转换器，简称为 D/A 转换器(DAC)。本章主要讨论 PIC16F877 单片机内嵌的 10 位 A/D 转换器。

11.1　模块结构和操作原理

ADC 是一种非常基本的外围扩展器件，其种类很多，工作原理也不尽相同，比较有代表性的是：单积分型、双积分型、脉宽调制型和逐次比较型(逐次逼近型)。从产品性价比、转换速率和精度等方面综合分析，逐次比较型 ADC 是相对应用比较广的类型之一。在 PIC16F877 单片机中，内嵌集成的就是逐次比较型 A/D 转换器。

11.1.1　A/D 转换原理

逐次比较型 ADC 实际采用的方法是从高位开始逐位设定，比较模拟量输出，再来确定原设定位的正确与否。逐次比较型 ADC 原理结构如图 11－1 所示。其主要由采样保持电路、电压比较器、逐次比较寄存器、D/A 转换器 DAC 和锁存器等部分组成。

其工作原理如下：

采样保持电路由采样开关 S 和保持电容 C_{HOLD} 组成。首先，被测模拟电压 u_i 在采样开关 S 闭合时，向保持电容 C_{HOLD} 充电并被采样保存。然后通过逐次比较寄存器，将传递进的脉冲 CP 信号转换成数字量，该数字量再经过 D/A 转换器生成对应的模拟量 u_a。当获得的模拟量 u_a 的数值达到并接近被测电压 u_i 后，就可以检测出

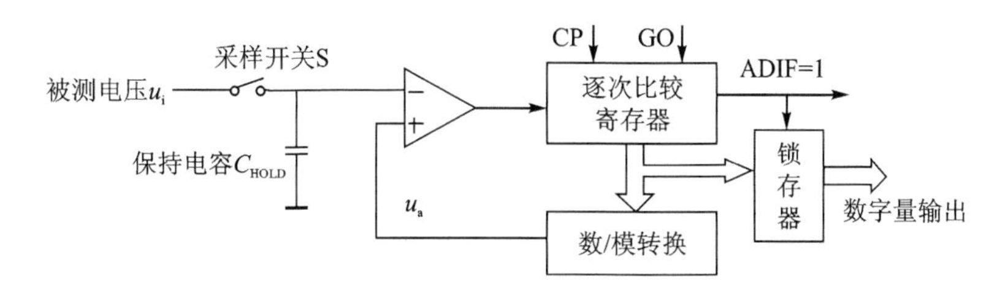

图 11-1　逐次比较型 ADC 结构图

电压比较器完成比较后的翻转动作。此时，逐次比较寄存器的计数值就是被测电压 u_i 所对应的数字量，从而完成模拟量向数字量的转换。以上的分析表明，逐次比较的 A/D 转换方法，归根到底是 A/D 转换，采用逐次与模拟量进行比较后得到最终的数字标定值。

在实际应用中，为了提高转换速度，逐次比较寄存器通常采用对分法进行搜索生成二进制数，并将试凑的数字量转换成参考模拟量逐次比较被测电压。对于 PIC16F877 单片机，内嵌有 10 位 A/D 转换器，转换开始时(GO＝1)，先设置 10 位逐次比较寄存器的初始状态为 0。根据传递进的脉冲 CP 信号，将逐次比较寄存器的最高位 D_9 置 1，并将该寄存器的数值“1000000000”经 D/A 转换器转换为模拟电压 u_a。该电压 u_a 与采样保持电压 u_i 同时送入电压比较器进行比较。若 $u_a > u_i$，说明逐次比较寄存器所生成的数字量“1000000000”太大，应将逐次比较寄存器里的最高位去掉，改置次高位 D_8 为 1，即“0100000000”；而若 $u_a < u_i$，说明所生成的数字量还不够大，应保留该位为 1，另外还需把次高位 D_8 置 1，即“1100000000”。依此方法逐位比较下去，直至确定最低位 D_0 是 0 还是 1。在逐位确定逐次比较寄存器的数字后，应及时将 GO 位清零，中断标志位 ADIF 置位。保留在逐次比较寄存器里的 10 位数字，正好对应于被测量模拟电压 u_i 的数字量，从而达到快速 A/D 转换的目的。当然，完成一次 A/D 转换所需要的时间，为采样时间加逐次比较试凑所需要的时间。

11.1.2　A/D 转换器主要技术指标

不论采用哪种 A/D 转换，都有 3 个主要的技术指标：转换时间(转换速率)、分辨率和转换精度。

(1) 转换时间(转换速率)。转换时间包括采样时间和逐次比较试凑时间，是 A/D 转换器完成一次基本 A/D 转换所需要的时间。转换时间的倒数即为转换速率。

(2) 分辨率。A/D 转换器的量化精度称为分辨率，习惯上用输出二进制位数或 BCD 码表示。例如 AD574 A/D 转换器，可输出二进制数 12 位，即用 2^{12} 个分割单位对待测模拟量进行量化。可量化的最小分辨率为 $1/2^{12}$，即 12 位二进制的最小波动数值，这个数值称为 1 LSB。不难看出，量化的分辨率应为最小值：1 LSB，用百分数表示为 $1/2^{12} \times 100\% = 0.0244\%$。若满量程为 5 V 电压，采用 12 位 A/D 转换器，则其最小分辨率为 $5000\ \text{mV}/2^{12} = 5000/4096 \approx 1\ \text{mV}$。量化误差是由于有限字长对模拟量进行量化引起的误差，理论上为一个单位分辨率的±1/2 LSB。提高分辨率可以减少测量误差。

(3) 转换精度。A/D 转换器的转换精度定义为一个实际 A/D 转换器在量化值上的差值，可用绝对误差或相对误差表示。

11.1.3 A/D 模块结构

PIC16F877 单片机的 ADC 模块内部结构如图 11-2 所示。其 40 脚封装芯片与 28 脚封装芯片的区别主要在于模拟口的数量不同，28 脚封装芯片没有 AN7～AN5 模拟量输入通道以及相应的操作，其他各个部分的功能和组成关系一样。下面以 PIC16F877 单片机为例介绍部分功能及调用方法。

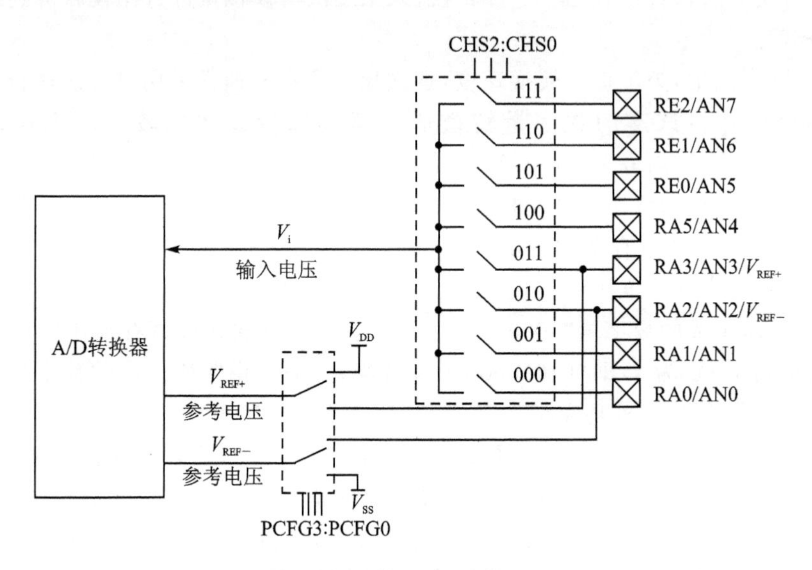

图 11-2 A/D 转换器结构图

11.2 与 A/D 转换器模块相关的寄存器

PIC16F877 单片机内部嵌入的 ADC 转换模块具有 10 位数字量精度，共有 8 个模拟量输入通道。与 ADC 模块相关的寄存器共有 11 个，如表 11-1 所列。

- ADC 控制寄存器 ADCON0：模拟输入信道和转换时钟频率的选择及 A/D 转换器的启停控制方式；
- ADC 控制寄存器 ADCON1：控制相关引脚功能的选择，参考电压输入方式，或者通用数字 RA 和 RE 端口 I/O 引脚设置；
- ADC 结果高、低位寄存器 ADRESH/ADRESL：组合形成 10 位转换数字量结果；

- 中断控制寄存器 INTCON：管理外围各类中断使能状况；
- 第一外围中断使能寄存器 PIEI：涉及 A/D 转换中断使能位；
- 第一外围中断标志寄存器 PIRI：涉及 A/D 转换中断标志位；
- 方向寄存器 TRISA、TRISE：定义 8 个模拟量端口数据的方向；
- 数据寄存器 PORTA、PORTE：8 个模拟量输入通道。

表 11-1 与 ADC 模块相关的寄存器

寄存器名称	寄存器地址	寄存器各位定义							
		Bit7	Bit6	Bit5	Bit4	Bit3	Bit2	Bit1	Bit0
ADCON0	1FH	ADCS1	ADCS0	CHS2	CHS1	CHS0	GO/$\overline{\text{DONE}}$	—	ADON
ADCON1	9FH	ADFM	—	—	—	PCFG3	PCGF2	PCFG1	PCFG0
ADRESH	1EH	ADC 转换结果寄存器高位							
ADRESL	9EH	ADC 转换结果寄存器低位							
INTCON	0BH/8BH/10BH/18BH	GIE	PEIE	T0IE	INTE	RBIE	T0IF	INTF	RBIF
PIE1	8CH	PSPIE	ADIE	RCIE	TXIE	SSPIE	CCP1IE	TMR2IE	TMR1IE
PIR1	0CH	PSPIF	ADIF	RCIF	TXIF	SSPIF	CCP1IF	TMR2IF	TMR1IF
TRISA	85H	—	—	TRISA5	TRISA4	TRISA3	TRISA2	TRISA1	TRISA0
PORTA	05H	—	—	RA5	RA4	RA3	RA2	RA1	RA0
TRISE	89H	—	—	—	—	—	TRISE3	TRISE1	TRISE0
PORTE	09H	—	—	—	—	—	RE2	RE1	RE0

1. ADC 控制寄存器 0(ADCON0)

Bit7	Bit6	Bit5	Bit4	Bit3	Bit2	Bit1	Bit0
ADCS1	ADCS0	CHS2	CHS1	CHS0	GO/$\overline{\text{DONE}}$	—	ADON

ADCON0 用于模拟信道和转换时钟的频率选择、A/D 转换器的启/停控制，是一个 7 位可读/写的寄存器。其各位含义如下。

Bit0/ADON：A/D 转换启/停准备状态开关位，主动参数。

0：关闭 ADC，令其完全退出转换状态，可以不消耗电流；

1：启用 ADC，令其进入 A/D 转换准备工作状态。

Bit2/GO/$\overline{\text{DONE}}$：A/D 转换真正启动控制位。必须以 ADON=1 准备工作状态为前提，主动参数。一般启动一次 A/D 转换必须与 ADON 启/停准备状态开关位分步控制，不能在一条指令之内实现。

0：A/D 转换已经完成(自动清零)，或表示还未进行 A/D 转换；

1：启动 A/D 转换，或表明 A/D 转换正在进行。

Bit5～Bit3/CHS2～CHS0：A/D 转换模拟信道选择位，主动参数。选择公共通路与哪一个模拟输入端接通，如图 11-2 所示。其中 AN5～AN7 通道只有 40 脚封装的型号才具备。

000：选择信道 0，RA0/AN0；

001：选择信道 1，RA1/AN1；

010：选择信道 2，RA2/AN2；

011：选择信道 3，RA3/AN3；

100：选择信道 4，RA5/AN4；

101：选择信道 5，RE0/AN5；

110：选择信道 6，RE1/AN6；

111：选择信道 7，RE2/AN7。

Bit7～Bit6/ADCS1～ADCS0：A/D 转换时钟及其频率选择位，可选择 3 种系统时钟频率的分频和 RC 振荡器时钟频率，主动参数。

00：选择系统时钟，频率为 $f_{OSC}/2$；

01：选择系统时钟，频率为 $f_{OSC}/8$；

10：选择系统时钟，频率为 $f_{OSC}/32$；

11：选择内部阻容(RC)振荡器，频率为 f_{RC}。

A/D 转换所采用的时钟源有 4 种可选方案，能够通过控制寄存器 ADCON0 进行设置：$2T_{OSC}$、$8T_{OSC}$、$32T_{OSC}$ 和 ADC 模块自带阻容振荡器的振荡周期。ADC 模块自带阻容式振荡器充分扩展了睡眠功能，即使单片机处于睡眠状态，ADC 模块仍能正常工作。

2. ADC 控制寄存器 1(ADCON1)

Bit7	Bit6	Bit5	Bit4	Bit3	Bit2	Bit1	Bit0
ADFM	—	—	—	PCFG3	PCFG2	PCFG1	PCFG0

ADCON1 主要用于定义相关引脚的功能选择。它包括 A/D 转换结果的形成方式及 RA 和 RE 端口各引脚的初始化设置，以确定为模拟输入、参考电压输入或者通用数字 I/O 引脚。

Bit3～Bit0/PCFG3～PCFG0：A/D 转换器引脚功能、参考电压选择位，主动参数。其含义如表 11-2 所列。

Bit7/ADFM：A/D 转换结果组合方式选择位，主动参数。

0：结果左对齐，ADRESL 寄存器的高 2 位作为 10 位转换结果的低 2 位；

1：结果右对齐，ADRESH 寄存器的低 2 位作为 10 位转换结果的高 2 位，如图 11-3 所示。

表 11-2　A/D 转换器引脚功能分配表

PCFG3：PCFG0	AN7 RE2	AN6 RE1	AN5 RE0	AN4 RA5	AN3 RA3	AN2 RA2	AN1 RA1	AN0 RA0	V_{REF+}	V_{REF-}	CHAN/ REFS
0000	A	A	A	A	A	A	A	A	V_{DD}	V_{SS}	8/0
0001	A	A	A	A	V_{REF+}	A	A	A	RA3	V_{SS}	7/1
0010	D	D	D	A	A	A	A	A	V_{DD}	V_{SS}	5/0
0011	D	D	D	A	V_{REF+}	A	A	A	RA3	V_{SS}	4/1
0100	D	D	D	D	A	D	A	A	V_{DD}	V_{SS}	3/0
0101	D	D	D	D	V_{REF+}	D	A	A	RA3	V_{SS}	2/1
011x	D	D	D	D	D	D	D	D	V_{DD}	V_{SS}	0/0
1000	A	A	A	A	V_{REF+}	V_{REF-}	A	A	RA3	RA2	6/2
1001	D	D	A	A	A	A	A	A	V_{DD}	V_{SS}	6/0
1010	D	D	A	A	V_{REF+}	A	A	A	RA3	V_{SS}	5/1
1011	D	D	A	A	V_{REF+}	V_{REF-}	A	A	RA3	RA2	4/2
1100	D	D	D	A	V_{REF+}	V_{REF-}	A	A	RA3	RA2	3/2
1101	D	D	D	D	V_{REF+}	V_{REF-}	A	A	RA3	RA2	2/2
1110	D	D	D	D	D	D	D	A	V_{DD}	V_{SS}	1/0
1111	D	D	D	D	V_{REF+}	V_{REF-}	D	A	RA3	RA2	1/2

注：A 表示模拟量输入通道；D 表示数字量输入/输出通道。CHAN/ REFS 一列，表示可作为模拟量输入的通道数量/可作为外接参考电压输入的引脚数量。

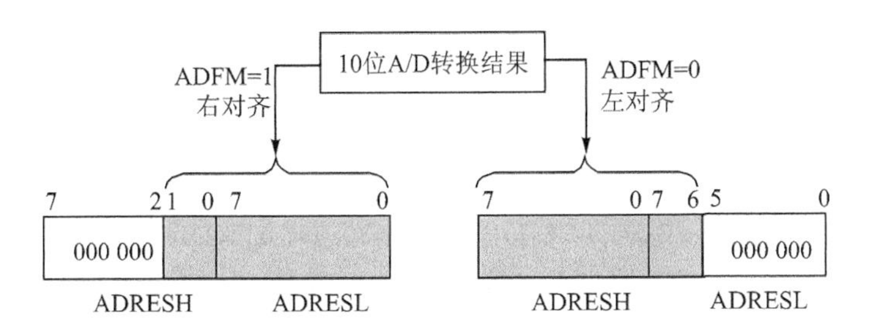

图 11-3　A/D 转换结果组合方式

3. ADC 结果寄存器高位(ADRESH)

当 ADMF=0 时，对应 A/D 转换结果的高 8 位。如果对转换精度要求不高，就可以直接从 ADRESH 中读出所需要的 8 位数据。

当 ADMF=1 时，对应 A/D 转换结果的高 2 位。

4. ADC 结果寄存器低位(ADRESL)

当 ADMF=1 时，对应 A/D 转换结果的低 8 位。

当 ADMF＝0 时，对应 A/D 转换结果的低 2 位。如果对转换精度要求不高，ADRESL 的数据可忽略。

5. 方向控制寄存器（TRISA 和 TRISE）

方向控制寄存器 TRISA、TRISE 与 ADCON1 配合使用，能够控制 ADC 模拟通道引脚的功能。作为模拟量输入通道时，方向寄存器中的相应位必须置位。如果方向寄存器相应位清零，则相应引脚被设置为输出方式，数字输出电平（VOH 或 VOL）将被转换。

注意： RA 和 RE 端口用作数字量输入/输出通道时，必须对 ADC 控制寄存器 ADCON1 进行设置。

11.3 A/D 转换器模块的应用

同其他扩展模块一样，要正确使用好内嵌的 A/D 转换器，首先应进行初始化程序设置。其设置主要包括：设置 ADC 模块端口和数据格式，即选用模拟输入通道、参考电压以及 10 位转换数据的组合方式；根据实际使用情况，设置 A/D 中断使能位；分步执行启用 ADC 进入 A/D 转换准备工作状态（ADON＝1）以及启动 A/D 转换。在进入 A/D 转换后，必须避开所需要的采样时间，而等待 A/D 转换结束。一般可以通过循环查询状态位 GO/$\overline{\text{DONE}}$ 是否复位，中断标志位 ADIF 是否置位，或者通过 A/D 转换后的中断响应，来判断 A/D 转换是否结束。

【例题 11-1】 采用一个比较简单的硬件电路，将模拟量可调输入电压（0～5 V）经 10 位 A/D 转换后，输出数据信息的高 8 位送到 RD 端口直接驱动 8 位 LED 显示，观察调压时显示的变化情况。

解题分析 本例是一个基本 A/D 转换，采用 RA0/AN0 作为 A/D 转换输入信道，参考电压 V_{REF} 选择内部 V_{DD} 和 V_{SS} 电源信号，A/D 转换时钟源选用系统 4 MHz 振荡器的 2 分频率。仅仅截取 A/D 转换输出结果的高 8 位数据，送入 RD 端口 LED 显示。在初始化程序中，先启动 A/D 进入工作状态（ADON＝1），再启动 A/D 转换（GO/DONE＝1）。当 A/D 进入模/数转换后，可通过查询 GO/DONE 是否被清零或者 ADIF 是否被置位，从而获知 A/D 转换结束，当然也可以基于中断。本例采用查询 ADIF 的方式。

```
;----------------------------------------------------------------------
LIST P=16F877
INCLUDE "P16F877.INC"
;----------------------------------------------------------------------
        ORG       0000H
        NOP
START   BSF       STATUS,RP0          ;选择数据存储器体 1
```

```
        CLRF      TRISD             ;TRISD 清零,定义为输出
        MOVLW     01H               ;RA0 为模拟量输入通道
        MOVWF     TRISA
        MOVLW     B'00001110'       ;仅仅 RA0 为模拟输入通道
        MOVWF     ADCON1
        BCF       STATUS,RP0        ;选择数据存储器体 0
        CLRF      PORTD             ;PORTD 清零
        MOVLW     B'00000001'       ;fosc/2, A/D 进入工作状态
        MOVWF     ADCON0
MAIN    BCF       PIR1,ADIF         ;ADIF 清零标志位
        BSF       ADCON0,GO         ;启动 A/D 转换
WAIT    BTFSS     PIR1,ADIF         ;等待 A/D 转换结束
        GOTO      WAIT              ;没有结束继续等待
        MOVF      ADRESH,W          ;A/D 转换结果高 8 位送 W
        MOVWF     PORTD             ;送去 RD 端口 LED 显示
        GOTO      MAIN              ;返回继续检测
;-----------------------------------------------------------------
        END
;-----------------------------------------------------------------
```

【例题 11－2】 在如图 9－5 所示硬件电路的基础上,将模拟量输入电压(0～5 V)经过 A/D 转换后直接送到 8 位 8 段数码管的低 3 位,即时显示检测输入电压数值。

解题分析 本例采用 RA0/AN0 作为 A/D 转换输入信道,参考电压 V_{REF} 选择内部 V_{DD} 和 V_{SS} 电源信号,A/D 转换时钟源选用 4 MHz 振荡器的 8 分频率。A/D 转换输出结果仅仅截取其高 8 位数据,送入 RD 端口 LED 显示以及经转换送入 8 位 8 段数码管的低 3 位显示。本例采取 1 s 时间间隔,对模拟输入信号进行一次采样并完成送显。在实际的数据采集系统中,为了提高采样精度,一般都采用 16 次连续采样,然后再求出其平均数值的方法(抗干扰)。

程序如下:

```
;-----------------------------------------------------------------
LIST P=16F877
INCLUDE "P16F877.INC"
;-----------------------------------------------------------------
S1H         EQU         50H         ;定义源数据高 8 位
S1L         EQU         51H         ;定义源数据低 8 位
S2H         EQU         52H         ;定义源数据高 8 位
S2L         EQU         53H         ;定义源数据低 8 位
R1H         EQU         54H         ;定义结果数据高 8 位
R1L         EQU         55H         ;定义结果数据低 8 位
```

```
R2H         EQU       56H              ;定义结果数据高 8 位
R2L         EQU       57H              ;定义结果数据低 8 位
P1H         EQU       58H
P1L         EQU       59H
COUNT       EQU       5AH
TEMP        EQU       5BH
R1Z         EQU       5CH              ;定义结果数据中 8 位
BAW         EQU       6BH              ;百位变量
SHW         EQU       6CH              ;十位变量
GEW         EQU       6DH              ;个位变量
COUNTER     EQU       68H
FSR_TEP     EQU       69H
GEW_TEP     EQU       6AH
G_TEP       EQU       6BH
            ORG       0000H
            NOP
START       CLRF      BAW              ;百位变量清零
            CLRF      SHW              ;十位变量清零
            CLRF      GEW              ;个位变量清零
            BANKSEL   PORTD            ;选择数据存储器体 0
            CLRF      PORTD            ;PORTD 清零
            MOVLW     B'01000001'      ;fOSC/8，A/D ENABLED
            MOVWF     ADCON0
            BANKSEL   TRISD            ;选择数据存储器体 1
            CLRF      TRISD            ;TRISD 清零
            MOVLW     B'11010111' ;定义 RC3/SCK、RC5/SDO 输出、RC4/SDI 输入
            MOVWF     TRISC
            CLRF      SSPSTAT          ;清除 SMP、CKE 位
            MOVLW     01H
            MOVWF     TRISA
            MOVLW     B'00001110'      ;模拟通道选择
            MOVWF     ADCON1           ;VDD 和 VSS 参考
            BANKSEL   PORTD            ;选择数据存储器体 0
            MOVLW     B'00110010'      ;设置 SSP 控制方式：取 fOSC/64、SPI
                                       ;主控、CKP=1
            MOVWF     SSPCON
            CALL      CHUSHIHUA        ;调用初始化子程序
MAIN        BSF       ADCON0,GO        ;启动 A/D 转换
```

```
WAIT        BTFSS     PIR1,ADIF       ;等待 A/D 转换结束
            GOTO      WAIT            ;没有结束继续等待
            MOVF      ADRESH,W        ;A/D 转换结果送 W
            MOVWF     PORTD           ;送去 RD 端口显示
            MOVWF     S1L             ;同时送至入口变量
            CLRF      S1H             ;清零入口变量
            MOVLW     00H             ;与 125 相乘
            MOVWF     S2H
            MOVLW     0FAH
            MOVWF     S2L
            CALL      MPXY            ;调用两数相乘子程序
            MOVF      R2H,W           ;再除以 127
            MOVWF     S2H
            MOVF      R2L,W
            MOVWF     S2L
            MOVLW     00H
            MOVWF     S1H
            MOVLW     7FH
            MOVWF     S1L
            CALL      DIVXY           ;调用两数相除子程序
            MOVF      R1H,W           ;转入 BCD 码转换
            MOVWF     S1H
            MOVF      R1L,W
            MOVWF     S1L
            CALL      BINTOBCD        ;调用 BCD 码转换子程序
            MOVF      R1Z,W           ;将百位数送入 62H
            MOVWF     62H
            MOVF      R1L,W           ;分解十位和个位
            ANDLW     0F0H
            MOVWF     61H             ;十位数送入 61H
            SWAPF     61H
            MOVF      R1L,W
            ANDLW     0FH
            MOVWF     60H             ;个位数送入 60H
            CALL      XSHI            ;调用数码显示子程序
            CALL      DELAY1S         ;调用 1 s 延时子程序
            GOTO      MAIN            ;再次进行 A/D 转换
;-----------------------------------------------------------------
;10 ms 软件延时子程序 DEL10MS
```

```
;--------------------------------------------------------------------------
DEL10MS     MOVLW     0DH               ;外循环常数
            MOVWF     20H               ;外循环寄存器
LOOP1       MOVLW     0FFH              ;内循环常数
            MOVWF     21H               ;内循环寄存器
LOOP2       DECFSZ    21H               ;内循环寄存器递减
            GOTO      LOOP2             ;继续内循环
            DECFSZ    20H               ;外循环寄存器递减
            GOTO      LOOP1             ;继续外循环
            RETURN                      ;子程序返回
;--------------------------------------------------------------------------
;1 s 软件延时子程序 DELAY1S(省略)
;--------------------------------------------------------------------------
;显示驱动子程序
;--------------------------------------------------------------------------
XSHI        MOVLW     67H               ;设置显示缓冲器的初始数据地址
            MOVWF     FSR
LOP         MOVF      INDF,W            ;取出数据
            CALL      BMA               ;查询对应编码
            CALL      OUTXSH            ;利用 SPI 方式输出编码数据
            DECF      FSR
            BTFSS     FSR,4             ;直到 8 位数码全部输出
            GOTO      LOP               ;没有到
            RETURN                      ;子程序返回
;--------------------------------------------------------------------------
;SPI 方式输出编码数据子程序
;--------------------------------------------------------------------------
OUTXSH      MOVWF     SSPBUF            ;送至 SSPBUF 后开始逐位发送
LOOP1       BSF       STATUS,RP0        ;选择体 1
            BTFSS     SSPSTAT,BF        ;是否发送完毕
            GOTO      LOOP1             ;否,继续查询
            BCF       STATUS,RP0        ;发送完毕,选择体 0
            MOVF      SSPBUF,W          ;移空 SSPBUF
            RETURN                      ;子程序返回
;--------------------------------------------------------------------------
;8 位数码全暗,仅仅最高位给出"—"键控提示符
;--------------------------------------------------------------------------
JKZT        MOVLW     60H               ;除最高位外,均设置为全暗
            MOVWF     FSR
```

```
TUN         MOVLW   0AH             ;0AH 代表“暗”编码
            MOVWF   INDF            ;间接寻址
            INCF    FSR             ;地址加 1
            BTFSS   FSR,3           ;是否 7 个单元结束
            GOTO    TUN             ;没有,进行
            MOVLW   0BH             ;最高位 67H 单元送“—”编码
            MOVWF   67H
            RETURN                  ;子程序返回
;-----------------------------------------------------------------------------
;初始化子程序(67H～60H 缓冲存储器分别赋值 00～07),从数码最高位 67H 开始点亮,
;延时 196 ms
;-----------------------------------------------------------------------------
CHUSHIHUA   CALL    JKZT            ;首先调用监控子程序
            CALL    XSHI            ;输出显示
            MOVLW   67H
            MOVWF   FSR             ;从最高位赋值,采用间接寻址
            MOVLW   00H
            MOVWF   COUNTER         ;给出赋值数据,从 0 开始
QT          MOVF    COUNTER,W
            MOVWF   INDF
            MOVF    FSR,W
            MOVWF   FSR_TEP         ;保护 FSR
            CALL    XSHI            ;数码刷新
            CALL    DELAY           ;调用 196 ms 延时子程序
            MOVF    FSR_TEP,W       ;恢复 FSR
            MOVWF   FSR
            DECF    FSR             ;地址减 1
            INCF    COUNTER         ;赋值数据加 1
            BTFSS   COUNTER,3       ;8 位赋值是否结束
            GOTO    QT
            CALL    JKZT            ;首先调用监控子程序
            CALL    XSHI            ;数码显示刷新
            RETURN                  ;子程序返回
;-----------------------------------------------------------------------------
;编码查询
;-----------------------------------------------------------------------------
BMA         ADDWF   PCL,F
            RETLW   3FH             ;“0”编码
            RETLW   06H             ;“1”编码
```

```
            RETLW    5BH          ;"2"编码
            RETLW    4FH          ;"3"编码
            RETLW    66H          ;"4"编码
            RETLW    6DH          ;"5"编码
            RETLW    7DH          ;"6"编码
            RETLW    07H          ;"7"编码
            RETLW    7FH          ;"8"编码
            RETLW    6FH          ;"9"编码
            RETLW    00H          ;"暗"编码
            RETLW    40H          ;"—"编码
;------------------------------------------------------------
;二进制到 BCD 码转换子程序
;------------------------------------------------------------
BINTOBCD    MOVLW    10H          ;循环向左移位 16 次
            MOVWF    COUNT
            CLRF     R1H
            CLRF     R1Z
            CLRF     R1L
LOOP        RLF      S1L          ;二进制数据单元逐位移入 BCD 码单元
            RLF      S1H
            RLF      R1L
            RLF      R1Z
            RLF      R1H
            DECFSZ   COUNT
            GOTO     ADJDET
            RETLW    00H
ADJDET      MOVLW    R1L
            MOVWF    FSR
            CALL     ADJBCD       ;调整低 8 位 R1L
            MOVLW    R1Z
            MOVWF    FSR
            CALL     ADJBCD       ;调整中 8 位 R1Z
            MOVLW    R1H
            MOVWF    FSR
            CALL     ADJBCD       ;调整高 8 位 R1H
            GOTO     LOOP
;------------------------------------------------------------
;逐位调整
;------------------------------------------------------------
```

```
ADJBCD      MOVLW      03H
            ADDWF      INDF,W         ;是否 LSD 加 3
            MOVWF      TEMP
            BTFSC      TEMP,3         ;是否大于 4
            MOVWF      INDF           ;确定 LSD 加 3
            MOVLW      30H
            ADDWF      INDF,W         ;是否 MSD 加 3
            MOVWF      TEMP
            BTFSC      TEMP,7         ;是否大于 4
            MOVWF      INDF           ;确定 MSD 加 3
            RETLW      00H
;------------------------------------------------------------------------
;除法子程序
;------------------------------------------------------------------------
DIVXY       CALL       DIVYIWEI       ;调用 16 次左移设置准备程序
            CLRF       R2H
            CLRF       R2L
DIVLOOP     BCF        STATUS,C
            RLF        P1L            ;进行左移
            RLF        P1H
            RLF        R2L
            RLF        R2H
            MOVF       S1H,W
            SUBWF      R2H,W          ;进行相减比较
            BTFSS      STATUS,Z
            GOTO       ASP
            MOVF       S1L,W
            SUBWF      R2L,W
ASP         BTFSS      STATUS,C
            GOTO       PUP
            MOVF       S1L,W
            SUBWF      R2L
            BTFSS      STATUS,C
            DECF       R2H
            MOVF       S1H,W
            SUBWF      R2H
            BSF        STATUS,C
PUP         RLF        S2L
            RLF        S2H
```

```
            DECFSZ    COUNT       ;16 位左移完成
            GOTO      DIVLOOP
            MOVF      S2H,W       ;变换输出
            MOVWF     R1H
            MOVF      S2L,W
            MOVWF     R1L
            RETLW     00H
;------------------------------------------------------------------
;16 次左移设置准备程序
;------------------------------------------------------------------
DIVYIWEI    MOVLW     10H
            MOVWF     COUNT
            MOVF      S2H,W
            MOVWF     P1H
            MOVF      S2L,W
            MOVWF     P1L
            CLRF      S2H
            CLRF      S2L
            RETLW     00H
;------------------------------------------------------------------
;乘法子程序
;------------------------------------------------------------------
MPXY        CALL      YIWEI       ;调用 16 次右移设置准备程序
MPLOOP      RRF       P1H
            RRF       P1L
            BTFSC     STATUS,C
            CALL      MPADD       ;调用加法子程序
            RRF       S2H         ;进行右移
            RRF       S2L
            RRF       R2H
            RRF       R2L
            DECFSZ    COUNT       ;16 位右移完成
            GOTO      MPLOOP
            MOVF      S2H,W       ;变换输出
            MOVWF     R1H
            MOVF      S2L,W
            MOVWF     R1L
            RETLW     00H
;------------------------------------------------------------------
```

```
16 次右移设置准备程序
;-------------------------------------------------------------------
YIWEI       MOVLW    10H
            MOVWF    COUNT
            MOVF     S2H,W
            MOVWF    P1H
            MOVF     S2L,W
            MOVWF    P1L
            CLRF     S2H
            CLRF     S2L
            RETLW    00H
MPADD       MOVF     S1L,W          ;进行加法
            ADDWF    S2L            ;加低位
            BTFSC    STATUS,C
            INCF     S2H
            MOVF     S1H,W
            ADDWF    S2H            ;加高位
            RETLW    00H
;-------------------------------------------------------------------
            END
;-------------------------------------------------------------------
```

测 试 题

一、思考题

1. 请说明逐次比较型 ADC 器件的工作过程。
2. 在什么样的时钟频率下，ADC 转换精度最高？
3. 如何分析 A/D 转换器的分辨率？
4. 对于逐次比较 ADC 器件，首先得到的数字量是高位还是低位？
5. 如何设定 PIC16F877 单片机 A/D 转换结果的存放格式？
6. 当采用 8 路循环扫描 A/D 转换时，某个通道最高的检测频率如何确定？
7. 可以通过哪些方法判断 A/D 转换已经完成？
8. ADC 模块的执行转换时间主要由哪些因素决定？该时间与系统时钟有什么关系？
9. 试编写适用于 PIC16F877 的程序片段，实现如下功能：
   (1) 应用 RA0/AN0 作为 A/D 转换输入信道；
   (2) 参考电压源 V_{REF} 选择内部 V_{DD} 和 V_{SS}；
   (3) A/D 转换时钟源选用自带 RC 振荡器；
   (4) 利用 ADC 模块的中断功能。
10. 试用查询方式编写第 9 题程序并比较二者的特点。

二、选择题

1. PIC16F877 单片机具有多个功能很强的外围接口模块，尤其是嵌入________位 A/D 转换器，极大拓展了单片机的使用范围。

   A. 8　B. 10　C. 12　D. 16

2. PIC16F877 单片机配置的 A/D 转换器，就其工作原理来说，主要采用________工作方式。

   A. 双积分型　B. 分级型　C. 脉宽调制型　D. 逐次比较型

3. 逐次比较型 ADC 的结构主要有以下几部分组成，但________除外。

   A. 模拟电压比较器　B. 逐次比较寄存器　C. 输入锁存器　D. 置数控制逻辑

4. A/D 模块的转换精度与许多因素有关，但处于________状态条件下，A/D 转换精度为最高。

   A. 单片机时钟频率较高　B. 单片机时钟频率较低

   C. 选用自带 RC 振荡器的睡眠方式　D. 模拟电压小于 V_{SS}

5. 在逐次比较型 ADC 的工作原理中，主要是通过逐次比较来逐位确定数字量参数，而首先得到的位是________。

   A. D0　B. D7　C. D9　D. D10

6. 40 引脚封装的 PIC16F877 单片机具有一个 10 位 A/D 转换器，对应输入模拟通道安排在 RA 和 RE 端口，共有________个。

   A. 4　B. 5　C. 8　D. 10

7. 等待 A/D 模块的转换结束可以有以下多种方式，但________除外。

   A. 循环查询状态控制位 GO 是否被硬件自动清零

   B. 循环查询中断标志位 ADIF 是否被硬件自动置位

   C. 软件循环踏步等待 A/D 转换结束的中断响应

   D. 循环查询工作状态位 ADON 是否被硬件自动清零

8. 在设置 ADC 的工作状态时，可以通过 ADON=0 关闭 ADC，并退出工作状态，那么，启动 ADC 并让其进入 A/D 转换过程应该选用________设置。

   A. GO=0、ADON=0　B. GO=0、ADON=1

   C. GO=1、ADON=0　D. GO=1、ADON=1

9. 当系统复位后，会对 A/D 转换器模块产生一定影响，主要表现为以下几个方面，但________除外。

   A. 使 A/D 转换模块关闭，任何转换都停止

   B. 与 A/D 转换有关的寄存器回到复位状态

   C. A/D 输入引脚全部设置为模拟输入方式

   D. A/D 转换模块自动进入 RC 内部时钟源方式

10. ADC 的工作时钟频率可以有多种选择方案，包括能够采用自带的 RC 振荡器，以及选用系统时钟的分频。主要有以下几种，但________除外。

    A. $f_{OSC}/2$　B. $f_{OSC}/8$　C. $f_{OSC}/16$　D. $f_{OSC}/32$

11. 对于 A/D 模块转换前的设置，就开放 A/D 中断功能而言，选项________是可以省略的。

    A. ADC 模块中断标志位 ADIF 清零　B. ADC 模块中断使能位 ADIE 置位

    C. 外围模块中断使能位 PEIE 置位　D. 全局中断使能位 GIE 置位

12. A/D 转换器的转换结果包括在 ADRESH 和 ADRESL 之内，10 位有效数据的读取方式是由 ADFM 位决定的。当设置 ADFM=1 时，构成方式为________。

    A. ADRESH 的低 2 位作为结果的高 2 位，而 ADRESL 的 8 位作为结果的低 8 位

B. ADRESL 的低 2 位作为结果的低 2 位，而 ADRESH 的 8 位作为结果的高 8 位

C. ADRESH 的 8 位作为结果的高 8 位，而 ADRESL 的高 2 位作为结果的低 2 位

D. ADRESL 的 8 位作为结果的高 8 位，而 ADRESH 的高 2 位作为结果的低 2 位

13. ADC 模块的内部结构包括 4 个组成部分，主要是以下部件，但________除外。

A. 8 选 1 选择开关　B. A/D 转换电路　C. 输入锁存器　D. 采样保持器

14. A/D 模块转换所需要遵循的基本步骤主要有以下 5 个方面，它们执行的秩序应该是________。

(1) 等待所需要的采样时间

(2) 等待 A/D 转换完成

(3) 将控制位 GO 置位，启动一次 A/D 转换

(4) 设置(初始化)ADC 模块

(5) 读取 A/D 转换结果

A. (1)、(2)、(3)、(4)、(5)　B. (1)、(4)、(3)、(2)、(5)

C. (4)、(1)、(3)、(2)、(5)　D. (4)、(3)、(1)、(2)、(5)

15. 关于 ADC 的特性，以下叙述是正确的，但________除外。

A. ADC 的启动转换可以用指令“MOVLW　B'01OOO101'”、“MOVWF　ADCON0”实现

B. 双刀双掷切换开关决定 ADC 的比较参考电压

C. ADC 模块的转换行为与 TRISA 和 TRISE 控制位的设置无关

D. 当采用自带的 RC 振荡器时，进入睡眠状态照样可以进行 A/D 转换

16. 如果外接 12 位的 A/D 转换器，那么当输入电压为 10 V 时，A/D 转换器的最小分辨率是________ mV。

A. 0.244　B. 2.44　C. 24.4　D. 244

17. 如果 PIC16F877 每一位 A/D 转换的时间定义为 T_{AD}，那么对于不同的时钟源，其数值满足以下选项，但________除外。

A. $2T_{OSC}$　B. $4T_{OSC}$　C. $8T_{OSC}$　D. $32T_{OSC}$

18. 如果 A/D 转换的时序信号源来自 A/D 模块内部的 RC 振荡器，那么 A/D 转换的时间将规定在一定的时间范围内，时间为________ μs 可能是正确的。

A. 20　B. 60　C. 100　D. 120

19. PIC16F877 单片机专用模拟转换输入信号的电压范围是________ V。

A. 无限定　B. 0～3　C. 0～5　D. 0～10

20. 如果 A/D 转换过程突然被中止，那么在正常情况下，启动下一次 A/D 转换则至少需要等待________个 T_{AD} 的延时时间。

A. 1　B. 2　C. 3　D. 4

第 12 章　PIC 单片机综合训练

在完成本书的教学内容后，建议读者根据自己的实际情况，在实验条件允许的情况下，开展本章精心策划的两个 PIC 单片机综合应用实例的训练。本章的综合训练是在 PIC 单片机常规功能的基础上，训练学生如何综合所学到的知识，拓展其应用的范围和功能的开发，进行综合性、设计性和创造性的训练，同时也是全国大学生电子设计竞赛、毕业设计和项目开发等重要任务的前期铺垫。可根据教学实践的需要，将本章的综合训练内容作为大型作业或者课程设计。要求每两到三名学生为一组，可以进行讨论，锻炼学生团队协作精神。以小组形式独立完成训练任务，进行系统电路的设计和应用程序的编写，并最终提交小组论文报告。

12.1　构建单片机网络化信息交互平台

PIC 单片机和其他类型的单片机一样，以其低廉的价格在小型系统的控制和仪器仪表等方面有着广泛的应用，这是计算机所不能替代的。由于单片机的简单结构和非常有限的接口资源，构成群组互连比较困难。本节实例是基于 PIC 单片机 SPI 通信方式，构建单片机网络化信息交互平台，可以实现单片机之间的数据通信和交换。

12.1.1　综合训练基本情况分析

随着单片机应用领域的不断拓展，构建单片机网络化信息交互平台成为一个新的研究方向。本章就 PIC 单片机网络化 SPI 串行通信功能的研究进行了一些尝试，设计出一套符合单片机联网数据传送及信息交互的协议规则，将有利于单片机在控制系统中的广泛应用。所建立的协议架构并不是唯一的，读者完全可以根据自己的理解进行创新设计，这也是作者所希望看到的。

1. 综合训练目的

通过本项综合训练，使学生能够熟练掌握 PIC 单片机的开发应用，能够正确应用 PIC 单片机的模块功能以及单片机的外围接口电路，掌握矩阵键盘及多位动态数码显示技术，利用 SPI 通信概念，实现多台单片机总线方式通信，熟悉以分层的方式编写网络协议。

2. 综合训练内容

构建单片机网络化信息交互平台是在 PIC 单片机 SPI 串行通信功能的基础上，采用类似于 SPI 通信的总线结构模型的操纵方式。基于这样物理结构条件的双向式工作方式，将多台 PIC 单片机开发系统通过一根输出数据线 SDO、一根输入数据线 SDI 和一根时序线 SCK 进行互连，再通过一根公共握手信号线，建立一个网络化数据传送和信息交互平台。正是因为基于 SPI 通信，数据传送过程将由主机时序 SCK 时序状态驱动下，通过主机监测及数据转发实现 PIC 单片机之间收、发身份识别和数据信息的有效传递。

在本项综合训练中将用到多台 YB03－1 实验系统或者其他类似的开发系统，每台开发系统都作为在总线式网络平台中一个独立的结点。通过对矩阵键盘的操作可以实现以下功能：系统工作状态（监听/准备/发送）间的转换、本机识别码的更改和要发送数据的写入等一系列操作。从理论上讲，连接从机的单片机台数并没有限制，但本系统识别码采用单个数码管显示，即最大连接从机数为 9 台；所发送的数据采用两个数码管显示，数据范围是 0～99，当然也可采用更多位数显示；3 位数码管采用动态显示方式。

3. 综合训练参考电路设计

首先，将每台实验系统区域 12 中 RC 端口的 RC3(SCK)对应相连，作为 SPI 通信的时序信号线；其次，将主机区域 12 中 RC 端口的 RC5(SDO)与所有从机区域 12 中 RC 端口的 RC4(SDI)对应相连，构成主机向从机发送数据的通道；同时，将主机区域 12 中 RC 端口的 RC4(SDI)与所有从机区域 12 中 RC 端口的 RC5(SDO)对应相连，构成从机向主机发送数据的通道。另外，将每台实验系统区域 12 中 RC 端口的 RC0 对应相连，作为主、从机之间始发数据的握手信号线。

如图 12－1 所示，给出一个 4 台 PIC 单片机系统（如果需要还可以扩展）联网的连接方式，其中一台主机（编号为 0），3 台从机（编号分别为 1、2 和 3）。按照图示总线的挂接方式，可以方便地拓展足够多的从机，工作原理是一致的。

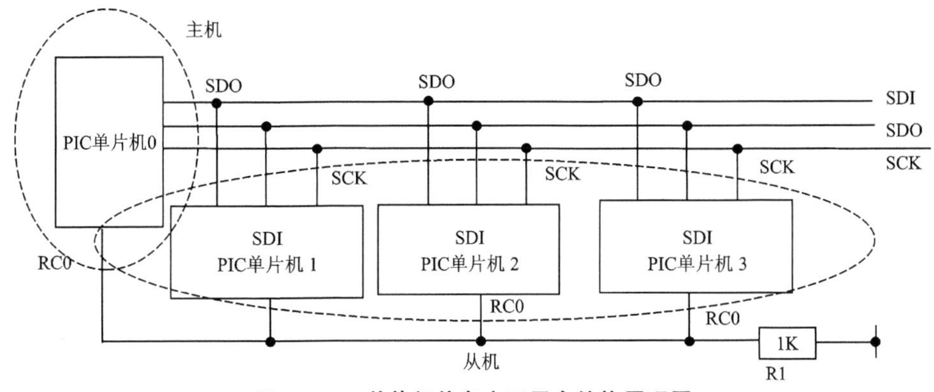

图 12－1　单片机信息交互平台结构原理图

12.1.2 信息交互的协议规则及分析

在综合训练中仅仅有一台主机，其他为若干台从机，但从数据传送的形式来看系统没有主、从机之分，任意一台单片机既可作为数据发送者，又可作为数据接收者，其角色可以随时交换。但在任一时刻总线只能被一台开发系统占用，即只有一台系统会处于发送状态，而其他均应处于监听状态。

当单片机系统处于监听状态时，能被动接收数据或清空接收到的数据，但不能写入要发送的数据或发送数据。当系统处于准备状态时，能写入本次要发送的数据和对方识别码，但不能接收来自其他单片机发送来的信息。只有当某个系统处于发送状态时，才能向其他系统发送数据。

1. 接口 I/O 方式的实时转换

在进行 SPI 通信模式研究中，关键是引入端口的 I/0 协调转换的概念，拓展了 SPI 结构模型的应用范围，有效推动了单片机网络化数据通信和管理。主要包括带有下拉电阻的公共握手信号线及从机串行输入端口 SD0 的 I/O 协调转换，从而解决了双向式通信中数据冲突及电平冲突等诸多难题。在所构建的系统环境中，单片机系统之间有主、从机之分，从机如果要发给从机，则必须先发给主机，然后由主机判断后转发给另一台从机。但在任一时刻，只要有一台机拉高了 RC0，主机都执行交换数据，从机被动接收，通过从机 SDO 口的 I/O 变化可控地利用接收的数据，从而既实现信息交互功能又可以有效防止多口串连带来的电平及数据冲突。

2. SPI 协议的设计原则

关于主、从单片机系统，主机及从机都有侦测键盘、侦测 RC0 和发送与接收等程序。但是在多台从机 SDO 口共线的前提下，设计一种能消除电平影响及有效数据传输的协议显得至关重要。由于主从机的收发口是交错的，主机的控制地位不能改变，故利用 SPI 通信的同时可通过提示线的使用使单片机智能地进入接收及等待环节。

在双向协议的设计方案中，首先必须确定信息传输的设置方式，主要包括在地址发送寄存器及数据发送寄存器中键入目标地址及待发数据，通过对 4×4 矩阵键盘进行定义，当首次敲击键盘时带回的值给地址发送寄存器，第二次敲击键盘带回的值给待发数据的高位，第三次敲击键盘带回的值给待发数据的低位。这样，通过整合后两次带回的数据可组成一个待发 8 位二进制数，再通过可控分时 SPI 串行通信一次多数据的发送。

在具体设计中，只用一个 8 位二进制数来表示发送者及接收者的身份识别码，但理论上地址位的长度是可以通过多个 8 位二进制数无限扩充的，即理论上这样的通信方式可以通过地址寄存器及分时多数据发送的设置挂接任意台从机。而数据位也同样可以扩充的方式发送按用户需要的任意长的数据。

3. 双向通信的框架结构及具体实现

双向通信的框架结构主要包括发送端和接收端。发送端又包括对数据的采集、数据的整合处理及一次 SPI 发送多个数据 3 个过程;接收端包括数据的接收、接收后对长数据的拆分及对拆分后的地址和数据的判断处理应用,工作原理及协议结构如图 12-2 所示。

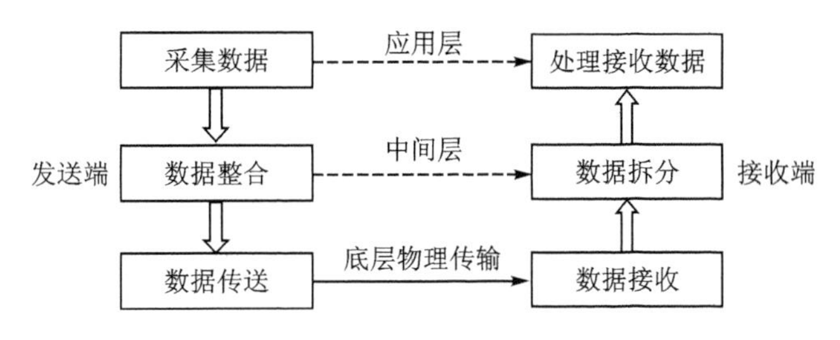

图 12-2 协议结构图

本综合训练关键在于解决在一主多从单片机结构中,多台从机连接到主机上而主机的绝对控制地位不可替代性,以及 SPI 的双向性数据定向交换特点所带来的从机 SDO 口电平冲突及数据传输错误等问题。在时序控制上引入了接下拉电阻的共线 RC0,这样每一台机想动作只须拉高这条公共线,其他所有机器都会侦测到动作。这里就分为是主机拉高还是从机拉高,从而实现不同的功能。

如果是主机要定向发信息给从机,则主机在经过数据采集及处理后改变 RC0 口为输出(在常态下 RC0 口都为输入,只有有发送动作后改为输出)并拉高 RC0,让每一台从机都侦测到 RC0 从而进入被动接收(常态下每一台从机的 SDO 口都设置为输入,SDI 口也为输入),主机发出有用数据接收无用数据并抛弃,从机都可接收到主机有用数据并进行处理,这样就实现了主机发出功能。

如果是从机要定向发送给主机或另一台从机,则从机都是先把数据发送给主机,同样经过数据采集及处理后改变 RC0 口及 SDO 口(常态下每一台从机的 SDO 口都设置为输入)为输出并拉高 RC0,主机侦测到从机动作后进行接收,即同上数据发送只是将废数据去交换了有用数据(这时只有发送数据的从机的 SDO 口是输出,别的从机的 SDO 及主机的 SDI 口都是输入,这样在主机交换数据时就能保证待发从机的数据能有效地送给主机,而不是像主机主动发出那样接收来的只是废数据)。在主机接收到从机发送来的数据后分析地址位,如果是发送给自己的,则进行数据应用并结束接收动作进入常态;如果分析完地址位是要转发主机,则只须重复发送程序,就能将数据发送到指定从机从而实现从机和从机的通信,主机又进行了数据的监控。

基于开发系统仅带有 3 位动态数码显示器,故只能用 1 位十进制数表示系统识别码,即网络中最多可同时有 10 台识别码独立的结点存在。如果增加显示位数,则理论上识别码的长度是可以无限扩充的,即网络中的结点数可以有无限多个。

4. 键盘及显示部分

键盘及显示部分又可分为以下几个模块：主程序模块，负责整个程序的初始化设置；键盘扫描模块，负责根据所按键类别（数据键、功能键）进行不同的操作；显示模块，可根据数据显示缓冲区单元内容的变化及时由主程序或键盘扫描部分调用显示刷新，负责将已更新的数据信息显示在数码管上。

12.1.3 综合训练参考程序及说明

本项训练内容编程的难点，在于如何协调好发送方和接收方之间的时序关系。在程序设计中定义发送方将占有 SPI 总线控制权，它通过 RC0 电平信号来传达总线被临时占用，使接收方能检测到总线被占用，从而进入 I/O 口转换后开始接收数据。主从机的参考程序如下。

```
;----------------------------------------------------------------
;主机程序
;----------------------------------------------------------------
LIST P=16F877
INCLUDE "P16F877.INC"                        ;头文件的设定
;----------------------------------------------------------------
JRBZ        EQU         31H              ;键盘扫描标记变量
IP1         EQU         32H              ;地址变量 1
DATA1H      EQU         33H              ;数据临时变量高 8 位
DATA1L      EQU         34H              ;数据临时变量低 8 位
DATA1       EQU         35H              ;数据临时变量 1
IP2         EQU         36H              ;地址变量 2
DATA2       EQU         37H              ;数据临时变量 2
TMP         EQU         38H              ;临时变量
PANW        EQU         39H
XIANIP      EQU         3AH
XIANL       EQU         3BH              ;自定义变量低 8 位
XIANH       EQU         3CH              ;自定义变量高 8 位
;----------------------------------------------------------------
            ORG         0000H            ;系统复位地址
            NOP                          ;MPLAB 需要
            GOTO        ST               ;跳转至主程序
;----------------------------------------------------------------
;中断服务程序
;----------------------------------------------------------------
            ORG         0004H            ;中断服务程序入口地址
            BCF         INTCON,T0IF      ;清 TMR0 中断标志位
```

```
        BTFSS   PANW,0          ;判断是否显示地址位
        GOTO    XIAN0           ;为 0,显示数据低 8 位
        BTFSS   PANW,1          ;为 1,继续判断显示数据高 8 位还是地址位
        GOTO    XIAN1           ;为 0,显示数据高 8 位
        GOTO    XIAN2           ;为 1,显示地址位
XIAN0   MOVLW   B'00000100'
        MOVWF   PORTC           ;屏蔽百位和十位,显示个位数字编码
        MOVF    XIANL,0         ;送 XIANL 至 W 寄存器
        MOVWF   PORTD           ;PORTD 承接 XIANL 的数据,显示出来
        MOVLW   B'00000001'
        MOVWF   PANW            ;置寄存器 0 位为 1,提示下次中断不显示数据
                                ;低 8 位
        GOTO    RET             ;中断返回
XIAN1   MOVLW   B'01000000'
        MOVWF   PORTC           ;屏蔽个位和百位,显示十位数字编码
        MOVF    XIANH,0         ;送 XIANH 至 W 寄存器
        MOVWF   PORTD           ;PORTD 承接 XIANH 的数据,显示出来
        MOVLW   B'00000011'
        MOVWF   PANW            ;置寄存器 1 位为 1,提示下次中断显示地址位
        GOTO    RET             ;中断返回
XIAN2   MOVLW   B'10000000'
        MOVWF   PORTC           ;屏蔽个位和十位,显示百位数字编码
        MOVF    XIANIP,0        ;送 XIANL 至 W 寄存器
        MOVWF   PORTD           ;PORTD 承接 XIANL 的数据,显示出来
        MOVLW   B'00000000'
        MOVWF   PANW            ;清零 PANW,提示下次进中断重头开始显示
RET     MOVLW   00H
        MOVWF   TMR0            ;TMR0 重新赋值
        RETFIE                  ;中断返回
;-------------------------------------------------------------------
;初始化定义端口与寄存器
;-------------------------------------------------------------------
ST      BSF     STATUS,RP0      ;选择体 1
        MOVLW   B'00010001'
        MOVWF   TRISC       ;设置 PORTC0、4 为输入,PORTC2、3、5、6、7 为输出
        MOVLW   B'10000011'
        MOVWF   OPTION_REG      ;设置 TMR0 为 1:16 倍率,禁止弱上拉
        MOVLW   0F0H
```

```
            MOVWF    TRISB          ;为矩阵按键的判断,定义 PORTB 口
            CLRF     TRISD          ;PORTD 定义为全输出
            CLRF     SSPSTAT        ;清零 SSPSTAT 中 BF 标志位
            BCF      STATUS,RP0     ;选择体 0
            MOVLW    B'00110010'
            MOVWF    SSPCON         ;定义主控方式,fosc/64,空闲时钟高电平
            MOVLW    B'10100000'
            MOVWF    INTCON         ;使能总中断和 TMR0 中断
            MOVLW    00H
            MOVWF    TMR0           ;给 TMR0 赋初值
            CLRF     PANW           ;清零 PANW
            CLRF     JRBZ           ;清零 JRBZ
            MOVLW    B'01000000'    ;初始化显示为一横杠
            MOVWF    XIANIP
            MOVWF    XIANH
            MOVWF    XIANL
;------------------------------------------------------------------------
;主循环程序
;------------------------------------------------------------------------
MAIN        NOP
L1          CALL     JIESHOU        ;调用接收数据子程序
            CALL     JPSM           ;扫描矩阵键盘,判断地址按键
            BTFSS    JRBZ,0         ;判断是否有键按下
            GOTO     L1             ;没有键按下,返回到 L1
            MOVWF    IP1            ;有键按下,IP1 承接按键数据
            BCF      JRBZ,0         ;清空键盘扫描标记变量
L2          CALL     JIESHOU        ;调用接收数据子程序
            CALL     JPSM           ;扫描矩阵键盘,判断数据高 4 位按键
            BTFSS    JRBZ,0         ;判断是否有键按下
            GOTO     L2             ;没有键按下,返回到 L2
            MOVWF    DATA1H         ;有键按下,DATA1H 承接按键数据
            BCF      JRBZ,0         ;清空键盘扫描标记变量
L3          CALL     JIESHOU        ;调用接收数据子程序
            CALL     JPSM           ;扫描矩阵键盘,判断数据低 4 位按键
            BTFSS    JRBZ,0         ;判断是否有键按下
            GOTO     L3             ;没有键按下,返回到 L3
            MOVWF    DATA1L         ;有键按下,DATA1L 承接按键数据
            BCF      JRBZ,0         ;清空键盘扫描标记变量
            SWAPF    DATA1H,W       ;DATA1H 高低 4 位互换,送至 W 寄存器
```

```
        IORWF    DATA1L,W     ;DATA 1H 与 DATA 1L 相"与",整合成一个数据
        MOVWF    DATA1        ;DATA1 承接整合后数据
        ANDLW    B'00001111'  ;取 DATA1 低 4 位,送至 W 寄存器
        CALL     BMA          ;编码查表
        MOVWF    XIANL        ;查表值赋给 XIANL
        SWAPF    DATA1,0      ;DATA1 高低 4 位互换,送至 W 寄存器
        ANDLW    B'00001111'  ;取 DATA1 高 4 位,送至 W 寄存器
        CALL     BMA          ;编码查表
        MOVWF    XIANH        ;查表值赋给 XIANH
        MOVF     IP1,0        ;将 IP1 送至 W 寄存器
        CALL     BMA          ;编码查表
        MOVWF    XIANIP       ;查表值赋给 XIANIP
        CALL     FASONG       ;调用 FASONG 程序,发送地址和数据给从机
        GOTO     MAIN         ;返回主循环程序
;------------------------------------------------------------------
;发送地址和显示数据子程序
;------------------------------------------------------------------
FASONG  CALL     GUANTMR      ;关闭 TMR0 中断
        CALL     BIANO        ;将 PORTC0 口设置为输出
        BSF      PORTC,0      ;置 PORTC0 高电平,提示从机接收数据
        MOVF     IP1,W        ;将 IP1 送至 W 寄存器
        MOVWF    SSPBUF       ;将 IP1 送至 SSPBUF,开始逐位发送
        CALL     SPIOUT       ;SPI 方式发送地址给从机
        CALL     DELAY10MS    ;延时 10 ms
        MOVF     DATA1,W      ;将 DATA1 送至 W 寄存器
        MOVWF    SSPBUF       ;将 DATA1 送至 SSPBUF,开始逐位发送
        CALL     SPIOUT       ;SPI 方式发送数据给从机
        BCF      PORTC,0      ;置 PORTC0 低电平,接收信号结束
        CALL     BIANI        ;将 PORTC0 口设置为输入
        CALL     KAITMR       ;打开 TMR0 中断
        RETURN                ;子程序返回
;------------------------------------------------------------------
;接收数据程序
;------------------------------------------------------------------
JIESHOU BTFSS    PORTC,0      ;判断 PORTC0,是否有数据要接收
        RETURN                ;没有数据要接收,返回
        CALL     GUANTMR      ;有数据要接收,关闭 TMR0 中断
        CALL     DELAY10MS    ;延时 10 ms
        MOVLW    0FFH         ;非从机编号送给 SSPBUF
```

```
        MOVWF    SSPBUF       ;送至 SSPBUF 后开始逐位发送
        CALL     SPIOUT       ;SPI 方式输出无效数据，而输入为从机地址有
                              ;效数据
        MOVWF    IP2          ;IP2 承接接收到的地址
        CALL     DELAY10MS    ;延时 10 ms
        MOVWF    SSPBUF       ;送至 SSPBUF 后开始逐位发送
        CALL     SPIOUT       ;SPI 方式输出无效数据，而输入为从机显示有
                              ;效数据
        MOVWF    DATA2        ;DATA2 承接接收到的地址
;------------------------------------------------------------------------
;本机地址参数与接收地址比对
;------------------------------------------------------------------------
        MOVF     IP2,0        ;将 IP2 送至 W 寄存器
        ANDLW    B'00001111'  ;取得 IP2 的低位，送至 W 寄存器，进行比对
        SUBLW    00H          ;是否为地址“00000000”
        BTFSC    STATUS,Z     ;查验 Z 标志位
        GOTO     KAIRE        ;Z=1，表示接收到的数据是传给主机的
;------------------------------------------------------------------------
;数据转发程序
;------------------------------------------------------------------------
ZF      MOVF     IP2,W        ;Z=0，表示接收到的数据是传给从机的
        MOVWF    IP1          ;将 IP2 的数据送给 IP1
        MOVF     DATA2,W      ;将 DATA2 送至 W 寄存器
        MOVWF    DATA1        ;将 DATA2 的数据送给 DATA1
        CALL     DELAY10MS    ;延时 10 ms
        CALL     FASONG       ;SPI 方式将地址和数据发送给所有从机
;------------------------------------------------------------------------
;主机显示数据程序
;------------------------------------------------------------------------
KAIRE   MOVF     DATA2,0      ;将 DATA2 送至 W 寄存器
        ANDLW    B'00001111'  ;取得 DATA2 的低位，送至 W 寄存器
        CALL     BMA          ;编码查表
        MOVWF    XIANL        ;将查表所得数据送至 XIANL
        SWAPF    DATA2,0      ;DATA2 高低 4 位互换，送至 W 寄存器
        ANDLW    B'00001111'  ;取得 DATA2 的高位，送至 W 寄存器
        CALL     BMA          ;编码查表
        MOVWF    XIANH        ;将查表所得数据送至 XIANH
        SWAPF    IP2,0        ;IP2 高低 4 位互换，送至 W 寄存器
        ANDLW    B'00001111'  ;取 IP2 高位，即发送方地址，送至 W 寄存器
```

```
        CALL     BMA          ;编码查表
        MOVWF    XIANIP       ;将查表所得数据送至 XIANIP
        CALL     KAITMR       ;打开 TIMR0 中断功能,准备显示
        RETURN                ;子程序返回
;-----------------------------------------------------------
;SPI 方式输出编码数据子程序
;-----------------------------------------------------------
SPIOUT  BSF      STATUS,RP0   ;选择体 1
LS      BTFSS    SSPSTAT,BF   ;是否发送完毕
        GOTO     LS           ;否,继续查询
        BCF      STATUS,RP0   ;发送完毕,选择体 0
        MOVF     SSPBUF,W     ;选择体 0
        RETURN                ;子程序返回
;-----------------------------------------------------------
;PORTC0 口输入/输出状态转变
;-----------------------------------------------------------
BIANO   BSF      STATUS,RP0   ;选择体 1
        BCF      TRISC,0      ;PORTC0 口设置为输出
        BCF      STATUS,RP0   ;选择体 0
        RETURN                ;子程序返回
BIANI   BSF      STATUS,RP0   ;选择体 1
        BSF      TRISC,0      ;PORTC0 口设置为输入
        BCF      STATUS,RP0   ;选择体 0
        RETURN                ;子程序返回
;-----------------------------------------------------------
;开启,关闭 TIMR0 中断功能
;-----------------------------------------------------------
KAITMR  MOVLW    B'10100000'  ;给 INTCON 寄存器赋值
        MOVWF    INTCON       ;打开总中断和 TMR0 中断功能
        MOVLW    00H
        MOVWF    TMR0         ;给 TMR0 赋初值
        RETURN                ;子程序返回
GUANTMR CLRF     INTCON       ;关闭总中断和 TMR0 中断功能
        RETURN                ;子程序返回
;-----------------------------------------------------------
;编码查询
;-----------------------------------------------------------
BMA     ADDWF    PCL,F        ;考察偏移量
        RETLW    3FH          ;"0" 编码
```

```
        RETLW    06H          ;"1" 编码
        RETLW    5BH          ;"2" 编码
        RETLW    4FH          ;"3" 编码
        RETLW    66H          ;"4" 编码
        RETLW    6DH          ;"5" 编码
        RETLW    7DH          ;"6" 编码
        RETLW    07H          ;"7" 编码
        RETLW    7FH          ;"8" 编码
        RETLW    6FH          ;"9" 编码
;------------------------------------------------------------
;键盘扫描程序
;------------------------------------------------------------
JPSM    MOVLW    0F0H         ;送 0F0H 到 W 寄存器
        MOVWF    PORTB        ;送 W 内容到 PORTB,使 PORTB 高 4 位高电平
        MOVLW    B'11110000'  ;送 0F0H 到 W 寄存器
        ANDWF    PORTB,W      ;PORTB 内容和 0F0H 相"与",结果送 W
        SUBLW    B'11110000'  ;W 内容和 0F0H 相减
        BTFSC    STATUS,Z     ;由 Z 标志位判断运算结果是否为 0
        RETURN                ;结果为 0,Z 标志位置 1,无键按下,返回
        CALL     DELAY10MS    ;结果不为 0,Z 标志位为 0,延迟 10 ms
        MOVLW    0F0H         ;再次判断是否有键按下
        MOVWF    PORTB        ;送 W 内容到 PORTB,使 PORTB 高 4 位高电平
        MOVLW    B'11110000'  ;送 0F0H 到 W 寄存器
        ANDWF    PORTB,W      ;PORTB 内容和 0F0H 相"与",结果送 W
        SUBLW    B'11110000'  ;W 内容和 0F0H 相减
        BTFSC    STATUS,Z     ;由 Z 标志位判断运算结果是否为 0
        RETURN                ;结果为 0,Z 标志位置 1,无键按下,返回
        BSF      JRBZ,0       ;有键按下,利用 JRBZ 寄存器作标记
;------------------------------------------------------------
        MOVLW    B'11111110'  ;有键按下,送 B'11111110' 到 W 寄存器
        MOVWF    PORTB        ;送 W 内容到 PORTB,以检测第 1 行
        BTFSS    PORTB,4      ;判断 0 键是否按下
        GOTO     JIAN0        ;按下,执行键 0 对应程序
        BTFSS    PORTB,5      ;没按下,判断 1 键是否按下
        GOTO     JIAN1        ;按下,执行键 1 对应程序
        BTFSS    PORTB,6      ;没按下,判断 2 键是否按下
        GOTO     JIAN2        ;按下,执行键 2 对应程序
        BTFSS    PORTB,7      ;没按下,判断 3 键是否按下
        GOTO     JIAN3        ;按下,执行键 3 对应程序
```

```
;--------------------------------------------------------------------------
            MOVLW       B'11111101'     ;送 B'11111101' 到 W 寄存器
            MOVWF       PORTB           ;送 W 内容到 PORTB,以检测第 2 行
            BTFSS       PORTB,4         ;判断 4 键是否按下
            GOTO        JIAN4           ;按下,执行键 4 对应程序
            BTFSS       PORTB,5         ;没按下,判断 5 键是否按下
            GOTO        JIAN5           ;按下,执行键 5 对应程序
            BTFSS       PORTB,6         ;没按下,判断 6 键是否按下
            GOTO        JIAN6           ;按下,执行键 6 对应程序
            BTFSS       PORTB,7         ;没按下,判断 7 键是否按下
            GOTO        JIAN7           ;按下,执行键 7 对应程序
;--------------------------------------------------------------------------
            MOVLW       B'11111011'     ;送 B'11111011' 到 W 寄存器
            MOVWF       PORTB           ;送 W 内容到 PORTB,以检测第 3 行
            BTFSS       PORTB,4         ;判断 8 键是否按下
            GOTO        JIAN8           ;按下,执行键 8 对应程序
            BTFSS       PORTB,5         ;没按下,判断 9 键是否按下
            GOTO        JIAN9           ;按下,执行键 9 对应程序
            BCF         JRBZ,0          ;按键不是 0～9,清空按键标记寄存器
            RETURN                      ;子程序返回
;--------------------------------------------------------------------------
;10 键盘按键
;--------------------------------------------------------------------------
JIAN0       CALL        SFANG           ;调用释放子程序
            MOVLW       B'00000000'
            RETURN                      ;子程序返回
JIAN1       CALL        SFANG           ;调用释放子程序
            MOVLW       B'00000001'
            RETURN                      ;子程序返回
JIAN2       CALL        SFANG           ;调用释放子程序
            MOVLW       B'00000010'
            RETURN                      ;子程序返回
JIAN3       CALL        SFANG           ;调用释放子程序
            MOVLW       B'00000011'
            RETURN                      ;子程序返回
JIAN4       CALL        SFANG           ;调用释放子程序
            MOVLW       B'00000100'
            RETURN                      ;子程序返回
JIAN5       CALL        SFANG           ;调用释放子程序
```

```
            MOVLW       B'00000101'
            RETURN                      ;子程序返回
JIAN6       CALL        SFANG           ;调用释放子程序
            MOVLW       B'00000110'
            RETURN                      ;子程序返回
JIAN7       CALL        SFANG           ;调用释放子程序
            MOVLW       B'00000111'
            RETURN                      ;子程序返回
JIAN8       CALL        SFANG           ;调用释放子程序
            MOVLW       B'00001000'
            RETURN                      ;子程序返回
JIAN9       CALL        SFANG           ;调用释放子程序
            MOVLW       B'00001001'
            RETURN                      ;子程序返回
;-------------------------------------------------------------------
;按键释放
;-------------------------------------------------------------------
SFANG       MOVLW       0F0H            ;送 0F0H 到 W
            MOVWF       PORTB           ;B 口低 4 位全为低电平状态
            MOVLW       B'11110000'
            ANDWF       PORTB,W         ;屏蔽低 4 位
            SUBLW       B'11110000'     ;与 W 内容相减
            BTFSS       STATUS,Z        ;由 Z 标志位判 B 口高 4 位是否全为 1
            GOTO        SFANG           ;不全为 1,键未释放,继续进行判断
            CALL        DELAY10MS       ;调用 10 ms 延时
            MOVLW       0F0H            ;再判断一次
            MOVWF       PORTB           ;B 口低 4 位全为低电平状态
            MOVLW       B'11110000'
            ANDWF       PORTB,W         ;屏蔽低 4 位
            SUBLW       B'11110000'     ;与 W 内容相减
            BTFSS       STATUS,Z        ;由 Z 标志位判 B 口高 4 位是否全为 1
            GOTO        SFANG           ;刚才是虚假释放,返回继续判断
            RETURN                      ;子程序返回
;-------------------------------------------------------------------
;10 ms 软件延时子程序
;-------------------------------------------------------------------
DELAY10MS
            MOVLW       0DH             ;外循环常数
            MOVWF       20H             ;外循环寄存器
```

```
LOOP1       MOVLW     0FFH          ;内循环常数
            MOVWF     21H           ;内循环寄存器
LOOP2       DECFSZ    21H           ;内循环寄存器递减
            GOTO      LOOP2         ;继续内循环
            DECFSZ    20H           ;外循环寄存器递减
            GOTO      LOOP1         ;继续外循环
            RETURN                  ;子程序返回
;------------------------------------------------------------------
            END
;------------------------------------------------------------------
;------------------------------------------------------------------
;从机程序
;------------------------------------------------------------------
LIST P=16F877
INCLUDE "P16F877.INC"               ;头文件的设定
;------------------------------------------------------------------
JRBZ        EQU       31H           ;键盘扫描标记变量
IP1         EQU       32H           ;地址变量 1
DATA1H      EQU       33H           ;数据临时变量高 8 位
DATA1L      EQU       34H           ;数据临时变量低 8 位
DATA1       EQU       35H           ;数据临时变量 1
IP2         EQU       36H           ;地址变量 2
DATA2       EQU       37H           ;数据临时变量 2
TMP         EQU       38H           ;临时变量
PANW        EQU       39H
XIANIP      EQU       3AH
XIANL       EQU       3BH           ;自定义变量第 8 位
XIANH       EQU       3CH           ;自定义变量高 8 位
;------------------------------------------------------------------
            ORG       0000H         ;系统复位地址
            NOP                     ;MPLAB 需要
            GOTO      ST            ;跳转至主程序
;------------------------------------------------------------------
;中断服务程序
;------------------------------------------------------------------
            ORG       0004H         ;中断服务程序入口地址
            BCF       INTCON,T0IF   ;清 TMR0 中断标志位
            BTFSS     PANW,0        ;判断是否显示地址位
            GOTO      XIAN0         ;为 0,显示数据低位
```

```
            BTFSS     PANW,1          ;为 1,继续判断显示数据高位还是地址
            GOTO      XIAN1           ;为 0,显示数据高位
            GOTO      XIAN2           ;为 1,显示地址
XIAN0       MOVLW     B'00000100'
            MOVWF     PORTC           ;屏蔽百位和十位,显示个位数字编码
            MOVF      XIANL,0         ;送 XIANL 至 W 寄存器
            MOVWF     PORTD           ;PORTD 承接 XIANL 的数据,显示出来
            MOVLW     B'00000001'
            MOVWF     PANW            ;置寄存器 0 位为 1,提示下次中断不显示数据
                                      ;低位
            GOTO      RET             ;中断返回
XIAN1       MOVLW     B'01000000'
            MOVWF     PORTC           ;屏蔽个位和百位,显示十位数字编码
            MOVF      XIANH,0         ;送 XIANH 至 W 寄存器
            MOVWF     PORTD           ;PORTD 承接 XIANH 的数据,显示出来
            MOVLW     B'00000011'
            MOVWF     PANW            ;置寄存器 1 位为 1,提示下次中断显示地址
            GOTO      RET             ;中断返回
XIAN2       MOVLW     B'10000000'
            MOVWF     PORTC           ;屏蔽个位和十位,显示百位数字编码
            MOVF      XIANIP,0        ;送 XIANL 至 W 寄存器
            MOVWF     PORTD           ;PORTD 承接 XIANL 的数据,显示出来
            MOVLW     B'00000000'
            MOVWF     PANW            ;清零 PANW,提示下次进中断重头开始显示
RET         MOVLW     00H
            MOVWF     TMR0            ;TMR0 重新赋值
            RETFIE                    ;中断返回
;---------------------------------------------------------------------------
;初始化定义端口与寄存器
;---------------------------------------------------------------------------
ST          BSF       STATUS,RP0      ;选择体 1
            MOVLW     B'00010001'
            MOVWF     TRISC     ;设置 PORTC0、4 为输入,PORTC2、3、5、6、7 为输出
            MOVLW     B'10000011'
            MOVWF     OPTION_REG      ;设置 TMR0 为 1:16 倍率,禁止弱上拉
            MOVLW     0F0H
            MOVWF     TRISB           ;为矩阵按键的判断,定义 PORTB 口
            CLRF      TRISD           ;PORTD 定义为全输出
```

```
        CLRF    SSPSTAT       ;清零 SSPSTAT 中 BF 标志位
        BCF     STATUS,RP0    ;选择体 0
        MOVLW   B'00110100'
        MOVWF   SSPCON        ;定义从动方式
        MOVLW   B'10100000'
        MOVWF   INTCON        ;使能总中断和 TMR0 中断
        MOVLW   00H
        MOVWF   TMR0          ;给 TMR0 赋初值
        CLRF    PANW          ;清零 PANW
        CLRF    JRBZ          ;清零 JRBZ
        MOVLW   B'01000000'   ;初始化显示为一横杠
        MOVWF   XIANIP
        MOVWF   XIANH
        MOVWF   XIANL
;------------------------------------------------------------------
;主循环程序
;------------------------------------------------------------------
MAIN    NOP
L1      CALL    JIESHOU       ;调用接收数据子程序
        CALL    JPSM          ;扫描矩阵键盘,判断地址按键
        BTFSS   JRBZ,0        ;判断是否有键按下
        GOTO    L1            ;没有键按下,返回到 L1
        IORLW   B'00010000'   ;加入本机地址,从机 1 为 01H,从机 2 为 02H
                              ;从机 3 为 03H
        MOVWF   IP1           ;本机地址与发送地址的整合送至 IP1
        BCF     JRBZ,0        ;清空键盘扫描标记变量
L2      CALL    JIESHOU       ;调用接收数据子程序
        CALL    JPSM          ;扫描矩阵键盘,判断数据高 4 位按键
        BTFSS   JRBZ,0        ;判断是否有键按下
        GOTO    L2            ;没有键按下,返回到 L2
        MOVWF   DATA1H        ;有键按下,DATA1H 承接按键数据
        BCF     JRBZ,0        ;清空键盘扫描标记变量
L3      CALL    JIESHOU       ;调用接收数据子程序
        CALL    JPSM          ;扫描矩阵键盘,判断数据低 4 位按键
        BTFSS   JRBZ,0        ;判断是否有键按下
        GOTO    L3            ;没有键按下,返回到 L3
        MOVWF   DATA1L        ;有键按下,DATA1H 承接按键数据
        BCF     JRBZ,0        ;清空键盘扫描标记变量
        SWAPF   DATA1H,W      ;DATA1H 高低 4 位互换,送至 W 寄存器
```

```
         IORWF    DATA1L,W     ;DATA 1H 与 DATA 1L 相"与",整合成一个数据
         MOVWF    DATA1        ;DATA1 承接整合后数据
         ANDLW    B'00001111'  ;取 DATA1 低 4 位,送至 W 寄存器
         CALL     BMA          ;编码查表
         MOVWF    XIANL        ;查表值赋给 XIANL
         SWAPF    DATA1,0      ;DATA1 高低 4 位互换,送至 W 寄存器
         ANDLW    B'00001111'  ;取 DATA1 高 4 位,送至 W 寄存器
         CALL     BMA          ;编码查表
         MOVWF    XIANH        ;查表值赋给 XIANH
         MOVF     IP1,0        ;将 IP1 送至 W 寄存器
         CALL     BMA          ;编码查表
         MOVWF    XIANIP       ;查表值赋给 XIANIP
         CALL     FASONG       ;调用 FASONG 程序,发送地址和数据给主机
         GOTO     MAIN         ;返回主循环程序
;--------------------------------------------------------------------
;发送地址和显示数据子程序
;--------------------------------------------------------------------
FASONG   CALL     GUANTMR      ;关闭 TMR0 中断
         MOVF     IP1,W        ;将 IP1 送至 W 寄存器
         MOVWF    SSPBUF       ;将 IP1 送至 SSPBUF,开始逐位发送
         CALL     BIANO        ;将 PORTC0 口设置为输出
         BSF      PORTC,0      ;置 PORTC0 高电平,提示主机接收数据
         CALL     SPIOUT       ;SPI 方式发送地址给主机
         MOVF     DATA1,W      ;将 DATA1 送至 W 寄存器
         MOVWF    SSPBUF       ;将 DATA1 送至 SSPBUF,开始逐位发送
         CALL     SPIOUT       ;SPI 方式发送数据给主机
         BCF      PORTC,0      ;置 PORTC0 低电平,接收信号结束
         CALL     BIANI        ;将 PORTC0 口设置为输入
         CALL     KAITMR       ;打开 TMR0 中断
         RETURN                ;子程序返回
;--------------------------------------------------------------------
;接收数据程序
;--------------------------------------------------------------------
JIESHOU  BTFSS    PORTC,0      ;判断 PORTC0,是否有数据要接收
         RETURN                ;没有数据要接收,返回
         CALL     GUANTMR      ;有数据要接收,关闭 TMR0 中断
         CALL     SPIOUT       ;SPI 方式输出无效数据,而输入为主机地址有
                               ;效数据
         MOVWF    IP2          ;IP2 承接接收到的地址
```

```
            CALL     SPIOUT        ;SPI 方式输出无效数据,而输入为主机显示有
                                   ;效数据
            MOVWF    DATA2         ;DATA2 承接接收到的地址
;--------------------------------------------------------------------------
;本机地址参数与接收地址比对
;--------------------------------------------------------------------------
            MOVF     IP2,0         ;将 IP2 送至 W 寄存器
            ANDLW    B'00001111'   ;取 IP2 的低位,送至 W 寄存器,进行比对
            SUBLW    01H           ;是否为地址"00000001"
            BTFSS    STATUS,Z      ;查验 Z 标志位
            GOTO     KAIRE         ;Z=1,表示接收到的数据不是传给此机的
            MOVF     DATA2,0       ;Z=0,接收到的数据是传给此机,将 DATA2
                                   ;送至 W 寄存器
            ANDLW    B'00001111'   ;取得 DATA2 的低位,送至 W 寄存器
            CALL     BMA           ;编码查表
            MOVWF    XIANL         ;将查表所得数据送至 XIANL
            SWAPF    DATA2,0       ;DATA2 高低 4 位互换,送至 W 寄存器
            ANDLW    B'00001111'   ;取得 DATA2 的高位,送至 W 寄存器
            CALL     BMA           ;编码查表
            MOVWF    XIANH         ;将查表所得数据送至 XIANH
            SWAPF    IP2,0         ;IP2 高低 4 位互换,送至 W 寄存器
            ANDLW    B'00001111'   ;取 IP2 高位,即发送方地址,送至 W 寄存器
            CALL     BMA           ;编码查表
            MOVWF    XIANIP        ;将查表所得数据送至 XIANIP
KAIRE       CALL     KAITMR        ;打开 TIMR0 中断功能,准备显示
            RETURN                 ;子程序返回
;--------------------------------------------------------------------------
;SPI 方式输出编码数据子程序
;--------------------------------------------------------------------------
SPIOUT      BSF      STATUS,RP0    ;选择体 1
LS          BTFSS    SSPSTAT,BF    ;是否发送完毕
            GOTO     LS            ;否,继续查询
            BCF      STATUS,RP0    ;发送完毕,选择体 0
            MOVF     SSPBUF,W      ;选择体 0
            RETURN                 ;子程序返回
;--------------------------------------------------------------------------
;PORTC0 口输入/输出状态转变
;--------------------------------------------------------------------------
BIANO       BSF      STATUS,RP0    ;选择体 1
```

```
        BCF     TRISC,0      ;PORTC0 口设置为输出
        BCF     TRISC,5      ;PORTC5 口设置为输出
        BCF     STATUS,RP0   ;选择体 0
        RETURN               ;子程序返回
BIANI   BSF     STATUS,RP0   ;选择体 1
        BSF     TRISC,0      ;PORTC0 口设置为输入
        BSF     TRISC,5      ;PORTC5 口设置为输入
        BCF     STATUS,RP0   ;选择体 0
        RETURN               ;子程序返回
;--------------------------------------------------------------
;开启,关闭 TIMR0 中断功能
;--------------------------------------------------------------
KAITMR  MOVLW   B'10100000'  ;给 INTCON 寄存器赋值
        MOVWF   INTCON       ;打开总中断和 TMR0 中断功能
        MOVLW   00H
        MOVWF   TMR0         ;给 TMR0 赋初值
        RETURN               ;子程序返回
GUANTMR CLRF    INTCON       ;关闭总中断和 TMR0 中断功能
        RETURN               ;子程序返回
;--------------------------------------------------------------
;编码查询
;--------------------------------------------------------------
BMA     ADDWF   PCL,F        ;考察偏移量
        RETLW   3FH          ;"0" 编码
        RETLW   06H          ;"1" 编码
        RETLW   5BH          ;"2" 编码
        RETLW   4FH          ;"3" 编码
        RETLW   66H          ;"4" 编码
        RETLW   6DH          ;"5" 编码
        RETLW   7DH          ;"6" 编码
        RETLW   07H          ;"7" 编码
        RETLW   7FH          ;"8" 编码
        RETLW   6FH          ;"9" 编码
;--------------------------------------------------------------
JPSM    MOVLW   0F0H         ;送 0F0H 到 W 寄存器
        MOVWF   PORTB        ;送 W 内容到 PORTB,使 PORTB 高 4 位高电平
        MOVLW   B'11110000'  ;送 0F0H 到 W 寄存器
        ANDWF   PORTB,W      ;PORTB 内容和 0F0H 相"与",结果送 W
        SUBLW   B'11110000'  ;W 内容和 0F0H 相减
```

```
        BTFSC     STATUS,Z       ;由Z标志位判断运算结果是否为0
        RETURN                   ;结果为0,Z标志位置1,无键按下,返回
        CALL      DELAY10MS      ;结果不为0,Z标志位为0,延迟10 ms
        MOVLW     0F0H           ;再次判断是否有键按下
        MOVWF     PORTB          ;送W内容到PORTB,使PORTB高4位高电平
        MOVLW     B'11110000'    ;送0F0H到W寄存器
        ANDWF     PORTB,W        ;PORTB内容和0F0H相"与",结果送W
        SUBLW     B'11110000'    ;W内容和0F0H相减
        BTFSC     STATUS,Z       ;由Z标志位判断运算结果是否为0
        RETURN                   ;结果为0,Z标志位置1,无键按下,返回
        BSF       JRBZ,0         ;有键按下,利用JRBZ寄存器作标记
;-----------------------------------------------------------------------
        MOVLW     B'11111110'    ;有键按下,送B'11111110'到W寄存器
        MOVWF     PORTB          ;送W内容到PORTB,以检测第1行
        BTFSS     PORTB,4        ;判断0键是否按下
        GOTO      JIAN0          ;按下,执行键0对应程序
        BTFSS     PORTB,5        ;没按下,判断1键是否按下
        GOTO      JIAN1          ;按下,执行键1对应程序
        BTFSS     PORTB,6        ;没按下,判断2键是否按下
        GOTO      JIAN2          ;按下,执行键2对应程序
        BTFSS     PORTB,7        ;没按下,判断3键是否按下
        GOTO      JIAN3          ;按下,执行键3对应程序
;-----------------------------------------------------------------------
        MOVLW     B'11111101'    ;送B'11111101'到W寄存器
        MOVWF     PORTB          ;送W内容到PORTB,以检测第2行
        BTFSS     PORTB,4        ;判断4键是否按下
        GOTO      JIAN4          ;按下,执行键4对应程序
        BTFSS     PORTB,5        ;没按下,判断5键是否按下
        GOTO      JIAN5          ;按下,执行键5对应程序
        BTFSS     PORTB,6        ;没按下,判断6键是否按下
        GOTO      JIAN6          ;按下,执行键6对应程序
        BTFSS     PORTB,7        ;没按下,判断7键是否按下
        GOTO      JIAN7          ;按下,执行键7对应程序
;-----------------------------------------------------------------------
        MOVLW     B'11111011'    ;送B'11111011'到W寄存器
        MOVWF     PORTB          ;送W内容到PORTB,以检测第3行
        BTFSS     PORTB,4        ;判断8键是否按下
        GOTO      JIAN8          ;按下,执行键8对应程序
        BTFSS     PORTB,5        ;没按下,判断9键是否按下
```

```
            GOTO      JIAN9
            BCF       JRBZ,0          ;按下,执行键 9 对应程序
            RETURN                    ;都没按下,则返回
;--------------------------------------------------------------------
;16 键盘按键
;--------------------------------------------------------------------
JIAN0       CALL      SFANG           ;调用释放子程序
            MOVLW     B'00000000'
            RETURN                    ;子程序返回
JIAN1       CALL      SFANG           ;调用释放子程序
            MOVLW     B'00000001'
            RETURN                    ;子程序返回
JIAN2       CALL      SFANG           ;调用释放子程序
            MOVLW     B'00000010'
            RETURN                    ;子程序返回
JIAN3       CALL      SFANG           ;调用释放子程序
            MOVLW     B'00000011'
            RETURN                    ;子程序返回
JIAN4       CALL      SFANG           ;调用释放子程序
            MOVLW     B'00000100'
            RETURN                    ;子程序返回
JIAN5       CALL      SFANG           ;调用释放子程序
            MOVLW     B'00000101'
            RETURN                    ;子程序返回
JIAN6       CALL      SFANG           ;调用释放子程序
            MOVLW     B'00000110'
            RETURN                    ;子程序返回
JIAN7       CALL      SFANG           ;调用释放子程序
            MOVLW     B'00000111'
            RETURN                    ;子程序返回
JIAN8       CALL      SFANG           ;调用释放子程序
            MOVLW     B'00001000'
            RETURN                    ;子程序返回
JIAN9       CALL      SFANG           ;调用释放子程序
            MOVLW     B'00001001'
            RETURN                    ;子程序返回
;--------------------------------------------------------------------
;按键释放
;--------------------------------------------------------------------
```

```
SFANG     MOVLW     0F0H          ;送 0F0H 到 W
          MOVWF     PORTB         ;B 口低 4 位全为低电平状态
          MOVLW     B'11110000'
          ANDWF     PORTB,W       ;屏蔽低 4 位
          SUBLW     B'11110000'   ;与 W 内容相减
          BTFSS     STATUS,Z      ;由 Z 标志位判断 B 口高 4 位是否全为 1
          GOTO      SFANG         ;不全为 1,键未释放,继续进行判断
          CALL      DELAY10MS     ;调用 10 ms 延时
          MOVLW     0F0H          ;再判断一次
          MOVWF     PORTB         ;B 口低 4 位全为低电平状态
          MOVLW     B'11110000'
          ANDWF     PORTB,W       ;屏蔽低 4 位
          SUBLW     B'11110000'   ;与 W 内容相减
          BTFSS     STATUS,Z      ;由 Z 标志位判断 B 口高 4 位是否全为 1
          GOTO      SFANG         ;刚才是虚假释放,返回继续判断
          RETURN                  ;子程序返回
;--------------------------------------------------------------------
;10 ms 软件延时子程序
;--------------------------------------------------------------------
DELAY10MS
          MOVLW     0DH           ;外循环常数
          MOVWF     20H           ;外循环寄存器
LOOP1     MOVLW     0FFH          ;内循环常数
          MOVWF     21H           ;内循环寄存器
LOOP2     DECFSZ    21H           ;内循环寄存器递减
          GOTO      LOOP2         ;继续内循环
          DECFSZ    20H           ;外循环寄存器递减
          GOTO      LOOP1         ;继续外循环
          RETURN                  ;子程序返回
;--------------------------------------------------------------------
          END
;--------------------------------------------------------------------
```

12.2 基于密码保护 LCD 时钟显示

目前,LCD 显示越来越受到用户的欢迎,与其他显示模块相比,LCD 显示具有功耗小及显示内容丰富等特点。本项综合训练采用 JHD161A 系列 1×16 字符产品,字符点阵 5×8,带 LED 背光。这里不再讨论 LCD 显示的细节问题,采用数据位设

置缓冲单元的方式，对应 60H～6FH 数据存储器单元。一旦数据位信息发生任何调整和变化，立即执行显示刷新子程序 XSHI，这种工作原理和 8 位数码显示模块是一致的。

12.2.1 综合训练基本情况分析

本例综合训练是比较综合性的设计，所涉及的技术内容比较多，要求的编程技巧也比较高，主要达到的技术要求是：该系统软件的基础功能是一个基本时钟，在输入当前时间后开始计时工作，但在进入计时之前必须通过个人身份验证。

1. 综合训练目的

在本项综合训练中，可采用自己设计的 PIC 单片机开发系统，或者使用本书推荐使用的 YB03－1 多模块 PIC 单片机实验系统。本综合训练的目的，在于熟悉和了解系统软件密码的设置方法，掌握时钟系统的设计。为了保证系统的安全运行，一般在系统上电后，首先需要进行密码校验，通过提示信息请用户输入 8 位数字密码，只有当用户输入密码正确后才能进入系统正常运行，并告诉用户输入的密码十分正确。如果需要创建新的系统密码，则可在系统进入监控状态后进行修改。

2. 综合训练基本电路

以 PIC16F877 单片机为控制模块，RB 端口连接 4×4 矩阵键盘，高 4 位构成电平变化中断。RC0～1 外接 32 768 Hz 低频振荡器，RD 作为数据输出与 LCD 1×16 位液晶显示器数据刷新端口相连，读/写等控制引脚由 RE 端口承担。详细电路如图 12－3 所示。

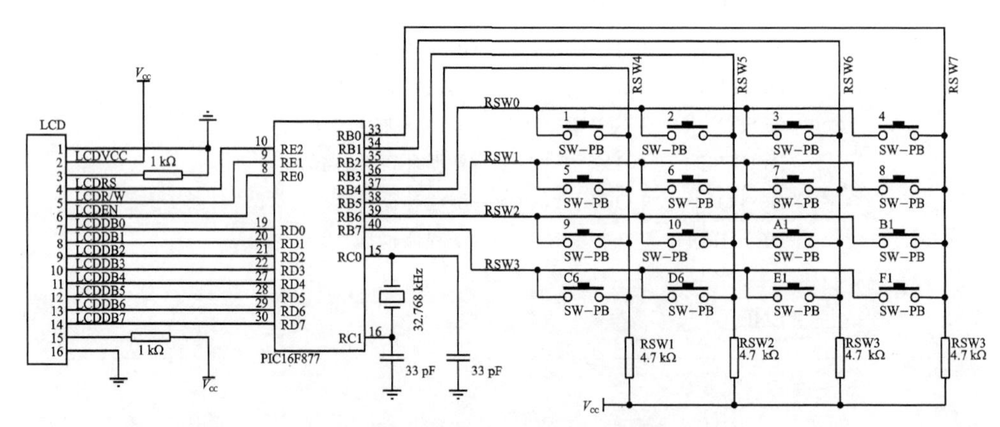

图 12－3　LCD 时钟显示电路

3. 键盘设置及功能定义

本例使用 4×4 矩阵键盘，包括数字键 0～9，而 A～F 定义为功能键，具体的功能定义如下。

A：进入系统基本功能，即时钟运行状态。将当前 KEYS IS 后面输入 8 位数字的前 6 位组成时钟信息并转换为时钟显示，LCD 显示“TIME IS HH：MM：SS”，6 位时钟信息输入表示方式为 HHMMSS。

B：相当于电脑键盘中的退格功能键 Backspace，删除最新输入的数字。

C：进入系统密码变更状态，LCD 显示“NEW PWD”，可输入新的 8 位系统密码。

D：保存新设系统密码，LCD 显示“NEW PWD IS SAVED”，在 1 s 后系统自动进入监控状态，LCD 显示“KEYS IS GOING ON”。

E：在上电启动后，在 PWD IS 状态下输入 8 位数字密码后按下 E 键进行密码比对，如果比对正确，则 LCD 显示“PWD IS CORRECT”；如果比对错误，则 LCD 显示“YOU PWD IS ERROR”。在比对正确后，LCD 最终显示“KEYS IS GOING ON”。

F：返回系统监控状态键，除在进行密码校对状态下，都将无条件进入监控状态，在 LCD 模块上显示信息“KEYS IS GOING ON”。

12.2.2 密码保护分析

系统的密码保护主要依赖于 PIC16F877 内部功能模块 E^2PROM，其赋值信息将不随电源的消失而丢失，通过比对密码信息可以有效防止非用户使用系统软件。

1. 系统进入初始状态

在系统上电或者复位后进入初始状态，首先需要用户进行密码校验，即 LCD 显示信息“PLEASE INPUT PWD”，在 1 s 延时后自动进入系统密码输入状态，即 LCD 显示“YOU PWD”，等候用户输入密码。其中 PWD 是 PASSWORD 的简称，代表系统密码或者口令（以下统称为密码），只有当通过 8 位密码验证正确后，才能进入系统正常运行。在“YOU PWD”后输入 8 位数字密码，按键 E，如果显示“PWD IS CORRECT”，则说明输入的密码正确，在 1 s 延时后正式进入软件功能运行状态，LCD 显示的信息是“KEYS IS GOING ON”；否则出现“YOU PWD IS ERROR”，继续停留在原来状态，等候用户输入正确的密码。

2. 软件自锁键盘功能

在软件自锁键盘中，主要采用了两个变量参数：一是 PBGNJP 变量，用于密码校验环节，涉及开放键盘 E 还是其他功能键盘，清零时仅仅开放键盘 E，而其他功能键盘均处于屏蔽状态，为 1 时正好相反；二是 TIMES 变量，用于计时环节，涉及仅仅开放键盘 F 还是开放所有功能键盘，清零时开放所有功能键盘，为 1 时仅仅开放键盘 F 而所有其他功能键盘均处于屏蔽状态。

在校验系统密码的过程中，除了密码确认功能键 E 外，所有其他的功能键均处于锁定状态，而一旦通过密码验证进入系统软件功能运行，除功能键 E 外所有按键均处于可用状态。该项功能的实施主要依赖于屏蔽功能键盘（PBGNJP）变量实现，锁定除功能键 E 外所有其他的功能键，PBGNJP 变量清零；若希望开放除功能键 E

外所有其他的功能键,PBGNJP 变量置 1。如果需要设置系统的初始密码,则可在初始化程序中,用指令“BSF PBGNJP”替代指令“CLRF PBGNJP”,直接进入新密码设置流程。之后再恢复原来 PBGNJP 清零指令即可。

在实施软件自锁键盘功能时,某个功能键盘是否真正有效,还依赖于这两个变量参数数值的复合效果。在校验密码时,仅功能键 E 有效,而在计时过程中仅功能键 F 有效。

3. 系统密码修改

假定系统初始密码为 12345678,要修改系统密码,也必须用初始密码先进入系统正常工作状态。只有当系统进入监控状态,即 LCD 显示“KEYS IS GOING ON”时,才能进行密码修改。此时可以按键 C,进入密码修改状态,LCD 显示“NEW PWD”,可以输入 8 位数字密码,当确认 8 位数字密码正确后按键 D,LCD 将显示密码信息已经保存好“NEW PWD IS SAVED”,1 s 后显示“KEYS IS GOING ON”。

4. 系统软件基本功能

在 LCD 监控状态下,即显示“KEYS IS GOING ON”时,按任何的数字键都可表示出来,如依次按下键盘 02461357,LCD 显示“KEYS IS 02461357”,若发现按键错误,则可按退格功能键 B。系统软件的基本功能是计时,就是在监控状态下,按照 HHMMSS 时间表示方式输入 6 位数字所表达某个时刻的信息,按下 A 键后将进入计时状态。需要说明的是,可以输入 8 位数字,但转换为时间计时的,总是采用前 6 位数字。如果采用粗略的软件 1 s 延时,那么所有键盘均处于失效状态,也正是由于进入了软件定时的死循环,始终不会跳出中断,GIE 总是处于清零状态。如果采用定时计数器 1 进行定时,那么只须在中断服务程序中增加中断源的识别,即区分是 TMR1 中断还是 RB 电平变化中断,就可以很方便地实现在计时情况下不锁定键盘。

使用 PIC 单片机 TMR1 定时功能,设置定时长度为 1 s,启用外部频率为 32 768 Hz,时间常数 TMR1H、TMR1L 分别设置为 80H 和 00H。

12.2.3 综合训练参考程序及说明

本项训练内容编程的难点,在于如何处理好功能键和数字键之间的关系,采用键盘有效屏蔽的方法。在程序设计中还涉及在线读/写掉电保护存储器 E^2PROM,1 s 定时方式等内容。在 1 s 定时发生后,对各位进行计时加 1 处理,但在小时位处理时涉及字符和数字之间的转换。参考程序如下。

```
;----------------------------------------------------------------------
INCLUDE "P16F877.INC"
;----------------------------------------------------------------------
EN          EQU         00H                         ;LCD 使能端
RW          EQU         01H                         ;LCD 读/写选择端
```

```
RS        EQU      02H            ;LCD 数据/命令选择端
R0        EQU      40H
R1        EQU      41H
M1        EQU      42H            ;作为子程序参数传递
PBGNJP    EQU      43H            ;屏蔽功能键盘变量(A~F)
TIMES     EQU      44H            ;计时工作变量
COUNTER   EQU      7AH            ;计数器
HOUR      EQU      7BH            ;小时变量
;--------------------------------------------------------------------
          ORG      0000H          ;系统复位地址
          NOP                     ;MPLAB 需要
          GOTO     ST
;--------------------------------------------------------------------
;中断服务程序
;--------------------------------------------------------------------
          ORG      0004H          ;中断入口地址
          BTFSS    INTCON,RBIF    ;是否是 RB 中断
          GOTO     $+4            ;不是,一定是 TMR1 定时中断
          BCF      INTCON,RBIF    ;RB 电平变化中断标志位清零
          CALL     JPSM           ;调用键盘扫描子程序
          GOTO     $+7            ;中断返回
          BCF      PIR1,TMR1IF    ;TMR1 中断标志位清零
          MOVLW    80H            ;再赋 TMR1 定时初值,定义高 8 位
          MOVWF    TMR1H
          MOVLW    00H            ;定义低 8 位
          MOVWF    TMR1L
          CALL     LTMR1          ;执行计时功能
          RETFIE                  ;中断返回
;--------------------------------------------------------------------
;查表子程序
;--------------------------------------------------------------------
TABLE     ADDWF    PCL,F          ;将 PCL 中数据与 W 中数据相加得出所
                                  ;查字符并返回
          RETLW    '0'            ;数字 0 的 ASCII 编码
          RETLW    '1'            ;数字 1 的 ASCII 编码
          RETLW    '2'            ;数字 2 的 ASCII 编码
          RETLW    '3'            ;数字 3 的 ASCII 编码
          RETLW    '4'            ;数字 4 的 ASCII 编码
          RETLW    '5'            ;数字 5 的 ASCII 编码
```

```
            RETLW     '6'                   ;数字 6 的 ASCII 编码
            RETLW     '7'                   ;数字 7 的 ASCII 编码
            RETLW     '8'                   ;数字 8 的 ASCII 编码
            RETLW     '9'                   ;数字 9 的 ASCII 编码
            RETLW     ' '                   ;空格的 ASCII 编码
;-------------------------------------------------------------------------
;系统主程序
;-------------------------------------------------------------------------
ST          BSF       STATUS,RP0            ;选择体 1
            MOVLW     0FFH                  ;定义 RE 为 I/O 端口
            MOVWF     ADCON1
            BSF       PIE1,TMR1IE           ;允许 TMR1 中断
            CLRF      TRISE                 ;将 PORTE 口设为全输出
            CLRF      TRISD;                ;将 PORTD 口设为全输出
            MOVLW     0F0H
            MOVWF     TRISB                 ;RB0～RB3 设置为输出,RB4～RB7 设置
                                            ;为输入
            MOVLW     B'11001000'
            MOVWF     INTCON                ;中断控制寄存器设置
            BCF       STATUS,RP0            ;选择体 0
            MOVLW     B'00001010'           ;启动低频振荡器
            MOVWF     T1CON
            BSF       T1CON,TMR1ON          ;启动 TMR1
            MOVLW     80H                   ;赋 TMR1 定时初值,定义高 8 位
            MOVWF     TMR1H
            MOVLW     00H                   ;定义低 8 位
            MOVWF     TMR1L
            CLRF      COUNTER               ;计数器清零
            CLRF      PBGNJP                ;屏蔽功能键盘(为 0,除键 E 外)
            CLRF      TIMES                 ;将 TIMES 清零,不计时
            MOVLW     67H
            MOVWF     FSR                   ;从 67H 开始间接寻址
            CALL      GDXX                  ;系统复位过渡信息
            CALL      XSHI                  ;调用显示子程序
            CALL      DELAY1S               ;调用延时 1 s 子程序
            CALL      SRMM                  ;在 LCD 上初始化密码提示信息
            CALL      XSHI                  ;调用显示子程序
            GOTO      $                     ;等待进入中断
;-------------------------------------------------------------------------
```

```
;显示输入密码信息状态:YOU PWD
;-------------------------------------------------------------------------
SRMM      MOVLW     'Y'
          MOVWF     6FH                 ;将字符"Y"存入 6FH 中
          MOVLW     'O'
          MOVWF     6EH                 ;将字符"O"存入 6FH 中
          MOVLW     'U'
          MOVWF     6DH                 ;将字符"U"存入 6FH 中
          MOVLW     ' '
          MOVWF     6CH                 ;将空字符存入 6FH 中
          MOVLW     'P'
          MOVWF     6BH                 ;将字符"P"存入 6FH 中
          MOVLW     'W'
          MOVWF     6AH                 ;将字符"W"存入 6FH 中
          MOVLW     'D'
          MOVWF     69H                 ;将字符"D"存入 6FH 中
          MOVLW     ' '
          MOVWF     68H                 ;将空字符存入 68H 中
          MOVWF     67H                 ;将空字符存入 67H 中
          MOVWF     66H                 ;将空字符存入 66H 中
          MOVWF     65H                 ;将空字符存入 65H 中
          MOVWF     64H                 ;将空字符存入 64H 中
          MOVWF     63H                 ;将空字符存入 63H 中
          MOVWF     62H                 ;将空字符存入 62H 中
          MOVWF     61H                 ;将空字符存入 61H 中
          MOVWF     60H                 ;将空字符存入 60H 中
          RETURN                        ;子程序返回
;-------------------------------------------------------------------------
;显示过渡信息状态:PLEASE INPUT PWD
;-------------------------------------------------------------------------
GDXX      MOVLW     'P'
          MOVWF     6FH                 ;将字符"P"存入 6FH 中
          MOVLW     'L'
          MOVWF     6EH                 ;将字符"L"存入 6EH 中
          MOVLW     'E'
          MOVWF     6DH                 ;将字符"E"存入 6DH 中
          MOVLW     'A'
          MOVWF     6CH                 ;将字符"A"存入 6CH 中
          MOVLW     'S'
```

```
        MOVWF   6BH             ;将字符"S"存入 6BH 中
        MOVLW   'E'
        MOVWF   6AH             ;将字符"E"存入 6AH 中
        MOVLW   ' '
        MOVWF   69H             ;将字符空格存入 69H 中
        MOVLW   'I'
        MOVWF   68H             ;将字符"I"存入 68H 中
        MOVLW   'N'
        MOVWF   67H             ;将字符"N"存入 67H 中
        MOVLW   'P'
        MOVWF   66H             ;将字符"P"存入 66H 中
        MOVLW   'U'
        MOVWF   65H             ;将字符"U"存入 65H 中
        MOVLW   'T'
        MOVWF   64H             ;将字符"T"存入 64H 中
        MOVLW   ' '
        MOVWF   63H             ;将字符空格存入 63H 中
        MOVLW   'P'
        MOVWF   62H             ;将字符"P"存入 62H 中
        MOVLW   'W'
        MOVWF   61H             ;将字符"W"存入 61H 中
        MOVLW   'D'
        MOVWF   60H             ;将字符"D"存入 60H 中
        RETURN                  ;子程序返回
;------------------------------------------------------------------
;显示处于监控状态:KEYS IS GOING ON
;------------------------------------------------------------------
KEYS    MOVLW   'K'
        MOVWF   6FH             ;将字符"K"存入 6FH 中
        MOVLW   'E'
        MOVWF   6EH             ;将字符"E"存入 6EH 中
        MOVLW   'Y'
        MOVWF   6DH             ;将字符"Y"存入 6DH 中
        MOVLW   'S'
        MOVWF   6CH             ;将字符"S"存入 6CH 中
        MOVLW   ' '
        MOVWF   6BH             ;将字符空格存入 6BH 中
        MOVLW   'I'
        MOVWF   6AH             ;将字符"I"存入 6AH 中
```

```
        MOVLW    'S'
        MOVWF    69H            ;将字符"S"存入 69H 中
        MOVLW    ' '
        MOVWF    68H            ;将字符空格存入 68H 中
        MOVLW    'G'
        MOVWF    67H            ;将字符"G"存入 67H 中
        MOVLW    'O'
        MOVWF    66H            ;将字符"O"存入 66H 中
        MOVLW    'I'
        MOVWF    65H            ;将字符"I"存入 65H 中
        MOVLW    'N'
        MOVWF    64H            ;将字符"N"存入 64H 中
        MOVLW    'G'
        MOVWF    63H            ;将字符"G"存入 63H 中
        MOVLW    ' '
        MOVWF    62H            ;将字符空格存入 62H 中
        MOVLW    'O'
        MOVWF    61H            ;将字符"O"存入 61H 中
        MOVLW    'N'
        MOVWF    60H            ;将字符"N"存入 60H 中
        RETURN                  ;子程序返回
;------------------------------------------------------------------------
;FSR(从 67H 开始)递减子程序
;------------------------------------------------------------------------
FSRDJ   CALL     TABLE          ;调用查表子程序
        MOVWF    INDF           ;将查表返回值放入间接地址
        MOVF     FSR,W          ;将 FSR 中地址给 W
        SUBLW    67H            ;W 中数据与 67H 相减
        BTFSS    STATUS,Z       ;判断是否相等
        GOTO     JX             ;不相等,跳转
        MOVLW    ' '            ;相等,将字符空格存入 60H~66H 中
        MOVWF    66H
        MOVWF    65H
        MOVWF    64H
        MOVWF    63H
        MOVWF    62H
        MOVWF    61H
        MOVWF    60H
JX      MOVF     FSR,W          ;将 FSR 中地址给 W
```

```
            SUBLW     60H                  ;W中数据与60H相减
            BTFSC     STATUS,Z             ;判断是否相等
            GOTO      $+2                  ;相等,跳转
            DECF      FSR                  ;不相等,FSR中存的地址减1
            CALL      XSHI                 ;调用显示子程序
            RETURN                         ;子程序返回
;---------------------------------------------------------------------
;按键B退格子程序
;---------------------------------------------------------------------
BS          MOVLW     ' '
            MOVWF     INDF                 ;将字符空格放入间接地址中
            MOVF      FSR,W                ;将FSR中地址给W
            SUBLW     67H                  ;W中数据与67H相减
            BTFSC     STATUS,Z             ;判断是否相等
            GOTO      $+4                  ;相等,跳转
            INCF      FSR,F                ;不相等,FSR中存的地址加1
            MOVLW     ' '
            MOVWF     INDF                 ;将字符空格放入间接地址中
            RETURN                         ;子程序返回
;---------------------------------------------------------------------
;输入新的密码信息子程序
;---------------------------------------------------------------------
NPWD        MOVLW     'N'
            MOVWF     6FH                  ;将字符"N"存入6FH中
            MOVLW     'E'
            MOVWF     6EH                  ;将字符"E"存入6EH中
            MOVLW     'W'
            MOVWF     6DH                  ;将字符"W"存入6DH中
            MOVLW     ' '
            MOVWF     6CH                  ;将字符空格存入6CH中
            MOVLW     'P'
            MOVWF     6BH                  ;将字符"P"存入6BH中
            MOVLW     'W'
            MOVWF     6AH                  ;将字符"W"存入6AH中
            MOVLW     'D'
            MOVWF     69H                  ;将字符"D"存入69H中
            MOVLW     ' '
            MOVWF     68H                  ;将字符空格存入68H中
            MOVWF     67H                  ;将字符空格存入67H中
```

```
        MOVWF   66H             ;将字符空格存入66H中
        MOVWF   65H             ;将字符空格存入65H中
        MOVWF   64H             ;将字符空格存入64H中
        MOVWF   63H             ;将字符空格存入63H中
        MOVWF   62H             ;将字符空格存入62H中
        MOVWF   61H             ;将字符空格存入61H中
        MOVWF   60H             ;将字符空格存入60H中
        MOVLW   67H             ;将字符空格存入67H中
        MOVWF   FSR             ;将字符空格存入间接地址
        RETURN                  ;子程序返回
;------------------------------------------------------------
;将数据写入EEPROM子程序
;------------------------------------------------------------
XIESHU  MOVLW   67H             ;将67H存入W
        MOVWF   FSR             ;将67H存入FSR
        BSF     STATUS,RP1
LOP1    BSF     STATUS,RP0      ;选择数据存储器体3
LOP     BTFSC   EECON1,WR
        GOTO    LOP             ;等待检测WR复零
        BCF     STATUS,RP0      ;选择数据存储器体2
        MOVF    FSR,W           ;用作写入地址
        MOVWF   EEADR           ;E2PROM写地址送入EEADR
        MOVF    INDF,W          ;用作写入数据
        MOVWF   EEDATA          ;E2PROM写数据送入EEDATA
        BSF     STATUS,RP0      ;选择数据存储器体3
        BCF     EECON1,EEPGD    ;指向E2PROM数据存储器
        BSF     EECON1,WREN     ;设置允许写操作
        BCF     INTCON,GIE      ;禁止中断
        MOVLW   55H             ;设置通用参数
        MOVWF   EECON2          ;将55H送入EECON2
        MOVLW   0AAH            ;设置通用参数
        MOVWF   EECON2          ;将AAH送入EECON2
        BSF     EECON1,WR       ;设置初始化E2PROM写操作
        BSF     INTCON,GIE      ;开放中断
        BCF     EECON1,WREN     ;禁止写操作
        DECF    FSR             ;数据和写入地址变量加1
        BTFSS   FSR,4           ;判断FSR中地址4位是否为1
        GOTO    LOP1            ;为0,跳转至循环1
        BCF     STATUS,RP0      ;为1,回到数据存储器体0
```

```
        BCF     STATUS,RP1
        BCF     INTCON,GIE      ;关闭中断
        MOVLW   67H
        MOVWF   FSR             ;将 67H 存入 FSR 中
        MOVLW   'N'
        MOVWF   6FH             ;将字符“N”存入 6FH 中
        MOVLW   'E'
        MOVWF   6EH             ;将字符“E”存入 6EH 中
        MOVLW   'W'
        MOVWF   6DH             ;将字符“W”存入 6DH 中
        MOVLW   ' '
        MOVWF   6CH             ;将字符空格存入 6CH 中
        MOVLW   'P'
        MOVWF   6BH             ;将字符“P”存入 6BH 中
        MOVLW   'W'
        MOVWF   6AH             ;将字符“W”存入 6AH 中
        MOVLW   'D'
        MOVWF   69H             ;将字符“D”存入 69H 中
        MOVLW   ' '
        MOVWF   68H             ;将字符空格存入 68H 中
        MOVLW   'I'
        MOVWF   67H             ;将字符“I”存入 67H 中
        MOVLW   'S'
        MOVWF   66H             ;将字符“S”存入 66H 中
        MOVLW   ' '
        MOVWF   65H             ;将字符空格存入 65H 中
        MOVLW   'S'
        MOVWF   64H             ;将字符“S”存入 64H 中
        MOVLW   'A'
        MOVWF   63H             ;将字符“A”存入 63H 中
        MOVLW   'V'
        MOVWF   62H             ;将字符“V”存入 62H 中
        MOVLW   'E'
        MOVWF   61H             ;将字符“E”存入 61H 中
        MOVLW   'D'
        MOVWF   60H             ;将字符“D”存入 60H 中
        CALL    XSHI            ;调用显示子程序
        CALL    DELAY1S         ;调用延时 1 s 子程序
        CALL    KEYS            ;调用显示监控状态子程序
```

```
        CALL     XSHI           ;调用显示子程序
        RETURN                  ;子程序返回
;------------------------------------------------------------------
;密码比对子程序
;------------------------------------------------------------------
BIDUI   MOVF     PBGNJP         ;将 PBGNJP 中数据存入 W 中
        BTFSC    STATUS,Z       ;判断零标志是否为 0
        GOTO     KSBD           ;为 1,跳转至开始比对
        CALL     KEYS           ;为 0,调用显示监控状态子程序
        CALL     XSHI           ;调用显示子程序
        GOTO     PENT           ;跳转至子程序返回
KSBD    MOVLW    67H            ;取地址初值为 20H
        MOVWF    COUNTER
        MOVLW    77H            ;给出写数据存储器的初始地址
        MOVWF    FSR
        BSF      STATUS,RP1
        BCF      STATUS,RP0     ;选择数据存储器体 2
LOP3    MOVF     COUNTER,W
        MOVWF    EEADR          ;给出读 E2PROM 数据存储器的初始地址
        BSF      STATUS,RP0     ;选择数据存储器体 3
        BCF      EECON1,EEPGD   ;指向 E2PROM 数据存储器
        BSF      EECON1,RD      ;开始读操作
        BCF      STATUS,RP0     ;选择数据存储器体 2
        MOVF     EEDATA,W       ;E2PROM 数据存储器数据送至 W
        MOVWF    INDF           ;送入数据存储器
        DECF     FSR            ;指向数据存储器下一个地址
        DECF     COUNTER        ;指向 E2PROM 数据存储器下一个地址
        BTFSS    COUNTER,4      ;读 32 个数据是否完成
        GOTO     LOP3           ;没有完成进入下一个单元读操作
        BCF      STATUS,RP0     ;选择数据存储器体 0
        BCF      STATUS,RP1
        MOVLW    67H
        MOVWF    FSR            ;将 67H 存入 FSR 中
PW      BSF      FSR,4          ;将 FSR 中地址 4 位置 1
        MOVF     INDF,W         ;将间接地址中的数据存入 W 中
        BCF      FSR,4          ;将 FSR 中地址 4 位清零
        SUBWF    INDF,W         ;将 W 与间接地址中数据相减存入 W 中
        BTFSS    STATUS,Z       ;判断是否相等
        GOTO     ERR            ;不相等,跳转至显示输入错误信息的子程
```

```
                                                ;序中
            DECF        FSR                     ;相等,FSR 中地址减 1
            BTFSS       FSR,4                   ;判断 FSR 中 4 位数据是否为 1
            GOTO        PW                      ;为 0,跳转回
;-----------------------------------------------------------------------
;显示正确信息的子程序
;-----------------------------------------------------------------------
RIGHT       MOVLW       67H                     ;为 1,则输入正确
            MOVWF       FSR                     ;将 67H 存入 FSR 中
            INCF        PBGNJP                  ;将正确次数加 1
            MOVLW       67H
            MOVWF       FSR                     ;将 67H 存入 FSR 中
            MOVLW       ' '
            MOVWF       6FH                     ;将字符空格存入 6FH 中
            MOVLW       'P'
            MOVWF       6EH                     ;将字符"P"存入 6EH 中
            MOVLW       'W'
            MOVWF       6DH                     ;将字符"W"存入 6DH 中
            MOVLW       'D'
            MOVWF       6CH                     ;将字符"D"存入 6CH 中
            MOVLW       ' '
            MOVWF       6BH                     ;将字符空格存入 6BH 中
            MOVLW       'I'
            MOVWF       6AH                     ;将字符"I"存入 6AH 中
            MOVLW       'S'
            MOVWF       69H                     ;将字符"S"存入 69H 中
            MOVLW       ' '
            MOVWF       68H                     ;将字符空格存入 68H 中
            MOVLW       'C'
            MOVWF       67H                     ;将字符"C"存入 67H 中
            MOVLW       'O'
            MOVWF       66H                     ;将字符"O"存入 66H 中
            MOVLW       'R'
            MOVWF       65H                     ;将字符"R"存入 65H 中
            MOVLW       'R'
            MOVWF       64H                     ;将字符"R"存入 64H 中
            MOVLW       'E'
            MOVWF       63H                     ;将字符"E"存入 63H 中
            MOVLW       'C'
```

```
            MOVWF     62H               ;将字符"C"存入 62H 中
            MOVLW     'T'
            MOVWF     61H               ;将字符"T"存入 61H 中
            MOVLW     ' '
            MOVWF     60H               ;将字符空格存入 60H 中
            CALL      XSHI              ;调用显示子程序
            CALL      DELAY1S           ;调用延时 1 s 子程序
            CALL      KEYS              ;调用显示监控状态子程序
            CALL      XSHI              ;调用显示子程序
            INCF      PBGNJP            ;除 E 键外开放其他功能键
            GOTO      PENT              ;跳转至子程序返回
;----------------------------------------------------------------------
;显示错误信息的子程序
;----------------------------------------------------------------------
ERR         BCF       STATUS,RP0        ;选择数据存储器体 0
            BCF       STATUS,RP1
            MOVLW     67H
            MOVWF     FSR               ;将 67H 作为地址存入 FSR 中
            MOVLW     'Y'
            MOVWF     6FH               ;将字符"Y"存入 6FH 中
            MOVLW     'O'
            MOVWF     6EH               ;将字符"O"存入 6EH 中
            MOVLW     'U'
            MOVWF     6DH               ;将字符"U"存入 6DH 中
            MOVLW     ' '
            MOVWF     6CH               ;将字符空格存入 6CH 中
            MOVLW     'P'
            MOVWF     6BH               ;将字符"P"存入 6BH 中
            MOVLW     'W'
            MOVWF     6AH               ;将字符"W"存入 6AH 中
            MOVLW     'D'
            MOVWF     69H               ;将字符"D"存入 69H 中
            MOVLW     ' '
            MOVWF     68H               ;将字符空格存入 68H 中
            MOVLW     'I'
            MOVWF     67H               ;将字符"I"存入 67H 中
            MOVLW     'S'
            MOVWF     66H               ;将字符"S"存入 66H 中
            MOVLW     ' '
```

```
        MOVWF   65H             ;将字符空格存入 65H 中
        MOVLW   'E'
        MOVWF   64H             ;将字符“E”存入 64H 中
        MOVLW   'R'
        MOVWF   63H             ;将字符“R”存入 63H 中
        MOVLW   'R'
        MOVWF   62H             ;将字符“R”存入 62H 中
        MOVLW   'O'
        MOVWF   61H             ;将字符“O”存入 61H 中
        MOVLW   'R'
        MOVWF   60H             ;将字符“R”存入 60H 中
        CALL    XSHI            ;调用显示子程序
        CALL    DELAY1S         ;调用 1 s 延时子程序
        CALL    SRMM            ;调用初始化密码显示子程序
        CALL    XSHI            ;调用显示子程序
PENT    NOP
        RETURN                  ;子程序返回
;-----------------------------------------------------------------
;计时初始化程序,从启动计时 A 键按下
;-----------------------------------------------------------------
JSKS    MOVLW   'T'
        MOVWF   6FH             ;将字符“T”存入 6FH 中
        MOVLW   'I'
        MOVWF   6EH             ;将字符“I”存入 6EH 中
        MOVLW   'M'
        MOVWF   6DH             ;将字符“M”存入 6DH 中
        MOVLW   'E'
        MOVWF   6CH             ;将字符“E”存入 6CH 中
        MOVLW   ' '
        MOVWF   6BH             ;将字符空格存入 6BH 中
        MOVLW   'I'
        MOVWF   6AH             ;将字符“I”存入 6AH 中
        MOVLW   'S'
        MOVWF   69H             ;将字符“S”存入 69H 中
        MOVLW   ' '
        MOVWF   68H             ;将字符空格存入 68H 中
        MOVF    62H,W
        MOVWF   60H             ;将 62H 中数据存入 60H
        MOVF    63H,W
```

```
        MOVWF   61H          ;将 63H 中数据存入 61H
        MOVLW   ':'
        MOVWF   62H          ;将字符“:”存入 62H
        MOVF    64H,W
        MOVWF   63H          ;将 64H 中数据存入 63H 中
        MOVF    65H,W
        MOVWF   64H          ;将 65H 中数据存入 64H 中
        MOVLW   ':'
        MOVWF   65H          ;将字符“:”存入 65H 中
;-----------------------------------------------------------------
;计时子程序
;-----------------------------------------------------------------
LTMR1   MOVF    TIMES        ;判断 Z 标志
        BTFSC   STATUS,Z     ;判断是否允许进行计时
        RETURN               ;A 键还没有按下,不进行计时
L60H    MOVF    60H,W        ;进入计时
        SUBLW   '9'          ;不为 0,将 60H 中数据与字符 9 相减
        BTFSC   STATUS,Z     ;判断相减后是否为 0
        GOTO    L61H         ;为 0,跳转至判断 61H
        INCF    60H          ;不为 0,则 60H 中数据继续计数加 1
        GOTO    JSXS         ;跳转至计数显示
L61H    MOVLW   '0'
        MOVWF   60H          ;将字符“0”存入 60H 中
        MOVF    61H,W
        SUBLW   '5'          ;将 61H 中数据与字符 5 相减
        BTFSC   STATUS,Z     ;判断相减后是否为 0
        GOTO    L63H         ;为 0,跳转至判断 63H
        INCF    61H          ;不为 0,则 61H 中数据继续计数加 1
        GOTO    JSXS         ;跳转至计数显示
L63H    MOVLW   '0'
        MOVWF   61H          ;将字符“0”存入 61H 中
        MOVF    63H,W
        SUBLW   '9'          ;将 61H 中数据与字符 9 相减
        BTFSC   STATUS,Z     ;判断相减后是否为 0
        GOTO    L64H         ;为 0,跳转至判断 64H
        INCF    63H          ;不为 0,则 63H 中数据继续计数加 1
        GOTO    JSXS         ;跳转至计数显示
L64H    MOVLW   '0'
        MOVWF   63H          ;将字符“0”存入 63H 中
```

```
        MOVF    64H,W
        SUBLW   '5'             ;将 64H 中数据与字符 5 相减
        BTFSC   STATUS,Z        ;判断相减后是否为 0
        GOTO    L66H            ;为 0,跳转至判断 66H
        INCF    64H             ;不为 0,则 64H 中数据继续计数加 1
        GOTO    JSXS            ;跳转至计数显示
L66H    MOVLW   '0'
        MOVWF   64H             ;将字符"0"存入 64H 中
        BCF     66H,4           ;将 66H 中字符转换成数字,去 30H
        BCF     66H,5
        BCF     67H,4           ;将 67H 中字符转换成数字,去 30H
        BCF     67H,5
        SWAPF   67H,W           ;取出 67H 的数字,高低 4 位交换
        ADDWF   66H,W           ;与 66H 中的数字复合
        MOVWF   HOUR            ;送入小时变量
        SUBLW   23H             ;比较是否为 23 时
        BTFSS   STATUS,Z
        GOTO    $+4             ;不是 23H 时,直接加 1 小时
        CLRF    66H             ;是 23H 时,那么加 1 后应该返回 0 时
        CLRF    67H
        GOTO    ZHH             ;跳转到数字转换成字符
        MOVF    66H,W           ;小时直接加 1,判断个位是否为 9
        SUBLW   09H
        BTFSS   STATUS,Z
        GOTO    $+5             ;不为 9,个位加 1
        MOVLW   00H             ;为 9 个位清零
        MOVWF   66H
        INCF    67H             ;十位加 1
        GOTO    $+2             ;转去数字转换成字符
        INCF    66H             ;仅个位加 1
ZHH     BSF     66H,4           ;将 66H 中数字转换成字符,加 30H
        BSF     66H,5
        BSF     67H,4           ;将 67H 中数字转换成字符,加 30H
        BSF     67H,5
JSXS    CALL    XSHI            ;调用显示子程序
        RETURN                  ;子程序返回
;------------------------------------------------------------------------
;键盘扫描
;------------------------------------------------------------------------
```

```
JPSM    MOVLW   0F0H            ;送 0F0H 到 W 寄存器
        MOVWF   PORTB           ;送 W 内容到 PORTB,使 PORTB 高 4 位
                                ;高电平
        MOVLW   B'11110000'     ;送 0F0H 到 W 寄存器
        ANDWF   PORTB,W         ;PORTB 内容和 0F0H 相“与”,结果送 W
        SUBLW   B'11110000'     ;W 内容和 0F0H 相减
        BTFSC   STATUS,Z        ;由 Z 标志位判断运算结果是否为 0
        RETURN                  ;结果为 0,Z 标志位置 1,无键按下,返回
        CALL    DEL10MS         ;结果不为 0,Z 标志位为 0,延迟 10 ms
        MOVLW   0F0H            ;再次判断是否有键按下
        MOVWF   PORTB           ;送 W 内容到 PORTB,使 PORTB 高 4 位
                                ;高电平
        MOVLW   B'11110000'     ;送 0F0H 到 W 寄存器
        ANDWF   PORTB,W         ;PORTB 内容和 0F0H 相“与”,结果送 W
        SUBLW   B'11110000'     ;W 内容和 0F0H 相减
        BTFSC   STATUS,Z        ;由 Z 标志位判断运算结果是否为 0
        RETURN                  ;结果为 0,Z 标志位置 1,无键按下,返回
;------------------------------------------------------------------------
        MOVLW   B'11111110'     ;有键按下,送 B'11111110' 到 W 寄存器
        MOVWF   PORTB           ;送 W 内容到 PORTB,以检测第 1 行
        BTFSS   PORTB,4         ;判断 0 键是否按下
        GOTO    JIAN0           ;按下,执行键 0 对应程序
        BTFSS   PORTB,5         ;没按下,判断 1 键是否按下
        GOTO    JIAN1           ;按下,执行键 1 对应程序
        BTFSS   PORTB,6         ;没按下,判断 2 键是否按下
        GOTO    JIAN2           ;按下,执行键 2 对应程序
        BTFSS   PORTB,7         ;没按下,判断 3 键是否按下
        GOTO    JIAN3           ;按下,执行键 3 对应程序
;------------------------------------------------------------------------
        MOVLW   B'11111101'     ;送 B'11111101' 到 W 寄存器
        MOVWF   PORTB           ;送 W 内容到 PORTB,以检测第 2 行
        BTFSS   PORTB,4         ;判断 4 键是否按下
        GOTO    JIAN4           ;按下,执行键 4 对应程序
        BTFSS   PORTB,5         ;没按下,判断 5 键是否按下
        GOTO    JIAN5           ;按下,执行键 5 对应程序
        BTFSS   PORTB,6         ;没按下,判断 6 键是否按下
        GOTO    JIAN6           ;按下,执行键 6 对应程序
        BTFSS   PORTB,7         ;没按下,判断 7 键是否按下
        GOTO    JIAN7           ;按下,执行键 7 对应程序
```

```
;---------------------------------------------------------------
        MOVLW   B'11111011'     ;送 B'11111011' 到 W 寄存器
        MOVWF   PORTB           ;送 W 内容到 PORTB,以检测第 3 行
        BTFSS   PORTB,4         ;判断 8 键是否按下
        GOTO    JIAN8           ;按下,执行键 8 对应程序
        BTFSS   PORTB,5         ;没按下,判断 9 键是否按下
        GOTO    JIAN9           ;按下,执行键 9 对应程序
        BTFSS   PORTB,6         ;没按下,判断 A 键是否按下
        GOTO    JIANA           ;按下,执行键 A 对应程序
        BTFSS   PORTB,7         ;没按下,判断 B 键是否按下
        GOTO    JIANB           ;按下,执行键 B 对应程序
;---------------------------------------------------------------
        MOVLW   B'11110111'     ;送 B'11110111' 到 W 寄存器
        MOVWF   PORTB           ;送 W 内容到 PORTB,以检测第 4 行
        BTFSS   PORTB,4         ;判断 C 键是否按下
        GOTO    JIANC           ;按下,执行键 C 对应程序
        BTFSS   PORTB,5         ;没按下,判断 D 键是否按下
        GOTO    JIAND           ;按下,执行键 D 对应程序
        BTFSS   PORTB,6         ;没按下,判断 E 键是否按下
        GOTO    JIANE           ;按下,执行键 E 对应程序
        BTFSS   PORTB,7         ;没按下,判断 F 键是否按下
        GOTO    JIANF           ;按下,执行键 F 对应程序
        RETURN                  ;都没按下,则返回
;---------------------------------------------------------------
;16 键盘按键片段程序
;---------------------------------------------------------------
JIAN0   CALL    SFANG           ;调用按键释放子程序
        MOVLW   B'00000000'     ;数字 0
        GOTO    FSRDJ           ;调用 FSR(从 67H 开始)递减子程序
;---------------------------------------------------------------
JIAN1   CALL    SFANG           ;调用按键释放子程序
        MOVLW   B'00000001'     ;数字 1
        GOTO    FSRDJ           ;调用 FSR(从 67H 开始)递减子程序
;---------------------------------------------------------------
JIAN2   CALL    SFANG           ;调用按键释放子程序
        MOVLW   B'00000010'     ;数字 2
        GOTO    FSRDJ           ;调用 FSR(从 67H 开始)递减子程序
;---------------------------------------------------------------
JIAN3   CALL    SFANG           ;调用按键释放子程序
```

```
        MOVLW   B'00000011'     ;数字 3
        GOTO    FSRDJ           ;调用 FSR(从 67H 开始)递减子程序
;-------------------------------------------------------------------
JIAN4   CALL    SFANG           ;调用按键释放子程序
        MOVLW   B'00000100'     ;数字 4
        GOTO    FSRDJ           ;调用 FSR(从 67H 开始)递减子程序
;-------------------------------------------------------------------
JIAN5   CALL    SFANG           ;调用按键释放子程序
        MOVLW   B'00000101'     ;数字 5
        GOTO    FSRDJ           ;调用 FSR(从 67H 开始)递减子程序
;-------------------------------------------------------------------
JIAN6   CALL    SFANG           ;调用按键释放子程序
        MOVLW   B'00000110'     ;数字 6
        GOTO    FSRDJ           ;调用 FSR(从 67H 开始)递减子程序
;-------------------------------------------------------------------
JIAN7   CALL    SFANG           ;调用按键释放子程序
        MOVLW   B'00000111'     ;数字 7
        GOTO    FSRDJ           ;调用 FSR(从 67H 开始)递减子程序
;-------------------------------------------------------------------
JIAN8   CALL    SFANG           ;调用按键释放子程序
        MOVLW   B'00001000'     ;数字 8
        GOTO    FSRDJ           ;调用 FSR(从 67H 开始)递减子程序
;-------------------------------------------------------------------
JIAN9   CALL    SFANG           ;调用按键释放子程序
        MOVLW   B'00001001'     ;数字 9
        GOTO    FSRDJ           ;调用 FSR(从 67H 开始)递减子程序
;-------------------------------------------------------------------
JIANA   CALL    SFANG           ;调用按键释放子程序
        MOVF    TIMES           ;不工作,仅仅为了判断 Z
        BTFSS   STATUS,Z        ;判断 TIMES 中数据是否为 0
        GOTO    $+7             ;TIMES 为 1, 键盘 A 不起作用
        MOVF    PBGNJP          ;TIMES 为 0,继续判断 PBGNJP
        BTFSC   STATUS,Z        ;判断 PBGNJP 中数据是否为 0
        GOTO    $+3             ;PBGNJP 为 0,键盘 A 不起作用,跳转至程
                                ;序段返回
        INCF    TIMES           ;将 TIMES 设置为 1,进入计时状态
        CALL    JSKS            ;PBGNJP 不为 0,键盘 A 起作用,跳转至计
                                ;数开始
        CALL    XSHI            ;调用显示子程序
```

```
        RETURN                  ;子程序返回
;------------------------------------------------------------------------------
JIANB   CALL    SFANG           ;调用按键释放子程序
        MOVF    TIMES           ;不工作,仅仅为了判断 Z
        BTFSS   STATUS,Z        ;判断 TIMES 中数据是否为 0
        GOTO    $+3             ;TIMES 为 1, 键盘 B 不起作用
        CALL    BS              ;TIMES 为 0, 键盘 A 起作用,调用退格子
                                ;程序
        CALL    XSHI            ;调用显示子程序
        RETURN                  ;子程序返回
;------------------------------------------------------------------------------
JIANC   CALL    SFANG           ;调用按键释放子程序
        MOVF    TIMES           ;不工作,仅仅为了判断 Z
        BTFSS   STATUS,Z        ;判断 TIMES 中数据是否为 0
        GOTO    $+6             ;TIMES 为 1,键盘 C 不起作用
        MOVF    PBGNJP          ;TIMES 为 0,继续判断 PBGNJP
        BTFSC   STATUS,Z        ;判断 PBGNJP 中数据是否为 0
        GOTO    $+3             ;PBGNJP 为 0,键盘 C 不起作用,跳转至程
                                ;序段返回
        CALL    NPWD            ;PBGNJP 不为 0,键盘 C 起作用,调用新密
                                ;码程序
        CALL    XSHI            ;调用显示子程序
        RETURN                  ;子程序返回
;------------------------------------------------------------------------------
JIAND   CALL    SFANG           ;调用按键释放子程序
        MOVF    TIMES           ;不工作,仅仅为了判断 Z
        BTFSS   STATUS,Z        ;判断 TIMES 中数据是否为 0
        GOTO    $+5             ;TIMES 为 1,键盘 D 不起作用
        MOVF    PBGNJP          ;TIMES 为 0,继续判断 PBGNJP
        BTFSC   STATUS,Z        ;判断 PBGNJP 中数据是否为 0
        GOTO    $+2             ;PBGNJP 为 0,键盘 D 不起作用,跳转至程
                                ;序段返回
        CALL    XIESHU          ;PBGNJP 不为 0,键盘 D 起作用,调用写数
                                ;子程序
        RETURN                  ;子程序返回
;------------------------------------------------------------------------------
JIANE   CALL    SFANG           ;调用按键释放子程序
        MOVF    TIMES           ;不工作,仅仅为了判断 Z
        BTFSS   STATUS,Z        ;判断 TIMES 中数据是否为 0
```

```
            GOTO      $+6           ;TIMES为1,键盘E不起作用
            MOVF      PBGNJP        ;TIMES为0,继续判断PBGNJP
            BTFSS     STATUS,Z      ;判断PBGNJP中数据是否为1
            GOTO      $+3           ;PBGNJP不为0,键盘E不起作用,跳转至
                                    ;程序段返回
            CALL      BIDUI         ;PBGNJP为0,键盘E起作用,调用密码比
                                    ;对子程序
            CALL      XSHI          ;调用显示子程序
            RETURN                  ;子程序返回
;------------------------------------------------------------------------
JIANF       CALL      SFANG         ;调用按键释放子程序
            MOVF      TIMES         ;不工作,仅仅为了判断Z
            BTFSS     STATUS,Z      ;判断TIMES中数据是否为0
            GOTO      $+4           ;TIMES为1,键盘A起作用
            MOVF      PBGNJP        ;TIMES为0,继续判断PBGNJP
            BTFSC     STATUS,Z      ;判断PBGNJP中数据是否为0
            GOTO      $+6           ;PBGNJP为0,键盘F不起作用,跳转至程
                                    ;序段返回
            CALL      KEYS          ;不为0,键盘F起作用,调用显示监控状态
                                    ;子程序
            CALL      XSHI          ;调用显示子程序
            MOVLW     67H
            MOVWF     FSR           ;将67H作为地址存入FSR
            CLRF      TIMES         ;将TIMES清零
            RETURN                  ;子程序返回
;------------------------------------------------------------------------
;按键释放子程序
;------------------------------------------------------------------------
SFANG       MOVLW     0F0H          ;送0F0H到W
            MOVWF     PORTB         ;B口低4位全为低电平状态
            MOVLW     B'11110000'
            ANDWF     PORTB,W       ;屏蔽低4位
            SUBLW     B'11110000'   ;与W内容相减
            BTFSC     STATUS,Z      ;由Z标志位判断B口高4位是否全为1
            GOTO      SFANG         ;不全为1,键未释放,继续进行判断
            CALL      DEL10MS       ;调用10 ms延时
            MOVLW     0F0H          ;再判断一次
            MOVWF     PORTB         ;B口低4位全为低电平状态
            MOVLW     B'11110000'
```

```
            ANDWF    PORTB,W          ;屏蔽低 4 位
            SUBLW    B'11110000'      ;与 W 内容相减
            BTFSC    STATUS,Z         ;由 Z 标志位判断 B 口高 4 位是否全为 1
            GOTO     SFANG            ;刚才是虚假释放,返回继续判断
            RETURN                    ;键释放,返回
;------------------------------------------------------------------
;刷新显示子程序
;------------------------------------------------------------------
XSHI        MOVLW    0FFH
            MOVWF    PORTE            ;将 0FFH 放入 PORTE 中
            CALL     INTI             ;调用 LCD 初始化子程序
            CALL     INTI             ;调用 LCD 初始化子程序
            MOVF     6FH,0            ;将 6FH 中数据写入 W 中
            MOVWF    M1               ;将 W 中数据写入 M1 中
            MOVLW    80H              ;将 80H 写入 W 中
            CALL     CS               ;调用传输子程序
            CALL     DEL100US         ;调用延时 100 μs 子程序
            MOVF     6EH,0            ;将 6EH 写入 W 中
            MOVWF    M1               ;将 W 中数据写入 M1 中
            MOVLW    81H              ;将 81H 写入 W 中
            CALL     CS               ;调用传输子程序
            CALL     DEL100US         ;调用延时 100 μs 子程序
            MOVF     6DH,0            ;将 6DH 中数据写入 W 中
            MOVWF    M1               ;将 W 中数据写入 M1 中
            MOVLW    82H              ;将 82H 写入 W 中
            CALL     CS               ;调用传输子程序
            CALL     DEL100US         ;调用 100 μs 延时子程序
            MOVF     6CH,0            ;将 6CH 写入 W 中
            MOVWF    M1               ;将 W 中数据写入 M1 中
            MOVLW    83H              ;将 83H 写入 W 中
            CALL     CS               ;调用传输子程序
            CALL     DEL100US         ;调用 100 μs 延时子程序
            MOVF     6BH,0            ;将 6BH 写入 W 中
            MOVWF    M1               ;将 W 中数据写入 M1 中
            MOVLW    84H              ;将 84H 写入 W 中
            CALL     CS               ;调用传输子程序
            CALL     DEL100US         ;调用 100 μs 延时子程序
            MOVF     6AH,0            ;将 6AH 写入 W 中
            MOVWF    M1               ;将 W 中数据写入 M1 中
```

```
MOVLW    85H         ;将 85H 写入 W 中
CALL     CS          ;调用传输子程序
CALL     DEL100US    ;调用 100 μs 延时子程序
MOVF     69H,0       ;将 69H 写入 W 中
MOVWF    M1          ;将 W 中数据写入 M1 中
MOVLW    86H         ;将 86H 写入 W 中
CALL     CS          ;调用传输子程序
CALL     DEL100US    ;调用 100 μs 延时子程序
MOVF     68H,0       ;将 68H 写入 W 中
MOVWF    M1          ;将 W 中数据写入 M1 中
MOVLW    87H         ;将 87H 写入 W 中
CALL     CS          ;调用传输子程序
CALL     DEL100US    ;调用 100 μs 延时子程序
MOVF     67H,0       ;将 67H 写入 W 中
MOVWF    M1          ;将 W 中数据写入 M1 中
MOVLW    0C0H        ;将 0C0H 写入 W 中
CALL     CS          ;调用传输子程序
CALL     DEL100US    ;调用 100 μs 延时子程序
MOVF     66H,0       ;将 66H 写入 W 中
MOVWF    M1          ;将 W 中数据写入 M1 中
MOVLW    0C1H        ;将 0C1H 写入 W 中
CALL     CS          ;调用传输子程序
CALL     DEL100US    ;调用 100 μs 延时子程序
MOVF     65H,0       ;将 65H 写入 W 中
MOVWF    M1          ;将 W 中数据写入 M1 中
MOVLW    0C2H        ;将 0C2H 写入 W 中
CALL     CS          ;调用传输子程序
CALL     DEL100US    ;调用 100 μs 延时子程序
MOVF     64H,0       ;将 64H 写入 W 中
MOVWF    M1          ;将 W 中数据写入 M1 中
MOVLW    0C3H        ;将 0C3H 写入 W 中
CALL     CS          ;调用传输子程序
CALL     DEL100US    ;调用 100 μs 延时子程序
MOVF     63H,0       ;将 63H 写入 W 中
MOVWF    M1          ;将 W 中数据写入 M1 中
MOVLW    0C4H        ;将 0C4H 写入 W 中
CALL     CS          ;调用传输子程序
CALL     DEL100US    ;调用 100 μs 延时子程序
MOVF     62H,0       ;将 62H 写入 W 中
```

```
          MOVWF     M1              ;将 W 中数据写入 M1 中
          MOVLW     0C5H            ;将 0C5H 写入 W 中
          CALL      CS              ;调用传输子程序
          CALL      DEL100US        ;调用 100 μs 延时子程序
          MOVF      61H,0           ;将 61H 写入 W 中
          MOVWF     M1              ;将 W 中数据写入 M1 中
          MOVLW     0C6H            ;将 0C6H 写入 W 中
          CALL      CS              ;调用传输子程序
          CALL      DEL100US        ;调用 100 μs 延时子程序
          MOVF      60H,0           ;将 60H 写入 W 中
          MOVWF     M1              ;将 W 中数据写入 M1 中
          MOVLW     0C7H            ;将 0C7H 写入 W 中
          CALL      CS              ;调用传输子程序
          CALL      DEL100US        ;调用 100 μs 延时子程序
          RETURN                    ;子程序返回
;--------------------------------------------------------------------
;LCD 与单片机间传输子程序
;--------------------------------------------------------------------
CS        CALL      WRITECOM        ;调用写指令子程序
          MOVLW     .30             ;将十进制数 30 写入 W 中
          MOVWF     R0              ;将 W 中数据写入 R0 中
          MOVF      M1,W            ;将 M1 中数据写入 W 中
CS1       CALL      WRITEDAT        ;调用写数据子程序
          MOVWF     R1              ;将返回值写入 R1 中
          INCF      R1,W            ;R1 加 1 并写入 W 中
          DECFSZ    R0              ;R0 自减 1
          GOTO      CS1             ;回到 CS1
          RETURN                    ;子程序返回
;--------------------------------------------------------------------
;LCD 初始化子程序
;--------------------------------------------------------------------
INTI      CALL      DEL10MS         ;调用延时 10 ms 子程序
          MOVLW     38H
          CALL      WRITECOM        ;写指令 38H,显示模式设置
          MOVLW     01H
          CALL      WRITECOM        ;写指令 01H,显示清屏
          CALL      DEL10MS         ;调用延时 10 ms 子程序
          MOVLW     0CH
          CALL      WRITECOM        ;写指令 0CH,显示开及光标设置
```

```
            MOVLW     06H
            CALL      WRITECOM          ;写指令 06H,显示光标移动设置
            RETURN                      ;子程序返回
;-------------------------------------------------------------------------
;LCD 写指令子程序
;-------------------------------------------------------------------------
WRITECOM    BCF       PORTE,RS          ;将数据/命令选择端设为低电平
            BCF       PORTE,RW          ;将读/写选择端设为低电平,即进入写指
                                        ;令状态
            BCF       PORTE,EN          ;LCD 使能端设为低电平,为写指令做准备
            MOVWF     PORTD             ;将有效数据送入 PORTD 中
            NOP                         ;时序要求(上升沿过程)
            BSF       PORTE,EN          ;将 LCD 使能端拉高,开始将有效数据写
                                        ;入 LCD 中
            NOP                         ;时序要求(下降沿过程)
            BCF       PORTE,EN          ;将 LCD 使能端拉低,写指令完毕
            CALL      DEL100US          ;调用延时 100 μs 子程序(时序要求)
            BSF       PORTE,RS          ;将数据/命令选择端拉高,回到初始状态
            RETURN                      ;子程序返回
;-------------------------------------------------------------------------
;LCD 写数据子程序
;-------------------------------------------------------------------------
WRITEDAT    BSF       PORTE,RS          ;将数据/命令选择端设为高电平
            BCF       PORTE,RW          ;将读/写选择端设为低电平,即进入写数
                                        ;据状态
            BCF       PORTE,EN          ;LCD 使能端设为低电平,为写数据做准备
            MOVWF     PORTD             ;将有效数据送入 PORTD 中
            NOP                         ;时序要求(上升沿过程)
            BSF       PORTE,EN          ;将 LCD 使能端拉高,开始将有效数据写
                                        ;入 LCD 中
            NOP                         ;时序要求(下降沿过程)
            BCF       PORTE,EN          ;将 LCD 使能端拉低,写数据完毕
            CALL      DEL100US          ;调用延时 100 μs 子程序(时序要求)
            BCF       PORTE,RS          ;将数据/命令选择端拉低,回到初始状态
            RETURN                      ;子程序返回
;-------------------------------------------------------------------------
;延时 100 μs 子程序
;-------------------------------------------------------------------------
DEL100US    MOVLW     02H               ;外循环常数
```

```
         MOVWF    20H              ;外循环寄存器
L21      MOVLW    0FH              ;内循环常数
         MOVWF    21H              ;内循环寄存器
L11      DECFSZ   21H              ;内循环寄存器递减
         GOTO     L11              ;继续内循环
         DECFSZ   20H              ;外循环寄存器递减
         GOTO     L21              ;继续外循环
         RETURN                    ;子程序返回
;-----------------------------------------------------------------
;延时 10 ms 子程序
;-----------------------------------------------------------------
DEL10MS  MOVLW    18H              ;外循环常数
         MOVWF    20H              ;外循环寄存器
L24      MOVLW    0FFH             ;内循环常数
         MOVWF    21H              ;内循环寄存器
L14      DECFSZ   21H              ;内循环寄存器递减
         GOTO     L14              ;继续内循环
         DECFSZ   20H              ;外循环寄存器递减
         GOTO     L24              ;继续外循环
         RETURN                    ;子程序返回
;-----------------------------------------------------------------
;1 s 软件延时子程序 DELAY1S
;-----------------------------------------------------------------
DELAY1S  MOVLW    06H              ;外循环常数
         MOVWF    20H              ;外循环寄存器
LOOP1    MOVLW    0EBH             ;中循环常数
         MOVWF    21H              ;中循环寄存器
LOOP2    MOVLW    0ECH             ;内循环常数
         MOVWF    22H              ;内循环寄存器
LOOP3    DECFSZ   22H              ;内循环寄存器递减
         GOTO     LOOP3            ;继续内循环
         DECFSZ   21H              ;中循环寄存器递减
         GOTO     LOOP2            ;继续中循环
         DECFSZ   20H              ;外循环寄存器递减
         GOTO     LOOP1            ;继续外循环
         RETURN                    ;子程序返回
;-----------------------------------------------------------------
         END
;-----------------------------------------------------------------
```

附录　测试选择题参考答案

第 1 章

一、思考题(省略)

二、选择题

1. B　2. B　3. C　4. A　5. B　6. C　7. D　8. C　9. B　10. C
11. D　12. B　13. A　14. C　15. B　16. D　17.C　18. B　19. A　20. D

第 2 章

一、思考题(省略)

二、选择题

1. C　2. A　3. B　4. B　5. D　6. C　7. A　8. C　9. D　10. C
11. C　12. C　13. D　14. A　15. B　16. D　17.B　18. C　19. B　20. C

第 3 章

一、思考题(省略)

二、选择题

1. D　2. C　3. A　4. B　5. C　6. C　7. B　8. A　9. C　10. C
11. A　12. C　13. B　14. D　15. C　16. D　17. A　18. C　19. C　20. B

第 4 章

一、思考题(省略)

二、选择题

1. C　2. B　3. B　4. B　5. A　6. B　7. A　8. B　9. D　10. C
11. D　12. C　13. B　14. A　15. C　16. C　17.B　18. C　19. D　20. B

第 5 章

一、思考题(省略)

二、选择题

1. D　2. C　3. C　4. B　5. B　6. A　7. C　8. A　9. B　10. D
11. D　12. C　13. A　14. B　15. C　16. C　17.B　18. A　19. D　20. B

第 6 章

一、思考题(省略)

二、选择题

1. D　2. A　3. B　4. B　5. C　6. D　7. B　8. C　9. C　10. A
11. A　12. C　13. B　14. D　15. B　16. C　17.D　18. D　19. B　20. D

第 7 章

一、思考题(省略)

二、选择题

1. D　2. D　3. D　4. A　5. B　6. D　7. C　8. C　9. C　10. A

11. B　12. D　13. B　14. B　15. A　16. B　17. B　18. A　19. C　20. A

第 8 章

一、思考题(省略)

二、选择题

1. C　2. D　3. C　4. C　5. D　6. A　7. B　8. D　9. D　10. A

11. A　12. B　13. C　14. A　15. B　16. C　17. C　18. C　19. B　20. C

第 9 章

一、思考题(省略)

二、选择题

1. C　2. D　3. B　4. C　5. C　6. C　7. C　8. C　9. A　10. C

11. C　12. C　13. B　14. A　15. C　16. B　17. B　18. D　19. B　20. A

第 10 章

一、思考题(省略)

二、选择题

1. A　2. C　3. B　4. D　5. C　6. C　7. B　8. C　9. D　10. D

11. C　12. C　13. B　14. D　15. B　16. D　17. C　18. C　19. D　20. A

第 11 章

一、思考题(省略)

二、选择题

1. B　2. D　3. C　4. C　5. C　6. C　7. D　8. D　9. D　10. C

11. A　12. A　13. C　14. C　15. A　16. B　17. B　18. B　19. C　20. B

参考文献

[1] MPLAB ICD 4 In-Circuit Debugger User's Guide. 2017 Microchip Technology Inc.

[2] MPLAB ICD 3 在线调试器用户指南(用于 MPLAB X IDE). 2015 Microchip Technology Inc.

[3] PIC16F87X EEPROM MEMORY PROGRAMMING SPECIFICATION. 2002 Microchip Technology Inc.

[4] PIC16F87X DATA SHEET. 2013 Microchip Technology Inc.

[5] 24LC515 512K I^{2}C CMOS SERIAL EEPROM. 2008 Microchip Technology Inc.

[6] 李荣正. PIC 单片机原理及应用. 5 版. 北京:北京航空航天大学出版社,2014.

[7] 王诚杰. 基于 SPI 结构模型双向式身份识别及信息交互平台的构建. 上海:电气自动化,2009.

[8] 李学海. PIC 单片机实用教程——提高篇. 2 版. 北京:北京航空航天大学出版社,2007.

[9] 李学海. PIC 单片机实用教程——基础篇. 2 版. 北京:北京航空航天大学出版社,2007.

[10] 刘和平. 单片机原理及应用. 重庆:重庆大学出版社,2002.

[11] 窦振中. PIC 系列单片机应用设计与实例. 北京:北京航空航天大学出版社,1999.

[12] 武锋. PIC 系列单片机的开发应用技术. 北京:北京航空航天大学出版社,1998.

[13] 刘和平. PIC16F87X 单片机实用软件与接口技术. 北京:北京航空航天大学出版社,2002.

[14] 刘和平. PIC16F87X 数据手册. 北京:北京航空航天大学出版社,2001.

[15] 王有绪. PIC 系列单片机接口技术及应用系统设计. 北京:北京航空航天大学出版社,2000.